江苏海涂围垦关键技术及应用

盛建明 罗 锋 等 编著

科学出版社

北 京

内 容 简 介

　　本书是国家海洋局海洋公益性行业科研专项"江苏海涂围垦关键技术研究与应用示范"技术团队多年研究成果的归纳总结,系统介绍了江苏海涂的环境现状及发展趋势、海涂资源及潜力、海涂围垦对资源环境的影响、海涂围垦布局及开发时序、海涂促淤及工程优化技术、海涂防灾减灾技术、海涂围垦后评估技术等内容。

　　本书可供从事海洋海涂科学研究的相关科技人员、管理人员,海洋企事业机构中的技术人员及相关专业的大专院校师生参考。

图书在版编目(CIP)数据

江苏海涂围垦关键技术及应用/盛建明等编著. —北京:科学出版社,2017.6

ISBN 978-7-03-053087-5

Ⅰ. ①江… Ⅱ. ①盛… Ⅲ. ①围海造田–研究–江苏 Ⅳ. ①S277.4

中国版本图书馆 CIP 数据核字(2017)第 125436 号

责任编辑:胡 凯 崔路凯 冯 钊/责任校对:彭珍珍
责任印制:张 倩/封面设计:许 瑞

科 学 出 版 社 出版

北京东黄城根北街 16 号
邮政编码:100717
http://www.sciencep.com

中国科学院印刷厂 印刷
科学出版社发行 各地新华书店经销

＊

2017 年 6 月第 一 版 开本:787×1092 1/16
2017 年 6 月第一次印刷 印张:22 3/4
字数:540 000

定价:199.00 元
(如有印装质量问题,我社负责调换)

《江苏海涂围垦关键技术及应用》
编委会

主　　编：盛建明　罗　锋

副 主 编：宋晓村　花卫华　李瑞杰　黄祖英　谷东起　徐　敏

　　　　　张丰收　郑忠明　周瑞荣　陈百尧

主要编写人员（按姓氏笔画排序）

　　　　王　林　苏　岫　花卫华　张丰收　毛成责　章　志

　　　　杜　雯　陈百尧　王勇志　罗　锋　袁广旺　徐　敏

　　　　谷东起　林伟波　韩　雪　宋晓村　郑忠明　徐文健

　　　　彭　模　郑江鹏　盛建明　梁晓红　董啸天　李春辉

　　　　李瑞杰　黄祖英　周瑞荣　赵爱博　矫新明　李婧慧

　　　　崔彩霞

前　　言

　　江苏省海岸带地处我国东海岸中部，南北自 31°33′N 至 35°07′N 跨 3.5 个纬度，属于暖温带与北亚热带的过渡地带；东临黄海，北自苏鲁交界的绣针河口，南至长江口北岸，岸线全长约 888.945km（2006～2010 年江苏近海海洋调查），海域面积 3.75 万 km²。江苏省是海洋资源大省，沿海地区独特的地貌动力孕育了数千平方公里的海涂和游荡性沙洲。沿海滩涂多为淤泥质沿海滩涂，属于可再生资源，且大部分为淤长型，全省未围垦海涂总面积为 750.25 万亩[①]。江苏海涂总面积占全国海涂总面积的 1/4，是我国重要的后备国土资源，区位优势明显，资源条件独特，战略地位重要，蕴藏着巨大的开发潜力。

　　由于自然和历史的原因，江苏沿海经济发展相对滞后，区域经济差距不断扩大。江苏沿海三市（盐城、连云港和南通）海域和陆地面积超过全省国土面积的一半，人口接近全省的 1/4，地区生产总值仅占全省的 1/6。与国内其他沿海省份相比，江苏沿海的发展水平和发展速度与沿海地区的资源条件、区位优势以及拥有两个全国最早对外开放城市的地位极不相称，推进沿海开发战略成为江苏省的迫切工作。2009 年 6 月，江苏沿海开发战略上升为国家战略规划，为江苏海洋事业发展带来了重要契机。《江苏沿海滩涂围垦开发利用规划纲要》明确了近期围垦计划和远期目标。在这种背景下，江苏海涂开发面临着巨大的发展机遇，也对科学围垦、资源保护与围垦生态文明建设提出了更高的技术要求。

　　江苏海域岸滩开阔、掩护条件差、海底地形复杂、易受海洋灾害影响。目前，国内外还没有系统的围垦布局研究技术和方法，我国围垦工程后评估研究也刚刚兴起，沿海围垦工程普遍开展了以生态评估为重点的海域使用论证，但对围垦后生态功能及社会功能变化的后评估工作尚未做系统研究，尚未形成系统的理论与方法。因此，我国急需尽快开展海涂围垦模式、海涂围垦后评估技术、围垦区防灾减灾技术等海涂围垦关键技术的研究，保障围垦工程实施过程及之后的环境和生态维持在良性循环状态，科学开发海涂，加强对海洋海涂开发的监控和管理。

　　本专著通过对江苏海涂围垦关键技术的研究，建立了海涂围垦模式、海涂围垦后评估技术、围垦区的防灾减灾技术等海涂围垦关键技术体系，开展了基于环境资源承载力的海涂围垦模式研究，使围垦的布局更加科学合理，为今后海涂围垦合理开发利用、景观格局优化、生态系统修复和海洋环境保护提供技术支撑。通过对已建围垦工程开展后评估技术研究，建立围垦后评估技术规程，为今后围垦工程的规划、建设和管理提供借鉴。

　　本专著由 8 章组成，约 53 万字。

　　第 1 章 "概述"，包括海涂定义及相关概念的阐述、江苏海涂基本概况、江苏沿海环

---

① 1 亩≈666.67m²。

境与社会经济、海涂资源开发利用状况、本专著的目的及成果介绍等；

第2章"江苏海涂生态环境状况及趋势"，包括海涂围垦区及海洋水文动力环境、海水水质环境、海洋沉积物环境、生物生态调查及趋势研究等；

第3章"江苏海涂资源与围垦潜力"，包括海涂资源特征、资源开发利用概况、海涂资源遥感调查及趋势、海涂围垦的潜力评估等；

第4章"海涂围垦对水沙环境的影响"，包括东中国海潮流及江苏海域潮流泥沙数值模拟、江苏沿海中长期围垦规划实施后对水沙环境的影响分析等；

第5章"海涂围垦布局及开发时序"，包括海涂围垦布局及时序研究；

第6章"海涂促淤及工程优化技术"，包括围垦的促淤工程优化技术、景观优化技术；

第7章"江苏海涂防灾减灾技术"，包括围垦区海洋灾害调查研究、围垦区防灾减灾技术研究等；

第8章"海涂围垦后评估"，包括海涂围垦后评估技术研究、围垦后评估技术应用等。

全书8章均由参加国家海洋局海洋公益性行业科研专项"江苏海涂围垦关键技术研究与应用示范"研究的科研、院校等单位的科技人员通力协作，历时四年多完成。全稿的完成经过了讨论汇总，成文后进行了全书阅读、统稿与审校。感谢国家海洋局第一海洋研究所李培英研究员、河海大学张长宽教授等的评阅与提出的宝贵意见。

国家海洋局海洋公益性行业科研专项"江苏海涂围垦关键技术研究与应用示范"始终得到了国家海洋局和江苏省海洋与渔业局领导的大力支持，在此对本专著的其他作者及各方面领导一并致以深深的感谢。

希望本专著对海洋围垦开发工作有所帮助和启迪，书中难免存在疏漏和不足之处，欢迎同行专家和读者批评指正！

盛建明

2016 年 8 月

目　　录

第1章 概　述

江苏省海岸带地处我国东海岸中部，南北自 31°33′N 至 35°07′N 跨 3.5 个纬度，属于暖温带与北亚热带的过渡地带；东临黄海，北自苏鲁交界的绣针河口，南至长江口北岸，岸线全长约 888.945km。江苏省是海洋资源大省，沿海有数千平方公里的海涂和游荡性沙洲，海涂面积占全国海涂总面积的 1/4，全省可开垦的海涂总面积约为 750.25 万亩。由于自然和历史的原因，江苏沿海经济发展相对滞后，区域经济差距不断扩大。江苏沿海三市（盐城、连云港和南通）海域和陆地面积超过全省国土面积的一半，人口接近全省的 1/4，地区生产总值仅占全省的 1/6。与国内其他沿海省份相比，江苏沿海的发展水平和发展速度与沿海地区的资源条件、区位优势以及拥有两个全国最早对外开放城市的地位极不相称。江苏省是全国海洋大省，区位优势明显，资源条件独特，战略地位重要，蕴藏着巨大的开发潜力（王颖，2014；张长宽，2013；王健，2012）。加快江苏沿海开发，对完善长三角地区的整体布局、带动中西部地区加快发展具有重要意义。

2009 年，国务院通过《江苏沿海地区发展规划》，标志着江苏沿海地区发展上升为国家战略，为江苏海洋事业发展带来重要契机。《江苏沿海滩涂围垦开发利用规划纲要》明确了近期围垦计划和远期目标。在这种背景下，江苏海涂开发面临着巨大的发展机遇，也对科学围垦、资源保护与围垦生态文明建设提出了更高的技术要求。

海涂围垦一直是我国实现耕地总量动态平衡的主要途径。随着社会经济的发展和土地需求量的激增，海涂围垦的强度有逐渐增大的趋势。大规模海涂围垦的土地为沿海经济的高速发展提供了空间。但与此同时，海涂围垦也造成了沿海海涂湿地生态系统功能退化、生物栖息地损失、近岸海域生物生境恶化、生物多样性降低等一系列问题。江苏海涂面积大，是典型的海岸海涂，海涂围垦的潜在资源丰富，但动力和地貌条件复杂，海涂资源环境所能支撑的海涂开发潜力有限。江苏海域岸滩开阔、掩护条件差、海底地形复杂、易受海洋灾害影响。目前，我国围垦工程后评估研究刚刚兴起，沿海围垦工程普遍开展了以生态评估为重点的海域使用论证，但对围垦后生态功能及社会功能变化的后评估工作尚未做系统研究，尚未形成系统的理论与方法。因此，我国急需尽快开展海涂围垦模式、海涂围垦后评估技术、围垦区防灾减灾技术等海涂围垦关键技术的研究，保障围垦工程实施过程及之后的环境和生态维持在良性循环状态，科学开发海涂，加强对海洋海涂开发的监控和管理。

1.1 海涂的定义及相关概念

对"沿海滩涂"（shoaly land）的内涵和外延进行界定，关系到沿海滩涂立法保护对象的类型、范围、边界的明确，也是进行沿海滩涂有效研究的基础。我国目前有关沿海滩涂的立法中尚未对沿海滩涂概念进行明确的界定。沿海滩涂原为我国沿海渔民对淤泥质潮间带的俗称，其中英文本意是指海陆交接一带的地域。实际上，在现实生活以及学术界，对沿海滩涂这一地域还存在多种称谓，"潮间带""海滩""潮滩""滩涂""海涂"等在某种程度上都指这一地域。同中文一样，英文中也有多个概念指沿海滩涂，除了"shoaly land"外，"tidal flat""beach""intertidal mudflat""tidal zone"等也表示这一区域。当然，西方学者在使用"滩涂"概念时也会有所侧重。一般而言，当所研究的沿海滩涂是砂质或砾质时，会倾向于使用"beach"一词；当所研究的沿海滩涂是泥质时，会倾向于使用"flat"一词（王刚，2013）。

随着人们对沿海滩涂认识的深入，其内涵和外延都发生了一定程度的改变。海洋行政主管部门将滩涂界定为平均高潮线以下低潮线以上的海域。国土资源管理部门则将沿海滩涂界定为沿海大潮高潮位与低潮位之间的潮浸地带，是属于土地的范畴。在学术界，对沿海滩涂的定义也存在差异。大部分学者持狭义的定义方式。李展平和张蕾（2008）将沿海滩涂界定为涨潮时被海水淹没而退潮时露出水面的地带，即潮间带。方如康（2003）在其主编的《环境学词典》一书中也持狭义的观点，认为沿海滩涂即为海涂，是指涨潮时被水淹没而退潮时露出地面的泥沙或砂质的潮间平地（潮间带），为陆地和海洋的过渡地带。全国科学技术名词审定委员会所审定的沿海滩涂的概念是指沿海最高潮线与最低潮线之间底质为砂砾、淤泥或软泥的岸区。彭建和王仰麟（2000）则认为沿海滩涂作为一个地域概念，有广义与狭义之分。学术的观点一般基于狭义，沿海滩涂只是潮间带（tidal zone）。而开发的观点一般基于广义，沿海滩涂不仅拥有全部潮间带，还包括潮上带和潮下带可供开发利用的部分。实际上，并非只有开发的观点基于广义，许多学者也是从广义的角度来界定沿海滩涂的。杨宝国等（1997）认为沿海滩涂的称谓等同于海洋海涂，并认为沿海滩涂主要是指淤泥质海岸的潮间带浅滩，广义的滩涂还包括部分未被开发的生长着一些低等植物的潮上带及低潮时仍难以出露的水下浅滩。樊静和解直凤（2006）将沿海滩涂分为潮上带、潮间带和潮下带，并认为潮上带、潮间带的法律性质是土地，而潮下带的法律性质是海域。

综上所述，狭义海涂是指海岸带大潮高潮线和大潮低潮线之间周期性的潮浸地带，根据滩面与潮位之间的关系，由岸向海可分为高潮滩、中潮滩、低潮滩三类；广义的海涂包括潮上带一定范围内刚刚淤积出来尚未开发利用的滩地及潮下带一定深度（通常是水深5～6m）范围内可以被利用的水下浅滩。如果按照这个广义的海岸滩涂定义来确定范围，海岸滩涂的范围基本上与海岸湿地的范围差不多。

本专著探讨的"海涂"只是指潮间带滩涂，涉及滩涂面积等量化指标的时候，尽量给出了范围的界定和来源说明。

1.2 江苏海涂基本概况

1.2.1 沿海环境

1. 气象气候

江苏省沿海地区属于东亚季风气候，苏北灌溉总渠以南为北亚热带季风气候，以北为暖温带季风气候，冬季受西伯利亚冷空气控制，冷而多风，夏季受东南季风和西太平洋副热带高压控制，热且多雨。多年平均气温介于 13～15℃，沿海各县（区、市）多年平均降水量介于 840～1171.76mm。

2. 地形地貌

江苏省海岸线全长 888.95km，海岸类型有基岩海岸、砂质海岸和淤泥质海岸三种，其中淤泥质海岸占比较大。海岸地貌由陆地向外依次为：海岸平原、潮间带和近海海底平原，中部辐射沙脊群为世界独特的地貌奇观。江苏海岸平原地貌由北向南为海州湾海积平原、废黄河三角洲、盐城海积平原、长江三角洲。江苏潮间带是中国最宽的粉砂质潮滩，总面积约 2960km²，约占江苏海岸带地貌面积的 31%。江苏近海海底平原自北向南依次为海州湾水下浅滩和海底平原、黄河水下三角洲、辐射沙脊群、长江水下三角洲。

1）海州湾

（1）形成

海州湾是位于南黄海最西侧的开敞海湾，面积 820km²，其东侧以岚山头与连云港外东西连岛的连线为界与黄海相通。海州湾的形成、演变与黄河尾闾变迁密切相关：1194 年，黄河夺淮前，云台山和东西连岛均为海岛，因此，当时的海州湾并不是一个完整的海湾。随着黄河夺淮入海，三角洲岸线向海推进，海州湾海岸随之淤积。同时，废黄河三角洲岸线的突出也使海州湾所在岸段相对凹入内陆，形成了良好的淤积环境。直至公元 1711 年，海州湾完整成形。至 1994 年，西大堤正式建成，形成了现今东西连岛与岚山头之间的海州湾。

（2）动态特征

海州湾近 40 多年来的冲淤特征表现为以下几个方面：海岸动力泥沙环境相对单一，潮流强度不大，受黄河尾闾变迁引起的沙源变化影响相对较小，海岸整体冲淤幅度不大。

海州湾的冲淤演变取决于沿岸泥沙的输移扩散。由于海州湾存在两股强度不同汇向湾顶的沿岸泥沙流，因此，湾顶以北区域的沿岸泥沙多为颗粒较粗的底沙，自岚山头向南输送；湾顶以南区域废黄河口附近含沙量较高的水体在潮流作用下向北输移。在大风浪条件下，沿岸高含沙量浑水可明显覆盖海州湾南部区域，加之临洪河口的供沙，使得湾顶附近的淤泥质海岸成为海州湾近岸淤长最快的岸段。

海州湾北部砂质海岸的冲淤特征表现为上冲下淤，但冲淤幅度均不很明显；海州湾南部的淤泥质海岸近岸淤积明显，但-5m 等深线以浅的冲淤特征与北部岸段相近；连云港基岩岸线海岸冲淤基本平衡；近岸浅滩在不同岸段的冲淤表现差异明显，表现为北冲南淤，这主要与近岸破波带沿岸输沙趋势、河流供沙条件和岸线走向变化等因素有关。

2）废黄河三角洲

（1）形成

废黄河三角洲海岸是受黄河尾闾变迁影响最直接的岸段。1128～1855 年，黄河夺淮形成了废黄河三角洲的陆地和水下三角洲，自黄河北归后，海岸强烈侵蚀，加之近年来岸线后退的人为控制使该海域深水区逐渐靠岸，三角洲顶端的-15m 等深线目前距陆地仅 4.3km，且水下地形向海倾斜，水深进一步增大。

（2）动态特征

由于废黄河三角洲不同岸段的岸线形势、动力泥沙环境等方面存在诸多差异，因而海岸冲淤动态也各有异同。

灌河口以西岸段（大板跳至灌河口）：整体表现为上冲下淤，淤蚀分界在−5～−10m等深线附近，侵蚀强度自西向东逐渐减弱，1970年以来已建成许多离岸堤和丁坝等防护工程。

灌河口以东岸段：侵蚀强度由西向东逐渐增强。1960～2006年，灌河口至新淮河口间的0m等深线变化甚微，−5m等深线向岸移动约2km；新淮河口以东0m等深线普遍后退近4km，最大下蚀已超过5m。1960～2006年，中山河口不管是浅滩还是深水区的平均下蚀速率均超过5cm/a，其中−2～−10m的岸坡平均下蚀速率高达20cm/a，岸坡40年内整体后退约3km，平均每年达80m。1980年以来的侵蚀强度与1960～1980年相比明显减缓。

废黄河口拐角岸段（中山河口至扁担港口）：20世纪60年代，水下三角洲经过20世纪初的强烈侵蚀后已不具备三角洲形态。至今经过一个多世纪的侵蚀，水下三角洲前缘基本被夷平，−10m等深线内移的速度进一步趋缓。在水下三角洲大面积侵蚀缩小的同时，三角洲岸线也因泥沙来源断绝而侵蚀后退，废黄河河口段岸线的蚀退尤为剧烈。1971年后，废黄河口部分岸段由于建造了防护工程，控制了岸线的后退，岸段的侵蚀主要表现为浅滩下蚀。

射阳河口附近（扁担港口至斗龙港口）：该岸段理论基面−10m和−5m线在1960年以来整体侵蚀后退，但0m等深线表现为以射阳河口为界北冲南淤的趋势。

3）辐射沙洲

（1）形成

辐射沙洲是在两大潮波系统辐聚影响和历史时期大江大河泥沙供给条件下形成的。在自北向南的苏北沿岸流系和海域偏北向常浪作用下，黄河夺淮期间向南供给辐射沙洲海域的入海泥沙成为辐射沙洲发育的重要物质基础（王颖等，2002）。黄河北归以来，废黄河三角洲海岸侵蚀的泥沙运移趋势未发生根本改变，仍主要向南供给辐射沙洲区而未在北部海州湾区域形成明显淤积。在岸外沙洲掩护下，辐射沙洲内缘区波浪作用相对较弱，利于外来泥沙落淤，从而形成射阳河口以南的辐射沙洲内缘区岸滩整体淤长的态势。

（2）动态特征

随着废黄河三角洲海岸的侵蚀后退和水下三角洲被侵蚀殆尽，辐射沙洲区的外来泥沙供给日趋减少，加之废黄河三角洲侵蚀后退，对自北向南潮流的"挑流"作用减弱，南黄海旋转潮波潮流对辐射沙洲区的动力作用增强。无论从泥沙供给角度还是从动力场变化角度来看，辐射沙洲区海岸的淤长速率将日趋减缓。

4）长江水下三角洲

（1）形成

距今2000～3000年前，人口的增长，流域开垦加剧，导致长江来沙增多，加之中下游河床淤积减弱，致使长江口的泥沙输入显著增多，三角洲快速淤积，长江三角洲的主体部分是在该时间段内形成的。

（2）动态特征

自20世纪60年代以来，长江流量无显著的变化趋势，但输沙量呈明显下降趋势，20世纪 90 年代的输沙量相对于 60 年代下降了 1/3。近 50 年来,长江口外冲淤变化呈现北冲南淤的基本格局,以 31°30'N 为界,水下三角洲呈现出不同的变化态势,南汇东滩外侧为主要淤积区,从口门向外海分布有三个淤积带,第一淤积带位于河口口门附近,第二淤积带位于水深 20~30m 地带,第三淤积带位于水深 30~50m 的水下三角洲向陆架沙脊的过渡带。长江口北支经过多年的演化,北支外已退变为破坏性的三角洲,长江入海泥沙鲜有供给。根据相关研究(沈焕庭等,2001),北支外盐水入侵尤为严重,海域海沙随涨潮流倒灌入北支,后进入北槽再入海,苏北沿岸流仅对北支外供给少量泥沙,因此,北支外长期处于冲刷状态。

3. 海洋水文特征

江苏近海潮流受南黄海旋转性潮波和东海前进潮波的共同控制,南部受长江口径流作用,因而海洋水文条件与动力环境复杂,区域性差异十分明显。南部海区主要受东海前进潮波控制,为正规半日潮型,北部海区受黄海旋转潮波控制,多为不正规半日潮。弶港至小洋口一带潮差最大,向北潮差先减小后增大,从小洋口向南潮差减小。海区受季风和台风影响,盛行偏北向浪,波型是以风浪为主的混合浪。沿海水体含沙量分布呈由近岸向外海含沙量渐低的格局,废黄河口附近以及以弶港为中心的辐射沙脊群中心海区为两大含沙量高值区。江苏海域水温季节性变化明显,夏季南北差异不大,总体呈现北低南高的态势;冬季呈现近岸低外海高的态势。盐度分布的季节性变化幅度没有温度变化显著,无论冬夏均呈现由海岸向海增加的特征。

4. 沿海自然灾害

江苏沿海主要的自然灾害为台风和江淮气旋、风暴潮、海水入侵、灾害性海浪、土壤盐渍化、冰雹、赤潮、绿潮、地震等。

台风和江淮气旋是江苏沿海主要的灾害天气系统,据 1951~2000 年气象资料统计,江苏共有 170 余次台风过境,年均 2~3 个,其中 1210 号台风"达维"在响水县陈家港正面登陆。江淮气旋每年 4~7 月对沿海地区有重大影响,是冰雹、龙卷风、暴雨和大风产生的主要系统源。

风暴潮是江苏沿海地区重大的自然灾害之一,江苏沿海每年均会遭遇数次不同程度的风暴潮灾害侵袭,江苏沿海台风风暴潮出现的次数在 20 世纪 90 年代以后较 80 年代呈明显增多的趋势,造成的损失远远大于 80 年代。2012 年,江苏沿岸共发生风暴潮过程 4 次,均为台风风暴潮,造成直接经济损失 60573 万元。

江苏近海海域几乎每年都有灾害性海浪发生,台风浪主要集中在 5~10 月,冷空气和温带气旋浪各月均有出现,其中 2012 年共发生灾害性海浪过程 9 次。

伴随全球气候变暖、海平面上升,江苏沿海海岸侵蚀、海水入侵、土壤盐渍化等缓发型海洋灾害造成的损失也不断增加。江苏省侵蚀海岸的总长度达到了 301.7km,主要分布在废黄河三角洲海岸、弶港海岸、吕四海岸以及海州湾的沙质海岸。海水入侵、土壤盐渍化亦呈不断加重的趋势,盐城大丰沿岸和连云港赣榆沿岸海水入侵较严重,海水入侵严重的地区土壤盐渍化程度相对较高。

近年来，江苏海域每年都会发生不同程度的赤潮或绿潮灾害。2012 年和 2013 年，海州湾海域分别发生赤潮 3 次和 1 次；2012～2016 年监测结果显示：连云港、盐城、南通海域均有绿潮发生，持续时间大约 100 天/年。赤潮、绿潮发生时间主要集中在 4～10 月。

南黄海及其沿岸地区是我国东部中强度地震频发的地区之一，近海曾发生过 5 级以上的地震。

5. 江苏海洋环境状况

近十年来（2006～2015 年），江苏近岸海域海水环境质量状况总体稳定，部分年份有一定程度下降，符合第一、二类海水水质标准的面积占管辖海域面积的比例，2008 年最高为 78.3%，2012 年最低为 41.8%（图 1-1）。由于农业面源污染和沿海地区开发强度的不断加大，2006～2012 年第一、二类海水的面积呈下降趋势。

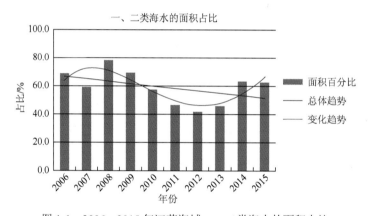

图 1-1　2006～2015 年江苏海域一、二类海水的面积占比

近十年来（2006～2015 年），海洋沉积物质量状况总体保持稳定，各项监测指标总体符合第一类海洋沉积物质量标准。海洋生物多样性总体处于动态平衡状态，生物种类数、密度、生物量、多样性指数等均在一定范围内往复波动，生态环境整体状况稳定。主要入海河流污染依然严重，化学需氧量、总氮、氨氮、总磷均超过《地表水环境质量标准》第三类水质标准；入海排污口近两年较 2013 年以前达标排放次数有所提高，但邻近海域污染依然严重，主要超标污染物为化学需氧量、悬浮物和氨氮。

近四年（2012～2015 年）的卫星遥感结果显示：苏北浅滩生态监控区（射阳河口以南）滨海湿地总体呈减少趋势，2015 年滨海湿地面积（3454km²）较 2012 年（3801km²）减少 347km²，减少比例为 9.1%，其中，自然湿地面积减少 540km²，减少比例为 18.5%；人工湿地增加 193km²，增加比例为 21.5%。滩涂植被面积呈减少趋势，2015 年滩涂植被面积（233km²）较 2012 年（423km²）减少 190km²，减少比例为 44.9%。

连云港赣榆和盐城大丰沿岸部分地区海水入侵严重，但入侵距岸变化不大；盐城大丰沿岸土壤盐渍化严重，有中盐渍化土的分布，盐渍化未能得到明显改善。近两年赤潮监控区内未发现赤潮，赤潮发生次数有所减少。浒苔绿潮的最早发生时间受天气和水温影响有所波动，但基本在 5 月中上旬，消亡时间基本在 8 月底 9 月初；近两年南黄海浒苔的最大分布面积较 2013 年以前有所增加。

1.2.2　海涂资源

江苏海涂具有面积大、淤长快、沙脊多、可再生、围垦易、潜力大、区域好的优点。江苏海岸北起赣榆绣针河口，南至长江口，岸线总长 888.945km（2006～2010 年江苏近海海洋调查），自岸线以内 5km 至低潮水边线为范围统计，总面积达到 6853.74km²（2006～2010 年通过遥感解译）。其中，潮上带和潮间带面积约为 4689.87km²，滩涂资源 750.25 多万亩（图 1-2），占全国沿海滩涂面积的 1/4，相当于全省现有耕地面积的 1/7，是沿海滩涂资源最丰富的省份。江苏沿海滩涂多为淤泥质滩涂，属于可再生资源，且大部分为淤长型，平均每年以 33km² 的速度向海淤长，中部近岸浅海区还发育有南北长约 200km、东西宽约 90km 的南黄海辐射沙脊群。土地、各种矿产、生物、风能以及旅游等资源丰富，经济价值高，开发利用潜力大。同时，江苏沿海滩涂地处长三角北翼，拥有长三角的经济、文化、交通、人才等便利条件，开发条件优越。

连云港市沿海滩涂北起苏鲁交界的绣针河口，南至灌河口，岸线全长 146.587km（不含连岛和西大堤）。滩涂范围分属赣榆区、灌云县、连云区及江苏金桥盐业有限公司，涉及 15 个乡镇（街道办）和 6 个国营农（盐）场，滩涂盐碱地总面积 1067km²。其中，潮上带面积 860km²，潮间带面积 207km²，潮下带可开发的浅海域面积达到 1866km²（0～5m 等深线 533km²，2.5～10m 等深线 533km²，10～15m 等深线 800km²）（张长宽，2013）。大陆标准海岸线总长 176.5km，绣针河—兴庄河段为砂质滩涂海岸，长 30.06km；兴庄河—西墅段为淤长型泥质滩涂海岸，长 31.87km；西墅—烧香河段有江苏唯一的基岩海岸，长 55.21km；烧香河—灌河段为后退型粉砂淤泥质滩涂海岸，长 59.39km。其中，赣榆区标准岸线长 47.37km，灌云县长 27.33km，市区长 86.87km。

盐城滩涂北起与连云港市交界的灌河口，南至与南通市接壤的新港闸，以射阳河为界，北为侵蚀性海岸，南为淤长型淤泥质海岸。根据苏 908 专项调查成果，盐城市海岸线全长 378.885km，占江苏省海岸线长度的 43%，沿海滩涂宽阔，滩涂面积 1262km²，占全省滩涂面积的 40% 左右，主要包括北部的废黄河三角洲海岸和南部的辐射沙脊海岸，沿岸主要有与连云港交界的关内河的响水港区（属河口内港区）、废黄河三角洲尖部的滨海港区、废黄河三角洲南部的射阳港区和辐射沙脊区北翼近岸的大丰港区，其中与滩涂资源开发相关的主要是滨海港区、射阳港区和大丰港区。

南通大陆海岸线北起"安台线"陆域分界，南至启东市连兴港，总长 210.365km，约占全省岸线的 23.7%，海域面积 10000 多 km²，沿海滩涂面积（包含岸外辐射沙洲）2048.3km²，约占全省海涂资源的 1/3，潮间带滩涂平均宽度 3～11km，除了 30km 左右的侵蚀型岸段，其余都是淤长型岸段。面积广阔的滩涂成为南通重要的后备土地资源，开发潜力巨大。近年来，受经济发展的影响，南通的围填海开发成为增加土地资源面积的重要途径。

　　江苏滩涂沉积物的主要来源为古黄河和长江水下三角洲,潮间带沉积物包括砾石、砂、粉砂、黏土四大类,平均粒径为 4.40Φ,北部海州湾的沉积物最粗,南部长江三角洲的沉积物较细,辐射沙脊群主要为砂质沉积。地貌上主要有盐蒿滩、大米草滩、潮间带中部光滩和下部光滩四种。除连云港港区砂质和基岩质海岸线外,其他淤泥质潮滩都修筑了人工岸线。

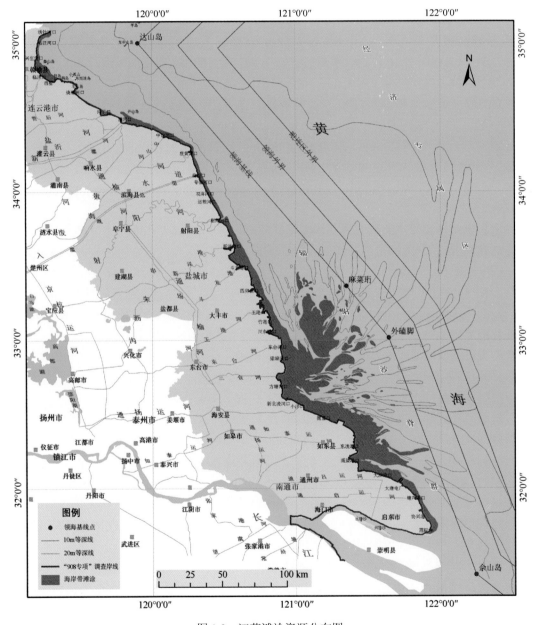

图 1-2　江苏滩涂资源分布图

1.2.3　海涂资源形成及发展趋势

滩涂形成的控制因素主要包括物质来源、水动力条件和潮滩淤长的机制。江苏沿岸拥有丰富的细颗粒沉积物来源，海岸带的潮差为强潮至中潮，再加上潮波在浅水区变形，常常使涨潮流强于落潮流，沉降延迟与冲刷延迟效应造成细颗粒物质向岸净输运。江苏沿海潮滩及近岸沙洲动态变化频繁，沿海潮滩及近岸沙洲发育的泥沙主要来源于古黄河与古长江的泥沙供应。近年来，长江入海泥沙逐年减少，仅汛期有 10%的水量及泥沙从长江口向东北济州岛方向运转，对江苏沿海影响较小；废黄河水下三角洲及辐射沙洲仍然是沿海地区的主要泥沙来源，外来泥沙源较少。江苏沿海的（就潮上带及潮间带而言）侵蚀岸段由于海岸防护工程的建设，海岸侵蚀得到了控制，表现为不同程度的"假淤积"现象。未来随着冲刷逐渐向剖面上部扩展，最后会过渡到全剖面侵蚀，淤积岸段则依旧以一定的速率保持向海淤长。就潮下带及水下岸坡而言，除四卯酉河口—小洋口典型淤长型淤泥质岸段外，江苏沿海大部分水下岸坡均曾经历或正在经历一定程度的侵蚀后退，且作用范围逐渐扩大（张长宽等，2013）。

江苏沿海滩涂的自然状况在"908 专项"调查之后面临很多新问题，如闸下河道淤积。苏北平原河网密布，很多河流入海，在入海口处建闸是 20 世纪 50 年代苏北去盐碱化改造的重要工程，江苏有 100 多条河流在入海口前建闸。何小燕等（2011）对射阳河口的研究发现：①建闸极易造成河道尤其是闸下的淤积。闸下区实测断面深泓点冲淤速率由建闸前的-1.31m/a 变成 0.22m/a，由冲刷变为淤积。在建闸前，河口口门海域的冲淤速率为 1.22m/a，建闸后变成 2.08m/a，淤积程度显著增大。②在开关闸方案中，由于涨潮关闸、落潮开闸，有利于落潮期海底冲刷效应的增强，闸下冲淤速率约为-0.31m/a，实现了闸下减淤。③潮间带围垦后，围堤近岸海域呈现一定程度的淤积，近河闸区域及河道的冲刷能力有所减弱，闸下冲淤速率由围垦前的-1.31m/a 减小至-1.19m/a。在河口口门处，淤积程度减弱，淤积速率由围垦前 1.22m/a 减小到围垦后 0.64m/a。江苏其他建闸的河流闸下淤积和入海口淤积也有相同的问题。

江苏潮滩中部有剖面呈双凸形演化，但是受人类围垦工程的影响，剖面曲率减小。龚政等（2014）的研究结果表明：江苏中部潮滩剖面呈双凸型特征，平均高、低潮位线附近的滩涂形成淤积率较高的地形凸点；潮上带受潮流影响小，滩面高程相对稳定；平均高、低潮位之间的区域滩面高程季节性变化明显，总体呈冲刷状态；潮间下带冲刷显著，滩面坡度增大。全剖面自岸向海呈"稳定—淤积—稳定—淤积—冲刷"的双凸型剖面特征。赵秧秧和高抒（2015）的模拟结果表明，在涨落潮时间-流速对称特征明显的如东海岸，潮汐作用使潮滩沉积呈显著的分带性，且剖面形态向"双凸形"演化，两个"凸点"分别位于平均高潮位和平均低潮位附近。在台风期间风暴增水效应下，开边界的悬沙浓度差异将导致潮滩冲淤和沉积分布格局的变化，潮上带和潮间带上部均堆积泥质沉积物，潮间带中下部在风暴过程中普遍遭受不同程度的砂质沉积物侵蚀或之后堆积泥质沉积物，在沉积层序中形成风暴冲刷面。因此，潮滩的风暴沉积记录存在于潮间带上部或更高部位。朱庆光等（2014）的研究表明，东台受围垦工程影响较小的北部潮间带上部的淤积强度要大于潮间带中下部的淤积强度，潮滩剖面呈上凹型；正在实施的围垦工程加剧了垦区内潮滩的淤积，尤其在下部，高强度淤积造成垦区内潮滩剖面的上凸趋势减缓，剖面曲率减小。此外，由于垦区内逐渐失去潮汐水动力作用，与附近非垦区类似潮滩带相比，垦区内滩面沉积物呈细化趋势。围垦工程在潮间带中下部筑堤坝，对涨潮水体有阻滞作用，使得外海带来的细颗粒沉积物在围堤外侧快速堆积，造成原潮间带下部快速淤高，形成垦区外向海侧微下凹的潮滩剖面形态。

1.3 江苏海涂围垦利用情况

据史料记载，江苏沿海滩涂开发的活动从汉代以后就不断扩大。新中国成立以后，围海造地事业有了迅速发展。从 20 世纪 50 年代初到 70 年代末，沿海滩涂的开发利用呈多元化、快速发展之势，共新围滩涂 252 万亩，滩涂开发利用方式以兴海煮盐、垦荒植棉为主向农、林、牧、渔、盐综合开发利用方面发展，匡围建设较快，但开垦速度较慢，经济效益不高。

改革开放以后，江苏沿海滩涂开发逐步进入了以追求经济效益为主要目的的时期，滩涂围垦开发活动主要经历了四个阶段。一是"商品生产基地"阶段：20 世纪 80 年代至"八五"期末，江苏省匡围滩涂 58 万亩，以粮棉生产和水产养殖为主，实行农林牧渔盐业综合开发，建成了初具规模的粮棉、对虾、鳗苗、淡水鱼、林果、畜牧、盐业、文蛤、紫菜和芦苇十大商品生产基地。二是"百万滩涂开发工程"阶段：组织实施了"九五"百万亩滩涂开发工程，即围垦滩涂 54 万亩，开发已围滩涂荒地 16 万亩，改造滩涂中低产田 30 万亩。通过"九五"开发，滩涂对沿海地区的经济支持和辐射带动作用越来越大。三是"新一轮百万亩滩涂开发工程"阶段："十五"期间，为进一步缓解人多地少、用地紧张的矛盾，江苏省计划实施新一轮百万亩滩涂开发工程。四是"港口与临港产业及沿海工业基地建设"阶段："十一五"期间，江苏沿海围垦进入了一个以增加工业用地为主的新阶段。围垦面积主要用于海港口、能源、化工、物流、城镇、生态旅游等建设用地。

1951～2009 年共围垦 421 万亩，据遥感卫片显示，2010 年至 2014 年 5 月，沿海边滩和沙洲匡围面积约为 83.65 万亩，而截至 2014 年 6 月底，沿海三市上报匡围滩涂面积为 49.396 万亩（图 1-3（a））。从围垦的区域分布来看，沿海垦区主要分布在如东、东台、大丰、射阳（图 1-3（b）），其中，大丰区的围垦面积最大，占总围垦面积的 18%左右（遥感数据），而新增围垦面积主要集中在如东和东台，目前，条子泥已完成一期匡围，面积约为 10.12 万亩。

江苏海涂资源现阶段主要开发方式为围海养殖、工业与城镇建设、港口建设。

1. 围海养殖

沿海三市中，盐城市围海养殖规模最大，南通市次之，大丰区和东台市是围海养殖面积最大的县市。南通市围海养殖主要集中于海安县、如东县和启东市沿海中南部，连云港围海养殖规模相对较小，在赣榆区近岸有所分布。

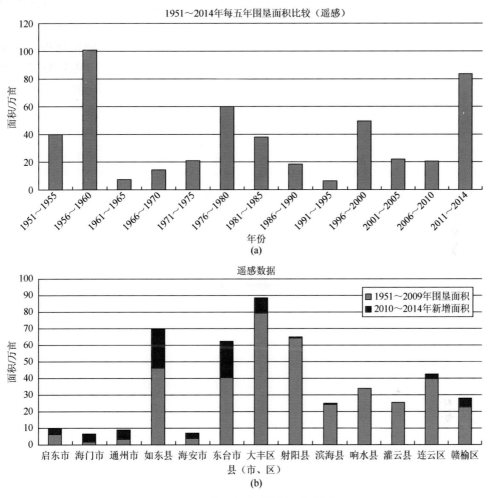

图 1-3　江苏沿海滩涂围垦面积统计

2. 工业与城镇建设

1）工业用海

江苏省滨海工业开发以工业园区、电力工业、风电场和光伏电场建设为主。

工业园区：江苏沿海填海造地兴建的工业园区主要集中于南通市。其中，小洋口闸东侧岸外滩涂填海造地 7.2km²，作为工业用区域建设用海的如东渔港经济区围填工程已于 2008 年完成，目前正在进行区内项目建设；如东县长沙镇岸外滩涂填海 23.8km² 用于建设临港工业园区；南通市通州滨海新区于通州区遥望港闸南侧和团结闸外侧规划用海 1820.2hm²；海门市滨海新区区域建设用海于海门市东北部沿海滩涂规划用海 1759.808hm²；海门市滨海新区西区区域建设围填海工程于 2011 年 9 月竣工验收；大洋港闸东侧岸外填海 18.9km² 建设吕四港区；吕四滨海工业集中区综合配套服务功能区批准面积 409hm²，已经具备项目进区条件；启东市五金机电城项目批准面积 259hm²；嵩枝港以西、塘芦港以北、塘芦港以南分别填海 5.6km²、4.5km²、14.3km² 建设临海工业园区；启东市东南角岸外滩地填海 6.7km² 建设工业园区。

电力工业：田湾核电站位于连云港市连云区田湾，一期工程（1、2 机组）于 2007 年投入商业运行，二期工程也已启动。大唐吕四电厂位于南通市启东市蒿枝港北侧海域，厂区建设占用部分滩涂。

风电场：江苏省沿海风电场建设主要分布于盐城市和南通市沿海滩涂。其中，大丰风电场位于大丰区王港口至川东港口之间近岸围塘养殖区内，用海 10.3725hm²；国华东台风电有限公司 200MW 风电场位于东台市梁垛河闸和方塘河闸之间近岸围海养殖区内，用海 5.1hm²；中国华能集团公司如东风电一期工程位于掘苴闸西侧围垦区内，用海 0.96hm²；如东海上龙源电力集团股份有限公司风力发电场位于如东县小洋口外闸以东、掘苴闸以西岸外滩涂上，用海 271.2hm²；中国华能集团公司启东风电场位于启东市协兴港以南岸外围塘养殖区内，用海 28.1809hm²。

光伏电场：江苏省沿海光伏电场主要位于盐城市大丰区和南通市海安县近岸围垦区内。中国电力投资集团公司大丰 20MW 光伏发电项目位于大丰区竹港闸以南的围塘养殖区，用海 115.6hm²；在建海东光伏发电有限公司 30MW 光伏电站项目位于海安县北凌新闸外侧近岸围垦区，用海 56.2hm²；海安县老坝港的三个光伏发电项目、大丰正辉太阳能电力有限公司的三个光伏发电项目正在建设过程中。

2）城镇建设

江苏沿海城镇开发建设主要分布于连云港和南通。连云港赣榆区滨海新城于赣榆县东部沙汪河至青口河段岸外海域规划用海 297.4307hm²；连云港海滨新区于海州湾临洪河口南侧至西墅岸段规划用海 2066.34hm²。南通如东旅游经济区于如东县小洋口闸以西岸外滩涂填海 1091.75hm²；南通通州滨海新区和海门市滨海新区也分布有城镇开发建设区。启东市东南角岸外滩地为中国恒大集团填海造地工程，填海 668.90hm²。

3. 港口建设

江苏沿海在建和发展的主要港区由北到南依次为连云港（包括赣榆港区、连云港区、徐圩港区）、滨海港区、射阳港区、大丰港区、洋口港区、东灶港区、吕四港区。

1）赣榆港区

赣榆港区位于海州湾北部，绣针河口到龙王河口之间。防波堤工程已全部完工，建有 10 万吨级的航道，一、二、三号通用码头和 1 个液体化工泊位，已建堆场面积 92.82hm²，在建堆场面积约 191.55hm²。

2）连云港区

连云港区位于连云湾内，在羊窝头和旗台嘴建有南、北两条防波堤。其中，马腰作业区有生产性泊位 15 个，庙岭作业区拥有生产性泊位 12 个，墟沟作业区共有 11 个生产用码头，旗台作业区建有 1 个 5 万吨级液体化工泊位和 1 个 25 万吨级矿石码头。

3）徐圩港区

徐圩港区位于连云港市南部小丁港至灌河口之间。目前，港区完成填海造地 752.17hm²，建成长 2.4km 的二港池引堤，在建的徐圩港区东防波堤长 12.21km。

4）滨海港区

滨海港区位于滨海县翻身河口至二洪口之间。目前，港区防波堤已建成，正在建设 10 万吨级航道、盐城港滨海港区中国电力投资集团公司煤炭码头一期工程、盐城港滨海港区北区一期工程，拟建填海造地面积约 97.4hm²。

5）射阳港区

射阳港区位于射阳河口，建有南北两条导堤，现有生产性泊位 24 个，千吨级以上泊位 10 个。目前正依托北导堤在建通用散杂码头工程，新建 1 万吨级通用散杂泊位 2 个。

6）大丰港区

大丰港区位于大丰区王港河入海口北侧。目前已建成大丰港大件码头、大丰港二期工程、大丰港一期码头、大丰港石化码头、大丰港三期 5 万吨级通用码头、大丰港粮食码头，拟建三期通用码头内侧泊位工程，在建江苏黄海港务有限公司码头工程和盐城港大丰港区滚装船码头工程、二期散货码头扩建工程和盐城港大丰港区二期杂货码头后沿改扩建工程。已建填海造地工程包括大丰港区煤炭中转储备基地围垦工程、大丰港区三期通用码头堆场工程和大丰港经济区仓储中心围垦工程。

7）洋口港区

洋口港区位于如东县岸外烂沙洋水道和黄沙洋水道交汇处。港区建成长约 11km 的陆岛通道黄海大桥和管线连接人工岛与陆域；西太阳沙人工岛已完成填海造地 3.5km²，建有 LNG 接收站一座，建有 1 个 LNG 码头、1 个 10 万吨级液体化工码头、1 个 LNG 重大件码头、1 个 5000 吨级液化码头。目前航道等级为 10 万吨级。

8）东灶港区

东灶港区位于海门市东灶港岸外，蛎岈山前沿小庙洪水道尾部。目前，港区建有 1 个 2 万吨级通用码头泊位，码头通过长约 3.7km 栈桥与海门滨海新区相连。

9）吕四港区

吕四港区位于启东市大洋港闸和蒿枝港闸之间。目前，港区建有 2 个 3.5 万吨级卸煤专用泊位及 1 个工作船泊位。

1.4 海洋经济概况

江苏省沿海地区位于我国海域中部，连云港、盐城和南通三个省辖市内拥有海岸线的县（区、市）有 15 个，总面积约 22952km²。2012 年，沿海地区 15 个县（区、市）年末总人口约 1314 万人，占江苏省总人口的比重较小。江苏省在做大做强传统优势主导产业的基础上，着力发展临港产业和新兴产业，构建沿海现代产业体系，加快建设沿海新型工业基地，基本形成了以现代农业为基础、先进制造业为主体、生产性服务业为支撑的产业协调发展新格局。沿海地区三次产业结构持续优化，由 2009 年的 12.6：51.8：35.6 调整为 2015 年的 9.23：46.8：43.97，一产占比首次降至个位数，二、三产业占比提高 3.37 个百分点。现代农业加快发展，沿海三市粮食总产占全省比重达到 40%，高效设施农业面积增加九成以上，占耕地面积比重达 17%，国家重要的商品粮基地、农产品生产加工和出口基地、农业观光休闲基地建设取得积极成效，建成国家现代农业示范区 3 个、国家级龙头企业14个。先进制造业不断壮大，规模以上工业增加值由2009年的3550.18亿元增长到2015年的6120.11亿元，年均增长9.5%，占全省比重由2009年的14.9%上升到18.31%；百亿元工业企业从3个增加到10个，沿海新医药、新材料、新能源、船舶与海工、汽车、石化、粮油等新兴产业和临港产业加速集聚，形成了明显的竞争优势。现代服务业总量持续扩大，贡献份额不断提高，服务业增加值由2009年的2618.53亿元增长到2015年的5505.42亿元，年均增长13.2%，占地区生产总值的比重提高了8.37个百分点，现代物流、金融商务、滨海旅游、健康养老、创意设计等新兴服务业发展势头良好（唐庆宁和宋晓村，2014）。

"十二五"期间，江苏省加快产业空间布局调整优化，大力推进陆海统筹、江海联动，全省海洋生产总值由2010年的3551亿元上升至2015年的6406亿元，年均增长12.5%，高出同期全省GDP增速3个百分点，占GDP比重由8.6%升至9.1%，海洋经济在全省经济中的地位日益突显。海洋优势产业在国内具有重要影响力，沿海沿江亿吨大港数、货物吞吐量均居全国第一，船舶工业三大主要指标造船完工量、新船承接订单量和手持订单量连续多年稳居全国榜首，海洋工程装备产业规模在全国名列前茅，海上风电并网容量全国第一。同时，全省海洋经济调控体系不断完善，海域使用管理、海洋环境保护等综合管理能力显著提升，为海洋经济持续健康快速发展奠定了坚实基础。在江苏地区生产总值增速逐步放缓的背景下，海洋经济产值仍然保持着较高的增长率。

"十二五"以来，江苏沿海开发顺利推进，沿海三市经济快速发展，发展水平不断提升（图1-4）。2011~2015年，江苏沿海三市地区生产总值总和分别达到8262.07亿元、9282.09亿元、10299.81亿元、11454.2亿元、12521.5亿元，增幅分别为18.17%、12.35%、10.96%、11.21%、9.32%，增速均高于全省。与全省地区生产总值比较，2011~2015年，沿海地区的地区生产总值占全省比重分别为16.82%、17.17%、17.41%、17.60%、19.4%。

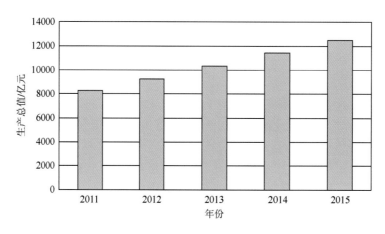

图1-4　江苏沿海地区生产总值（2011~2015年）

资料来源：《江苏统计年鉴2012—2015》《2015年江苏省国民经济和社会发展统计公报》

1.5　本书主要内容

本专著通过对江苏海涂资源与环境、围垦状况的调查，分析海涂围垦现状、潜力和问题，获取了海涂资源与环境信息，建立了海涂资源与环境基础信息数据库，开展了海涂围垦模式、海涂围垦后评估技术、围垦区防灾减灾技术等研究，提出了江苏海涂可供围垦的总量、布局、开发方向和时序，构建了与景观相容的可持续海涂围垦生态景观模式，制定了围垦区海洋灾害防灾减灾方案，筛选了后评估指标，构建了海涂围垦后评估指标体系，开发了江苏海涂水动力预测与可视化系统、多因素影响下的江苏海涂演变预测和展示平台。通过海涂围垦关键技术体系研究，研拟海涂围垦后评估技术规程和围垦区海洋防灾减灾技术规程，提出了海涂围垦管理的对策建议。

1. 海涂资源环境调查与围垦潜力

系统收集了江苏海洋功能区划、沿海滩涂围垦及开发利用规划等区划、规划相关资料以及海涂开发利用现状、社会经济发展状况等基础数据；收集汇总了 2006～2014 年江苏海涂水文、水质、底质、生物、生态、渔业资源等数据资料，水文、水质、地质、生物生态等监测数据 6 万余个，对收集到的各类数据运用单因子分析法等手段进行了处理、分析，总结了近年来江苏海涂海域海洋生态环境变化趋势，分析了海涂围垦对海洋生态环境的影响。

从 2012 年 1 月起，利用江苏首批自建海洋观测浮标在江苏海涂海域开展了水文水动力要素连续实时观测，并利用观测数据开展了海涂围垦区及周边海域水动力变化特征分析研究，初步得到围垦核心区海域海洋水文水动力特征结果。在江苏海涂海域及海涂以外海域分别布设了 42 个海水监测站位、27 个沉积物站位、23 个生物生态站位及 30 个潮间带生物站位，于 2012 年 10 月、2013 年 5 月及 2014 年 8 月开展了秋季、春季和夏季三个航次的野外补充调查，共获得各类监测数据 7.2 万余个，并对所获得的数据进行了分析、处理，总结了海涂海域生态环境现状，结合收集到的各类数据分析了海涂围垦对海洋生态环境的影响。

系统收集了江苏省不同比例尺居民地、交通运输线、水系线、水系面、岸线、标注、水深点等信息的基础地理数据以及 1993 年 Landsat TM 数据（30m）4 景、2002 年 Landsat TM 数据（30m）4 景、2012 年 HJ-1 CDD 数据（30m）6 景遥感影像数据资料和 2008 年 SPOT5（2.5m）2 景、2011 年 SPOT5（2.5m）2 景、2013 年 SPOT6（1.5m）2 景遥感影像数据资料，并利用辐射校正、几何校正、图像镶嵌、数据融合、正射校正、图像融合等图像预处理手段完成了覆盖江苏省的低分辨率和覆盖围垦示范区的高分辨率卫星遥感影像数据预处理。同时，为保证数据处理的准确性，开展了遥感卫星影像的外业控制点测量工作。2012 年 10 月、2013 年 10 月和 2014 年 5 月，先后完成了江苏近岸海域光学要素外业调查实验，并利用调查实验数据进行了江苏近岸海域悬浮泥沙遥感反演方法的研究工作，建立了江苏近岸海域悬浮泥沙浓度反演模型，制作了悬浮泥沙遥感反演专题图。按照湿地景观分类体系，结合江苏省海涂资源特点，建立了一套科学的、基于生态评价与管理的围垦区海涂资源与环境分类系统,同时,对围垦区海涂资源与环境类型进行编码,建立了海岸带湿地编码系统,并依据海涂资源与环境类型分类体系进行了海涂资源与环境信息提取。

对收集到的历史数据、资料及现场调查的各类数据进行了分析和评价,从水动力环境、海岸和海底地貌、水环境质量、海洋生物生态状况等方面较深入和全面地分析了围海工程对海洋生态环境的影响。以遥感数据为基础,分析了海涂资源动态演变状况,并进一步运用衰减公式,以 2014 年为初始年份,对未来一段时期内滩涂围垦速率、滩涂围垦量和现代海岸线以下的滩涂面积进行了预测。

2. 海涂围垦模式

采用理论研究与数学模型模拟相结合的方法,对江苏海涂围垦对水动力及泥沙输运过程、海床变形和岸线演变的影响进行数值模拟,利用已积累的实测调查资料,并结合"908专项——江苏省海岸带与海岛调查"的现有实测成果,通过对水沙和遥感资料分析,采用现场实测、外业调查、水槽实验、数值模拟试验分析和理论研究相结合的方法,深入分析了江苏海涂物质输运的整体形态,结合《江苏沿海地区发展规划》研究江苏海涂围垦中长期规划对水动力、悬沙以及海床冲淤的影响。特别对两个围垦示范区(海门和连云港滨海新城)围垦工程的实施对水沙环境及海床冲淤的影响进行了评估,研发江苏海涂演变预测和展示平台。

确定了海涂围垦的资源条件评价和适宜规模,完成了重要生态功能单元和保护对象的筛选,并对海涂围垦需求进行分析,确定拟围单元,给出了江苏海涂围垦布局方案;构建了海涂围垦开发时序评价模型,计算分析农业开发、港口开发、滨海工业开发和城镇开发等拟围单元综合评价值,得出了不同开发方向的各拟围单元开发时序;对不同类型海涂围垦和促淤技术发展趋势进行了研究,针对江苏沿海滩涂围垦确定促淤建筑物的布置形式,优化了围堤和促淤结构物的平面布置;对围垦工程优化技术进行了研究,将软土地基处理、围筑堤稳定性及断面结构、吹填施工技术进行优化并应用到连云港示范区围垦工程中;提出了不同利用方式下的可持续海涂围垦态景观模式,分析了连云新城景观格局演变特征并进行优化,构建了基于生态安全格局的海门新区景观模式并进行了优化。

3. 围垦区防灾减灾技术

收集了江苏海域地形地貌、水动力、气象、海洋灾害等数据资料,获取了观测平台、潮位站、浮标系统和海洋观测志愿船等实时观测资料,在此基础上,集成 GIS 技术、RIA技术、NET 技术和数据库技术等,构建了江苏海洋观测资料数据库,实现了数据的集中管理、分析、展示和服务。在海洋灾害调查的基础上,进一步收集、整理研究区域相关文献资料,分析了影响江苏海域的热带气旋、风暴潮、灾害性海浪、赤潮、海平面上升、海岸侵蚀、海水入侵等主要海洋灾害特征及演变规律,开展了江苏沿海承灾体调查和承灾体分布特征及历史变迁研究。

通过项目实施,研究了江苏海洋滩涂潮汐潮流及波浪特征。创新开展了复杂海底地形条件下的风暴潮、海浪数值预报技术研究。模型中的水深融合了分辨率较高的海涂水深数据、工程建设测量水深数据、"908 专项"调查海底地形数据等，较为准确地刻画了江苏海域复杂的地形地貌特征。江苏沿海的精细化风暴潮数值预报模式采用非结构网格技术、风暴潮-海浪实时耦合技术和风暴潮集合预报技术等研究而成，通过对实际风暴潮过程进行验证，发现该模式模拟效果良好。江苏海域海浪数值预报模式基于目前国际先进的第三代近岸海浪模式 SWAN 构建，模型充分考虑海底摩擦、波浪破碎、三波和四波的相互作用、波浪绕射的影响等。计算网格分为大范围和小范围。大范围模型计算区域采用非结构三角网格，小范围模型在大范围模型的基础上采用 SWAN 模型自嵌套。经实况验证，模式模拟效果良好。

针对平原型海岸滩涂围垦区域的特点，开展围垦区警戒潮位核定技术、围垦区海洋灾害隐患排查技术等防灾减灾关键技术研究，对连云港市连云新城、海门市滨海新区两个重点岸段实施了警戒潮位核定工作，经省人民政府同意，警戒潮位核定技术的成果予以公布应用。开发了江苏省风暴潮预警报系统、江苏海涂水动力预测可视化系统等业务应用系统，并投入业务化运行。海洋灾害预警技术、围垦区警戒潮位核定技术在连云港连云新城、海门滨海新区应用示范，效果良好。

4. 海涂围垦后评估技术

在参考现有研究成果的基础上，建立了海涂围垦工程后评价价指标体系，使其更加适合开敞海域围填海工程的实际情况。指标体系包括项目建设过程评价、环境效益、社会效益、经济效益和资源效益 5 个一级指标，将这 5 个一级指标划分为规划符合性、敏感区域、填海造地平面设计、潮汐、地形地貌、海洋生态、海洋资源、湿地景观、海洋灾害、经济效益和社会效益等 17 个二级指标，再将这 17 个二级指标具体划分为 37 个三级指标，其中 6 个定性指标，31 个定量指标，并应用主观和客观权重平均出综合权重，得到海涂围垦工程各指标的权重系数推荐值，构建了海涂围垦后评估评价体系，并将技术评价体系应用于连云港滨海新城和海门市滨海新区围垦工程。编写了《海涂围垦后评估技术规程》，规范了海涂围垦工程后评估的工作流程、具体要求和技术方法。

5. 海涂围垦关键技术集成与应用示范

选取连云港连云新城、海门市滨海新区两个围垦工程作为示范区，根据收集的海涂围垦的前期资料的范围和内容，同时也根据构建的海涂围垦后评估指标体系的后评估内容和范围，有针对性地开展典型围垦区的海洋生态环境现状补充调查，包括海洋水文、地质地貌、海洋化学、海洋生物、社会、经济、资源环境等方面。依据集成的海涂围垦模式、海涂围垦后评估技术、围垦区防灾减灾技术，选择连云港连云新城和海门市滨海新区开展海涂围垦模式、海涂围垦后评估技术、围垦区防灾减灾技术的应用示范研究。

通过海涂围垦关键技术集成与应用示范，提出了适用于连云新城的围垦工程技术、促淤技术；对连云区、海门市警戒潮位进行了核定，制定了示范区警戒潮位和精细化预报实施方案，并应用于示范区；完成海门市滨海新区后评估技术和连云新城社会经济后评估技术应用示范。

参 考 文 献

陈一梅，张东生.2011. 卫星遥感在港口、航道中的应用回顾与回望. 水运工程，333（10）：1-5.

樊静，解直凤.2006. 沿海滩涂的物权制度研究. 烟台大学学报（哲学社会科学版），19（1）：31-34.

方如康.2003. 环境学词典. 北京：科学出版社.

龚政，靳闯，张长宽，等.2014. 江苏淤泥质潮滩剖面演变现场观测. 水科学进展，25（6）：880-887.

何小燕.2011. 小型河口沉积动力过程对人类活动的响应——以射阳河口为例.南京：南京大学硕士学位论文.

江苏省海洋与渔业局.2013. 江苏省海洋功能区划（2011—2020 年）.

江苏省海洋与渔业局.2016.2016 年江苏省海洋环境质量公报.

李瑞杰，丰青，郑俊，等.2012. 近岸海域流速与含沙量垂线分布分析. 海洋通报，31（6）：1-6.

李展平，张蕾.2008. 城郊绿化与造景艺术. 北京：中国林业出版社.

彭建，王仰麟. 2000. 我国沿海滩涂的研究. 北京大学学报（自然科学版），36（6）：832-839

沈焕庭，等.2001. 长江河口物质通量. 北京：海洋出版社.

唐庆宁，宋晓村.2014. 江苏海洋经济发展研究. 北京：科学出版社.

王刚.2013. 沿海滩涂的概念界定. 中国渔业经济，31（1）：99-104.

王健，等.2012. 江苏海岸滩涂及其利用潜力. 北京：海洋出版社.

王颖，等.2002. 黄海陆架辐射沙脊群. 北京：中国环境科学出版社.

王颖，等.2014. 南黄海辐射沙脊群环境与资源. 北京：海洋出版社.

王志良.1997. 悬移质含沙量的垂线分布规律探讨. 河海大学学报：自然科学版，25（3）：29-33.

徐敏，李培英，陆培东.2012. 淤长型潮滩适宜围填规模研究——以江苏省为例. 北京：科学出版社.

杨宝国，王颖，朱大奎.1997. 中国的海洋海涂资源. 自然资源学报，12（4）：307-316.

张长宽，等.2013. 江苏省近海海洋环境资源基本现状. 北京：海洋出版社.

赵秋秋，高抒.2015. 台风风暴潮影响下潮滩沉积动力模拟初探——以江苏如东海岸为例. 沉积学报，2015，33（1）：79-90.

朱庆光，冯振光，徐夏楠，等.2014. 围垦工程影响下的江苏弶港潮滩剖面的演化机制. 海洋地质与第四纪地质，（3）：21-29.

朱庆光，汪亚平，张继才.2014. 江苏新洋港闸下河道沉积动力过程及冲淤数值模拟//南海资源环境与海疆权益学术研讨会、海峡两岸地貌学研讨会暨中国第四纪研究会海岸海洋专业委员会、中国地理学会海洋地理专业委员会 2014 联合学术年会.

Christoffersen J B，Jonson I G. 1985. Bed friction and dissipation in a combined current and wave motion. Ocean Engineering，12（5）：387-423.

Parker G，Garcia M，Fukushima Y，et al. 1987. Experiments on turbidity currents over an erodible bed. Journal of Hydraulic Research，25（1）：123-147.

Soulsby R L. 1997. Dynamics of marine sands. London：Thomas Telford.

Yang C T，Song C C S，Woldenberg M J. 1981. Hydraulic geometry and minimum rate of energy dissipation. Water Resources Research，17（4）：1014-1018.

第 2 章　江苏海涂生态环境状况及趋势

随着人口的持续增长和经济发展水平的不断提高，人们对土地的需求不断增大。然而，有限的土地资源无法满足人们的需求，为了开辟更加广阔的生存发展空间和挖掘更加丰富的物质资源，沿海滩涂的开发与利用成为了人们新的关注点。江苏沿海滩涂面积约 5000km^2，滩涂资源丰富，约占全国滩涂总面积的 1/4，居全国各省之首。2009 年，《江苏沿海地区发展规划》经国务院批准上升为国家发展的重要战略，新一轮沿海海涂围垦势在必行。《江苏沿海地区发展规划》要求着力建设中国重要的土地后备资源开发区，《江苏沿海滩涂围垦开发利用规划纲要》提出可在盐城射阳河口至南通东灶港之间的淤长型海岸和辐射沙洲等地进行围填，形成 1800km^2 左右的土地后备资源。

大规模海涂围垦虽然可以为人类生存提供新的空间，为我国沿海地区社会经济发展提供重要的土地资源支撑，但同时也必然对围垦区周边海域的潮汐潮流、波浪、悬浮泥沙等水文动力环境及水质环境、沉积物环境、生物生态等产生影响。本专著通过系统收集江苏海涂资源、环境和围垦数据资料，开展海涂资源与环境补充调查，分析了江苏海涂生态环境现状和趋势，并进一步分析了江苏围垦现状、潜力和存在的问题。

2.1　水文动力环境

2.1.1　潮汐潮流

江苏沿海海域具有独特又相对稳定的潮汐动力环境，主要受东海前进潮波系统控制和黄海逆时针旋转潮波影响。江苏沿海南面，太平洋潮波经东海以前进波形式由南向北推进；而江苏沿海北部，由于受南黄海西部旋转潮波系统的制约，其波峰线由北向南传播；东海半日潮波以前进波性质传进黄海后，形成两个复杂的旋转潮波系统，控制着整个江苏沿海的潮汐类型和分布规律。

江苏沿海潮汐类型主要为不正规半日潮和正规半日潮，涨落潮历时相差通常小于 0.5h，局部海域相差 1h 左右。以 M2 分潮潮波传播为例，太平洋前进潮波从东南方向传入中国近海，经东海大陆架到南黄海，在江苏沿海南部保持了前进波的特征，到南黄海后在潮波继续北上的过程中，部分前进潮波遇到山东半岛南侧海岸发生反射，反射潮波往东南偏南方向传播。前进潮波和反射潮波两系统在江苏沿海北部海域辐合，在废黄河口外出现无潮点。这两个潮波系统的波峰线在弶港岸外辐合并具有向弶港岸边推进的特征。潮差的变化各岸段存在较大差异，废黄河口、扁担港一带因距无潮点最近，平均潮差最小，由此向南、向北潮差逐渐增大。北部海州湾至连云港，最大可能潮差为 5～6m；中部海域，最大可能潮差较小，一般在 3m 左右，尤其在滨海—射阳外海近无潮点海域，最大可能潮差仅 2m 左右；南部潮波辐合区弶港—小洋口一线海域潮差迅速增大，最大潮差可达 6m 以上。

江苏海域潮流特征主要表现为近岸涨潮最大流速大于落潮最大流速，离岸则是落潮最大流速大于涨潮最大流速。无论冬季或夏季，均为辐射沙脊群海域潮流最强，废黄河口外次之，海州湾最弱；潮流由辐射沙脊群海域向南、向北逐渐减小。夏季流速普遍大于冬季流速，流向相差不大，涨落潮差异不明显。

通过数值模型计算与实测计算结果对比发现，计算得到的 Euler 余流最大值在 0.35m/s 左右。江苏辐射沙洲海域和长江口余流较大，辐射沙洲海域余流较大可能是由于辐聚辐散的潮流场所引起的，长江口余流较大是因为河口地区受径流的影响较大。海州湾与外海余流较小，大体在 0.01～0.03m/s，海州湾内余流基本与岸线平行，外海则沿东南方向流动，一部分在废黄河口北部出现一个逆时针旋转的余流涡旋，另一部分沿东流至外海，与东南向的余流汇至一处进而在外海沿东南方向流动。Euler 余流在废黄河口南部有一个较为明显的顺时针漩涡，是由于弶港北部有一北向的余流与废黄河口南下的余流汇聚而导致，汇聚后的余流先沿东方向运动，至外海后大部分沿东南方向运动。长江口存在一股较大的余流，北支小部分余流沿北运动至吕四港海域转向东，在外海与南黄海东南流向的余流汇聚后流入东海，长江口南支的余流在近岸处沿东运动，运动至外海后转为东南向流入东海。

Euler 余流在老黄河口尖凸汇集的潮余流离岸后先向东，然后转向东南，同沿黄海海槽南下的潮余流汇集，并在长江口水下三角洲东北侧形成较显著的潮余流，同时在苏北老黄河口尖凸的南侧存在一个顺时针方向的涡旋，而在其北侧存在一个反时针方向运动的涡旋，并且在长江口北部近海在冬、夏两季均观测到流幅分别为 30n mile 和 15n mile 的向北的流动，而在其外侧又观测到指向东，进而指向东南方向的流动。

表层 Lagrange 余流场（图 2-1）整体形态与表层 Euler 余流（图 2-2）相似，大小相差不大，Lagrange 余流最大值为 0.37m/s。由于潮汐作用引起的 Stokes 漂流在近岸海域，尤其是河口、海湾和潮汐通道上的独特分布特征，Lagrange 余流与 Euler 余流在局部区域稍有差别。由于 Stokes 漂流在外海区域数值相对较小，流速普遍小于 0.03m/s，而在近岸区域，如废黄河口近岸区域，Stokes 漂流较大，从而导致该区域的 Lagrange 余流大小与 Euler 余流大小略有不同，但流向基本没有变化。在江苏近岸海域附近，从海州湾至辐射沙脊群北边界出现一股大小为 0.1～0.35m/s 的余流，沿东南方向流动。长江口也存在一股较大的 Lagrange 余流，北支一小部分 Lagrange 余流沿北运动至吕四港海域转为向东，在外海与南黄海东南流向的余流汇聚后流入东海。长江口南支的余流在近岸处沿东运动，最后与长江口南支向东的 Lagrange 余流汇合，汇合后 Lagrange 余流迅速变大，流速最大值在 0.37m/s 左右，其流向由东逐渐转为向正南，而后余流流速大小逐渐减小。近岸海域处的 Lagrange 余流流速大小与离岸较远的外海海域有很大差异，辐射沙洲以北海域，余流流向基本向南，沿着海岸线运动直至辐射沙洲海域附近，余流流速减小至 0.1m/s 左右。江苏南部海域从长江口至辐射沙洲南部海域出现沿北运动的沿岸流，余流流速在 0.15m/s 左右。Lagrange 余流在长江口北支较大，大约为 0.3m/s。

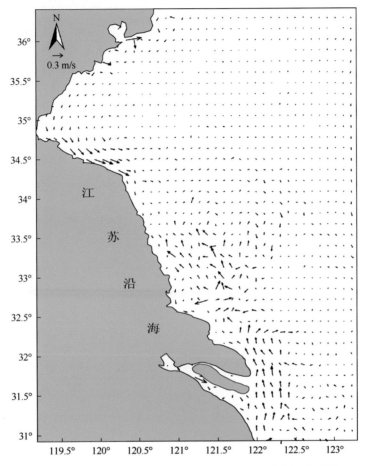

图 2-1　表层 Lagrange 余流场和底层 Lagrange 余流场分布图

2.1.2　波浪

1. 江苏海域波浪特征

江苏省地处我国黄金海岸中部，毗邻黄海，纬度为 31°33′N 至 35°07′N，地理位置优越，位于暖温带与北亚热带的过渡地带，夏季多为东南风，冬季为偏北风，属于典型的季风气候。北自苏鲁交界的绣针河口，南至长江口北岸，岸线全长 954km（内含 7.9km 长江口北支水域），其中淤积型海岸长达 666km，占总长的 70%。沿海滩涂面积约 5000km²，占全国滩涂的 24%。江苏沿海地形复杂，既有中部的辐射沙洲地形，又有北部的海州湾水下浅滩地形，具有特殊的海洋动力条件，尤其是中南部沙脊地区，从外海传来的波浪发生复杂的折射和多次破碎，波浪变形和非线性作用非常显著。

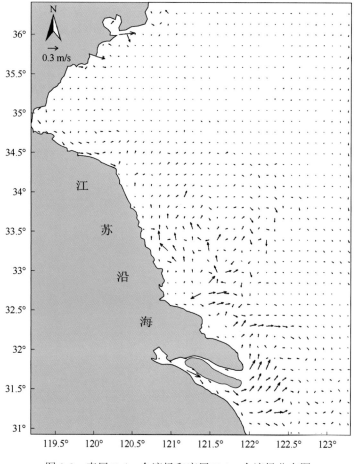

图 2-2 表层 Euler 余流场和底层 Euler 余流场分布图

统计显示：北部海域常年以风浪为主，风浪及风浪为主的混合浪出现的频率分别为 52% 和 9%，涌浪和涌浪为主的混合浪出现的频率分别为 2% 和 37%，年常风向为 NNE—E，强风向 ENE—ESE，强浪向为 NNE，常浪向为 NE，浪向出现较少的方向是 SW 和 NW，各季浪向均以东北浪向为主，春夏两季东南浪向明显增加。分析最大波高的统计特征发现，0.0～1.0m 的轻浪出现频率最高，为 40.0%；其次为 1.0～2.0m 的轻到中浪，出现频率为 38.5%；2.0～3.0m 的中到大浪出现频率为 14.1%；5m 巨浪以上浪高出现的频率较少，为 0.4%，且主要出现在 N、NNE、NE 方向；H 1/10 也呈现出类似特征。波浪周期主要以 2.0～5.0s 为主，出现频率为 82.9%。多年 H 1/10 平均波高为 0.5m，年内各月 H1/10 平均波高在 0.4～0.6m 变化。相对而言，秋冬季（9～3 月）的波高略大于春夏季（4～8 月）。

江苏南部海域辐射沙洲分布广泛，地形变化剧烈，波浪在该区域的分布变化显著，而该海域的波浪实测资料匮乏。吕四海洋站观测资料显示：该海域常风向为 E—SE，强风向为 E—SE，该海域常年以风浪为主，风浪及风浪为主的混合浪出现频率分别为 88.7% 和 2.7%，涌浪和涌浪为主的混合浪出现频率分别为 0.1% 和 8.5%。累年常浪向为偏北浪向，受亚热带季风影响，夏季以东南浪向为主，冬季以西北浪向为主，强浪向为偏北和西北浪向。统计该海域 H 1/10 特征显示：累年平均波高为 0.25m，其中，0.0～1.0m 波高出现的频率最高，为 93.2%；大于 2.0m 的波高出现的频率极低，为 0.3%。累年平均波浪周期为 2～3s，出现频率为 66%。波浪的周期变化与波高变化呈正相关关系。

2. 围垦对周边海域波浪的影响

江苏省海岸带地处我国沿海中部，东临黄海，以新洋港为界，江苏海域分为北部海域（包括海州湾及其以南的废黄河水下三角洲）和南部海域（辐射沙脊群）。江苏海域地理位置优越，战略位置重要，南北自 31°33′N 至 35°07′N 跨 3.5 个纬度。其中，辐射沙脊群分布范围广泛，长约 200km，宽为 90km，槽脊相间，形态特殊，地形复杂，以弶港为顶点呈辐射状分布，具有十多条大型沙洲和四条靠岸深水潮汐通道。根据《江苏沿海滩涂围垦开发利用规划纲要》，2010～2020 年，江苏沿海滩涂规划围垦 180000hm²。滩涂围垦规划工程的实施将使海岸滩涂格局和自然演变过程发生根本性改变，引起海岸动力条件和岸线发生变化，从而使近岸的波浪场会发生一定的变化。此外，围垦区的建立也将改变该海域在台风等恶劣天气条件下的波浪响应。本专著运用 SWAN 模型模拟围垦前后江苏海域波浪的变化，以探索围垦对江苏海域波浪的影响。

1）模拟时间及区域

模型模拟的计算范围覆盖整个江苏海域（30.9°N～37.4°N，119.1°E～124.1°E）。模拟区域的水深地形如图 2-3 所示。图 2-3 中 1～8 号点为江苏近岸波浪场的分析采样点，

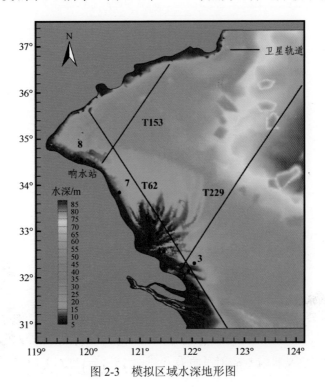

图 2-3　模拟区域水深地形图

其坐标及水深如表 2-1 所示，其中 1～6 号点位于南部辐射沙洲海域，7～8 号点位于北部海域。模型采用无结构三角形网格，由外海至近岸网格尺寸逐渐加密，外海网格分辨率为 5km，近岸为 2km，该网格结构能够充分反映江苏近岸辐射沙脊群区域的地形变化情况（图 2-4）。《江苏沿海滩涂围垦开发利用规划纲要》岸线围垦后如图 2-5 所示，为了更细致地刻画围垦规划工程附近的岸线变化及围垦对波浪场的影响，围垦工程实施后的网格在江苏近岸分辨率加密到 1km，外海网格尺寸仍为 5km。通过模拟围垦前后夏季、冬季及台风期间波浪场的变化，用以探索围垦对江苏海域波浪的影响。围垦前后的模拟时间相同。其中，夏季波浪的模拟时间为 2006 年 9 月 7 日 8 时至 9 月 13 日 2 时（时段 1），冬季波浪的模拟时间为 2007 年 1 月 4 日 0 时至 2007 年 1 月 14 日 2 时（时段 2），台风浪的模拟时间取为台风"梅花"期间，即 2011 年 7 月 28 日 8 时至 8 月 11 日 2 时（时段 3）。

表 2-1　江苏近岸波浪场分析采样点

采样点	经度/(°)	纬度/(°)	水深/m
1	122.00	31.83	6.48
2	121.93	32.14	11.24
3	122.04	32.31	19.15
4	121.46	32.56	16.41
5	121.32	32.95	4.40
6	121.26	33.20	9.30
7	120.60	33.84	13.27
8	119.86	34.56	6.39

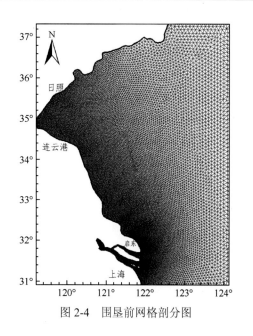

图 2-4　围垦前网格剖分图

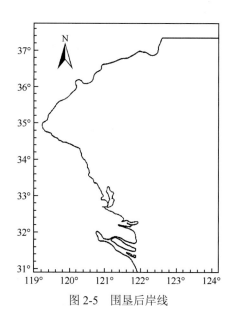

图 2-5　围垦后岸线

2）波浪模拟数值实验

（1）资料来源和处理方法

为验证围垦工程前 SWAN 模型在时段 1 及时段 2 波浪模拟的效果，本专著将波浪模拟值与已剔除无效数据后的 Jason-1 卫星轨道数据进行比较。在模拟时段 1 内，Jason-1 卫星处于第 172 个运行周期，主要有 T62、T153 轨道经过对应区域；在模拟时段 2 内，Jason-1 卫星处于第 183~184 个运行周期，主要有 T229、T62 轨道经过对应区域，各轨道位置如图 2-6 所示。此外，台风"梅花"期间（时段 3）的台风浪模拟结果验证资料为响水波浪测站（34.44°N，120.10°E）实测数据资料。

（2）围垦工程前模型验证

时段 1 及时段 2 的模拟有效波高与 Jason-1 卫星轨道数据的对比结果如表 2-2 及图 2-6 所示。

表 2-2　时段 1 及时段 2 模拟结果验证

模拟时间	周期及轨道号	平均误差/m	平均相对误差/%
时段 1	Cycle172_T62	0.17	11.0
	Cycle172_T153	0.16	24.1
时段 2	Cycle183_T229	0.23	19.8
	Cycle184_T62	0.30	13.4
	Cycle184_T229	0.18	16.0

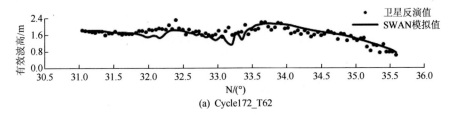

(a) Cycle172_T62

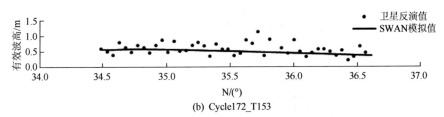

(b) Cycle172_T153

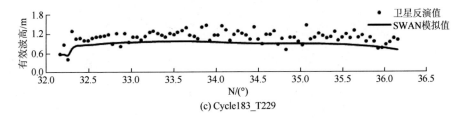

(c) Cycle183_T229

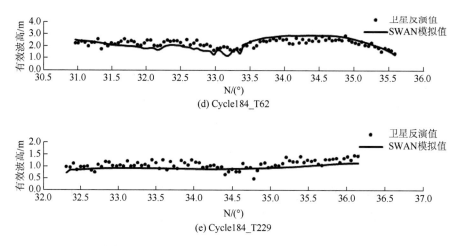

(d) Cycle184_T62

(e) Cycle184_T229

图 2-6　时段 1 及时段 2 模拟结果与轨道数据验证

由表 2-2 及图 2-6 可知，模拟有效波高与轨道数据的变化趋势基本吻合，模拟误差均在 0.30m 以内；除时段 1 的模拟有效波高与 T153 的卫星轨道数据相差稍大外，其他两个时段模拟结果的相对误差均小于 20%。整体而言，时段 1 及时段 2 的模拟效果均较好。

响水波浪测站位于江苏沿海废黄河口附近，浮标处水深大约 8m，每小时采集一次数据，该浮标记录了台风"梅花"期间测波点附近的波要素过程。台风"梅花"路径图如图 2-7 所示。为了检验所建 SWAN 模型在江苏沿海的模拟效果，将 8 月 1 日 8 时至 8 月 11 日 2 时（时段 3）的模拟结果和响水站实测有效波高及波向进行对比分析，结果如图 2-8 所示。

图 2-7　1109 号超强台风"梅花"路径图

由图 2-8 可知，模型较好地刻画了台风期间响水站附近的波高及波向变化过程，但在 8 月 6 日 0 时至 8 月 7 日 0 时期间，波高模拟值较实测值稍低，且峰值处波高下降速率较实测值稍快，这可能是受驱动风场的精度限制所致。

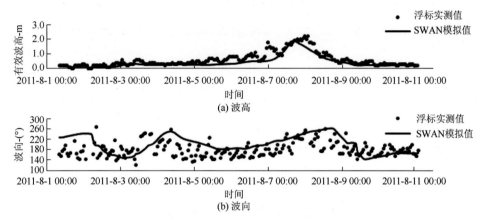

图 2-8　台风"梅花"期间波浪模拟结果与响水波浪测站实测数据对比

（3）围垦工程前模型的模拟结果

①夏季（时段 1）

SWAN 模型模拟所得各采样点 2006 年 9 月 7 日 8 时至 9 月 13 日 2 时波要素随时间变化过程如图 2-9 所示。

各采样点波高和周期有效波高介于 0～2m，除采样点 3 及采样点 7 外，各采样点的有效波高均小于 1.5m；而周期的变化趋势与波高变化趋势基本一致，各采样点谱平均周期介于 1～5s。分析各采样点波高差异的原因：采样点 3 及采样点 7 位于辐射沙洲外缘且该海域水深较深；采样点 1 及采样点 8 海域水深小于 7m 且该时段内风速亦较小，故其波高较小；采样点 2、4、5、6 处由于其位于辐射沙洲内部，其复杂的地形导致波浪在向近岸传播过程中发生摩擦、破碎、折射和非线性相互作用而导致能量损耗较大，导致波高较小。

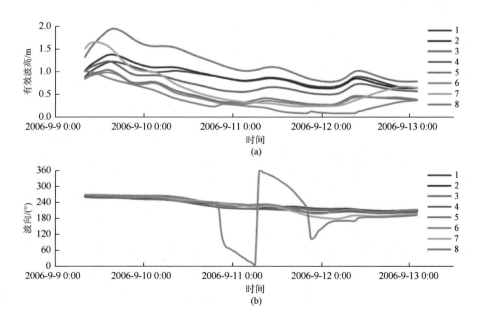

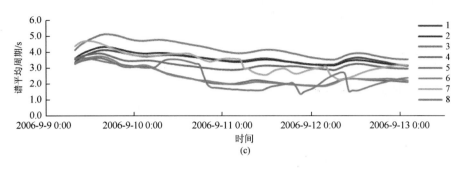

图 2-9　夏季（时段 1）采样点波要素随时间变化过程

　　采样点 8 与其余各采样点的波向出现明显差异。南部海域各采样点的变化趋势趋于一致且波向变化不大，均为 ENE—NNE 向；北部海域的采样点 8 自 2006 年 9 月 10 日 20 时起，波向突然转变为 SSE 向，而后逐渐变为 W 向，随后又由 W 向逐渐转变为 ENE 向后趋于稳定。由该点风向与波向的对比图（图 2-10）可知两者的变化趋势一致，因此可以认为波向的变化与风向的变化密切相关。

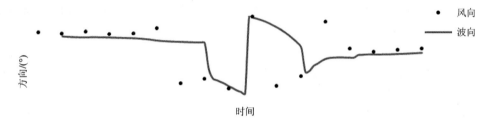

图 2-10　8 号采样点风向与波向对比图

　　各采样点在 9 月 9 日 10 时至 9 月 10 日 9 时波高较大，最大值出现在 9 月 9 日 16 时，选取 9 月 9 日 10 时、9 月 9 日 16 时、9 月 10 日 4 时及 9 月 10 日 9 时共 4 个时刻的波浪场进行分析，各时刻波浪场如图 2-11 所示。

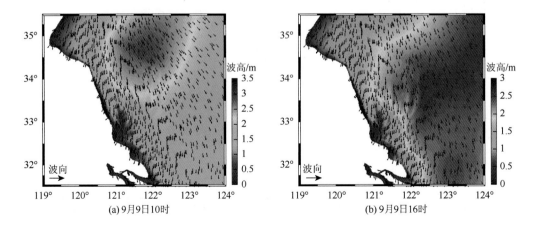

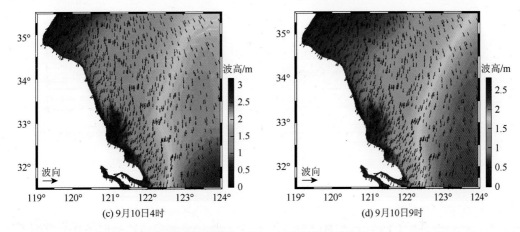

图 2-11　夏季（时段 1）典型时刻波浪场

由各时刻波浪场空间分布特征可知（图 2-11）：因江苏沿海南北海域岸线和地貌地形特征不同，尤其是具有特殊地貌形态的辐射沙脊群区域为波浪产生大量复杂破碎、折射的集中区域，导致波浪场分布南北海域差异较大。北部海域风浪场等值线几乎与等深线平行，而南部海域风浪场等值线错综复杂，波浪的分布特征一定程度上能够反映水下地形的分布特征，波浪到达近岸海域后产生大量的破碎，有效波高均小于 2.5m。其中，如东至川东港外海域有效波高最大，9 月 9 日 10 时及 9 月 9 日 16 时均达 2m 以上，其余两时刻也达到 1m 以上。此外，因模拟时段江苏海域的风向多为偏北风，波浪从外海向近岸传播过程中由于风区长度的不同，波高呈现由北向南逐渐增加的趋势。

②冬季（时段 2）

冬季各采样点波要素时间过程如图 2-12 所示，时间段为 2007 年 1 月 4 日 0 时至 1 月 14 日 2 时。

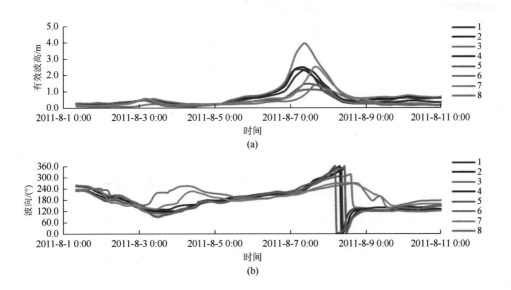

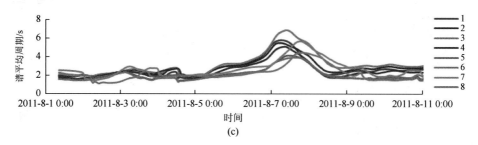

(c)

图 2-12　冬季（时段 2）采样点波要素随时间变化过程

各采样点有效波高最大可达 3m，这与 2007 年 1 月初北方的一股较强冷空气南下有关，该冷空气从 5 日开始影响江苏地区，并伴有 5~7 级水面阵风及 8 级的偏北大风。因此，从 6 日 0 时起波高增长较快，在 6 日 17 时达到最大值后随着冷空气影响的减小逐渐减小至 1m 以下。江苏近岸缺乏群岛阻挡，对于波浪的消减效果不明显，因此，各站位的波高变化趋势较为一致，除采样点 3 及采样点 7 外，各采样点的有效波高均小于 2m，而周期的变化趋势基本一致，各采样点谱平均周期介于 1~6s。波高的空间分布显示：辐射沙洲外缘波高大于辐射沙洲内部。

采样点 8 的波向与其余各采样点出现明显差异。南部海域各采样点的变化趋势一致，波向变化较夏季变大，但主要集中在 NE—NW 向。北部海域 13 日 12 时波向开始转为 N 向，采样点 8 的波向自 2007 年 1 月 9 日 10 时起突然转变为 W 向，而后逐渐变为 SW 向后趋于稳定，该点波向与风向的对比图显示（图 2-13）：该处波向的变化与风向的变化一致。

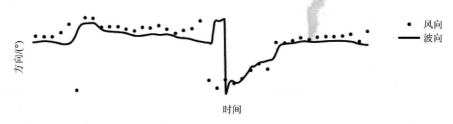

图 2-13　8 号采样点风向与波向对比图

各采样点 2007 年 1 月 6 日 11 时至 1 月 7 日 5 时波高较大，1 月 6 日 17 时达到最大，故选取 1 月 6 日 11 时、1 月 6 日 17 时、1 月 6 日 23 时及 1 月 7 日 5 时 4 个时刻的波浪场进行分析，各时刻波浪场如图 2-14 所示。

图 2-14 显示：受冷空气南下影响，江苏近岸海域最大波高达 4m，各时刻波高峰值与冷空气南下路径吻合。江苏近岸南北海域的波高由近岸向外海逐渐增加，波高等值线分布与夏季模拟结果相同，北部海域波高等值线几乎与等深线平行，受辐射沙洲复杂地形影响，南部海域波高等值线错综复杂；受冷空气影响，外海域波高显著增大，波浪到近岸海域后大量破碎，有效波高均为 3m 以下，其中，如东至川东港外海域有效波高最大。此外，由于模拟时段中整个海域多为西北风，波浪在传播过程中基本为偏 N 向，而传播至近岸时受控于地形波向会发生改变。

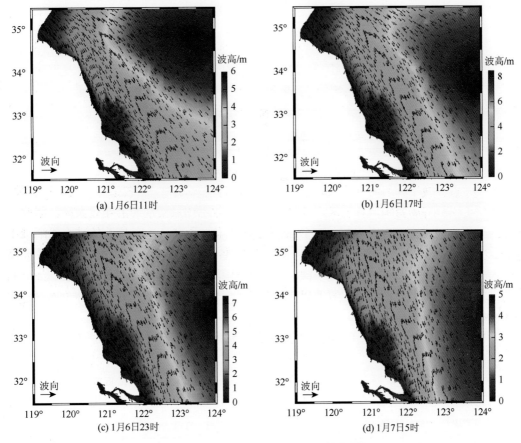

(a) 1月6日11时　　　　　　　　　　(b) 1月6日17时

(c) 1月6日23时　　　　　　　　　　(d) 1月7日5时

图 2-14　冬季（时段 2）典型时刻波浪场

③台风（时段 3）

　　由 SWAN 模型模拟所得各采样点 2011 年 8 月 1 日 8 时至 8 月 11 日 0 时波要素随时间变化过程如图 2-15 所示。

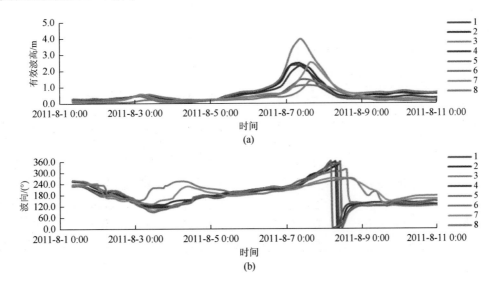

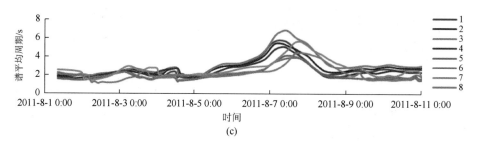

图 2-15　台风"梅花"期间（时段 3）采样点波要素随时间变化过程

图 2-15 显示：8 月 1 日各采样点波高较小；随着台风北上，从 8 月 7 日 10 时台风"梅花"开始经过江苏海域，各采样点有效波高迅速增加，至 8 月 7 日 11 时左右达到最大，其中采样点 3 波高最大，达 4m；而后，随着台风北上减弱，台风对江苏沿海的影响逐渐减小，各点波高也迅速减小，8 月 9 日，台风影响基本消除，波高又降低至 1m 以下；周期的变化趋势与波高一致，各采样点谱平均周期介于 2～8s。相比较而言，采样点 3 受台风影响最大，采样点 1、2、4、7 次之，采样点 5、6、8 受台风影响最小，采样点 3 与台风中心距离最近，采样点 5、6、8 与台风中心距离最远。

采样点 1～6 波向的变化过程基本相同，8 月 1 日 8 时至 8 月 7 日，波向由 NE 向转变为 S 向后又转为 ENE 向，受台风影响，波向逐渐转变为 W 向，台风影响消除后，波向稳定为 E—SW 向。采样点 7、8 与其他各采样点出现明显差异，整个模拟时段波向均为 SE—NE 向，并未出现其余方向的波浪。究其原因，采样点 8 位于北部海域，采样点 7 位于南北海域的分界点新洋港附近，距台风中心均较远，受台风影响较小，且两者位于开敞海域，地形平坦，波向主要受控于地形的变化。台风期间典型时刻的波浪场如图 2-16 所示。

图 2-16（a）表明：台风经过江苏沿海海域之前，在风场及地形的作用下，近岸处波向均与岸线近似垂直；当台风中心位于辐射沙洲正东时（图 2-16（b）），波浪受台风影响最强，台风中心附近至近岸海域的波向与风向偏角减小，海域波高显著增大，此

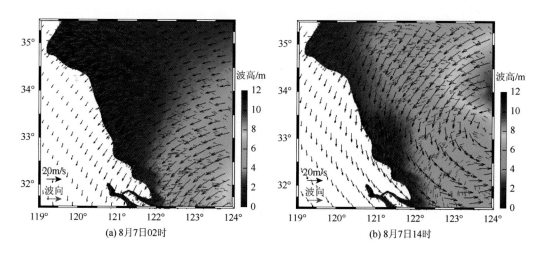

(a) 8月7日02时　　　　　　　　　　(b) 8月7日14时

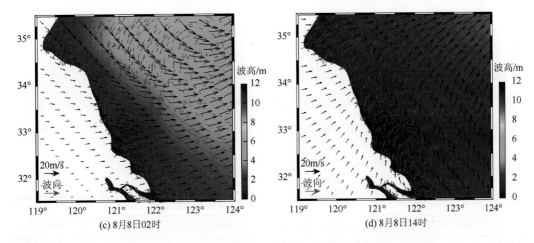

(c) 8月8日02时　　　　　　　　　　　　(d) 8月8日14时

图 2-16　台风"梅花"期间（时段3）典型时刻波浪场及风场

时波浪横穿辐射沙脊群向东南传播，辐射沙洲水槽间波高亦明显增加，达 4m 以上；随着台风北上减弱（图 2-16（c）、（d）），江苏沿海受台风影响逐渐减小，海域波向与风向偏角逐渐增加，在图 2-16（d）中甚至出现了波向与风向相反的情况，且由于风速的减小，整个海域波高明显降低，辐射沙洲海域的波高降至 2m 以下。在台风经过江苏沿海的整个过程中，江苏沿海最大波高可达 5~6m，辐射沙洲中部受台风影响最大，波向与风向的变化趋于同步；辐射沙洲南部受影响程度次之，波向的变化稍滞后于风向；辐射沙洲北部及江苏沿海北部海域受台风影响最小，波向一直与岸线近似垂直，风速亦较小。

3. 工程后模型的模拟结果

1）波浪场分析

夏季、冬季及台风"梅花"期间典型时刻的波浪场分别如图 2-17~图 2-19 所示。分别对比图 2-11 与图 2-17、图 2-14 与图 2-18 以及图 2-16 与图 2-19 的波浪场分布可知，从大

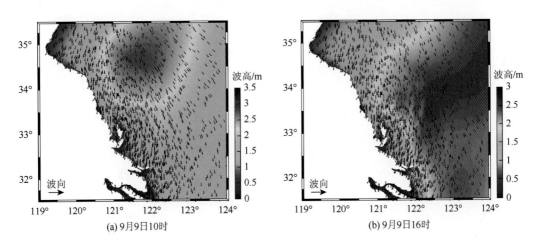

(a) 9月9日10时　　　　　　　　　　　　(b) 9月9日16时

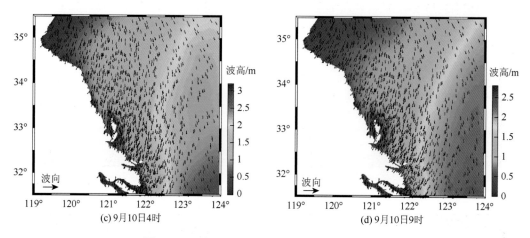

(c) 9月10日4时　　　　　　　　　　　　　(d) 9月10日9时

图 2-17　工程后夏季（时段 1）典型时刻波浪场

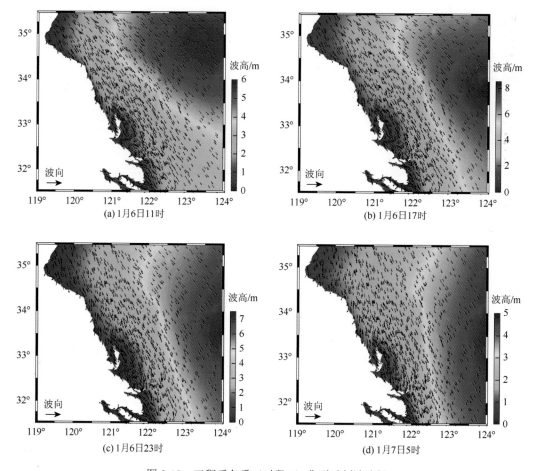

(a) 1月6日11时　　　　　　　　　　　　　(b) 1月6日17时

(c) 1月6日23时　　　　　　　　　　　　　(d) 1月7日5时

图 2-18　工程后冬季（时段 2）典型时刻波浪场

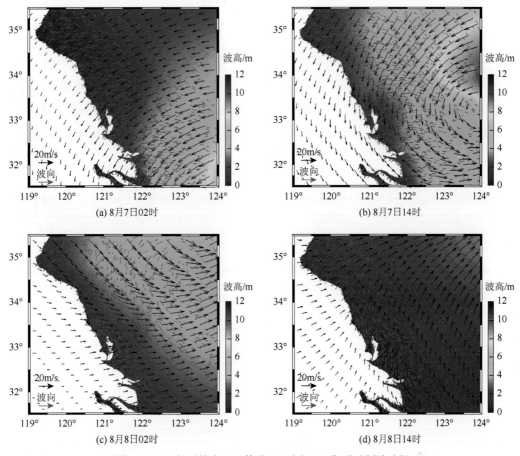

图 2-19　工程后的台风"梅花"（时段 3）典型时刻波浪场

范围的有效波高等值线来看，围垦工程对江苏近岸海域有效波高影响不大，该水域滩涂围垦规划实施前后同一时刻的有效波高等值线几乎一致。

表 2-3 为不同模拟时段工程前后江苏近岸波高及波周期变化，其中负值表示工程后波要素减小，正值表示工程后波要素增加。由表 2-3 可知，围垦工程实施后，所有模拟时段内，各采样点相同时刻的有效波高最多可降低 0.301m。此外，江苏南部规划围垦区海域有效波高变化较大，而北部沿海规划围垦区有效波高变化较小。位于江苏北部近岸海域的 7 号和 8 号采样点各时段有效波高变化过程几乎不变，波高增加的最大值仅 0.019m。这主要是因为，北部海域围垦规划区域较少，且分布形态多为狭长区域，而南部海域拟建围垦区较多，尤其是辐射沙脊群区域处条子泥、高泥、东沙等围垦区的存在，有效波高受到影响的范围较大，其中，位于辐射沙脊群核心区域的 4 号、5 号、6 号采样点均受到规划围垦区影响。4 号和 5 号采样点在夏、冬季节以及台风的模拟时段内，有效波高会出现一定的增加且增加的幅度在台风影响期间达到最大，但也仅为 0.076m；在三个模拟时段内，岸线形态的变化对 6 号采样点有效波高影响最大，其工程前后同一时刻的有效波高最大可增加 0.687m，但由于辐射沙洲的影响，该点在工程后有效波高最大也小于 2m，且发生在台风期间。图 2-20 为不同模拟时段内，受围垦工程影响，有效波高变化较大的采样点在

工程前后的有效波波高变化过程对比图。

表 2-3　不同模拟时段工程前后江苏近岸波高及波周期变化

采样点	工程前后波要素变化范围					
	有效波高/m			谱平均波周期/s		
	时段 1	时段 2	时段 3	时段 1	时段 2	时段 3
1	−0.006～0.010	−0.072～0.008	−0.022～0.017	−0.037～0.026	−0.182～0.304	−0.090～0.029
2	−0.126～0.017	−0.301～0.018	−0.134～0.056	−0.311～0.015	−0.610～0.291	−0.446～0.095
3	−0.014～0.013	−0.061～0.031	−0.006～0.027	−0.013～0.038	−0.076～0.139	−0.028～0.059
4	0.007～0.048	−0.009～0.043	−0.026～0.076	−0.013～0.080	−0.020～0.367	−0.175～0.332
5	0.017～0.080	−0.073～0.040	−0.034～0.064	0.047～0.223	−0.160～0.759	−0.117～0.188
6	0.062～0.348	0.003～0.431	0.019～0.687	0.278～0.409	0.013～0.826	0.116～0.665
7	−0.018～0.008	−0.031～0.014	−0.021～0.011	−0.060～0.154	−0.325～0.232	−0.057～0.169
8	−0.013～0.019	−0.011～0.006	−0.009～0.012	−0.191～0.368	−0.052～0.419	−0.300～0.094

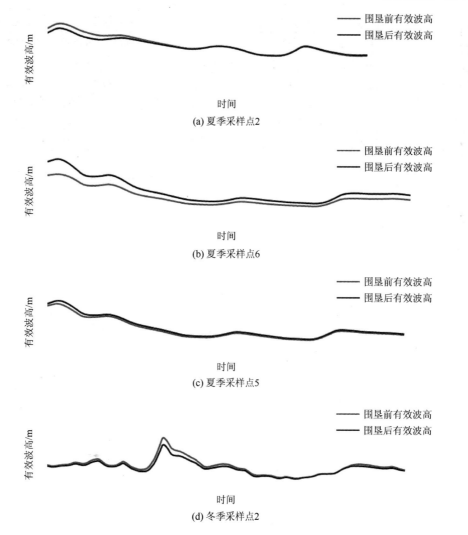

(a) 夏季采样点2

(b) 夏季采样点6

(c) 夏季采样点5

(d) 冬季采样点2

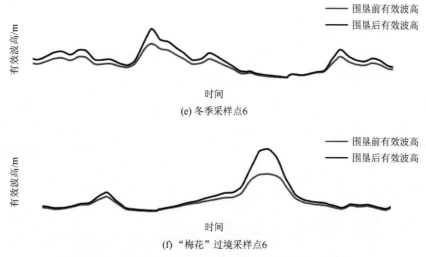

图 2-20　围垦前后采样点有效波波高变化过程对比图

由表 2-3 可以看出，与有效波波高变化规律基本相同，江苏近岸海域各季节谱平均波周期变化幅度较小，6 号站位谱平均周期增加的幅度最大，江苏南部规划围垦区海域谱平均波周期相对于北部海域而言变化稍大。各采样点中，1 号、2 号、3 号和 7 号谱平均波周期受到规划围垦区的影响很小，而受围垦工程影响，谱平均波周期变化较大的是 4 号、5 号、6 号以及 8 号点，其中，位于东沙围垦区东部的 6 号点谱平均波周期在 2007 年 1 月份增大到 0.826s，故江苏沿海滩涂围垦规划实施后，江苏近岸谱平均波周期变化最大区域位于辐射沙脊群区域。图 2-21 列举了不同季节谱平均波周期变化较大点位的谱平均波周期随时间变化的序列。

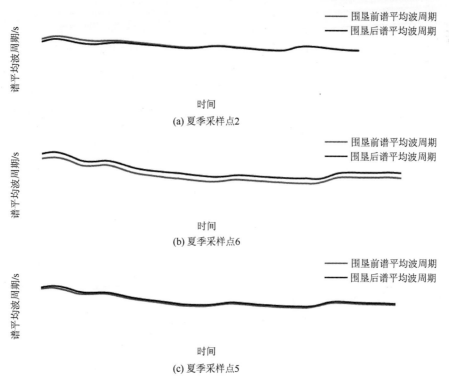

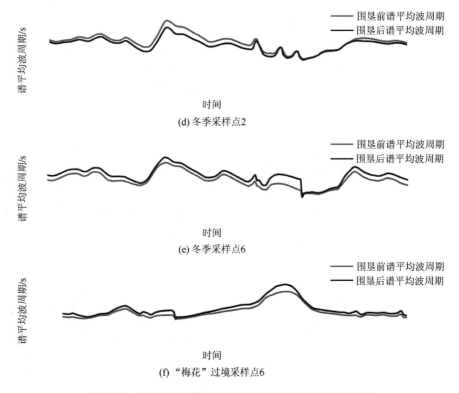

图 2-21 围垦前后采样点谱平均波周期变化过程对比图

2）主要结论

基于 SWAN 波浪模型对滩涂围垦规划实施前后江苏近岸典型时段的波浪场进行了数值模拟。在模型验证的基础上探讨了江苏近岸波浪场在各时段的分布特征，分析了滩涂围垦规划工程对近岸各模拟时段波要素的影响。结果表明：正常天气状况下，江苏南北海域波浪场分布有所不同，北部海域风浪场等值线几乎与等深线平行，而南部海域等值线错综复杂，其分布在一定程度上能够反映水下地形；但在台风过境时，由于受到台风强度及路径的影响，波高等值线分布将随时间发生变化。江苏沿海滩涂围垦规划工程实施后，江苏南部规划围垦区海域波高及周期变化较大，而北部沿海规划围垦区波高及周期变化较小，但总体影响幅度有限，数量级较小，可见滩涂围垦规划工程的实施对近岸波浪场的影响可以忽略。

2.1.3 悬浮泥沙

调查于 2012 年 10 月、2013 年 10 月及 2014 年 5 月期间完成，其中，2012 年获取数据 24 组、2013 年 24 组、2014 年 17 组，具体站位分布如图 2-22 所示。

1. MODIS 影像悬浮泥沙遥感反演方法

根据 MODIS 传感器波段响应函数计算对应波段的等效遥感反射率，并选择实测数据中 50 组用于建模，剩余 15 组用于模型验证。

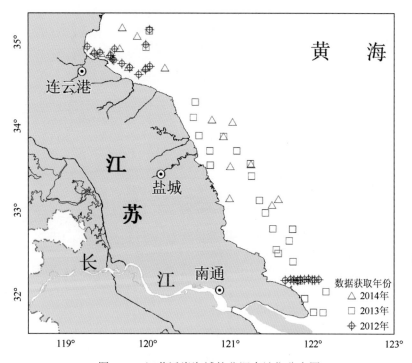

图 2-22　江苏近岸海域外业调查站位分布图

基于江苏近岸海域实测遥感反射率光谱特征及 MODIS 传感器波段设置特征，利用悬浮泥沙浓度对数坐标下的线性模型形式建立了 MODIS Aqua 和 MODIS Terra 645nm 波段的江苏近岸海域悬浮泥沙浓度反演模型，如图 2-23 和图 2-24 所示。

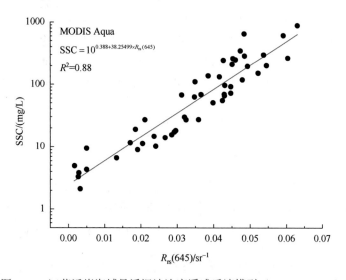

图 2-23　江苏近岸海域悬浮泥沙浓度遥感反演模型（MODIS Aqua）

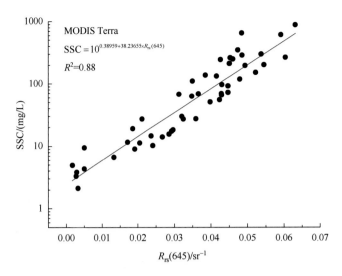

图 2-24 江苏近岸海域悬浮泥沙浓度遥感反演模型（MODIS Terra）

利用实测值与反演结果相对误差进行模型精度检验，如图 2-25 和图 2-26、表 2-4 和表 2-5 所示。

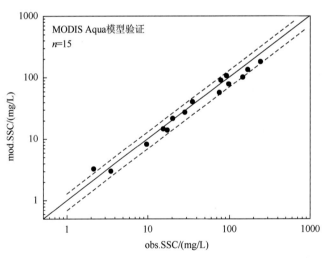

图 2-25 实测值与反演结果比较（MODIS Aqua）

实线为 1∶1 对角线；上下虚线为±30%相对误差线

表 2-4 反演结果相对误差统计（MODIS Aqua）　　（单位：%）

传感器	最大相对误差	最小相对误差	平均相对误差
MODIS Aqua	51.9	5.21	18.9

表 2-5 反演结果相对误差统计（MODIS Terra）　　（单位：%）

传感器	最大相对误差	最小相对误差	平均相对误差
MODIS Terra	52.3	5.30	18.9

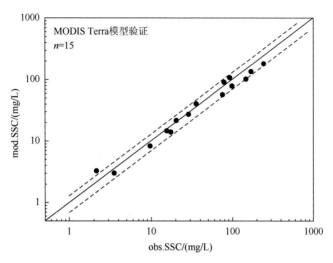

图 2-26　实测值与反演结果比较（MODIS Terra）

实线为 1∶1 对角线；上下虚线为±30%相对误差线

经检验发现，模型的相对误差基本可控制在±30%之内，平均相对误差均为 18.9%，可满足江苏近岸海域悬浮泥沙浓度的反演要求。

2. HJ CCD 影像悬浮泥沙遥感反演方法

对于水色卫星传感器（如 MODIS 等）而言，大气校正是遥感产品反演的最关键环节。然而，对于主要应用于陆地遥感的卫星传感器（如 HJ CCD）而言，除大气校正外，从表观反射率转换到遥感反射率是另一重要环节。研究表明，反演模型的敏感因子和函数形式对解决以上问题至关重要。

1）反演敏感因子筛选

根据 HJ CCD 波段响应函数计算对应波段的等效遥感反射率，构建单波段、波段比值及多波段悬浮泥沙反演敏感因子，同样选择实测数据中 50 组用于建模，剩余 15 组用于模型验证。模型形式采用对数函数和指数函数两种，模型优劣采用拟合决定系数和平均相对误差评价，结果如表 2-6 所示。可发现，单波段模型中，第 3 波段作为敏感因子，采用对数模型拟合的决定系数较高，为 0.90，其反演结果的平均相对误差也较小，为 26.3%；波段比值模型中，选择第 4 波段与第 2 波段或第 3 波段的比值作为敏感因子，采用指数模型拟合的决定系数最高，可达 0.96，但其反演结果的平均相对误差非常大；而选第 3 波段与第 2 波段的比值作为敏感因子，采用对数函数作为模型形式，其反演结果的平均相对误差最小，低于 20%，模型拟合的决定系数也非常高，为 0.92；多波段模型中，两种函数形式拟合的决定系数均较高，但其反演结果的平均相对误差非常大。因此，选择第 3 波段、第 3 波段与第 2 波段比值作为敏感因子，并采用对数函数拟合所得的模型较佳。

表 2-6　江苏近岸海域悬浮泥沙反演模型及验证结果

敏感因子（R）	对数模型（SSC=$10^{a+b\times R}$）		指数模型（SSC=$a\times e^{b\times R}$）	
	拟合决定系数	平均相对误差/%	拟合决定系数	平均相对误差/%
$R_{rs}(B1)$	0.60	74.9	0.39	131.1
$R_{rs}(B2)$	0.67	46.1	0.52	75.2
$R_{rs}(B3)$	0.90	26.3	0.73	57.5
$R_{rs}(B4)$	0.78	67.8	0.88	255.5
$R_{rs}(B2)/R_{rs}(B1)$	0.30	55.1	—	—
$R_{rs}(B3)/R_{rs}(B1)$	0.89	24.4	0.79	31.3
$R_{rs}(B4)/R_{rs}(B1)$	0.80	70.2	0.94	208.2
$R_{rs}(B3)/R_{rs}(B2)$	0.92	19.0	0.89	47.2
$R_{rs}(B4)/R_{rs}(B2)$	0.81	69.8	0.96	192.7
$R_{rs}(B4)/R_{rs}(B3)$	0.76	101.9	0.96	216.8
$R_{rs}(B4)/(R_{rs}(B1)+R_{rs}(B2)+R_{rs}(B1))$	0.82	68.1	0.96	184.1

然而，进一步分析表现较佳的两敏感因子与悬浮泥沙浓度的散点图（图 2-27、图 2-28）可看出，$R_{rs}(B3)/R_{rs}(B2)$ 作为敏感因子时，对数模型对悬浮泥沙高值区存在低估，低值区拟合一致性良好；而指数模型对悬浮泥沙低值区则存在严重低估，高值区拟合一致性良好。因此，将两拟合曲线交点作为临界值，低于临界值采用对数模型，高于临界值采用指数模型，从而得到优化的叠加模型。而 $R_{rs}(B3)$ 作为敏感因子时不存在上述现象。

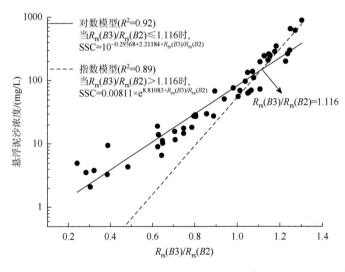

图 2-27　HJ CCD Band3 和 Band2 波段等效遥感反射率的比值与悬浮泥沙浓度的拟合曲线

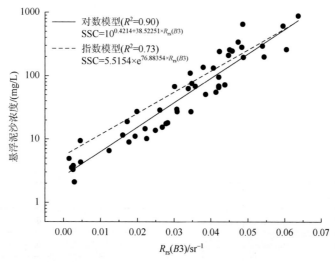

图 2-28　HJ CCD Band3 波段等效遥感反射率与悬浮泥沙浓度的拟合曲线

　　利用 ENVI 4.7 软件下 FLAASH 大气校正模块对 HJ CCD 数据进行大气校正，发现能见度是校正精度的主要控制因子，而其他输入因子影响相对较小。因此，在输入准确的能见度数据前提下，可认为大气校正结果准确。以下主要讨论表观反射率转换到遥感反射率和模型形式对悬浮泥沙遥感反演结果的影响。

　　从表观反射率转换到遥感反射率，在相关文献中均提及较少，对不同转换方法的差异分析尚未见报道。事实上，采用上文中两种方法的转换结果差异非常大，其中，方法一转换结果出现明显高估，方法二则恰恰相反。采用基于 HJ CCD Band3 的单波段对数模型会明显发现该问题的影响，如图 2-29 所示，与实际情况存在非常大的差异。除此之外，陆地

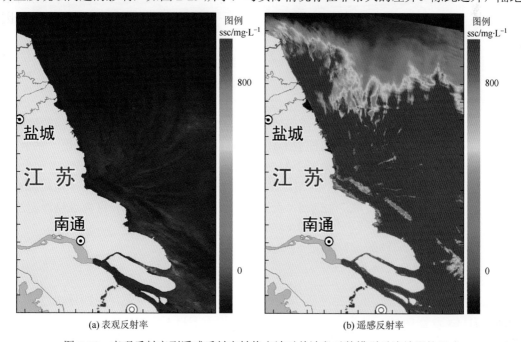

图 2-29　表观反射率到遥感反射率转换方法对单波段对数模型反演结果的影响

卫星传感器辐射分辨率较低,致使其反演的悬浮泥沙浓度变化相对较小,对于悬浮泥沙变化较大的海域,反演误差非常大。

相比而言,无论采用方法一或方法二将表观反射率转换为遥感反射率,对基于 HJ CCD Band3 与 Band2 波段比值的叠加模型反演结果的影响较小,如图 2-30 所示,反演结果与实际情况更为接近。该模型可有效削弱大气校正、表观反射率到遥感反射率的转换方法以及卫星传感器辐射分辨率较低等一系列问题的干扰。因此,可将比值叠加模型作为江苏近岸海域悬浮泥沙遥感反演的最优模型。

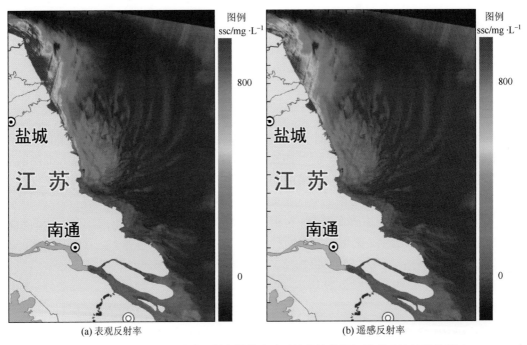

图 2-30　表观反射率到遥感反射率转换方法对波段比值叠加模型反演结果的影响

2)模型建立与验证

以 HJ CCD Band3 与 Band2 波段等效遥感反射率的比值作为悬浮泥沙反演的敏感因子,并将对数函数和指数函数作为模型形式,选择实测数据中 50 组用于建模,剩余 15 组用于模型验证。模型拟合曲线如图 2-31~图 2-34 所示。

经检验发现,所有传感器模型的相对误差基本均可控制在±30%之内,平均相对误差分别为 18.7%、18.6%、18.7%、18.9%(表 2-7),可满足江苏近岸示范区海域悬浮泥沙浓度的反演要求。

3. 悬浮泥沙遥感反演产品

悬浮泥沙遥感反演产品主要包括 2012~2014 年 MODIS 影像悬浮泥沙月均遥感反演产品与 HJ CCD 影像悬浮泥沙单景遥感反演产品。由于 HJ CCD 单景影像无法覆盖江苏全部海域,部分影像仅覆盖较少区域,这里只列出了部分影像产品。

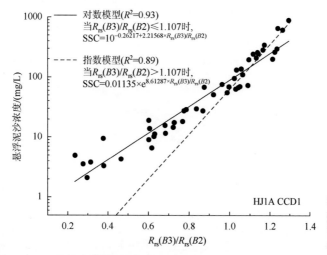

图 2-31　江苏近岸海域悬浮泥沙浓度遥感反演模型（HJ1A CCD1）

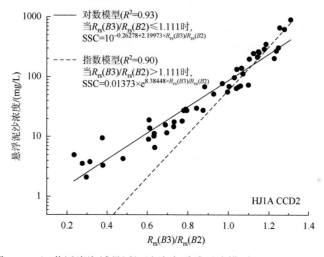

图 2-32　江苏近岸海域悬浮泥沙浓度遥感反演模型（HJ1A CCD2）

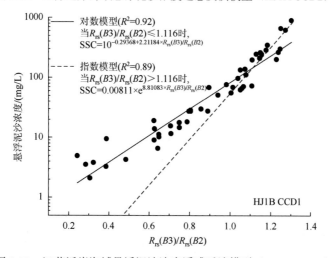

图 2-33　江苏近岸海域悬浮泥沙浓度遥感反演模型（HJ1B CCD1）

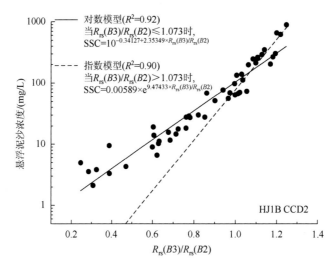

图 2-34　江苏近岸海域悬浮泥沙浓度遥感反演模型（HJ1B CCD2）

表 2-7　反演结果相对误差统计（**HJ CCD**）　　　　　　　　　（单位：%）

传感器类型	最大相对误差	最小相对误差	平均相对误差
HJ1A CCD1	38.7	1.43	18.7
HJ1A CCD2	38.7	0.517	18.6
HJ1B CCD1	37.6	0.438	18.7
HJ1B CCD2	38.3	1.85	18.9

由 2012～2014 年江苏海域 MODIS 影像月均悬浮泥沙浓度卫星遥感产品可看出（图 2-35～图 2-40），基本每年的 1 月、10 月、11 月及 12 月月均悬浮泥沙浓度明显低于其他月份，这与陆源径流输入的季节性变化、风力等气象因素有关。从空间分布来看，近岸区域悬浮泥沙浓度非常高，离岸越远，悬浮泥沙浓度越低，而苏北浅滩和长江口的悬浮泥沙浓度也明显高于其他区域。

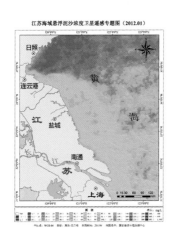
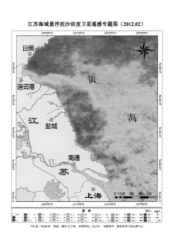
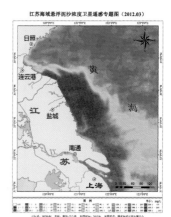

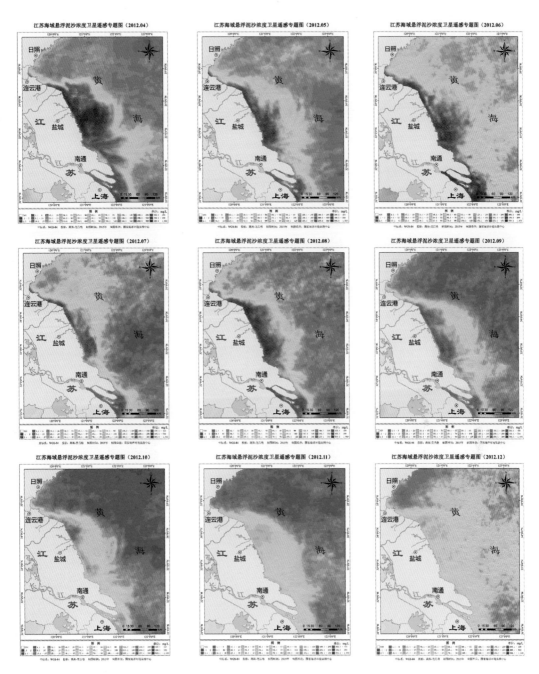

图 2-35　2012 年 MODIS 影像悬浮泥沙月均遥感反演产品

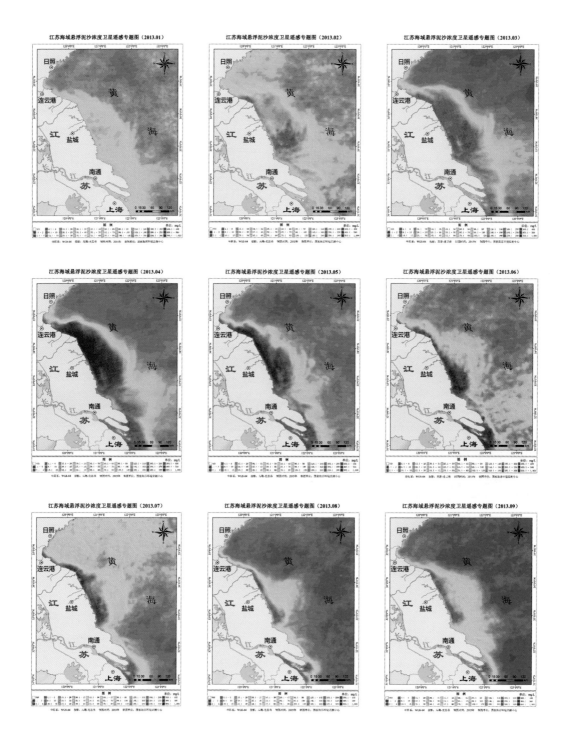

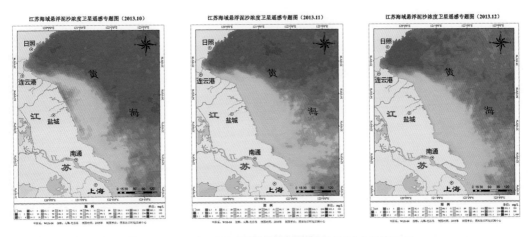

图 2-36　2013 年 MODIS 影像悬浮泥沙月均遥感反演产品

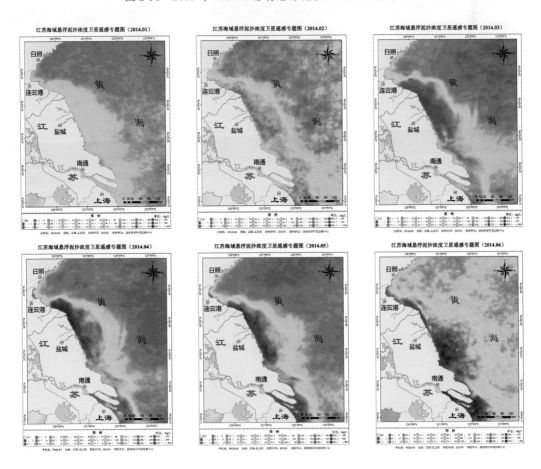

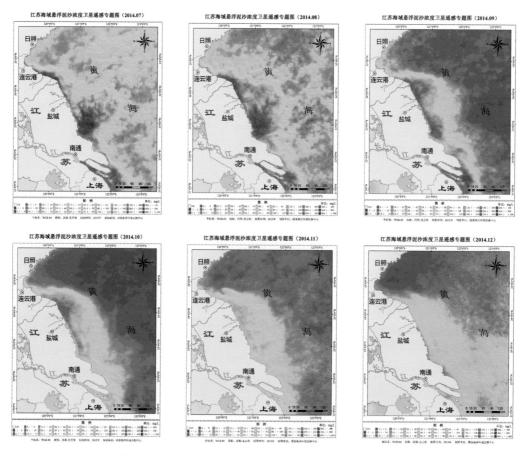

图 2-37　2014 年 MODIS 影像悬浮泥沙月均遥感反演产品

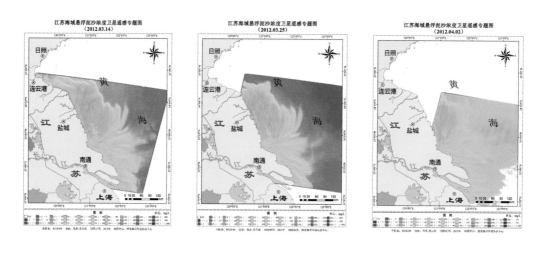

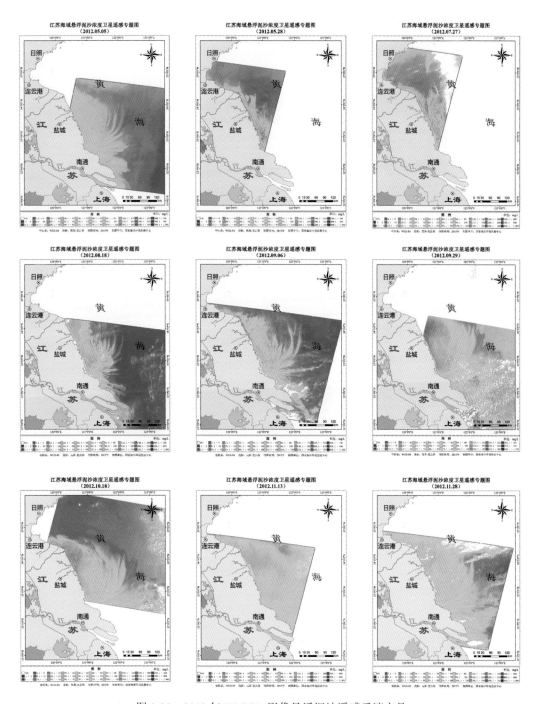

图 2-38　2012 年 HJ CCD 影像悬浮泥沙遥感反演产品

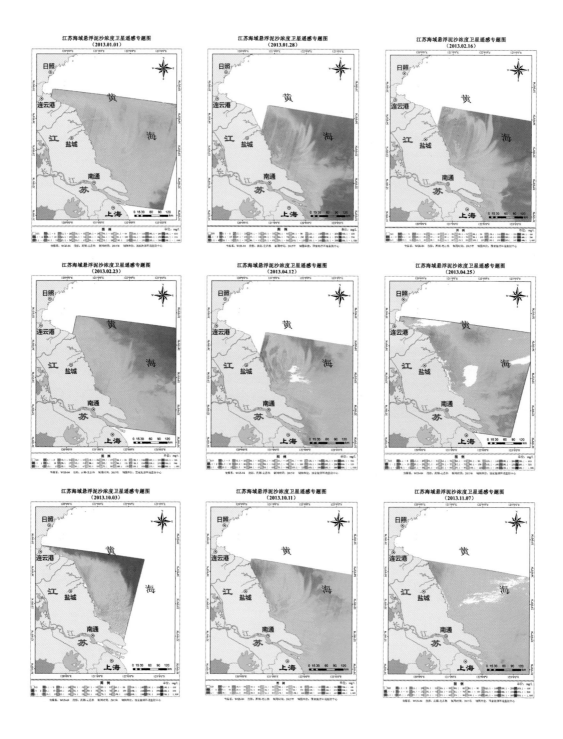

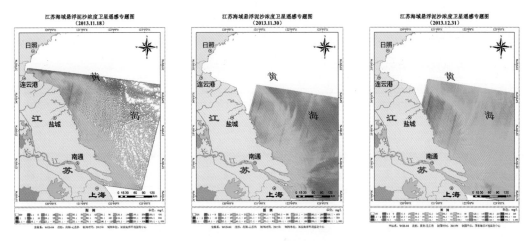

图 2-39　2013 年 HJ CCD 影像悬浮泥沙遥感反演产品

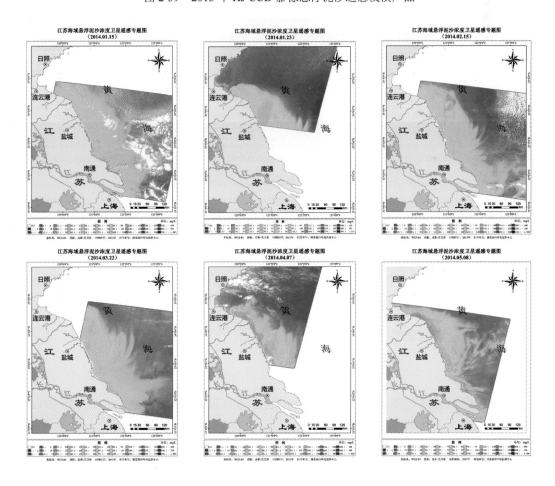

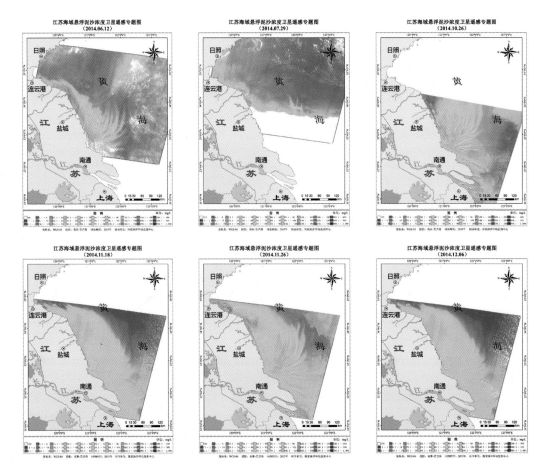

图 2-40 2014 年 HJ CCD 影像悬浮泥沙遥感反演产品

2.2 海水水质环境

在江苏海涂海域布设调查站位 45 个，海涂外部海域布设调查站位 17 个，共设置调查站位 62 个（图 2-41）。分别于 2012 年 10 月（秋季）、2013 年 5 月（春季）和 2014 年 8 月（夏季）对江苏海涂海域及海涂外部海域海水化学性质进行了秋、春、夏三个航次的补充调查。

2.2.1 海水水质环境现状

1. 盐度

调查海涂海域站位春、夏、秋三个航次调查到的盐度值域介于 19.83‰～35.00‰，春、夏、秋三个季节盐度平均值分别为 28.47‰、28.77‰、26.06‰。由图 2-42 和表 2-8可见：

（1）水平变化：调查海涂海域水体中，盐度的值域介于 19.83‰～35.00‰，平均值为 27.77‰。海州湾、废黄河三角洲、辐射沙脊群海涂海域平均值分别为 27.90‰、28.21‰、29.40‰。辐射沙脊群海涂海域最高，废黄河三角洲海涂海域次之，海州湾海

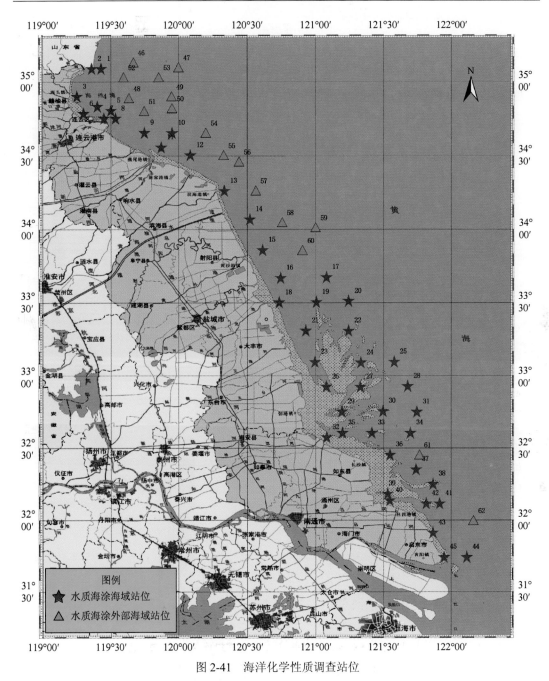

图 2-41　海洋化学性质调查站位

序号 1~45 表示站位 JSHT001W~JSHT045W；序号 46~62 表示站位 JS001W~JS017W

涂海域最低。盐度的最大值于秋季出现在辐射沙脊群海涂海域（JSHT037W 站位），最小值于春季出现在辐射沙脊群海涂海域（JSHT045W 站位）。

（2）季节变化：调查海涂海域水体中，盐度整体上夏季最高，春季次之，秋季最低。海州湾海涂海域水体中盐度春季最高，秋季次之，夏季最低；废黄河三角洲海涂海域夏季最高，春季次之，秋季最低；辐射沙脊群海涂海域秋季最高，夏季次之，春季最低。春季，调查海涂海域水体中，海州湾海涂海域盐度最高，辐射沙脊群海涂海域次之，废黄河三角洲海涂海域最低；夏季，调查海涂海域水体中，废黄河三角洲海涂海域最高，辐射沙脊群海涂海域次之，海州湾海涂海域最低；秋季，调查海涂海域水体中，辐射沙脊群海涂海域最高，海州湾海涂海域次之，废黄河三角洲海涂海域最低。

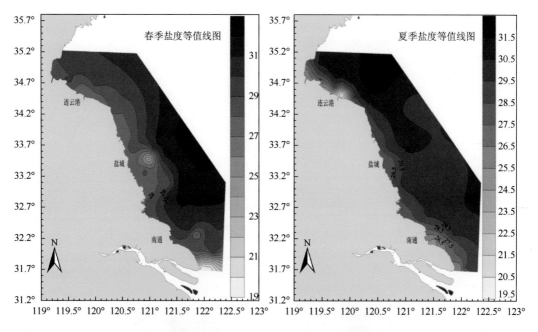

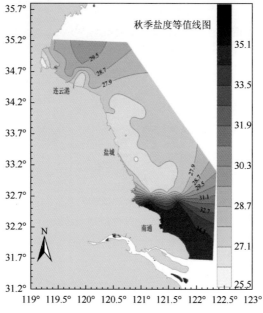

图 2-42 海水盐度等值线分布图（单位：‰）

表 2-8　调查海涂海域水体中盐度变化　　　　　　（单位：‰）

海域	季节	平均值	最大值	最小值
海州湾海涂海域	秋季	27.63	29.03	26.08
	春季	28.60	29.24	27.12
	夏季	27.47	30.55	19.90
废黄河三角洲海涂海域	秋季	27.29	28.10	26.62
	春季	27.83	28.18	27.46
	夏季	29.50	29.80	29.20
辐射沙脊群海涂海域	秋季	30.60	35.00	26.14
	春季	28.52	31.37	19.83
	夏季	29.08	30.80	25.22
全省海涂海域	秋季	26.06	35.00	29.60
	春季	28.47	31.37	19.83
	夏季	28.77	30.80	19.90

2. pH

调查海涂海域站位春、夏、秋三个航次调查到 pH 的值域介于 7.18～9.09，平均值分别为 7.96、7.83、8.26。由图 2-43 和表 2-9 可见：

（1）水平分布：调查海涂海域水体中 pH 的值域介于 7.18～9.09，平均值为 8.02。海州湾、废黄河三角洲、辐射沙脊群海涂海域平均值分别为 8.19、7.79、7.99。可以看出，江苏海涂海域 pH 分布差别较大，pH 较高的海域是海州湾海涂海域，其次为辐射沙脊群海涂海域，废黄河三角洲海涂海域最低。pH 最大值于秋季出现在海州湾海涂海域（JSHT003W 站位），最小值于夏季出现在海州湾海涂海域（JSHT002W 站位）。

（2）季节变化：调查全省海涂海域水体中，pH 的平均值为秋季最高，春季次之，夏季最低。其中，春季，调查海涂海域水体中，pH 的平均值为辐射沙脊群海涂海域最高，海州湾海涂海域次之，废黄河三角洲海涂海域最低；夏季，调查海涂海域水体中，pH 的平均值为辐射沙脊群海涂海域最高，海州湾海涂海域次之，废黄河三角洲海涂海域最低；秋季，调查海涂海域水体中，pH 的平均值为海州湾海涂海域最高，辐射沙脊群海涂海域次之，废黄河三角洲海涂海域最低。

表 2-9　调查海涂海域水体中 pH 变化

海域	季节	平均值	最大值	最小值
海州湾海涂海域	秋季	8.90	9.09	8.70
	春季	7.90	8.13	7.66
	夏季	7.77	8.20	7.18
废黄河三角洲海涂海域	秋季	7.98	8.17	7.85
	春季	7.68	7.74	7.59
	夏季	7.70	7.85	7.52

海域	季节	平均值	最大值	最小值
辐射沙脊群海涂海域	秋季	8.08	8.22	7.82
	春季	8.02	8.13	7.94
	夏季	7.87	8.12	7.51
全省海涂海域	秋季	8.26	9.09	7.82
	春季	7.96	8.13	7.59
	夏季	7.83	8.20	7.18

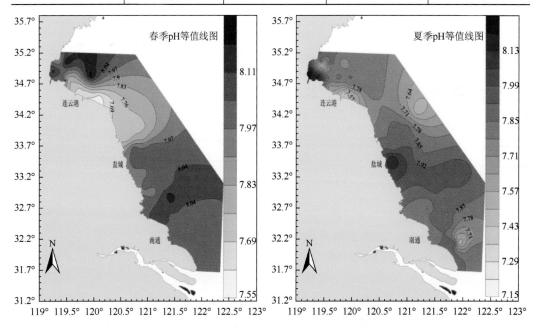

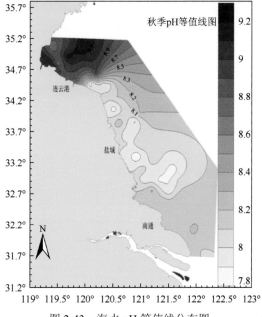

图 2-43　海水 pH 等值线分布图

3. 溶解氧

调查海涂海域站位春、夏、秋三个航次调查到的溶解氧浓度介于 3.07～11.34mg/L，春、夏、秋三个季节溶解氧平均值分别为 7.51mg/L、6.58mg/L、7.05mg/L。由图 2-44 和表 2-10 可见：

（1）水平变化：调查海涂海域水体中，溶解氧浓度介于 3.07～11.34mg/L，平均值为 7.05mg/L。海州湾、废黄河三角洲、辐射沙脊群海涂海域平均值分别为 7.07mg/L、6.80mg/L、7.07mg/L。辐射沙脊群海涂海域与海州湾海涂海域高于废黄河三角洲海涂海域。溶解氧浓

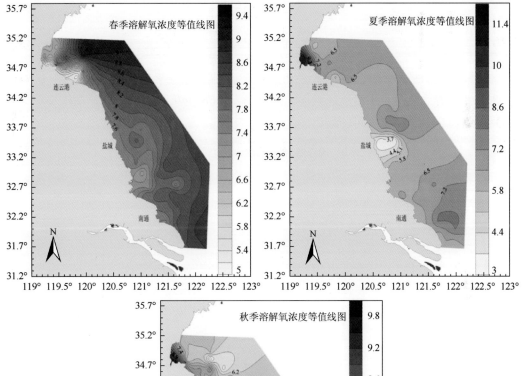

图 2-44　海水溶解氧浓度等值线分布图（单位：mg/L）

度的最大值于夏季出现在海州湾海涂海域（JSHT003W 站位），最小值于夏季出现在辐射沙脊群海涂海域（JSHT018W 站位）。

（2）季节变化：调查全省海涂海域水体中，溶解氧浓度整体上春季最高，秋季次之，夏季最低。海州湾海涂海域水体中，溶解氧浓度秋季最高，夏季次之，春季最低；废黄河三角洲海涂海域春季最高，夏季次之，秋季最低；辐射沙脊群海涂海域春季最高，秋季次之，夏季最低。春季，调查海涂海域水体中，辐射沙脊群海涂海域溶解氧浓度最高，废黄河三角洲海涂海域次之，海州湾海涂海域最低，呈现由北向南逐渐升高的趋势；夏季，调查海涂海域水体中，废黄河三角洲海涂海域最高，辐射沙脊群海涂海域次之，海州湾海涂海域最低；秋季，调查海涂海域水体中，辐射沙脊群海涂海域最高，海州湾海涂海域次之，废黄河三角洲海涂海域最低。

4. 叶绿素

调查海涂海域站位春、夏、秋三个航次调查到的叶绿素浓度的值域介于 0.000～21.586μg/L，春、夏两个季节叶绿素平均值分别为 5.665μg/L、2.245μg/L。由图 2-45 和表 2-11 可见：

表 2-10　调查海涂海域水体中溶解氧浓度变化　　　　　　（单位：mg/L）

海域	季节	平均值	最大值	最小值
海州湾海涂海域	秋季	7.64	9.51	6.20
	春季	6.25	7.72	5.12
	夏季	7.31	11.34	4.96
废黄河三角洲海涂海域	秋季	6.21	6.63	5.98
	春季	7.78	7.94	7.53
	夏季	6.42	6.64	6.11
辐射沙脊群海涂海域	秋季	6.96	8.45	6.04
	春季	7.90	8.51	6.88
	夏季	6.36	8.02	3.07
全省海涂海域	秋季	7.05	9.51	5.98
	春季	7.51	8.51	5.12
	夏季	6.58	11.34	3.07

（1）水平变化：调查海涂海域水体中，叶绿素浓度的值域介于 0.000～21.586μg/L，平均值为 3.995μg/L。海州湾、废黄河三角洲、辐射沙脊群海涂海域平均值分别为 4.920μg/L、7.407μg/L、3.145μg/L。废黄河三角洲海涂海域叶绿素浓度最高，海州湾海涂海域次之，辐射沙脊群海涂海域最低。叶绿素浓度的最大值于夏季出现在海州湾海涂海域（JSHT003W 站位），最小值于夏季出现在辐射沙脊群海涂海域（JSHT023W、JSHT033W 站位）。

（2）季节变化：调查全省海涂海域水体中，叶绿素浓度整体上春季最高，夏季次之。海州湾海涂海域水体中，叶绿素浓度夏季高于春季；废黄河三角洲海涂海域春季高于夏季；辐射沙脊群海涂海域春季高于夏季。春季，调查海涂海域水体中，废黄河三角洲海涂海域叶绿素浓度最高，辐射沙脊群海涂海域次之，海州湾海涂海域最低；夏季，调查海涂海域水体中，废黄河三角洲海涂海域最高，海州湾海涂海域次之，辐射沙脊群海涂海域最低。

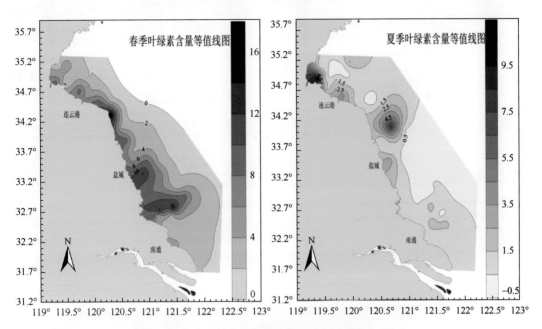

图 2-45　海水叶绿素含量等值线分布图（单位：μg/L）

表 2-11　调查海涂海域水体中叶绿素含量变化　　　（单位：μg/L）

海域	季节	平均值	最大值	最小值
海州湾海涂海域	秋季	—	—	—
	春季	4.643	8.670	2.038
	夏季	5.196	21.586	1.234
废黄河三角洲海涂海域	秋季	—	—	—
	春季	8.858	15.305	3.069
	夏季	5.955	21.167	0.666
辐射沙脊群海涂海域	秋季	—	—	—
	春季	5.577	13.248	1.884
	夏季	0.712	3.119	0.000
全省海涂海域	秋季	—	—	—
	春季	5.665	15.305	1.884
	夏季	2.245	21.586	0.000

5. 化学需氧量

调查海涂海域站位春、夏、秋三个航次调查到的化学需氧量值域介于 0.34～2.76mg/L，春、夏、秋三个季节化学需氧量平均值分别为 1.31mg/L、1.00mg/L、1.28mg/L。由图 2-46 和表 2-12 可见：

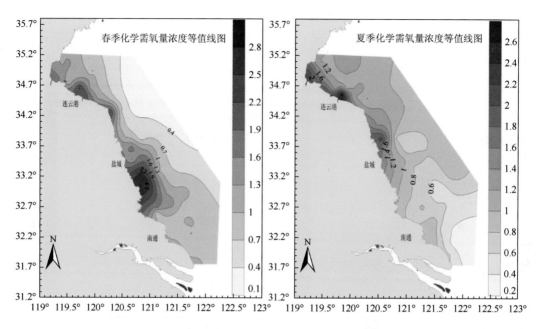

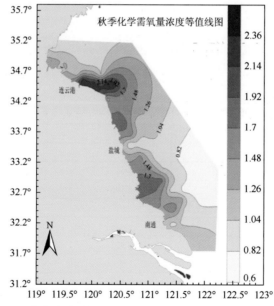

图 2-46　海水化学需氧量浓度等值线分布图（单位：μg/L）

（1）水平变化：调查海涂海域水体中，化学需氧量浓度介于 0.34～2.76mg/L，平均值为 1.20mg/L。海州湾、废黄河三角洲、辐射沙脊群海涂海域平均值分别为 1.50mg/L、1.52mg/L、1.05mg/L。调查海涂海域水体中，废黄河三角洲海涂海域化学需氧量浓度最高，海州湾海涂海域次之，辐射沙脊群海涂海域最低。化学需氧量浓度的最大值于春季出现在辐射沙脊群海涂海域（JSHT023W 站位），最小值于夏季出现在辐射沙脊群海涂海域（JSHT041W 站位）。

（2）季节变化：调查全省海涂海域水体中，化学需氧量浓度整体上春季最高，秋季次之，夏季最低。海州湾海涂海域水体中，化学需氧量浓度夏季最高，春季次之，秋季最低；废黄河三角洲海涂海域秋季最高，夏季次之，春季最低；辐射沙脊群海涂海域春季最高，秋季次之，夏季最低。春季，调查海涂海域水体中，海州湾海涂海域化学需氧量浓度最高，废黄河三角洲海涂海域次之，辐射沙脊群海涂海域最低，呈现出由北向南逐渐降低的趋势；夏季，调查海涂海域水体中，海州湾海涂海域化学需氧量浓度最高，废黄河三角洲海涂海域次之，辐射沙脊群海涂海域最低，呈现出由北向南逐渐降低的趋势；秋季，调查海涂海域水体中，废黄河三角洲海涂海域最高，海州湾海涂海域次之，辐射沙脊群海涂海域最低。

6. 悬浮物

调查海涂海域站位春、夏、秋三个航次调查到的悬浮物值域介于 0.00～1210.00mg/L，春、夏、秋三个季节悬浮物平均值分别为 212.67mg/L、61.88mg/L、203.36mg/L。由图 2-47 和表 2-13 可见：

表 2-12　调查海涂海域水体中化学需氧量浓度变化　　　（单位：µg/L）

海域	季节	平均值	最大值	最小值
海州湾海涂海域	秋季	1.30	2.30	0.84
	春季	1.52	2.22	1.13
	夏季	1.68	2.65	1.21
废黄河三角洲海涂海域	秋季	1.82	2.31	1.43
	春季	1.33	2.20	0.86
	夏季	1.42	2.07	0.97
辐射沙脊群海涂海域	秋季	1.21	1.80	0.70
	春季	1.23	2.76	0.74
	夏季	0.72	1.37	0.34
全省海涂海域	秋季	1.28	2.31	0.70
	春季	1.31	2.76	0.74
	夏季	1.00	2.65	0.34

（1）水平变化：调查海涂海域水体中，悬浮物浓度介于 0.00～1210.00mg/L，平均值为 159.30mg/L。海州湾、废黄河三角洲、辐射沙脊群海涂海域平均值分别为 63.43mg/L、450.48mg/L、151.58mg/L。调查海涂海域水体中，废黄河三角洲海涂海域悬浮物浓度最高，辐射沙脊群海涂海域次之，海州湾海涂海域最低。悬浮物浓度的最大值于春季出现在辐射沙脊群海涂海域（JSHT023W 站位），最小值于夏季出现在辐射沙脊群海涂海域（JSHT041W 站位）。

（2）季节变化：调查全省海涂海域水体中，悬浮物浓度整体上春季最高，秋季次之，夏季最低。海州湾海涂海域水体中，悬浮物浓度春季最高，秋季次之，夏季最低；废黄河三角洲海涂海域秋季最高，春季次之，夏季最低；辐射沙脊群海涂海域春季最高，秋季次之，夏季最低。春季、夏季、秋季三个季节，调查海涂海域水体中悬浮物浓度趋势相同，废黄河三角洲海涂海域悬浮物浓度最高，辐射沙脊群海涂海域次之，海州湾海涂海域最低。

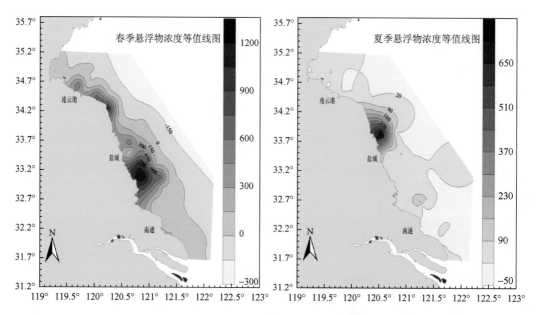

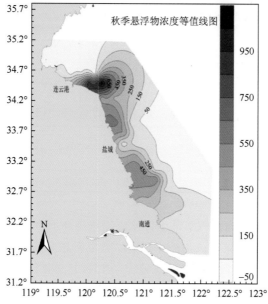

图 2-47　海水悬浮物浓度等值线分布图（单位：mg/L）

表 2-13   调查海涂海域水体中悬浮物浓度变化   （单位：mg/L）

海域	季节	平均值	最大值	最小值
海州湾海涂海域	秋季	56.41	342.60	5.11
	春季	106.10	562.00	23.00
	夏季	27.78	46.00	12.00
废黄河三角洲海涂海域	秋季	604.45	910.00	407.00
	春季	462.50	952.00	75.00
	夏季	284.50	720.00	26.00
辐射沙脊群海涂海域	秋季	198.72	549.80	27.90
	春季	214.97	1210.00	13.00
	夏季	41.04	262.00	0.00
全省海涂海域	秋季	203.36	910.00	5.11
	春季	212.67	1210.00	13.00
	夏季	61.88	720.00	0.00

7. 无机氮

调查海涂海域站位春、夏、秋三个航次调查到的无机氮浓度介于 0.094～1.401mg/L，春、夏、秋三个季节无机氮平均值分别为 0.576mg/L、0.366mg/L、0.375mg/L。由图 2-48和表 2-14 可见：

（1）水平变化：调查海涂海域水体中，无机氮浓度介于 0.094～1.401mg/L，平均值为0.439mg/L。海州湾、废黄河三角洲、辐射沙脊群海涂海域平均值分别为 0.668mg/L、0.566mg/L、0.349mg/L。调查海涂海域水体中，海州湾海涂海域无机氮浓度最高，废黄河三角洲海涂海域次之，辐射沙脊群海涂海域最低。无机氮浓度的最大值于春季出现在海州湾海涂海域（JSHT009W 站位），最小值于春季出现在辐射沙脊群海涂海域（JSHT030W 站位）。

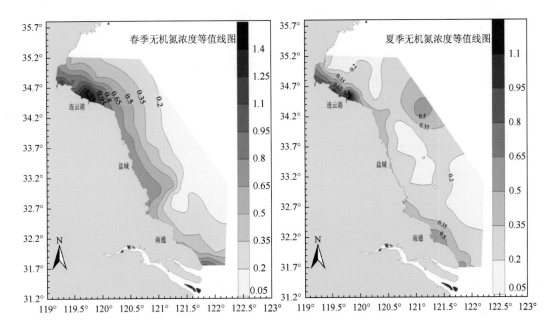

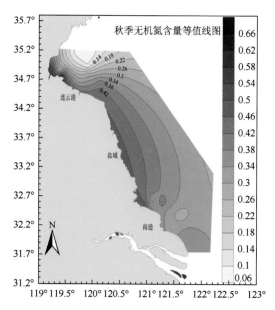

图 2-48　海水无机氮浓度等值线分布图（单位：mg/L）

（2）季节变化：调查全省海涂海域水体中，无机氮浓度整体上春季最高，秋季次之，夏季最低。海州湾海涂海域水体中，无机氮浓度春季最高，夏季次之，秋季最低；废黄河三角洲海涂海域春季高于夏季；辐射沙脊群海涂海域春季最高，秋季次之，夏季最低。春季，调查海涂海域水体中，海州湾海涂海域无机氮浓度最高，废黄河三角洲海涂海域次之，辐射沙脊群海涂海域最低，呈现出由北向南逐渐降低的趋势；夏季，调查海涂海域水体中，海州湾海涂海域无机氮浓度最高，废黄河三角洲海涂海域次之，辐射沙脊群海涂海域最低，呈现出由北向南逐渐降低的趋势；秋季，调查海涂海域水体中，无机氮浓度海州湾海涂海域高于辐射沙脊群海涂海域。

表 2-14　调查海涂海域水体中无机氮浓度变化　　　　　　（单位：mg/L）

海域	季节	平均值	最大值	最小值
海州湾海涂海域	秋季	0.418	0.577	0.254
	春季	0.970	1.401	0.509
	夏季	0.617	1.180	0.152
废黄河三角洲海涂海域	秋季	—	—	—
	春季	0.722	0.914	0.567
	夏季	0.409	0.609	0.333
辐射沙脊群海涂海域	秋季	0.348	0.474	0.288
	春季	0.420	1.004	0.094
	夏季	0.279	0.640	0.105
全省海涂海域	秋季	0.375	0.577	0.254
	春季	0.576	1.401	0.094
	夏季	0.366	1.180	0.105

8. 磷酸盐

调查海涂海域站位春、夏、秋三个航次调查到的磷酸盐浓度介于 0.001～0.105mg/L，春、夏、秋三个季节磷酸盐平均值分别为 0.013mg/L、0.017mg/L、0.049mg/L。由图 2-49 和表 2-15 可见：

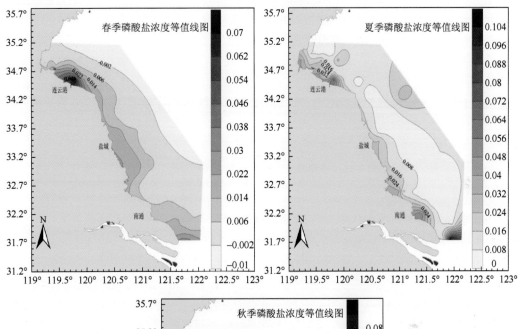

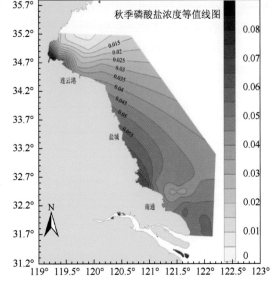

图 2-49　海水磷酸盐浓度等值线分布图（单位：mg/L）

（1）水平变化：调查海涂海域水体中，磷酸盐浓度介于 0.001～0.105mg/L，平均值为 0.026mg/L。海州湾、废黄河三角洲、辐射沙脊群海涂海域平均值分别为 0.030mg/L、0.015mg/L、0.025mg/L。调查海涂海域水体中，海州湾海涂海域磷酸盐浓度最高，辐射沙脊群海涂海域次之，废黄河三角洲海涂海域最低。磷酸盐浓度的最大值于夏季出现在辐射沙脊群海涂海域（JSHT044W 站位），最小值于春季出现在海州湾海涂海域（JSHT001W 站位）和辐射沙脊群海涂海域（JSHT025W、JSHT027W、JSHT029W 站位）。

（2）季节变化：调查全省海涂海域水体中，磷酸盐浓度整体上秋季最高，夏季次之，春季最低。海州湾海涂海域水体中，磷酸盐浓度秋季最高，夏季次之，春季最低；废黄河三角洲海涂海域夏季高于春季；辐射沙脊群海涂海域秋季最高，夏季次之，春季最低。春季，调查海涂海域水体中，海州湾海涂海域磷酸盐浓度最高，废黄河三角洲海涂海域次之，辐射沙脊群海涂海域最低，呈现出由北向南逐渐降低的趋势；夏季，调查海涂海域水体中，海州湾海涂海域磷酸盐浓度最高，废黄河三角洲海涂海域次之，辐射沙脊群海涂海域最低，呈现出由北向南逐渐降低的趋势；秋季，调查海涂海域水体中，磷酸盐浓度海州湾海涂海域低于辐射沙脊群海涂海域。

表 2-15　调查海涂海域水体中磷酸盐浓度变化　　　　　（单位：mg/L）

海域	季节	平均值	最大值	最小值
海州湾海涂海域	秋季	0.045	0.080	0.014
	春季	0.019	0.069	0.001
	夏季	0.027	0.066	0.008
废黄河三角洲海涂海域	秋季	—	—	—
	春季	0.014	0.023	0.008
	夏季	0.016	0.028	0.010
辐射沙脊群海涂海域	秋季	0.051	0.069	0.038
	春季	0.010	0.033	0.001
	夏季	0.014	0.105	0.002
全省海涂海域	秋季	0.049	0.080	0.014
	春季	0.013	0.069	0.001
	夏季	0.017	0.105	0.002

9. 硅酸盐

调查海涂海域站位春、夏、秋三个航次调查到的硅酸盐浓度介于 0.068～1.400mg/L，春、夏、秋三个季节硅酸盐平均值分别为 0.375mg/L、0.418mg/L、0.676mg/L。由图 4-50 和表 2-16 可见：

（1）水平变化：调查海涂海域水体中，硅酸盐浓度介于 0.068～1.400mg/L，平均值为 0.490mg/L。海州湾、废黄河三角洲、辐射沙脊群海涂海域平均值分别为 0.401mg/L、0.603mg/L、0.505mg/L。调查海涂海域水体中，废黄河三角洲海涂海域浓度最高，辐射沙脊群海涂海域次之，海州湾海涂海域硅酸盐浓度最低。硅酸盐浓度的最大值于夏季出现在海州湾海涂海域（JSHT011W站位），最小值于春季出现在辐射沙脊群海涂海域（JSHT027W站位）。

（2）季节变化：调查全省海涂海域水体中，硅酸盐浓度整体上秋季最高，春季次之，夏季最低。海州湾海涂海域水体中，硅酸盐浓度夏季最高，秋季次之，春季最低；废黄河三角洲海涂海域秋季最高，春季次之，夏季最低；辐射沙脊群海涂海域秋季最高，夏季次之，春季最低。春季，调查海涂海域水体中，废黄河三角洲海涂海域硅酸盐浓度最高，辐射沙

表 2-16　调查海涂海域水体中硅酸盐浓度变化　　　　（单位：mg/L）

海域	季节	平均值	最大值	最小值
海州湾海涂海域	秋季	0.444	0.780	0.215
	春季	0.291	0.422	0.084
	夏季	0.467	1.400	0.180
废黄河三角洲海涂海域	秋季	0.856	0.985	0.785
	春季	0.566	0.618	0.523
	夏季	0.388	0.490	0.150
辐射沙脊群海涂海域	秋季	0.731	1.390	0.388
	春季	0.378	1.301	0.068
	夏季	0.407	1.000	0.170
全省海涂海域	秋季	0.676	1.390	0.215
	春季	0.375	1.301	0.068
	夏季	0.418	1.400	0.150

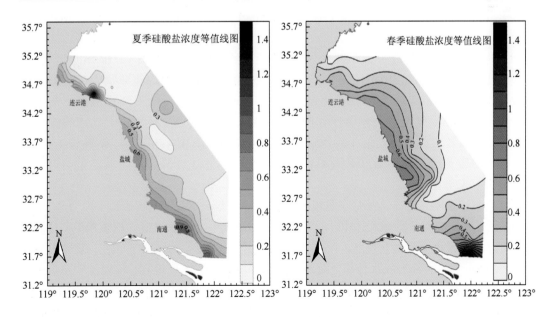

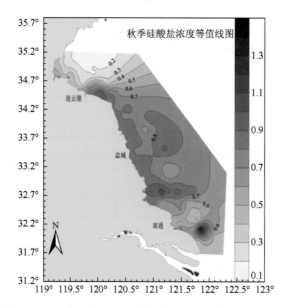

图 2-50　海水硅酸盐浓度等值线分布图（单位：mg/L）

脊群海涂海域次之，海州湾海涂海域最低；夏季，调查海涂海域水体中，海州湾海涂海域硅酸盐浓度最高，辐射沙脊群海涂海域次之，废黄河三角洲海涂海域最低；秋季，调查海涂海域水体中，废黄河三角洲海涂海域硅酸盐浓度最高，辐射沙脊群海涂海域次之，海州湾海涂海域最低。

10. 石油类

调查海涂海域站位春、夏、秋三个航次调查到的石油类浓度介于未检出～0.061mg/L，春、夏、秋三个季节石油类平均值分别为 0.020mg/L、0.011mg/L、0.014mg/L。由图 2-51和表 2-11 可见：

（1）水平变化：调查海涂海域水体中，石油类浓度介于未检出～0.061mg/L，平均值为 0.015mg/L。海州湾、废黄河三角洲、辐射沙脊群海涂海域平均值分别为 0.021mg/L、0.016mg/L、0.013mg/L。调查海涂海域水体中，海州湾海涂海域石油类最高，废黄河三角洲海涂海域浓度次之，辐射沙脊群海涂海域最低，整体呈现出由北向南逐渐降低的趋势。石油类浓度的最大值于春季出现在海州湾海涂海域（JSHT011W 站位），最小值于春季的废黄河三角洲海涂海域和春、夏两季的辐射沙脊群海涂海域多个调查站位出现（均为未检出）。

（2）季节变化：调查全省海涂海域水体中，石油类浓度整体上秋季最高，夏季次之，春季最低。海州湾海涂海域水体中，石油类浓度夏季最高，春季次之，秋季最低；废黄河三角洲海涂海域秋季及夏季较高，春季最低；辐射沙脊群海涂海域秋季较高，夏季及春季较低。春季，调查海涂海域水体中，海州湾海涂海域石油类浓度最高，辐射沙脊群海涂海域次之，废黄河三角洲海涂海域最低；夏季，调查海涂海域水体中，海州湾海涂海域石油类浓度最高，废黄河三角洲海涂海域次之，辐射沙脊群海涂海域最低，整体呈现出由北向南逐渐降低的趋势；秋季，调查海涂海域水体中，废黄河三角洲海涂海域与辐射沙脊群海涂海域石油类浓度较高，海州湾海涂海域较低。

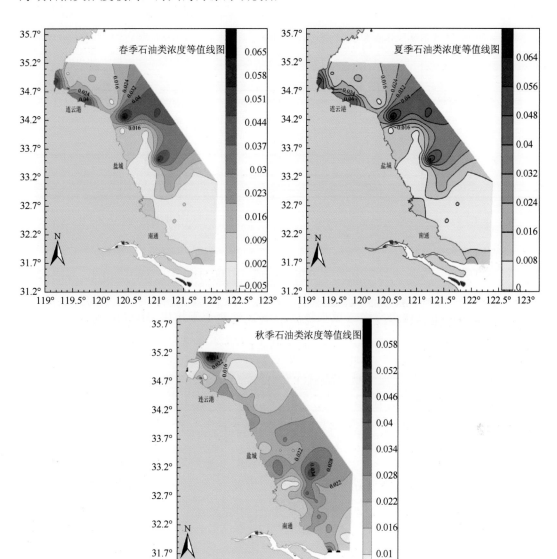

图 2-51　海水石油类浓度等值线分布图（单位：mg/L）

表 2-17　调查海涂海域水体中石油类浓度变化　　　　（单位：mg/L）

海域	季节	平均值	最大值	最小值
海州湾海涂海域	秋季	0.013	0.024	0.005
	春季	0.023	0.061	0.011
	夏季	0.026	0.051	0.007

海域	季节	平均值	最大值	最小值
废黄河三角洲海涂海域	秋季	0.022	0.026	0.018
	春季	0.004	0.009	—
	夏季	0.022	0.049	0.004
辐射沙脊群海涂海域	秋季	0.022	0.046	0.004
	春季	0.009	0.027	—
	夏季	0.009	0.059	—
全省海涂海域	秋季	0.020	0.046	0.004
	春季	0.011	0.061	—
	夏季	0.014	0.059	—

11. 铜

调查海涂海域站位春、夏、秋三个航次调查到铜含量介于未检出～0.0067mg/L，春、夏、秋三个季节铜含量平均值分别为 0.0011mg/L、0.0031mg/L、0.0012mg/L。由图 2-52 和表 2-18 可见：

（1）平面分布：调查海涂海域水体中，铜含量介于未检出～0.0067mg/L，平均值为 0.0018mg/L。海州湾、废黄河三角洲、辐射沙脊群海涂海域平均值分别为 0.0017mg/L、0.0018mg/L、0.0018mg/L。由此可见，调查海涂海域水体中铜含量相差不大，自北向南呈上升趋势。最大值出现于秋季辐射沙脊群海涂海域（JSHT037W 站位），最小值（未检出）于春、秋两季多次出现。

（2）季节分布：调查海涂海域水体中，铜含量整体上夏季最高，秋季次之，春季最低。海州湾海涂海域水体中，铜含量夏季最高，秋季次之，春季最低；废黄河三角洲海涂海域夏季最高，春季次之，秋季最低；辐射沙脊群海涂海域夏季最高，秋季次之，春季最低。春季，调查海涂海域水体中，废黄河三角洲海涂海域铜含量最高，辐射沙脊群海涂海域次之，海州湾海涂海域最低；夏季，调查海涂海域水体中，辐射沙脊群海涂海域铜含量最高，废黄河三角洲海涂海域次之，海州湾海涂海域最低；秋季，调查海涂海域水体中，海州湾海涂海域铜含量最高，辐射沙脊群海涂海域次之，废黄河三角洲海涂海域最低。

12. 锌

调查海涂海域站位春、夏、秋三个航次调查到锌含量介于未检出～0.0270mg/L，春、夏、秋三个季节锌含量平均值分别为 0.0098mg/L、0.0028mg/L、0.0027mg/L。由图 2-53 和表 2-19 可见：

（1）平面分布：调查海涂海域水体中，锌含量介于未检出～0.0270mg/L，平均值为 0.0051mg/L。海州湾、废黄河三角洲、辐射沙脊群海涂海域平均值分别为 0.0065mg/L、0.0035mg/L、0.0051mg/L。最大值出现于春季海州湾海涂海域（JSHT001W、JSHT003W 站位），最小值（未检出）于春、夏、秋三季多次出现。

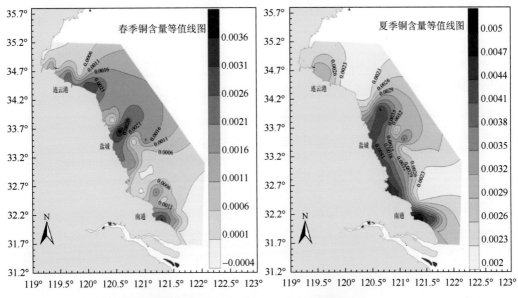

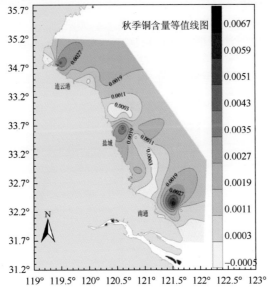

图 2-52　海水铜含量等值线分布图（单位：mg/L）

表 2-18　调查海涂海域水体中铜含量变化　　　　　　（单位：mg/L）

海域	季节	平均值	最大值	最小值
海州湾海涂海域	秋季	0.0016	0.0046	—
	春季	0.0009	0.0025	—
	夏季	0.0026	0.0031	0.0023
废黄河三角洲海涂海域	秋季	0.0005	0.0015	—
	春季	0.0018	0.0029	—
	夏季	0.0029	0.0040	0.0020

续表

海域	季节	平均值	最大值	最小值
辐射沙脊群海涂海域	秋季	0.0012	0.0067	—
	春季	0.0010	0.0032	—
	夏季	0.0033	0.0050	0.0022
全省海涂海域	秋季	0.0012	0.0067	—
	春季	0.0011	0.0032	—
	夏季	0.0031	0.0050	0.0020

（2）季节分布：调查海涂海域水体中，锌含量整体上春季最高，夏季次之，秋季最低。海州湾海涂海域水体中，锌含量春季较高，夏季、秋季较低；废黄河三角洲海涂海域秋季最高，夏季次之，春季最低；辐射沙脊群海涂海域春季最高，夏季次之，秋季最低。春季，调查海涂海域水体中，海州湾海涂海域锌含量最高，辐射沙脊群海涂海域次之，废黄河三角洲海涂海域最低；夏季，调查海涂海域水体中，废黄河三角洲海涂海域锌含量最高，辐射沙脊群海涂海域次之，海州湾海涂海域最低；秋季，调查海涂海域水体中，废黄河三角洲海涂海域锌含量最高，辐射沙脊群海涂海域次之，海州湾海涂海域最低。

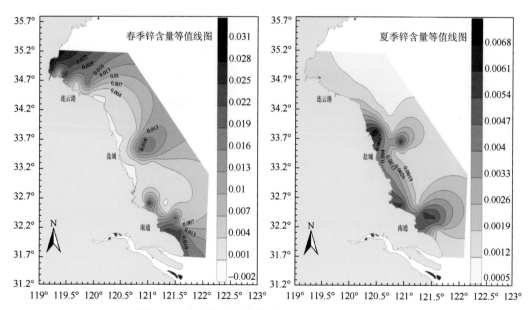

图 2-53　海水锌含量等值线分布图（单位：mg/L）

表 2-19　调查海涂海域水体中锌含量变化　　　　　　　（单位：mg/L）

海域	季节	平均值	最大值	最小值
海州湾海涂海域	秋季	0.0016	0.0016	—
	春季	0.0164	0.0270	—
	夏季	0.0016	0.0016	—

续表

海域	季节	平均值	最大值	最小值
废黄河三角洲海涂海域	秋季	0.0057	0.0180	—
	春季	0.0016	0.0016	—
	夏季	0.0033	0.0066	—
辐射沙脊群海涂海域	秋季	0.0024	0.017	—
	春季	0.0099	0.0230	—
	夏季	0.0031	0.0058	—
全省海涂海域	秋季	0.0027	0.0180	—
	春季	0.0098	0.0270	—
	夏季	0.0028	0.0066	—

13. 铅

调查海涂海域站位春、夏、秋三个航次调查到铅含量介于未检出～0.0019mg/L，春、夏、秋三个季节铅含量平均值分别为 0.0007mg/L、0.0004mg/L、0.0007mg/L。由图 2-54 和表 2-20 可见：

（1）平面分布：调查海涂海域水体中，铅含量介于未检出～0.0019mg/L，平均值为 0.0006mg/L。海州湾、废黄河三角洲、辐射沙脊群海涂海域平均值分别为 0.0006mg/L、0.0007mg/L、0.0006mg/L。最大值出现于春季辐射沙脊群海涂海域（JSHT026W 站位），最小值（未检出）出现于春季辐射沙脊群海涂海域（JSHT027W 站位）、夏季辐射沙脊群海涂海域（JSHT016W、JSHT023W、JSHT036W 站位）以及夏季废黄河三角洲海涂海域（JSHTO14W）。

（2）季节分布：调查海涂海域水体中，铅含量整体保持稳定，春、夏、秋三季相差不大，春、秋季略高于夏季。海州湾海涂海域和废黄河三角洲海涂海域水体中铅含量春季略高于夏、秋季，辐射沙脊群海涂海域秋季最高，春季次之，夏季最低。春季，调查海涂海域水体中，铅含量海州湾海涂海域、废黄河三角洲海涂海域略高于辐射沙脊群海涂海域；夏季，调查海涂海域水体中，废黄河三角洲海涂海域铅含量最高，海州湾海涂海域次之，辐射沙脊群海涂海域最低；秋季，调查海涂海域水体中，辐射沙脊群海涂海域铅含量最高，废黄河三角洲海涂海域次之，海州湾海涂海域最低。

表 2-20　调查海涂海域水体中铅含量变化　　　　（单位：mg/L）

海域	季节	平均值	最大值	最小值
海州湾海涂海域	秋季	0.0005	0.0009	0.0003
	春季	0.0009	0.0018	0.0003
	夏季	0.0005	0.0009	0.0002
废黄河三角洲海涂海域	秋季	0.0006	0.0013	0.0002
	春季	0.0009	0.0011	0.0008
	夏季	0.0006	0.0010	—

海域	季节	平均值	最大值	最小值
辐射沙脊群海涂海域	秋季	0.0008	0.0018	0.0002
	春季	0.0006	0.0019	—
	夏季	0.0003	0.0011	—
全省海涂海域	秋季	0.0007	0.0018	0.0002
	春季	0.0007	0.0019	—
	夏季	0.0004	0.0011	—

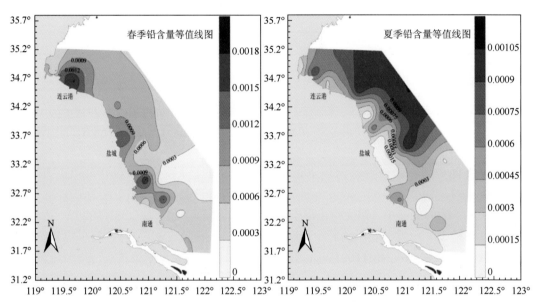

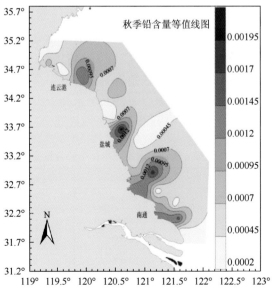

图 2-54　海水铅含量等值线分布图（单位：mg/L）

14. 镉

调查海涂海域站位春、夏、秋三个航次调查到镉含量介于 0.000028～0.000308mg/L，春、夏、秋三个季节镉含量平均值分别为 0.000094mg/L、0.000104mg/L、0.000095mg/L。由图 2-55 和表 2-21 可见：

（1）平面分布：调查海涂海域水体中，镉含量介于 0.000028～0.000308mg/L，平均值为 0.000098mg/L。海州湾、废黄河三角洲、辐射沙脊群海涂海域平均值分别为 0.000131mg/L、0.000116mg/L、0.000084mg/L，由北向南呈逐渐降低趋势。最大值出现于春季海州湾海涂海域（JSHT009W 站位），最小值出现于春季辐射沙脊群海涂海域（JSHT043W 站位）。

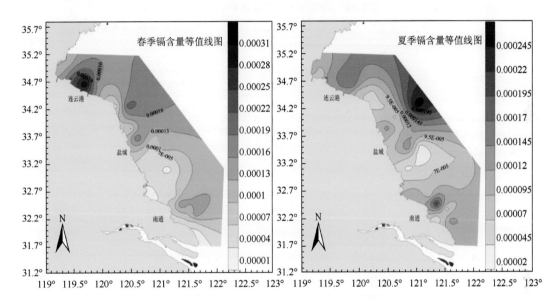

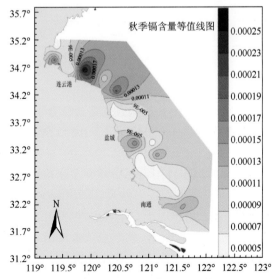

图 2-55　海水镉含量等值线分布图（单位：mg/L）

（2）季节分布：调查海涂海域水体中，镉含量整体上夏季略高于春、秋季，差异不大，镉含量由北向南呈逐渐降低趋势。海州湾海涂海域水体中镉含量春季最高，夏季次之，秋季最低；废黄河三角洲海涂海域夏季最高，秋季次之，春季最低；辐射沙脊群海涂海域夏季最高，秋季次之，春季最低。春季，调查海涂海域水体中，海州湾海涂海域镉含量最高，废黄河三角洲海涂海域次之，辐射沙脊群海涂海域最低；夏季，调查海涂海域水体中，废黄河三角洲海涂海域镉含量最高，海州湾海涂海域次之，辐射沙脊群海涂海域最低；秋季，调查海涂海域水体中，废黄河三角洲海涂海域镉含量最高，海州湾海涂海域次之，辐射沙脊群海涂海域最低。

表 2-21　调查海涂海域水体中镉含量变化　　　　　（单位：mg/L）

海域	季节	平均值	最大值	最小值
海州湾海涂海域	秋季	0.000096	0.000178	0.000064
	春季	0.000175	0.000308	0.000103
	夏季	0.000122	0.000170	0.000080
废黄河三角洲海涂海域	秋季	0.000114	0.000190	0.000063
	春季	0.000097	0.000146	0.000059
	夏季	0.000138	0.000260	0.000080
辐射沙脊群海涂海域	秋季	0.000090	0.000170	0.000054
	春季	0.000071	0.000151	0.000028
	夏季	0.000091	0.000210	0.000030
全省海涂海域	秋季	0.000095	0.000190	0.000054
	春季	0.000094	0.000308	0.000028
	夏季	0.000104	0.000260	0.000030

15. 铬

调查海涂海域站位春、夏、秋三个航次调查到铬含量介于未检出～0.00275mg/L，春、夏、秋三个季节铬含量平均值分别为 0.00047mg/L、0.00029mg/L、未检出。由图 2-56 和表 2-22 可见：

（1）平面分布：调查海涂海域水体中，铬含量介于未检出～0.00275mg/L，平均值为 0.00032mg/L。海州湾、废黄河三角洲、辐射沙脊群海涂海域平均值分别为 0.00038mg/L、0.00023mg/L、0.00032mg/L。最大值出现于春季辐射沙脊群海涂海域（JSHT040W 站位），最小值（未检出）于春、夏两季多次出现，秋季全部未检出。

（2）季节分布：调查海涂海域水体中，铬含量整体上春季最高，夏季次之，秋季最低。海州湾海涂海域水体中铬含量春季最高，夏季、秋季均未检出；废黄河三角洲海涂海域夏季最高，秋季、春季均未检出；辐射沙脊群海涂海域春季最高，夏季次之，秋季最低。春季，调查海涂海域水体中，海州湾海涂海域铬含量最高，辐射沙脊群海涂海域次之，废黄河三角洲海涂海域最低；夏季，调查海涂海域水体中，辐射沙脊群海涂海域铬含量最高，废黄河三角洲海涂海域次之，海州湾海涂海域最低；秋季，调查海涂海域水体中，铬含量海州湾海涂海域、废黄河三角洲海涂海域、辐射沙脊群海涂海域均未检出。

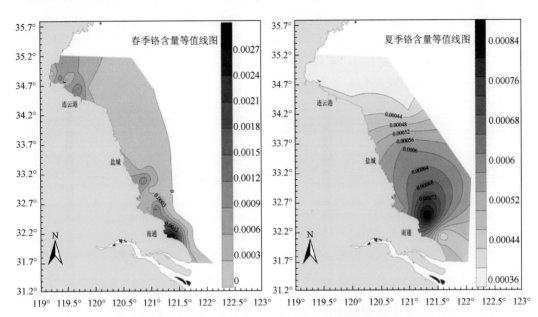

图 2-56　海水铬含量等值线分布图（单位：mg/L）

表 2-22　调查海涂海域水体中铬含量变化　　　　　　（单位：mg/L）

海域	季节	平均值	最大值	最小值
海州湾海涂海域	秋季	—	—	—
	春季	0.00073	0.00121	0.00020
	夏季	—	—	—
废黄河三角洲海涂海域	秋季			
	春季			
	夏季	0.00030	0.00040	
辐射沙脊群海涂海域	秋季			
	春季	0.00046	0.00275	—
	夏季	0.00031	0.00090	
全省海涂海域	秋季	—	—	—
	春季	0.00047	0.00275	—
	夏季	0.00029	0.00090	—

16. 汞

调查海涂海域站位春、夏、秋三个航次调查到汞含量介于未检出～0.000186mg/L，春、夏、秋三个季节汞含量平均值分别为 0.000014mg/L、0.000019mg/L、0.000049mg/L。由图 2-57 和表 2-23 可见：

（1）平面分布：调查海涂海域水体中，汞含量介于未检出～0.000186mg/L，平均值为 0.000027mg/L。海州湾、废黄河三角洲、辐射沙脊群海涂海域平均值分别为 0.000015mg/L、0.000026mg/L、0.000032mg/L，由北向南呈逐渐升高趋势。最大值出现于秋季辐射沙脊群海涂海域（JSHT036W 站位），最小值（未检出）出现于春季辐射沙脊群海涂海域（JSHT022W、JSHT024W 站位）。

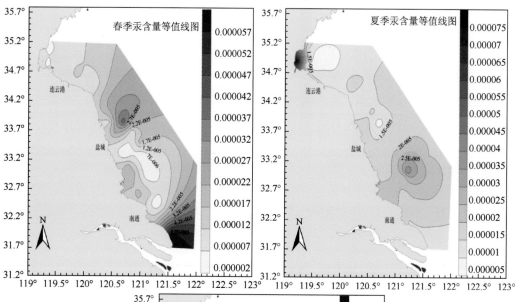

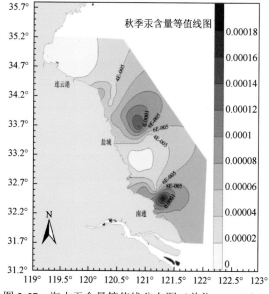

图 2-57　海水汞含量等值线分布图（单位：mg/L）

（2）季节分布：调查海涂海域水体中，汞含量整体上秋季最高，夏季次之，春季最低。海州湾海涂海域水体中，汞含量夏季最高，秋季次之，春季最低；废黄河三角洲海涂海域秋季最高，春、夏两季较低；辐射沙脊群海涂海域秋季最高，夏季次之，春季最低。春季，调查海涂海域水体中，辐射沙脊群海涂海域汞含量最高，废黄河三角洲海涂海域次之，海州湾海涂海域最低，由北向南呈逐渐升高趋势；夏季，调查海涂海域水体中，汞含量海州湾海涂海域最高，辐射沙脊群海涂海域次之，废黄河三角洲海涂海域最低；秋季，调查海涂海域水体中，汞含量辐射沙脊群海涂海域最高，废黄河三角洲海涂海域次之，海州湾海涂海域最低，由北向南呈逐渐升高趋势。

表 2-23　调查海涂海域水体中汞含量变化　　　　　　（单位：mg/L）

海域	季节	平均值	最大值	最小值
海州湾海涂海域	秋季	0.000014	0.000016	0.000010
	春季	0.000008	0.000012	0.000005
	夏季	0.000024	0.000073	0.000009
废黄河三角洲海涂海域	秋季	0.000051	0.000077	0.000023
	春季	0.000014	0.000021	0.000010
	夏季	0.000014	0.000018	0.000010
辐射沙脊群海涂海域	秋季	0.000060	0.000186	0.000014
	春季	0.000016	0.000059	—
	夏季	0.000019	0.000039	0.000011
全省海涂海域	秋季	0.000049	0.000186	0.000010
	春季	0.000014	0.000059	—
	夏季	0.000019	0.000073	0.000009

17. 砷

调查海涂海域站位春、夏、秋三个航次调查到砷含量介于 0.000058～0.000890mg/L，春、夏、秋三个季节砷含量平均值分别为 0.000222mg/L、0.000455mg/L、0.000190mg/L。由图 2-58 和表 2-24 可见：

（1）平面分布：调查海涂海域水体中，砷含量介于 0.000058～0.000890mg/L，平均值为 0.000289mg/L。海州湾、废黄河三角洲、辐射沙脊群海涂海域平均值分别为 0.000415mg/L、0.000264mg/L、0.000256mg/L，由北向南呈逐渐降低趋势。最大值出现于夏季海州湾海涂海域（JSHT003W 站位），最小值出现于春季辐射沙脊群海涂海域（JSHT043W 站位）。

（2）季节分布：调查海涂海域水体中，砷含量整体上夏季最高，春季次之，秋季最低。海州湾海涂海域水体中，砷含量夏季最高，春季次之，秋季最低；废黄河三角洲海涂海域夏季最高，秋季次之，春季最低；辐射沙脊群海涂海域夏季最高，春季次之，秋季最低。春季，调查海涂海域水体中，砷含量海州湾海涂海域最高，辐射沙脊群海涂海域次之，废黄河三角洲海涂海域最低；夏季，调查海涂海域水体中，砷含量海州湾海涂海域最高，废黄河三角洲海涂海域次之，辐射沙脊群海涂海域最低，由北向南呈逐渐降低趋势；秋季，调查海涂海域水体中，砷含量海州湾海涂海域最高，废黄河三角洲海涂海域次之，辐射沙脊群海涂海域最低，由北向南呈逐渐降低趋势。

表 2-24　调查海涂海域水体中砷含量变化　　　　（单位：mg/L）

海域	季节	平均值	最大值	最小值
海州湾海涂海域	秋季	0.000282	0.000446	0.000203
	春季	0.000322	0.000484	0.000203
	夏季	0.000641	0.000890	0.000485
废黄河三角洲海涂海域	秋季	0.000181	0.000191	0.000161
	春季	0.000176	0.000374	0.000076
	夏季	0.000436	0.000631	0.000317
辐射沙脊群海涂海域	秋季	0.000167	0.000298	0.000089
	春季	0.000204	0.000776	0.000058
	夏季	0.000396	0.000639	0.000277
全省海涂海域	秋季	0.000190	0.000446	0.000089
	春季	0.000222	0.000776	0.000058
	夏季	0.000455	0.000890	0.000277

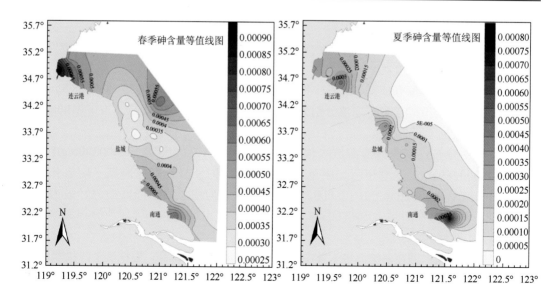

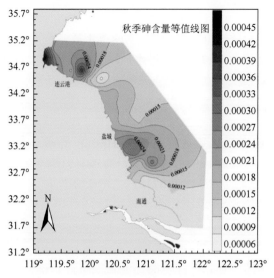

图 2-58　海水砷含量等值线分布图（单位：mg/L）

2.2.2　海洋水质现状评价

1. 无机氮

秋季，江苏海涂海域二类水质达标站位占 8.70%，三类水质达标站位占 60.87%，四类水质达标站位为 17.39%，劣四类水质站位占 13.04%；春季，江苏海涂海域一类水质达标站位占 6.98%，二类水质站位占 16.28%，三类水质站位占 16.28%，四类水质站位占 6.98%，劣四类水质站位占 53.48%；夏季，江苏海涂海域一类水质达标站位占 19.51%，二类水质站位占 31.71%，三类水质站位占 26.83%，四类水质站位占 2.44%，劣四类水质站位占 19.51%。

2. 磷酸盐

秋季，江苏海涂海域一类水质达标站位占 4.34%，二（三）类水质达标站位占 8.70%，四类水质站位占 8.70%，劣四类水质站位占 78.26%；春季，江苏海涂海域一类水质达标站位占 69.77%，二（三）类水质站位占 20.93%，四类水质站位占 6.98%，劣四类水质站位占 2.32%；夏季，江苏海涂海域一类水质站位占 68.18%，二（三）类水质站位占 15.91%，四类水质站位占 6.82%，劣四类水质站位占 9.09%。

3. 化学需氧量

秋季，江苏海涂海域一类水质达标站位为 100%；春季，江苏海涂海域一类水质站位占 88.37%，二类水质站位占 11.63%；夏季，江苏海涂海域一类水质达标站位占 92.68%，二类水质站位占 7.32%。

4. 石油类

秋季，江苏海涂海域一（二）类水质达标站位占 3.45%，三类水质站位占 79.31%，四类水质站位占 17.24%；春季，江苏海涂海域一（二）类水质达标站位占 34.88%，三类水质站位占 60.46%，四类水质站位占 2.33%，劣四类水质站位占 2.33%；夏季，江苏海涂海域一（二）类水质达标站位占 31.71%，三类水质站位占 56.10%，四类水质站位占 7.32%，劣四类水质站位占 4.87%。

5. 溶解氧

秋季，江苏海涂海域一类水质达标站位为 100%；春季，江苏海涂海域一类水质达标站位占 90.70%，二类水质站位占 9.30%；夏季，江苏海涂海域一类水质达标站位占 75.61%，二类水质达标站位占 17.07%，三类水质站位占 2.44%，四类水质站位占 4.88%。

6. 重金属

以重金属作为评价标准。秋季，江苏海涂海域站位锌、铬、镉、砷均达到一类水质标准，铜、铅、汞一类水质站位分别为 96.30%、74.07%、62.50%，其余为二类水质；春季，江苏海涂海域站位铜、铬、镉、汞、砷均达一类水质标准，锌、铅一类水质站位达标比例分别为 77.78%、84.62%，其余为二类水质站位；夏季，江苏海涂海域铜、锌、铬、镉、汞、砷均达到一类水质标准，铅一类水质达标站位比例为 92.86%，二类水质站位占 7.14%。

2.2.3　海洋水质变化趋势

1. 无机氮

由图 2-59 可见，江苏海涂海域无机氮年均浓度从 2005～2007 年呈直线上升趋势，

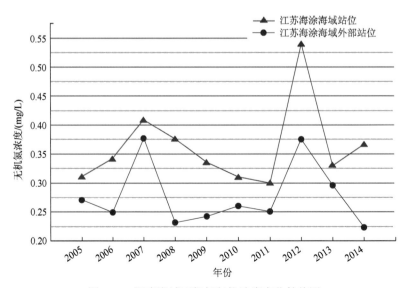

图 2-59　调查海域无机氮年均浓度变化趋势图

2007～2011 年呈逐渐下降趋势，无机氮浓度在 2012 年达到峰值后逐年降低。江苏海涂外部海域无机氮年均浓度变化趋势同江苏海涂海域年均浓度变化趋势相似，且江苏海涂海域年均浓度均大于江苏海涂外部海域年均浓度。

2. 磷酸盐

由图 2-60 可见，江苏海涂海域磷酸盐年均浓度从 2005～2008 年呈波动下降趋势，在 2008 年磷酸盐年均浓度达到最低值，从 2008～2012 年呈直线上升趋势，到 2012 年达到浓度最高值，之后呈波动下降趋势。江苏海涂外部海域磷酸盐的年均浓度变化趋势同江苏海涂海域的年均浓度变化趋势相似，磷酸盐年均浓度在 2011 年达到最高值，江苏海涂海域的年均浓度均大于江苏海涂外部海域的年均浓度。

3. 石油类

由图 2-61 可见，江苏海涂海域石油类年均浓度 2005～2006 年呈上升趋势，2006 年达到近十年的最高值后呈波动下降趋势。江苏海涂外部海域石油类年均浓度变化同江苏海涂海域年均浓度变化相似，2005～2012 年波动变化，2012～2014 年呈下降趋势。江苏海涂海域的石油类年均浓度均大于江苏海涂外部海域的年均浓度。

4. 化学需氧量

由图 2-62 可见，江苏海涂海域化学需氧量年均浓度变化同江苏海涂外部海域年均浓度变化相似。化学需氧量年均浓度 2005～2007 年呈先下降后上升的趋势，2007 年达到近十年的最高值后呈整体下降趋势。江苏海涂海域化学需氧量年均浓度均大于江苏海涂外部海域年均浓度。

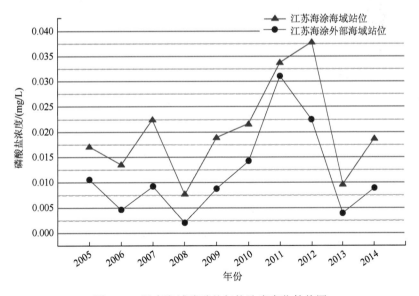

图 2-60　调查海域磷酸盐年均浓度变化趋势图

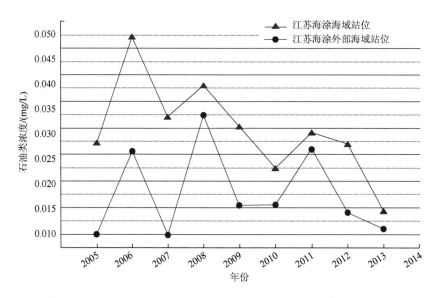

图 2-61　调查海域石油类年均浓度变化趋势图

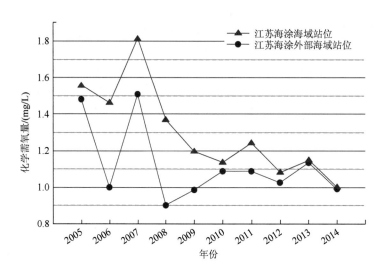

图 2-62　调查海域化学需氧量年均浓度变化趋势图

5. 溶解氧

由图 2-63 可见，江苏海涂海域溶解氧浓度从 2005～2008 年呈先下降后上升的趋势，2008 年达到十年的最大值，2008～2012 年呈波动下降趋势，2012 年后呈波动上升趋势。江苏海涂外部海域溶解氧年均浓度变化同江苏海涂海域年均浓度变化相似。江苏海涂外部海域溶解氧年均浓度均大于江苏海涂海域年均浓度。

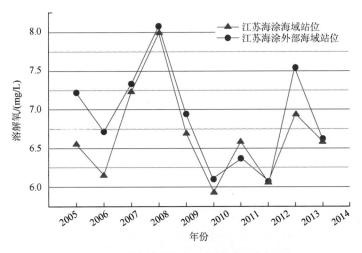

图 2-63　调查海域溶解氧年均浓度变化趋势图

6. pH

由图 2-64 可见，江苏海涂海域 pH 从 2005～2008 年呈波动上升趋势，2008 年达十年中最高，2008～2014 年整体呈波动下降趋势。江苏海涂外部海域 pH 变化从 2005～2008 年呈直线上升趋势，2008～2014 年整体呈波动下降趋势。江苏海涂外部海域的 pH 年均值大部分大于江苏海涂海域的 pH 年均值，2006 年，江苏海涂海域的 pH 年均值大于江苏海涂外部海域的 pH 年均值。

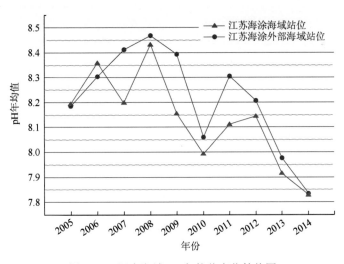

图 2-64　调查海域 pH 年均值变化趋势图

江苏海涂海域无机氮、磷酸盐、石油类以及化学需氧量的年均浓度均大于江苏海涂外部海域，溶解氧以及 pH 年均值均小于江苏海涂外部海域，这可能是由于在围垦过程中大大降低了江苏海涂海域水动力作用，减弱了内外水体的交换能力，自净能力变差，加上受沿岸港口、农业生产以及生物生活工业污水排放的长时间累积影响，使得其环境状况要劣于江苏海涂外部海域的站位。

2.3　海洋沉积物环境

在江苏海涂海域布设调查站位 27 个，海涂外部海域布设调查站位 5 个，共设置调查站位 32 个（图 2-65）。于 2012 年 10 月（秋季）对江苏海涂海域及海涂外部海域沉积物质量进行一个航次的补充调查。

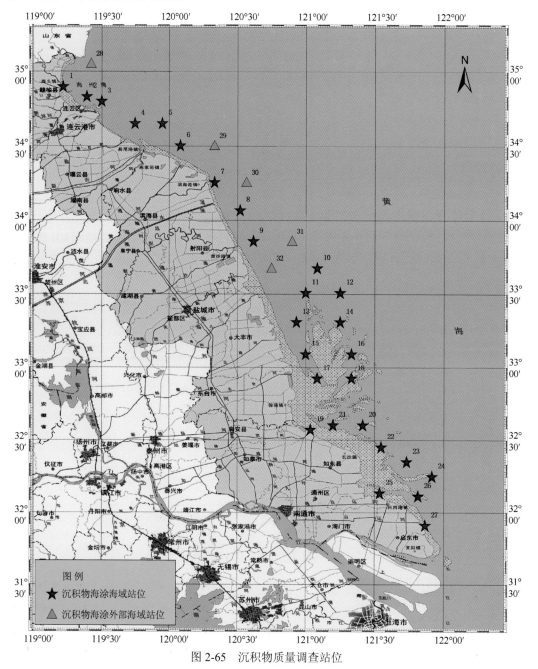

图 2-65　沉积物质量调查站位

序号 1～27 表示站位 JSHT001S～JSHT027S；序号 28～32 表示站位 JS001S～JS005S

2.3.1　海洋沉积物环境现状

1. 硫化物

调查海涂海域硫化物含量介于 $0.15 \times 10^{-6} \sim 58.70 \times 10^{-6}$，平均值为 6.06×10^{-6}。最大值出现于海州湾海涂海域，最小值出现于辐射沙脊群海涂海域。

其中，海州湾海涂海域硫化物含量介于 $6.30 \times 10^{-6} \sim 58.70 \times 10^{-6}$，平均值为 24.50×10^{-6}；废黄河三角洲海涂海域硫化物含量介于 $0.15 \times 10^{-6} \sim 4.37 \times 10^{-6}$，平均值为 1.88×10^{-6}；辐射沙脊群海涂海域硫化物含量介于 $0.20 \times 10^{-6} \sim 3.31 \times 10^{-6}$，平均值为 1.87×10^{-6}。三个海域沉积物中硫化物含量为海州湾海涂海域最高，废黄河三角洲海涂海域次之，辐射沙脊群海涂海域最低（表 2-25）。

表 2-25　调查海涂海域沉积物中硫化物含量统计　　　　　　（单位：10^{-6}）

海域	平均值	最大值	最小值
海州湾海涂海域	24.50	58.70	6.30
废黄河三角洲海涂海域	1.88	4.37	0.15
辐射沙脊群海涂海域	1.87	3.31	0.20
全省海涂海域	6.06	58.70	0.15

2. 有机碳

调查海涂海域有机碳含量介于 $0.23\% \sim 1.00\%$，平均值为 0.65%。最大值出现于废黄河三角洲海涂海域，最小值出现于海州湾海涂海域。

其中，海州湾海涂海域有机碳含量介于 $0.23\% \sim 0.42\%$，平均值为 0.33%；废黄河三角洲海涂海域有机碳含量介于 $0.78\% \sim 1.00\%$，平均值为 0.85%；辐射沙脊群海涂海域有机碳含量介于 $0.35\% \sim 0.98\%$，平均值为 0.69%。三个海域沉积物中有机碳含量为废黄河三角洲海涂海域最高，辐射沙脊群海涂海域次之，海州湾海涂海域最低（表 2-26）。

表 2-26　调查海涂海域沉积物中总有机碳含量统计　　　　　　（单位：%）

海域	平均值	最大值	最小值
海州湾海涂海域	0.33	0.42	0.23
废黄河三角洲海涂海域	0.85	1.00	0.78
辐射沙脊群海涂海域	0.69	0.98	0.35
全省海涂海域	0.65	1.00	0.23

3. 石油类

调查海涂海域石油类含量介于未检出 $\sim 272.00 \times 10^{-6}$，平均值为 34.38×10^{-6}。最大值出现于海州湾海涂海域，最小值出现于辐射沙脊群海涂海域多个站位。

其中，海州湾海涂海域石油类含量介于 $2.00 \times 10^{-6} \sim 272.00 \times 10^{-6}$，平均值为 86.60×10^{-6}；废黄河三角洲海涂海域石油类含量介于 $20.73 \times 10^{-6} \sim 61.85 \times 10^{-6}$，平均值为 40.65×10^{-6}；辐射沙脊群海涂海域石油类含量介于未检出 $\sim 56.67 \times 10^{-6}$，平均值为 18.49×10^{-6}。三个海域沉积物中石油类含量为海州湾海涂海域最高，废黄河三角洲海涂海域次之，辐射沙脊群海涂海域最低（表 2-27）。

表 2-27　调查海涂海域沉积物中石油类含量统计　　　　　（单位：10^{-6}）

海域	平均值	最大值	最小值
海州湾海涂海域	86.60	272.00	2.00
废黄河三角洲海涂海域	40.65	61.85	20.73
辐射沙脊群海涂海域	18.49	56.67	未检出
全省海涂海域	34.38	272.00	未检出

4. 铜

调查海涂海域铜含量介于 $2.71 \times 10^{-6} \sim 28.90 \times 10^{-6}$，平均值为 16.55×10^{-6}。最大值出现于海州湾海涂海域，最小值出现于辐射沙脊群海涂海域。

其中，海州湾海涂海域铜含量介于 $15.90 \times 10^{-6} \sim 28.90 \times 10^{-6}$，平均值为 21.84×10^{-6}；废黄河三角洲海涂海域铜含量介于 $16.50 \times 10^{-6} \sim 26.20 \times 10^{-6}$，平均值为 22.75×10^{-6}；辐射沙脊群海涂海域铜含量介于 $2.71 \times 10^{-6} \sim 28.20 \times 10^{-6}$，平均值为 13.70×10^{-6}。三个海域沉积物中铜含量为废黄河三角洲海涂海域最高，海州湾海涂海域次之，辐射沙脊群海涂海域最低（表 2-28）。

表 2-28　调查海涂海域沉积物中铜含量统计　　　　　（单位：10^{-6}）

海域	平均值	最大值	最小值
海州湾海涂海域	21.84	28.90	15.90
废黄河三角洲海涂海域	22.75	26.20	16.50
辐射沙脊群海涂海域	13.70	28.20	2.71
全省海涂海域	16.55	28.90	2.71

5. 锌

调查海涂海域锌含量介于 $0.20 \times 10^{-6} \sim 133.90 \times 10^{-6}$，平均值为 47.71×10^{-6}。最大值出现于海州湾海涂海域，最小值出现于辐射沙脊群海涂海域。

其中，海州湾海涂海域锌含量介于 $45.80 \times 10^{-6} \sim 133.90 \times 10^{-6}$，平均值为 72.18×10^{-6}；废黄河三角洲海涂海域锌含量介于 $59.20 \times 10^{-6} \sim 75.70 \times 10^{-6}$，平均值为 69.78×10^{-6}；辐射沙脊群海涂海域锌含量介于 $0.20 \times 10^{-6} \sim 78.40 \times 10^{-6}$，平均值为 36.01×10^{-6}。三个海域沉积物中锌含量为海州湾海涂海域最高，废黄河三角洲海涂海域次之，辐射沙脊群海涂海

域最低（表 2-29）。

表 2-29　调查海涂海域沉积物中锌含量统计　（单位：10^{-6}）

海域	平均值	最大值	最小值
海州湾海涂海域	72.18	133.90	45.80
废黄河三角洲海涂海域	69.78	75.70	59.20
辐射沙脊群海涂海域	36.01	78.40	0.20
全省海涂海域	47.71	133.90	0.20

6. 铅

调查海涂海域铅含量介于 $1.69\times10^{-6}\sim18.70\times10^{-6}$，平均值为 5.17×10^{-6}。最大值出现于海州湾海涂海域，最小值出现于废黄河三角洲海涂海域。

其中，海州湾海涂海域铅含量介于 $8.30\times10^{-6}\sim18.70\times10^{-6}$，平均值为 12.40×10^{-6}；废黄河三角洲海涂海域铅含量介于 $1.69\times10^{-6}\sim3.82\times10^{-6}$，平均值为 3.09×10^{-6}；辐射沙脊群海涂海域铅含量介于 $2.06\times10^{-6}\sim5.82\times10^{-6}$，平均值为 3.62×10^{-6}。三个海域沉积物中铅含量为海州湾海涂海域最高，辐射沙脊群海涂海域次之，废黄河三角洲海涂海域最低（表 2-30）。

表 2-30　调查海涂海域沉积物中铅含量统计　（单位：10^{-6}）

海域	平均值	最大值	最小值
海州湾海涂海域	12.40	18.70	8.30
废黄河三角洲海涂海域	3.09	3.82	1.69
辐射沙脊群海涂海域	3.62	5.82	2.06
全省海涂海域	5.17	18.70	1.69

7. 镉

调查海涂海域镉含量介于 $0.02\times10^{-6}\sim0.54\times10^{-6}$，平均值为 0.08×10^{-6}。最大值出现于海州湾海涂海域，最小值出现于辐射沙脊群海涂海域多个站位。

其中，海州湾海涂海域镉含量介于 $0.19\times10^{-6}\sim0.54\times10^{-6}$，平均值为 0.31×10^{-6}；废黄河三角洲海涂海域镉含量介于 $0.03\times10^{-6}\sim0.04\times10^{-6}$，平均值为 0.04×10^{-6}；辐射沙脊群海涂海域镉含量介于 $0.02\times10^{-6}\sim0.04\times10^{-6}$，平均值为 0.02×10^{-6}。三个海域沉积物中镉含量为海州湾海涂海域最高，废黄河三角洲海涂海域次之，辐射沙脊群海涂海域最低（表 2-31）。

表 2-31　调查海涂海域沉积物中镉含量统计　（单位：10^{-6}）

海域	平均值	最大值	最小值
海州湾海涂海域	0.31	0.54	0.19

海域	平均值	最大值	最小值
废黄河三角洲海涂海域	0.04	0.04	0.03
辐射沙脊群海涂海域	0.02	0.04	0.02
全省海涂海域	0.08	0.54	0.02

8. 铬

调查海涂海域铬含量介于 $14.57 \times 10^{-6} \sim 115.50 \times 10^{-6}$，平均值为 44.20×10^{-6}。最大值出现于海州湾海涂海域，最小值出现于辐射沙脊群海涂海域。

其中，海州湾海涂海域铬含量介于 $48.60 \times 10^{-6} \sim 115.50 \times 10^{-6}$，平均值为 73.50×10^{-6}；废黄河三角洲海涂海域铬含量介于 $37.80 \times 10^{-6} \sim 45.00 \times 10^{-6}$，平均值为 42.75×10^{-6}；辐射沙脊群海涂海域铬含量介于 $14.57 \times 10^{-6} \sim 64.10 \times 10^{-6}$，平均值为 36.39×10^{-6}。三个海域沉积物中铬含量为海州湾海涂海域最高，废黄河三角洲海涂海域次之，辐射沙脊群海涂海域最低（表 2-32）。

表 2-32　调查海涂海域沉积物中铬含量统计　　　　　　（单位：10^{-6}）

海域	平均值	最大值	最小值
海州湾海涂海域	73.50	115.50	48.60
废黄河三角洲海涂海域	42.75	45.00	37.80
辐射沙脊群海涂海域	36.39	64.10	14.57
全省海涂海域	44.20	115.50	14.57

9. 汞

调查海涂海域共布设沉积物汞调查站位 27 个，汞含量介于 $0.01 \times 10^{-6} \sim 0.39 \times 10^{-6}$，平均值为 0.06×10^{-6}。最大值、最小值均出现于辐射沙脊群海涂海域。

其中，海州湾海涂海域汞含量介于 $0.02 \times 10^{-6} \sim 0.06 \times 10^{-6}$，平均值为 0.03×10^{-6}；废黄河三角洲海涂海域汞含量介于 $0.07 \times 10^{-6} \sim 0.10 \times 10^{-6}$，平均值为 0.08×10^{-6}；辐射沙脊群海涂海域汞含量介于 $0.01 \times 10^{-6} \sim 0.39 \times 10^{-6}$，平均值为 0.06×10^{-6}。三个海域沉积物中汞含量为废黄河三角洲海涂海域最高，辐射沙脊群海涂海域次之，海州湾海涂海域最低（表 2-33）。

表 2-33　调查海涂海域沉积物中汞含量统计　　　　　　（单位：10^{-6}）

海域	平均值	最大值	最小值
海州湾海涂海域	0.03	0.06	0.02
废黄河三角洲海涂海域	0.08	0.10	0.07
辐射沙脊群海涂海域	0.06	0.39	0.01
全省海涂海域	0.06	0.39	0.01

10. 砷

调查海涂海域砷含量介于 $4.69 \times 10^{-6} \sim 20.70 \times 10^{-6}$，平均值为 11.62×10^{-6}。最大值、最小值均出现于辐射沙脊群海涂海域。

其中，海州湾海涂海域砷含量介于 $5.50 \times 10^{-6} \sim 16.00 \times 10^{-6}$，平均值为 10.48×10^{-6}；废黄河三角洲海涂海域砷含量介于 $11.10 \times 10^{-6} \sim 17.00 \times 10^{-6}$，平均值为 15.03×10^{-6}；辐射沙脊群海涂海域砷含量介于 $4.69 \times 10^{-6} \sim 20.70 \times 10^{-6}$，平均值为 11.18×10^{-6}。三个海域沉积物中砷含量为废黄河三角洲海涂海域最高，辐射沙脊群海涂海域次之，海州湾海涂海域最低（表 2-34）。

表 2-34　调查海涂海域沉积物中砷含量统计　　　　　（单位：10^{-6}）

海域	平均值	最大值	最小值
海州湾海涂海域	10.48	16.00	5.50
废黄河三角洲海涂海域	15.03	17.00	11.10
辐射沙脊群海涂海域	11.18	20.70	4.69
全省海涂海域	11.62	20.70	4.69

11. 总 DDT

调查海涂海域总 DDT 含量介于未检出～0.1043×10^{-6}，平均值为 0.0069×10^{-6}。最大值、最小值均出现于辐射沙脊群海涂海域多个站位。

其中，海州湾海涂海域总 DDT 含量介于 $0.0003 \times 10^{-6} \sim 0.0283 \times 10^{-6}$，平均值为 0.0080×10^{-6}；废黄河三角洲海涂海域总 DDT 含量介于 $0.0031 \times 10^{-6} \sim 0.0064 \times 10^{-6}$，平均值为 0.0041×10^{-6}；辐射沙脊群海涂海域总 DDT 含量介于未检出～0.1043×10^{-6}，平均值为 0.0073×10^{-6}。三个海域沉积物中总 DDT 含量为海州湾海涂海域最高，辐射沙脊群海涂海域次之，废黄河三角洲海涂海域最低（表 2-35）。

表 2-35　调查海涂海域沉积物中总 DDT 含量统计　　　　　（单位：10^{-6}）

海域	平均值	最大值	最小值
海州湾海涂海域	0.0080	0.0283	0.0003
废黄河三角洲海涂海域	0.0041	0.0064	0.0031
辐射沙脊群海涂海域	0.0073	0.1043	未检出
全省海涂海域	0.0069	0.1043	未检出

12. 多氯联苯

调查海涂海域多氯联苯含量介于未检出～0.0149×10^{-6}，平均值为 0.0037×10^{-6}。最大值出现于海州湾海涂海域，最小值出现于辐射沙脊群海涂海域多个站位。

其中，海州湾海涂海域多氯联苯含量介于 $0.0036 \sim 0.0149 \times 10^{-6}$，平均值为 0.0088×10^{-6}；废黄河三角洲海涂海域多氯联苯含量介于 $0.0045 \times 10^{-6} \sim 0.0069 \times 10^{-6}$，平均值为 0.0058×10^{-6}；辐射沙脊群海涂海域多氯联苯含量介于未检出～0.0064×10^{-6}，平均值为

0.0018×10^{-6}。三个海域沉积物中多氯联苯含量为海州湾海涂海域最高，废黄河三角洲海涂海域次之，辐射沙脊群海涂海域最低（表 2-36）。

表 2-36　调查海涂海域沉积物中多氯联苯含量统计　　　　（单位：10^{-6}）

海域	平均值	最大值	最小值
海州湾海涂海域	0.0088	0.0149	0.0036
废黄河三角洲海涂海域	0.0058	0.0069	0.0045
辐射沙脊群海涂海域	0.0018	0.0064	未检出
全省海涂海域	0.0037	0.0149	未检出

2.3.2　海洋沉积物质量现状评价

根据调查结果显示，海州湾海涂海域硫化物、有机碳、铜、锌、铅、汞、砷、石油类、多氯联苯含量全部符合第一类海洋沉积物质量标准；镉、铬、总 DDT 含量均有 80%调查站位符合第一类海洋沉积物质量标准，20%调查站位超过第一类海洋沉积物质量标准，符合第二类海洋沉积物质量标准。废黄河三角洲海涂海域硫化物、有机碳、铜、锌、铅、镉、铬、汞、砷、石油类、总 DDT、多氯联苯含量全部符合第一类海洋沉积物质量标准。辐射沙脊群海涂海域硫化物、有机碳、铜、锌、铅、镉、铬、石油类、多氯联苯含量全部符合第一类海洋沉积物质量标准；汞含量有 94.44%调查站位符合第一类海洋沉积物质量标准，5.56%调查站位超过第一类海洋沉积物质量标准，符合第二类海洋沉积物质量标准；砷含量有 11.11%调查站位符合第一类海洋沉积物质量标准，5.56%调查站位超过第一类海洋沉积物质量标准，符合第二类海洋沉积物质量标准；总 DDT 含量有 94.44%调查站位符合第一类海洋沉积物质量标准，5.56%调查站位劣于三类海洋沉积物质量标准。

2.3.3　海洋沉积物环境变化趋势

综合 2003～2014 年《江苏省海洋环境质量公报》及补充调查结果分析，江苏海涂海域海洋沉积物质量状况总体比较稳定，重金属（铜、锌、铅、镉、铬、汞）、砷基本上均符合一类海洋沉积物质量标准，仅个别站位略高于一类海洋沉积物质量标准，符合二类海洋沉积物质量标准，综合潜在生态风险较低，表明海涂围垦工程对海洋沉积物质量影响较小。

2.4　生物生态

在江苏海涂海域布设生物生态调查站位 21 个，潮间带生物调查站位 10 个调查断面，每个潮间带调查站位按照高、中、低三个潮区采样（图 2-66），分别于 2012 年 10 月（秋季）、2013 年 5 月（春季）和 2015 年 8 月（夏季）对江苏海涂海域的生物生态及潮间带生物进行了秋、春、夏 3 个航次的补充调查。

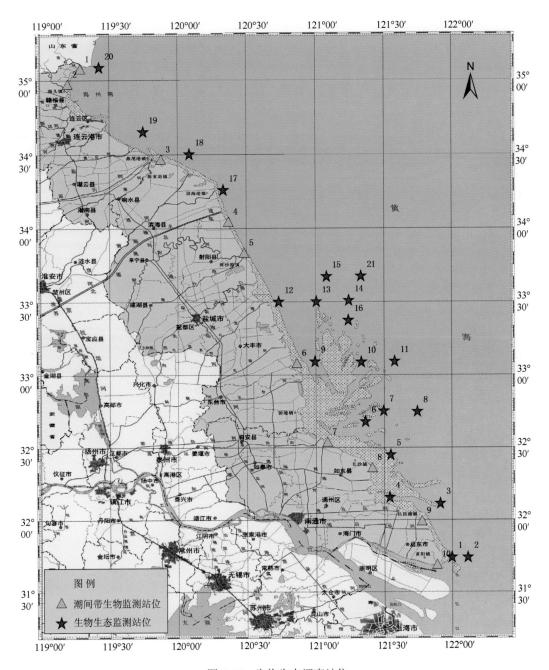

图 2-66　生物生态调查站位

生物生态站位序号 1～21 表示站位 JSHT001E～JSHT021E；潮间带生物监测站位序号 1～10 表示
站位 JSHT031E～JSHT040E

2.4.1 生物生态现状

1. 浮游植物

1）种类组成季节变化

3 航次调查共采集浮游植物 3 门 113 种，其中硅藻 105 种，甲藻 7 种，金藻 1 种，共有种 51 种。

其中，春季 3 门 60 种，夏季 3 门 73 种，秋季 2 门 47 种，各门种类数及个体百分比季节变化如表 2-37 所示。

表 2-37 各门种类数及个体百分比的季节变化

类别	春季		夏季		秋季	
	种类数	百分比/%	种类数	百分比/%	种类数	百分比/%
硅藻	56	99.98	68	99.17	46	99.94
甲藻	3	0.01	4	0.82	1	0.06
金藻	1	0.01	1	0.01	—	—

主要优势种 6 种，均为硅藻门，分别为中肋骨条藻（*Skeletonema costatum*）、线形圆筛藻（*Coscinodiscus lineatus*）、蛇目圆筛藻（*Coscinodiscus argus*）、圆筛藻 sp1（*Coscinodiscus* sp1.）、标志星杆藻（*Asterionella notata*）和脆杆藻（*Fragilaria* spp.）。各季节主要优势种密度、优势度与百分比如表 2-38 所示。

表 2-38 各季节主要优势种密度、优势度与百分比

优势种	春季			夏季			秋季		
	密度/ (ind./m³)[①]	优势度	百分比/%	密度/ (ind./m³)	优势度	百分比/%	密度/ (ind./m³)	优势度	百分比/%
中肋骨条藻	—	—	—	3.81×10^6	0.48	56.59	3.81×10^7	0.44	62.93
线形圆筛藻	1.22×10^5	0.05	5.67	—	—	—	—	—	—
蛇目圆筛藻				1.28×10^5	0.02	2.25	—	—	—
圆筛藻 sp1.	4.78×10^4	0.03	2.52	—	—	—	—	—	—
标志星杆藻	4.07×10^6	0.04	27.35	—	—	—	—	—	—
脆杆藻	2.87×10^6	0.08	31.70	—	—	—	—	—	—

2）群落参数时空变化

各站位种类数季节变化显示（图 2-67），春季 10～27 种，平均 17.55 种；夏季 13～33 种，平均 22.25 种；秋季 3～17 种，平均 7.63 种。除 JSHT010E、JSHT011E、JSHT015E、JSHT019E 春季最高，其余站位种类数均为夏季最高，秋季最低。JSHT020E 夏季种类数最高，为 33 种，JSHT012E、JSHT013E 和 JSHT017E 秋季种类数最低，均为 3 种。3 季

---

① ind./m³ 表示个体密度。

度平均种类数 JSHT007E 最高，为 21.67 种，JSHT013E 最低，均为 12.00 种。

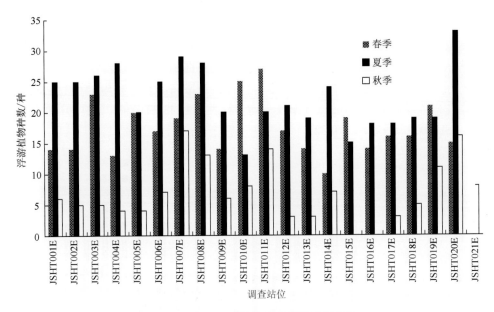

图 2-67 各站位浮游植物种类数季节变化

各站位密度季节变化显示（图 2-68），春季 $4.18\times10^4\sim2.13\times10^7$ind./m^3，平均 $2.75\times$ 10^6ind./m^3；夏季 $5.48\times10^4\sim1.09\times10^8$ind./m^3，平均 8.44×10^6ind./m^3；秋季 $1.75\times10^6\sim$ 3.25×10^8ind./m^3，平均 4.46×10^7ind./m^3。除 JSHT012E 夏季最高，JSHT015、JSHT016E 春季

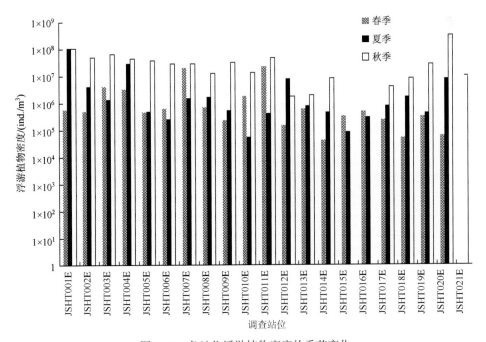

图 2-68 各站位浮游植物密度的季节变化

最高，其余站位密度均为秋季最高，春或夏季最低。JSHT020E 秋季密度最高，为 3.25×10^8 ind./m^3，JSHT014E 春季密度最低，为 4.18×10^4 ind./m^3。3 季度平均密度 JSHT020E 最高，为 1.11×10^8 ind./m^3，JSHT015E 最低，为 2.08×10^5 ind./m^3。

各站位多样性指数季节变化显示（图 2-69），春季 0.22～2.49，平均 1.63；夏季 0.26～2.73，平均 1.48；秋季 0.21～2.07，平均 1.13。除 JSHT007E 秋季最高，其余站位多样性指数均为春季或夏季最高。JSHT014E 夏季多样性指数最高，为 2.73，JSHT001E、JSHT005E 秋季多样性指数最低，均为 0.21。3 季度平均多样性指数 JSHT010E、JSHT014E 最高，均为 2.11，JSHT004E 最低，为 0.32。

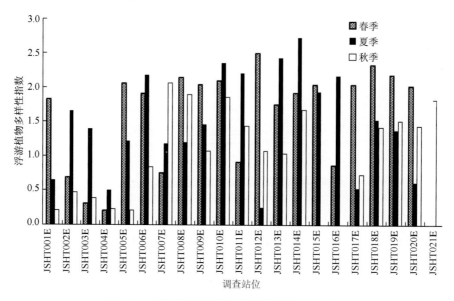

图 2-69　各站位浮游植物多样性指数的季节变化

3）小结

3 季度浮游植物群落参数比较显示（表 2-39），种类数夏季最高，多样性指数及优势种数均为春季最高，秋季密度最高，其余参数均为最低。综上所述，调查海域浮游植物群落种类较丰富，但群落结构相对简单，稳定性较低。

表 2-39　浮游植物群落参数的季节变化

季节	种类数	平均密度/（ind./m^3）	多样性指数	优势种数
春季	60	2.75×10^6	1.63	4
夏季	73	8.44×10^6	1.48	2
秋季	47	4.24×10^7	1.13	1

2. 大型浮游动物

1）种类组成季节变化

3 航次调查共采集大型浮游动物 8 大类 68 种，其中桡足类 18 种，软甲类 13 种，毛颚类 3 种，介形类、背囊类与原生动物各 1 种，水母类 16 种，幼体 15 种，共有种 7 种。

其中，春季 7 大类 33 种，夏季 7 大类 51 种，秋季 6 大类 17 种，各类群种类数及个体百分比的季节变化如表 2-40 所示。

表 2-40　各类群种类数及个体百分比的季节变化

类群	春季		夏季		秋季	
	种类数	百分比/%	种类数	百分比/%	种类数	百分比/%
桡足类	10	71.81	11	44.84	6	82.20
软甲类	6	18.13	11	17.28	2	7.45
毛颚类	3	2.20	3	5.45	2	7.28
介形类	—	—	—	—	1	1.28
被囊类	1	0.21	1	0.05	—	—
水母类	3	1.05	13	11.51	5	1.71
原生动物	1	0.15	1	0.05	—	—
幼体	9	6.44	11	20.83	1	0.08

大型浮游动物主要优势种 9 种，其中桡足类 3 种，包括中华哲水蚤（*Calanus sinicus*）、真刺唇角水蚤（*Labidocera euchaeta*）和精致真刺水蚤（*Euchaeta concinna*）；软甲类 2 种，分别是长额刺糠虾（*Acanthomysis longirostris*）和中华假磷虾（*Pseudeuphausia sinica*）；幼体 2 种，分别是桡足类幼体和十足类幼体；毛颚类与水母类各 1 种，为强壮箭虫（*Sagitta crassa*）与锡兰和平水母（*Eirene ceylonensis*）。各季节主要优势种密度、优势度与百分比如表 2-41 所示。

表 2-41　各季节主要优势种密度、优势度与百分比

优势种	春季			夏季			秋季		
	密度/ (ind./m³)	优势度	百分比/%	密度/ (ind./m³)	优势度	百分比/%	密度/ (ind./m³)	优势度	百分比/%
中华哲水蚤	61.84	0.53	53.25	—	—	—	9.20	0.40	34.99
真刺唇角水蚤	17.73	0.15	15.27	17.18	0.40	39.63	9.23	0.14	35.08
精致真刺水蚤	—	—	—	—	—	—	2.31	0.04	8.79
长额刺糠虾	19.83	0.09	17.07	1.33	0.02	3.08	1.03	0.03	3.92
中华假磷虾	—	—	—	5.54	0.09	12.78	0.93	0.02	3.53
强壮箭虫	—	—	—	1.38	0.03	3.17	1.85	0.09	7.02
锡兰和平水母	—	—	—	3.18	0.04	7.34	—	—	—
桡足类幼体	3.85	0.02	3.08	—	—	—	—	—	—
十足类幼体	—	—	—	6.30	0.14	14.54	—	—	—

2）群落参数时空变化

各站位种类数季节变化显示（图 2-70），春季 4～14 种，平均 9.45 种；夏季 5～31 种，平均 13.05 种；秋季 3～14 种，平均 6.60 种。除 JSHT005E、JSHT006E、JSHT011E、JSHT013E 春季最高，JSHT009 E 秋季最高，其余站位种类数均为夏季最高；除 JSHT006E 夏季最低，JSHT009E 春季最低，其余站位种类数均为秋季最低。JSHT002E 夏季种类数最高，为 31 种，JSHT012E、JSHT018E、JSHT019E 秋季种类数最低，均为 3 种。3 季度平均种类数 JSHT002E 最高，为 17.33 种，JSHT017E 最低，为 4.33 种。

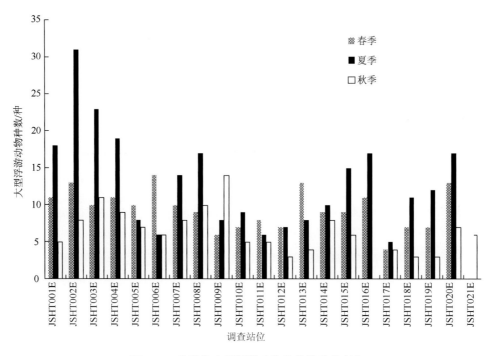

图 2-70　各站位大型浮游动物种类数季节变化

各站位密度季节变化显示（图 2-71），春季 3.10～466.85ind./m³，平均 116.33ind./m³；夏季 4.14～156.33ind./m³，平均 43.05ind./m³；秋季 3.10～122.86ind./m³，平均 31.58ind./m³。除 JSHT001E 密度秋季最高，其余站位均为春季或夏季最高；除 JSHT00E9 春季最低，JSHT001E、JSHT005E、JSHT006E、JSHT014E、JSHT018E、JSHT020E 夏季最低，其余站位密度均为秋季最低。JSHT005E 春季密度最高，为 466.85ind./m³，JSHT009E 春季与 JSHT012E 秋季密度最低，为 3.10ind./m³。3 季度平均密度 JSHT005E 最高，为 187.18ind./m³，JSHT009E 最低，为 5.72ind./m³。

各站位多样性指数季节变化显示（图 2-72），春季 0.65～1.83，平均 1.25；夏季 0.64～2.74，平均 1.65；秋季 0.49～1.88，平均 1.24。除 JSHT006E、JSHT009E、JSHT011E、JSHT012E 春季最高，JSHT015E 秋季最高，其余站位多样性指数均为夏季最高；除 JSHT006E、JSHT011E、JSHT015E 夏季最低，其余站位均为春季或秋季最低。JSHT002E 夏季多样性指数最高，为 2.74，JSHT010E 秋季多样性指数最低，为 0.49。3 季度平均多样性指数

JSHT004E 最高，均为 2.04，JSHT017E 最低，为 0.69。

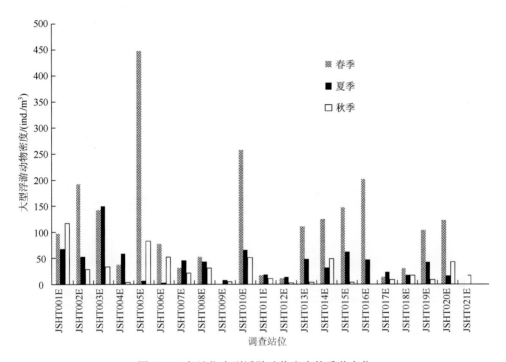

图 2-71　各站位大型浮游动物密度的季节变化

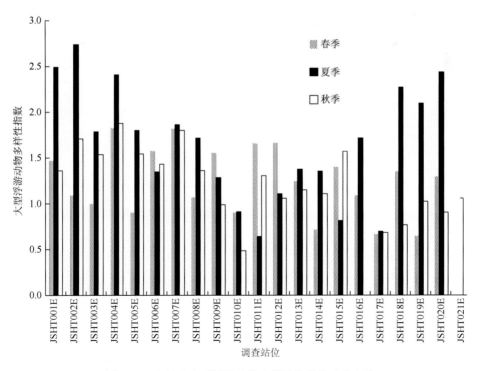

图 2-72　各站位大型浮游动物多样性指数的季节变化

3）小结

3 季度大型浮游动物群落参数比较显示（表 2-42），种类数、多样性指数及优势种数夏季最高，优势种数春季最低；种类数、平均密度及多样性指数均为秋季最低。综上所述，调查海域大型浮游动物种类春、夏季较丰富，秋季种类数较少，群落结构较简单，稳定性较低。

表 2-42 大型浮游动物群落参数的季节变化

季节	种类数	平均密度/（ind./m³）	多样性指数	优势种数
春季	33	116.33	1.25	4
夏季	51	43.05	1.65	6
秋季	17	31.58	1.24	6

3. 小型浮游动物

1）种类组成季节变化

3 航次共采集小型浮游动物 9 大类 75 种，其中桡足类 23 种，软甲类 10 种，毛颚类 4 种，背囊类 2 种，介形类、多毛类与原生动物各 1 种，水母类 14 种，幼体 19 种，共有种 10 种。

其中，春季 6 大类 32 种，夏季 7 大类 52 种，秋季 7 大类 26 种，各类群种类数及个体百分比季节变化如表 2-43 所示。

表 2-43 各类群种类数及个体百分比季节变化

类群	春季		夏季		秋季	
	种类数	百分比/%	种类数	百分比/%	种类数	百分比/%
桡足类	11	91.78	14	28.46	13	90.69
软甲类	3	0.65	8	0.10	5	1.54
毛颚类	3	0.27	3	0.55	2	6.59
介形类	—	—	—	—	1	0.12
多毛类	—	—	—	—	1	0.02
被囊类	1	0.00	1	0.18	1	0.90
水母类	2	0.01	11	0.16	3	0.14
原生动物	—	—	1	50.38	—	—
幼体	12	7.30	14	20.17	—	—

小型浮游动物主要优势种 13 种，其中桡足类 9 种，包括小拟哲水蚤（*Paracalanus parvus*）、针刺拟哲水蚤（*Paracalanus aculeatus*）、强额拟哲水蚤（*Paracalanus crassirostris*）、中华哲水蚤（*Calanus sinicus*）、真刺唇角水蚤（*Labidocera euchaeta*）、双刺纺锤水蚤（*Acartia bifilosa*）、太平洋纺锤水蚤（*Acartia pacifica*）、伪长腹剑水蚤（*Oithona fallax*）和近缘大

眼剑水蚤（*Corycaeus affinis*）；毛颚类与原生动物各 1 种，分别是强壮箭虫（*Sagitta crassa*）
和夜光虫（*Noctiluca*）；幼体 2 种，分别是桡足类幼体和无节幼体。各季节主要优势种密
度、优势度与百分比如表 2-44 所示。

表 2-44　各季节主要优势种密度、优势度与百分比

优势种	春季			夏季			秋季		
	密度/ (ind./m³)	优势度	百分比/%	密度/ (ind./m³)	优势度	百分比/%	密度/ (ind./m³)	优势度	百分比/%
小拟哲水蚤	209.72	0.08	11.70	504.26	0.09	9.39	20.87	0.07	7.56
针刺拟哲水蚤	—	—	—	—	—	—	177.61	0.64	64.35
强额拟哲水蚤	88.45	0.03	4.93	125.72	0.02	2.34	7.31	0.02	2.65
中华哲水蚤	45.00	0.02	2.51	—	—	—	7.34	0.02	2.66
真刺唇角水蚤	—	—	—	156.56	0.03	2.91	24.78	0.09	8.98
双刺纺锤水蚤	1200.49	0.67	66.97	175.03	0.03	3.26	—	—	—
太平洋纺锤水蚤	—	—	—	119.66	0.02	2.23	—	—	—
伪长腹剑水蚤	88.45	0.03	4.93	—	—	—	—	—	—
近缘大眼剑水蚤	—	—	—	328.05	0.06	6.11	—	—	—
强壮箭虫	—	—	—	—	—	—	18.15	0.06	6.58
夜光虫	—	—	—	2706.64	0.33	50.38	—	—	—
桡足类幼体	105.14	0.06	5.87	823.33	0.15	15.32	—	—	—
无节幼体	—	—	—	119.46	0.02	2.22	—	—	—

2）群落参数时空变化

各站位种类数季节变化显示（图 2-73），春季 7～14 种，平均 10.40 种；夏季 14～33

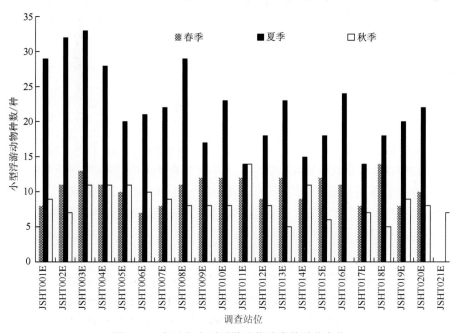

图 2-73　各站位小型浮游动物种类数季节变化

种，平均 22.00 种；秋季 5～14 种，平均 8.60 种。所有站位种类数均为夏季最高，春季或秋季最低。JSHT003E 夏季种类数最高，为 33 种，JSHT013E、JSHT018E 秋季种类数最低，均为 5 种。3 季度平均种类数 JSHT003E 最高，为 19.00 种，JSHT017E 最低，为 9.67 种。

各站位密度季节变化显示（图 2-74），春季 207.14～13068.27ind./m³，平均 1756.77ind./m³；夏季 618.27～34712.07ind./m³，平均 5349.82ind./m³；秋季 55.80～2771.43ind./m³，平均 466.30ind./m³。除 JSHT005E、JSHT009E～JSHT011E、JSHT014E、JSHT015E 密度春季最高，其余站位均为夏季最高；除 JSHT001E、JSHT002E 春季最低，其余站位密度均为秋季最低。JSHT020E 夏季密度最高，为 34712.07ind./m³，JSHT018E 秋季密度最低，为 55.80ind./m³。3 季度平均密度 JSHT020E 最高，为 16084.52ind./m³，JSHT017E 最低，为 366.18ind./m³。

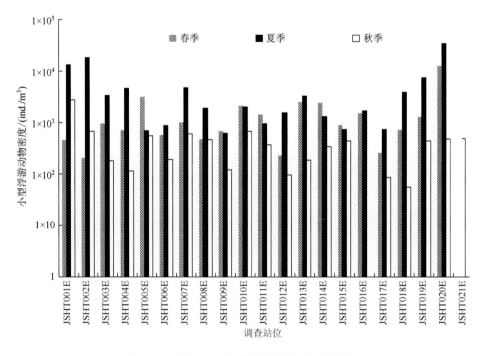

图 2-74　各站位小型浮游动物密度的季节变化

各站位多样性指数季节变化显示（图 2-75），春季 0.29～1.63，平均 1.32；夏季 0.55～2.43，平均 1.92；秋季 0.41～1.89，平均 1.16。除 JSHT006E、JSHT019E、JSHT020E 秋季最高，其余站位多样性指数均为夏季最高；除 JSHT005E～JSHT007E、JSHT009E、JSHT019E、JSHT020E 春季最低，其余站位均为秋季最低。JSHT009E 夏季多样性指数最高，为 2.43，JSHT020E 春季多样性指数最低，为 0.29。3 季度平均多样性指数 JSHT005E 最高，为 1.80，JSHT021E 最低，为 0.76。

3）小结

3 季度小型浮游动物群落参数比较显示（表 2-45），种类数、平均密度、多样性指数及优势种数均为夏季最高，秋季最低。综上所述，调查海域小型浮游动物种类较丰富，夏季生物多样性较高，但群落总体结构仍较简单。

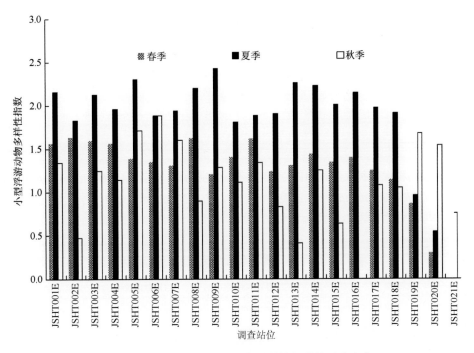

图 2-75　各站位小型浮游动物多样性指数的季节变化

表 2-45　小型浮游动物群落参数的季节变化

季节	种类数	平均密度/（ind./m³）	多样性指数	优势种数
春季	32	1756.77	1.32	6
夏季	52	5349.82	1.92	9
秋季	26	466.30	1.16	6

4. 大型底栖动物

1）种类组成季节变化

定性及定量采集大型底栖动物 8 大类 98 种，其中鱼类 28 种，软体类 25 种，甲壳类 37 种，棘皮类 3 种，水母类 2 种，头足类、多毛类和星虫类各 1 种，3 航次调查共有种 28 种。

其中，春季定量采集 4 大类 11 种，定性采集 6 大类 58 种；夏季定量采集 5 大类 12 种，定性采集 4 大类 45 种；秋季定量采集 5 大类 10 种，定性采集 6 大类 57 种。各类群种类数及个体百分比季节变化如表 2-46 所示。

表 2-46　各类群种类数及个体百分比季节变化

类别	春季		夏季		秋季	
	种类数	百分比/%	种类数	百分比/%	种类数	百分比/%
软体类	8	82.35	3	57.69	4	40.00
甲壳类	—	—	6	26.92	2	10.00
多毛类	1	5.88	1	3.85	1	35.00

续表

类别	春季		夏季		秋季	
	种类数	百分比/%	种类数	百分比/%	种类数	百分比/%
棘皮类	—	—	1	7.69	2	10.00
水母类	1	8.82	1	3.85	1	5.00
星虫类	1	2.94	—	—	—	—

大型底栖动物优势种 3 种,其中软体类 2 种,分别为菲律宾蛤仔(*Ruditapes philippinarum*)和伶鼬榧螺(*Oliva mustelina*);多毛类 1 种,为沙蚕(*Nereididae* sp.)。各季节主要优势种密度、优势度与百分比如表 2-47 所示。

表 2-47　各季节主要优势种密度、优势度与百分比

优势种		菲律宾蛤仔	伶鼬榧螺	沙蚕 sp.
春季	密度/(ind./m^2)	4.00	—	—
	生物量/(g/m^2)	5.65	—	—
	优势度	0.03	—	—
	百分比/%	47.06	—	—
夏季	密度/(ind./m^2)	—	1.75	—
	生物量/(g/m^2)	—	4.40	—
	优势度	—	0.08	—
	百分比/%	—	26.92	—
秋季	密度/(ind./m^2)	—	—	1.75
	生物量/(g/m^2)	—	—	0.27
	优势度	—	—	0.09
	百分比/%	—	—	35.00

2）群落参数时空变化

各站位种类数季节变化显示（图 2-76），春季 0～4 种，平均 0.80 种；夏季 0～2 种，平均 0.90 种；秋季 0～4 种，平均 0.70 种。各站位种类数季节变化无明显规律。JSHT019 春季及 JSHT020E 春、秋两季种类数最高，为 4 种。3 季度平均种类数 JSHT020E 最高，为 2.67 种，JSHT009E 最低，三季度均未采集到样品。春、秋两季各有 9 个站位未采集到样本，夏季有 6 个站位未采集到样本。

各站位密度季节变化显示（图 2-77），春季 0～80.00ind./m^2，平均 8.50ind./m^2；夏季 0～30.00ind./m^2，平均 6.50ind./m^2；秋季 0～30.00ind./m^2，平均 5.00ind./m^2。各站位密度的季节变化无明显规律。JSHT020E 春季密度最高，为 80.00ind./m^2，无样品采集的站位密度最低，为 0ind./m^2。3 季度平均密度 JSHT020E 最高，为 35.00ind./m^2，JSHT009E 最低，为 0ind./m^2。

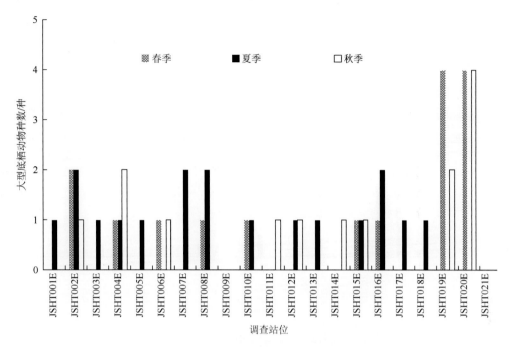

图 2-76　各站位大型底栖动物种类数的季节变化

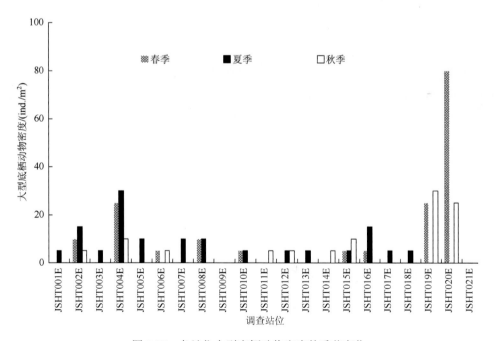

图 2-77　各站位大型底栖动物密度的季节变化

各站位生物量季节变化显示（图 2-78），春季 0～186.6g/m^2，平均 16.83g/m^2；夏季 0～89.67g/m^2，平均 13.28g/m^2；秋季 0～13.60g/m^2，平均 1.81g/m^2。各站位生物量的季节变化无明显规律。JSHT020E 春季生物量最高，为 186.60g/m^2，无样品采集的站位生物量最低，为 0g/m^2。3 季度平均生物量 JSHT020E 最高，为 66.73g/m^2，JSHT009E 最低，为 0g/m^2。

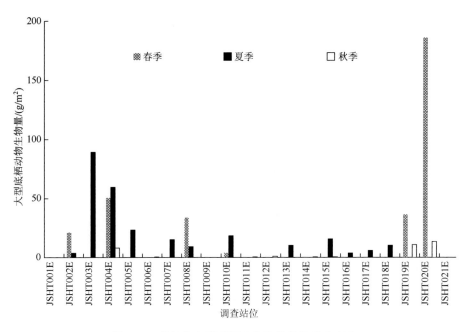

图 2-78　各站位大型底栖动物生物量的季节变化

　　各站位多样性指数季节变化显示（图 2-79），春季 0～1.33，平均 0.15；夏季 0～0.69，平均 0.13；秋季 0～1.33，平均 0.12。大部分站位多样性均处于极低的状态。JSHT019E 春季及 JSHT020E 秋季多样性指数最高，为 1.33，大部分站位多样性指数均为 0。3 季度平均多样性指数 JSHT020E 最高，为 0.75，JSHT001E、JSHT003E、JSHT005E、JSHT006E、JSHT009E～JSHT015E、JSHT017E～JSHT018E 最低，均为 0。

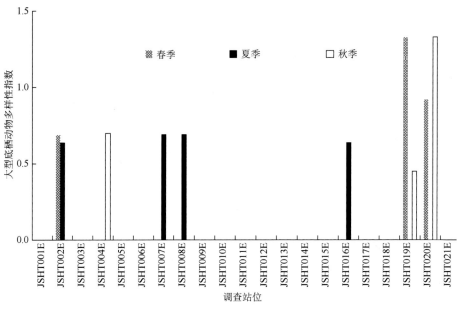

图 2-79　各站位大型底栖动物多样性指数的季节变化

3）小结

3 季度大型底栖动物群落参数比较显示（表 2-48），种类数夏季最高，平均密度、平均生物量及多样性指数均为春季最高，所有参数均为秋季最低。综上所述，受底质类型及各种污染因素影响，调查海域大型底栖动物种类数较少，生物量较低，生物多样性极低，群落结构不稳定。

表 2-48　大型底栖动物群落参数的季节变化

季节	种类数	平均密度/（ind./m²）	平均生物量/（g/m²）	多样性指数	优势种数
春季	11	8.50	16.83	0.15	1
夏季	12	6.50	13.28	0.13	1
秋季	10	5.00	1.81	0.12	1

5. 潮间带大型底栖动物

1）种类组成季节变化

3 航次调查定性及定量采集潮间带大型底栖动物 10 大类 119 种，其中软体类 37 种，甲壳类 22 种，多毛类 51 种，棘皮类与水母类各 2 种，鱼类、星虫类、螠虫类、纽形类与纤毛类各 1 种，共有种 22 种。

其中，春季定量采集 8 大类 69 种，定性采集 3 大类 19 种；夏季定量采集 6 大类 51 种，定性采集 4 大类 22 种；秋季定量采集 7 大类 51 种，定性采集 4 大类 21 种。各类群种类数及个体百分比季节变化如表 2-49 所示。

表 2-49　各类群种类数及个体百分比季节变化

类别	春季		夏季		秋季	
	种类数	百分比/%	种类数	百分比/%	种类数	百分比/%
鱼类	—	—	—	—	1	0.19
棘皮类	—	—	1	0.13	—	—
软体类	24	81.15	23	68.39	25	58.56
甲壳类	10	1.58	7	6.22	7	13.23
多毛类	29	12.73	18	24.34	14	21.60
螠虫类	1	3.33	—	—	—	—
星虫类	1	0.16	—	—	—	—
纽形类	1	0.28	1	0.79	1	1.95
水母类	2	0.28	1	0.13	1	0.19
纤毛类	1	0.49	—	—	2	4.28

主要优势种 4 种，均为软体类，分别为光滑河蓝蛤（*Potamocorbula laevis*）、泥螺（*Bullacta exarata*）、扁角樱蛤（*Angulus compressissimus*）和短滨螺（*Littorina brevicula*）。

各季节主要优势种密度、优势度与百分比如表 2-50 所示。

表 2-50 各季节主要优势种密度、优势度与百分比

优势种		光滑河蓝蛤	泥螺	扁角樱蛤	短滨螺
春季	密度/(ind./m²)	128.67	—	—	
	生物量/(g/m²)	7.08	—	—	
	优势度	0.07	—	—	
	百分比/%	52.73	—	—	
夏季	密度/(ind./m²)	—	5.87	6.00	
	生物量/(g/m²)	—	6.69	1.46	
	优势度	—	0.02	0.02	
	百分比/%	—	5.82	5.95	
秋季	密度/(ind./m²)	—	—	—	8.85
	生物量/(g/m²)	—	—	—	2.46
	优势度	—	—	—	0.02
	百分比/%	—	—	—	14.20

2）群落参数时空变化

各断面潮带种类数季节变化显示（表 2-51），高潮带种类数春季 1～10 种，夏季 1～6 种，秋季 0～9 种，平均 4.17 种；中潮带春季 2～9 种，夏季 4～11 种，秋季 2～15 种，平均 7.00 种；低潮带春季 3～11 种，夏季 2～12 种，秋季 1～8 种，平均 6.30 种。JSTH031E 中潮带秋季种类数最高，为 15 种，JSTH035E 高潮带秋季种类数最低，为 0 种。各断面潮带平均值春季最高，为 6.57 种，秋季最低，为 5.43 种。

表 2-51 各断面潮带种类数季节变化

潮带	春季	夏季	秋季	平均
高潮带	1～10	1～6	0～9	4.17
中潮带	2～9	4～11	2～15	7.00
低潮带	3～11	2～12	1～8	6.30
平均	6.57	5.47	5.43	5.82

各断面高、中、低潮带种类数均值显示（图 2-80），春季 2.33～8.67 种，平均 6.57 种；夏季 2.67～9.33 种，平均 5.47 种；秋季 2.67～10.67 种，平均 5.43 种。总体上看，春季较高，夏秋较低。JSTH031E 秋季断面种类均值最高，为 10.67 种，JSTH034E 春季断面种类均值最低，为 2.33 种。断面 3 季度均值 JSTH031E 最高，为 9.11 种，JSTH034E 最低，为 2.67 种。

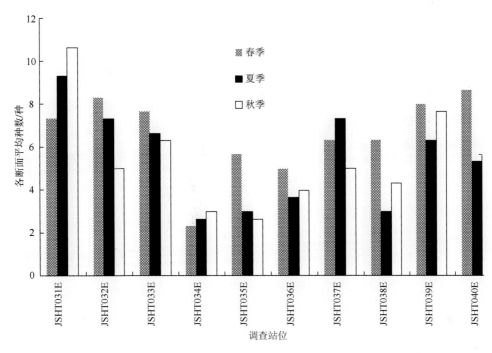

图 2-80　各断面潮间带生物平均种类数的季节变化

各断面潮带生物密度季节变化显示（表 2-52），高潮带生物密度春季 20～124ind./m²，夏季 20～96ind./m²，秋季 0～102ind./m²，平均 48.60ind./m²；中潮带春季 8～2172ind./m²，夏季 20～316ind./m²，秋季 16～192ind./m²，平均 182.67ind./m²；低潮带春季 44～2036ind./m²，夏季 12～492ind./m²，秋季 4～186ind./m²，平均 169.13ind./m²。JSTH032E 中潮带春季密度最高，为 2172ind./m²，JSTH035E 高潮带秋季密度最低，为 0ind./m²。各断面潮带密度均值春季最高，为 244.00ind./m²，秋季最低，为 55.73ind./m²。

表 2-52　各断面潮带生物密度季节变化　　　　（单位：ind./m²）

潮带	春季	夏季	秋季	平均
高潮带	20～124	20～96	0～102	48.60
中潮带	8～2172	20～316	16～192	182.67
低潮带	44～2036	12～492	4～186	169.13
平均	244	100.67	55.73	133.47

各断面高、中、低潮带密度均值显示（图 2-81），春季 36.00～1418.67ind./m²，平均 244.00ind./m²；夏季 18.67～289.33ind./m²，平均 100.67ind./m²；秋季 16.00～128.00ind./m²，平均 55.73ind./m²。总体上看，春季较高，秋季较低。JSTH032E 春季断面密度均值最高，为 1418.67ind./m²，JSTH035E 秋季断面密度均值最低，为 16.00ind./m²。断面 3 季度均值 JSTH032E 最高，为 525.78ind./m²；JSTH034E 最低，为 34.67ind./m²。

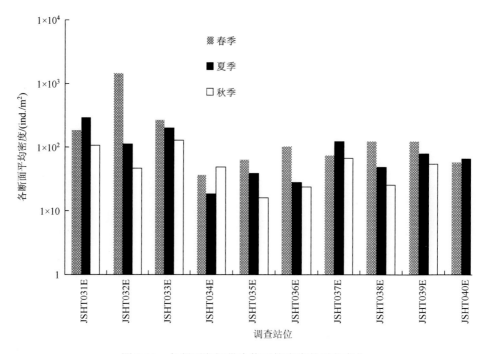

图 2-81　各断面潮间带生物平均密度的季节变化

各断面潮带生物量季节变化显示（表 2-53），高潮带生物量春季 4.06～1072.06g/m²，夏季 2.02～168.32g/m²，秋季 0～244.55g/m²，平均 89.43g/m²；中潮带春季 3.72～550.63g/m²，夏季 1.89～537.88g/m²，秋季 2.71～483.60g/m²，平均 158.53g/m²；低潮带春季 2.86～1097.86g/m²，夏季 0.49～531.22g/m²，秋季 2.02～301.62g/m²，平均 109.11g/m²。JSTH033E 低潮带春季生物量最高，为 1097.86g/m²，JSTH035E 高潮带秋季生物量最低，为 0g/m²。各断面潮带生物量均值春季最高，为 138.49g/m²，秋季最低，为 86.08g/m²。

表 2-53　各断面潮带生物量季节变化　　　　　　　（单位：g/m²）

潮带	春季	夏季	秋季	平均
高潮带	4.06～1072.06	2.02～168.32	0～244.55	89.43
中潮带	3.72～550.36	1.89～537.88	2.71～483.60	158.53
低潮带	2.86～1097.86	0.49～531.22	2.02～301.62	109.11
平均	138.49	132.51	86.08	119.02

各断面高、中、低潮带生物量均值显示（图 2-82），春季 4.96～585.39g/m²，平均 138.49g/m²；夏季 2.15～375.24g/m²，平均 132.51g/m²；秋季 9.01～218.90g/m²，平均 86.08g/m²。各断面季节变化无明显规律。JSTH033E 春季断面生物量均值最高，为 585.39g/m²，JSTH034E 夏季断面生物量均值最低，为 2.15g/m²。断面 3 季度均值 JSTH033E 最高，为 378.21g/m²，JSTH034E 最低，为 8.13g/m²。

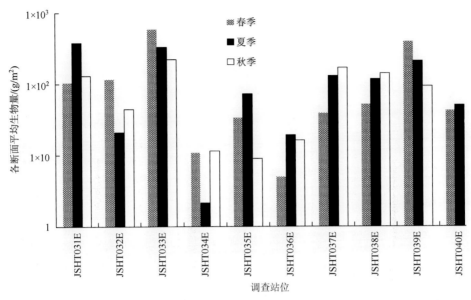

图 2-82 各断面潮间带生物平均生物量的季节变化

各断面潮带多样性指数季节变化显示（表 2-54），高潮带多样性指数春季 0~1.95，夏季 0~1.58，秋季 0~2.07，平均 1.05；中潮带春季 0.26~2.01，夏季 1.33~2.15，秋季 0.69~2.18，平均 1.49；低潮带春季 0.43~1.97，夏季 0.44~2.02，秋季 0~1.96，平均 1.28。JSTH031E 中潮带秋季多样性指数最高，为 2.18，JSTH035E 高潮带夏、秋两季、JSTH035E 低潮带秋季、JSTH036E 高潮带夏季和 JSTH037E 高潮带春季多样性指数最低，为 0。各断面潮带多样性指数均值秋季最高，为 1.34，夏季最低，为 1.19。

表 2-54 各断面潮带生物多样性指数季节变化

潮带	春季	夏季	秋季	平均
高潮带	0~1.95	0~1.58	0~2.07	1.05
中潮带	0.26~2.01	1.33~2.15	0.69~2.18	1.49
低潮带	0.43~1.97	0.44~2.02	0~1.96	1.28
平均	1.29	1.19	1.34	1.27

各断面高、中、低潮带多样性指数均值显示（图 2-83），春季 0.51~1.96，平均 1.29；夏季 0.69~1.68，平均 1.19；秋季 0.56~2.00，平均 1.34。总体秋季较高，夏季较低。JSTH031E 秋季断面多样性指数均值最高，为 2.00，JSTH034E 春季断面多样性指数均值最低，为 0.51。断面 3 季度均值 JSTH031E 最高，为 1.77，JSTH034E 最低，为 0.77。

6. 小结

3 季度大型底栖动物群落参数比较显示（表 2-55），种类数、平均密度与平均生物量均为春季最高秋季最低，多样性指数为秋季最高，优势种数夏季最高。综上所述，潮间带大型底栖动物总体种类较丰富，生物密度和生物量均较高，但群落多样性较低，结构简单，群落稳定性较低。

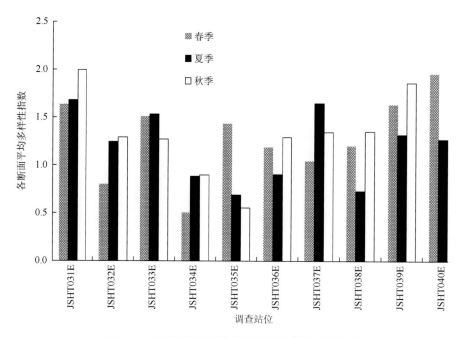

图 2-83　各断面潮间带生物多样性指数的季节变化

表 2-55　大型底栖动物群落参数的季节变化

季节	种类数	平均密度/（ind./m²）	平均生物量/（g/m²）	多样性指数	优势种数
春季	69	244.00	138.49	1.29	1
夏季	51	100.67	132.51	1.19	2
秋季	51	55.73	86.08	1.34	1

2.4.2　生物生态的变化趋势

1. 浮游植物

1）影响因子

浮游植物作为海洋生态系统的初级生产者，其群落直接影响上层食物链结构及整个海洋生态系统稳定；同时，其群落结构本身受水温、盐度、光照、营养盐等环境因素的影响。因而，作为海洋无机环境与生态系统之间"纽带"的浮游植物，其群落结构的变动也能较为直接地反映海水水质状态及海洋生态系统的健康状况（冯士筰等，1999；杨虹等，2012）。

围垦在获得土地资源的同时也改变了海洋滩涂的自然性状，引发了一系列生态问题。国内外大量研究表明，随着各地围垦规模的不断扩大，围垦高程亦由高潮带向低潮带进而向海平面以下推进，造成潮滩变窄甚至消失，海底生境丧失，大量潮间带特有的动植物和海洋生物消亡；同时，围垦区域沉积物扰动及微生物群落功能结构的变化致使沉积物再悬浮，氮、磷营养盐及有机污染物、重金属等污染元素扩散到邻近海域，而水文及水动力的改变则导致部分水体与外界海水交换能力减弱，污染物进入海水后不易稀释扩散，进而造成周边海域水质恶化，而浮游植物则是上述环境压力变化的直接承受者（韩希福等，2001；江志兵等，2013）。因此，围垦周边海域与自然海域的浮游植物群落必然存在着一定的差异。

2）调查站位的聚类及 MDS 排序分析

为了分析海涂围垦对周边海域浮游植物群落结构的影响，选取受光照和水温限制较小的夏季数据，以站位为样本，浮游植物种类为变量，建立浮游植物密度的原始矩阵，对数据进行平方根转换后计算 Bray-Curtis 相似性指数，建立相似性三角矩阵。根据站点间的相似性指数用组平均连接法（group-average linkage）进行等级聚类（cluster analysis）和 MDS（non-metric multidimensional scaling）排序，并通过 ANOSIM 来检验不同群落矩阵间差异显著性（Clarke and Warwick，2001；吴荣军等，2006）。

结果显示，以相似度 40 为界可将 20 个站位聚为 4 组：JSHT001E 与 JSHT004E 为 1 组；JSHT010E 与 JSHT015E 为 1 组；JSHT020E 单独聚为 1 组；剩余站点聚为 1 组，其内分多个小组。组内及小组内站位间群落相似度高（图 2-84）。

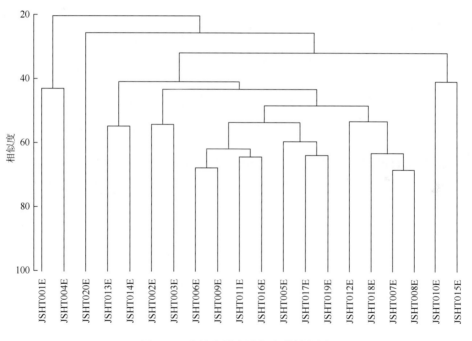

图 2-84　海涂海域各站位聚类树状图

基于站点间 Bray-Curtis 相似性指数的站位浮游植物群落 MDS 图的胁强系数（stress）为 0.09（0.05＜stress＜0.1），能很好地解释站位间的聚类结果。非参数多元方法（ANOSIM）组间差异显著性分析，检验结果 $R=0.583$（$R<1$），$P=0.3\%$（$P<0.01$），说明 4 组间的差异极显著（图 2-85）。

3）群落变化趋势

根据调查站位聚类分析结果，结合夏季浮游植物种类数、密度、多样性指数的空间分布和各站位主要优势种组成（表 2-56）分析，海涂海域浮游植物多样性指数为 1.48，多样性总

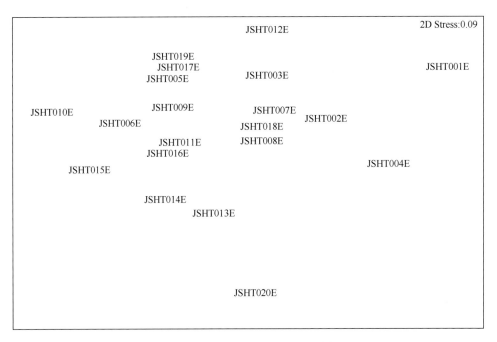

图 2-85　海涂海域各站位 MDS 图

体处于一般水平；各站位主要优势种共 30 种，其中 13 种为赤潮种类，说明海涂海域有一定的赤潮风险。

此外，各站位的群落结构及多样性指数空间差异明显。近岸站位 JSHT001E、JSHT004E、JSHT012E、JSHT017E 与 JSHT020E 优势种数少，仅 1～3 种；多样性指数极低，均小于 1，平均 0.52；除 JSHT020E 外，其余站位赤潮优势种均占各自细胞总量的 90%以上。虽然藻类密度较高，但群落结构单一，发生赤潮风险较高。其中，JSHT001E 位于启东近岸，长江口北支口门；JSHT004E 位于启东与海门交界近岸；JSHT012E 位于大丰近岸；JSHT017E 位于滨海近岸；JSHT020E 位于绣针河口近岸，岚山港附近。除 JSHT020E，其余 4 个站位均处于围垦较为频繁的县市近岸，而围垦活动较少的响水县近岸站位 JSHT018E 的优势种分布相对均匀，多样性指数 1.53，处于一般水平，基本无赤潮风险。

相对离岸较远的站位 JSHT006E、JSHT010、JSHT011E、JSHT013～JSHT016E 优势种均大于 9 种，且多样性指数均大于 2，均值 2.29；各站位赤潮优势种占各自细胞总量百分比均值为 50.4%，且分布相对均匀，群落多样性较高，基本无赤潮风险。

比较围垦频繁与围垦较少的近岸海域及相对离岸较远的海域可以发现，围垦及相关的人为干扰使围垦邻近海域的富营养化程度提高，给浮游植物群落造成了较大的环境压力，导致浮游植物密度升高，但群落结构单一化，多样性明显降低；赤潮优势种在群落中占绝对优势，致使周边海域发生赤潮灾害的风险增加（郭皓等，2014）。站位聚类中将围垦区近岸站位与离岸较远站位分别聚为不同的组或小组亦能很好地印证上述分析。

表 2-56　各站位主要优势种及其百分比

（%）

优势种	1	2	3	4	5	6	7	8	9	10	11	12	13	14	15	16	17	18	19	20
布氏双尾藻*										2.70										
丹麦细柱藻*			2.16				3.37											8.62	3.03	
细柱藻 sp																				87.70
蜂窝三角藻*										2.70										
佛氏海毛藻*										5.41			14.20	6.48						
浮动弯角藻*	12.39	50.98	35.94	89.50																
辐射圆筛藻*						5.53		2.49	5.32	8.11	7.07		5.33	9.31	3.51	6.13				
格氏圆筛藻*									2.39					4.45	3.51					
琼氏圆筛藻*					4.19	8.54			4.26	18.92	5.56		16.57	9.72	47.37	33.74				
蛇目圆筛藻*		7.97		5.80		7.04	3.53	7.55	3.46	16.22	23.23		20.12	18.22	5.26	9.82	2.27	7.82	5.30	
苏氏圆筛藻*															7.02	3.68				
线形圆筛藻*														2.83						
有翼圆筛藻*										10.81	2.02		2.37	3.24					2.27	
圆筛藻 sp						2.01			3.72		3.54		9.47	9.31	6.14	9.20			3.79	
高盒形藻*										2.70										
活动盒形藻*						2.01		2.49		2.70	17.68				10.53	4.91				
尖刺菱形藻*																				4.40
菱形藻										10.81			4.73	2.02		3.07				
奇异菱形藻													4.73							

续表

优势种	1	2	3	4	5	6	7	8	9	10	11	12	13	14	15	16	17	18	19	20
具槽直链藻*						2.51								8.91						
卡氏角毛藻					2.10								2.37					8.42		
菱形海线藻*						10.05			2.13	8.11	4.55	0.00		4.05						
膜质半管藻													2.37							
曲舟藻										5.41										
条纹小环藻						2.01				5.41				2.83						
圆海链藻*	5.76																			
针杆藻						5.03			3.19				2.96	7.29	6.14					
中肋骨条藻*	80.90	23.45	49.29		72.75	43.72	77.69	74.48	67.55		23.23	96.07	8.88			17.18	90.55	61.52	69.70	
长角角藻					8.98			2.03			5.05				2.63	3.68				
夜光藻*		2.81		0.00																3.97

注: 1. 1~20代表站位 JSHT001E~JSHT020E;
　　2. 种名后加"*"为赤潮种类

2. 浮游动物

1）影响因子

浮游动物作为海洋生态系统的次级生产者，在物质循环和能量流动及维持生态系统稳定等各方面起着重要作用。相关研究表明，围垦在填埋自然海域水体时也使其中的浮游动物因失去生存环境而消亡。而围垦区未完全填埋的低洼湿地则受陆地淡水径流等影响，水文、温盐及溶解氧等环境因子的巨大变化使浮游动物生态类型由海洋咸水或河口半咸水向淡水类型演替，且演替过程中生态系统脆弱，浮游动物群落结构极不稳定，优势类群、优势种变化剧烈且单一，优势种优势度高（Gubanova et al.，2001；李强等，2012）。

围垦区外围邻近水域水温、盐度及潮汐等因子变化不大，浮游动物群落主要受悬浮物等物理化学因素及浮游植物群落等生物因素影响。根据夏季浮游动物多样性指数的空间分布可见，小型浮游动物多样性指数均值 1.92，大型浮游动物多样性均值 1.65，浮游动物多样性总体处于一般到较高水平。

2）群落变化趋势

由表 2-57 可见，小型浮游动物近岸与远岸站位密度差异显著，近岸站位平均密度（12241.94ind./m^3）远高于远岸（1555.74ind./m^3），且近岸站位主要优势种为赤潮生物夜光虫、双刺纺锤水蚤等耐污染指示种。多样性指数小于 1 的站位为灌河口近岸的 JSHT019E 和绣针河口与岚山头近岸的 JSHT020E，说明近岸水域污染较为严重；大型浮游动物近岸与远岸站位密度无显著差异，多样性指数小于 1 的站位为辐射沙脊群外围的 JSHT010E、JSHT011E、JSHT015E 与滨海近岸的 JSHT017E，主要优势种为真刺唇角水蚤。

表 2-57　近岸、远岸浮游动物密度 T 检验

	F	P
大型浮游动物	0.092	0.767
小型浮游动物	6.808	0.023

结合浮游动植物种类数及密度的相关性分析及显著性检验（表 2-58）结果表明，浮游植物种类数与小型浮游动物及大型浮游动物的种类数两两呈显著或极显著正相关；浮游植物密度与小型浮游动物密度呈极显著正相关，与大型浮游动物无显著相关。由此可见，在海洋食物链上，紧密相连的浮游动植物间物种丰富度密切相关，其中浮游植物群落与小型浮游动物群落之间关系尤为密切。国内外研究表明，浮游动物密度主要受温度、盐度、悬浮物、氮磷营养盐等环境因素影响，其中，营养盐主要通过作用于浮游植物群落而间接影响浮游动物群落分布，悬浮物能同时作用于浮游植物及浮游动物，这与本专著的结果基本相符。此外，本次调查与"908 专项"同期调查结果相比，浮游动物种数有所减少且小型浮游动物密度增加了 2 倍多，污染指示种夜光虫、双刺纺锤水蚤优势明显，说明在浮游植物优势种向小型化硅藻发展的同时，以其为饵料生物的小型浮游动物群落做出了正反馈（Gubanova et al.，2001；Uriarte et al.，2005）。

表 2-58　浮游动植物种类数及密度相关性分析

群落参数	小型浮游动物密度	大型浮游动物密度
浮游植物密度	0.672**	—
相关系数	小型浮游动物种数	大型浮游动物种数
浮游植物种数	0.450*	0.494*
小型浮游动物种数	—	0.827**

*为相关性显著（0.01＜P＜0.05），**为相关性极显著（P＜0.01）

3. 大型底栖动物

1）影响因子

近年来，关于围垦对大型底栖动物的影响，主要集中于围垦区内外的潮间带大型底栖动物群落时空差异，而对于围垦区邻近海域的大型底栖动物群落的相关研究较少。大型底栖动物作为海洋生态系统的重要组成部分，在承担捕食、碎食和寄生等生态角色的同时还起到了维持沉积物生态稳定、净化水体等作用，许多特定的种类还被用于海水环境和生态系统健康评价（刘建康，1999；孙儒泳，2001）。

大型底栖动物种类繁多，主要包括水母类、星虫类、纽形类、棘皮类、软体类、多毛类、甲壳类、鱼类等；栖息环境多样，从沉积物上层水体、水-沉积物交界及沉积物内部均有分布。因而，围垦等人类干扰对大型底栖动物影响方式和影响程度复杂多样。相关研究表明，受围垦等干扰影响较大的主要为软体类、多毛类、棘皮类及各种底栖幼体等活动能力较弱的类群。围垦对大型底栖动物产生影响的关键因素即为沉积物悬浮颗粒。苏北浅滩多铁板沙底质，适应生存的种类相较其他底质类型略少，且辐射沙脊群的特殊地形导致围垦等人类活动造成的沉积物悬浮颗粒无法快速扩散和沉降，从而导致高浓度悬浮物及悬浮颗粒携带的重金属等污染物对软体贝类及甲壳类幼体的过滤、摄食与生长造成不利影响（杨虹等，2012；张长宽和陈欣迪，2015）。

2）群落变化趋势

本专著共研究夏季定量调查大型底栖动物 98 种，平均密度 6.50ind./m²，平均生物量 13.28g/m²。相较于"908 项目"江苏近岸调查的 170 种，平均密度 90ind./m²，平均生物量 10.30g/m²，种类数和平均密度下降幅度较大，生物量略有增加。通过与南汇东滩、泉州湾及珠江口等围垦邻近水域的比较可见，除平均生物量略高于南汇东滩及泉州湾外，江苏海涂海域大型底栖动物的种类数及平均密度均远低于其他水域（表 2-59）。这说明围垦等相关活动对江苏海涂海域大型底栖动物产生了较大的影响。

表 2-59　本次研究与其他调查结果比较

区域	定量种类数	平均密度/（ind./m²）	平均生物量/（g/m²）
江苏海涂	12	6.50	13.28
南汇东滩	23	40.33	10.76
泉州湾	64	74.18	10.37
珠江口	45	386.63	15.59

此外,浮游植物和浮游动物等表层水域个体死亡后的碎屑是大型底栖动物的重要食物来源,因此,浮游植物及浮游动物的群落结构必然也影响大型底栖动物的密度及生物量的分布。

浮游植物、浮游动物及大型底栖动物种数、密度、生物量的相关性分析及显著性检验(表 2-60)结果表明,浮游植物密度、浮游动物种类数及密度与大型底栖动物种类数、密度及生物量均显著或极显著正相关,说明围垦等相关作业在通过水文水动力及理化因子直接作用于大型底栖动物的同时,也间接通过影响浮游动物植物群间接影响大型底栖动物群落。

表 2-60　浮游植物、浮游动物、大型底栖动物类数、密度、生物量相关性分析

群落参数	大型底栖动物密度	大型底栖动物生物量
浮游植物密度	0.716**	0.749**
小型浮游动物密度	0.550*	0.520*
大型浮游动物密度	0.478*	0.750**

群落参数	大型底栖动物种数
浮游植物种数	—
小型浮游动物种数	0.519*
大型浮游动物种数	0.504*

*为相关性显著($0.01 < P < 0.05$),**为相关性极显著($P < 0.01$)

4. 潮间带大型底栖动物

1)影响因子

潮间带是围垦活动实施的主要区域,或已被围垦,或处于围垦堤坝外缘,受的影响最直接也最大,关于海涂围垦对潮间带大型底栖动物影响的研究也多有报道。

由于围垦频率和面积的不断增加,围垦区域由中潮带向低潮带甚至向海平面以下推进,围垦方式由直接的"海涂围垦"向"围海造田"发展。围海造田前期,被围浅滩与自然浅滩被堤坝隔开,堤坝内浅滩潮汐、水温水动力改变,进而随着促淤排水、引淡淋洗、蓄淡养清、耐盐种植等一系列步骤,被围区域底质、盐度、植被覆盖环境因子相继改变,大型底栖动物群落也随之发生演替,潮间带原有群落优势类群如多毛类、甲壳类等大量消亡,群落种类数、密度和生物量急剧下降。随着底质类型及理化参数逐渐向人造湿地方向演化,底栖生物群落优势种逐渐被淡水种类替代,加之围垦区工业、养殖及生活污水排放,使得耐污种类占绝对优势,多样性远低于坝外自然潮滩,生态结构单一且不稳定(张长宽和陈欣迪,2015;马长安,2015)。

由于围垦的不断推进,坝外潮滩或浅滩不断变窄的同时,外部自然水域也在以一定的速度淤长。然而,潮滩的淤长与潮滩内大型底栖动物群落的恢复能力和速度有限且非常脆弱,因此,围垦区外围潮间带生境及生态系统的自然修复需要相当长的时间。

2）群落变化趋势

本专著选择调查 10 个断面。其中，JSHT001E～JSHT004E 位于围垦少的区域，作为对照区，JSHT005E～JSHT010E 则位于围垦活动密集的辐射沙脊群沿岸，作为围垦密集区。两组种类数、密度、生物量及多样性指数 T 检验结果（表 2-61）表明，围垦密集区与对照区的密度差异显著，平均生物量差异极显著，且对照区平均密度约为围垦密集区的 2.5 倍；平均生物量约为围垦密集区的 2 倍；两者平均种类数与平均多样性指数的差异虽不显著，但对照区的平均值均高于围垦密集区。由此可见，潮间带大型底栖动物受围垦及相关活动的负面影响，生物密度和生物量都出现明显下降，群落生物多样性亦有所降低。

表 2-61　围垦密集区与对照区大型底栖动物群落参数 T 检验

群落参数	对照区	围垦密集区	F	P
平均种类数	6.50	4.78	0.228	0.646
平均密度/(ind./m^2)	155.33	64.22	7.843	0.023
平均生物量/(g/m^2)	182.14	99.42	35.341	0.001
平均多样性指数	1.34	1.09	0.239	0.638

《江苏省海洋环境质量公报》（2008—2014）中关于苏北浅滩监控区的调查结果（表 2-62）表明，围垦作业活跃的辐射沙脊群邻近海域潮间带大型底栖动物群落的种类数与生物量处于波动下降，生物密度则呈现明显的下降趋势，其中以 2012～2014 年下降趋势最快。2012～2014 年江苏近岸海域大型底栖动物群落的调查结果（表 2-63）显示，潮间带大型底栖动物平均密度与平均生物量有上升趋势，但种类数和群落生物多样性均有明显的下降。

表 2-62　苏北浅滩监控区潮间带大型底栖动物群落参数年际变化

年份	种类数	平均密度/（ind./m^2）	平均生物量/（g/m^2）
2008	—	303.00	—
2009	40	139.33	—
2010	62	134.20	—
2011	46	154.34	—
2012	39	165.00	70.00
2013	62	93.00	76.00
2014	40	55.41	63.31

表 2-63　江苏近岸海域大型底栖动物群落参数年际变化

年份	种类数	平均密度/（ind./m^2）	平均生物量/（g/m^2）	多样性指数
2012	128	148.00	91.5	2.72
2013	104	139.20	138.35	2.69
2014	97	288.90	314.51	1.81

同时，这 3 年正是通州湾腰沙、蒋家沙海上风电项目、条子泥围垦及中电大丰风力发电有限公司和大丰港华燃气有限公司等围垦工程的密集施工期，上述潮间带大型底栖动物群落参数的年际变化能比较直观地说明围垦及相关人为干扰对其间底栖动物群落的影响。同时，波动的变化也能说明潮间带生境的自我修复及相关的人为修复也起到一定的缓解作用，但其总体发展趋势不容乐观。

5. 小结

综合上述海涂围垦区内、围垦区边缘及围垦区外缘生境中大型底栖动物、浮游植物、浮游动物及大型底栖动物等的群落的分析发现，海涂海域生物群落结构产生了一系列连锁变化。

（1）潮间带原有底栖种类逐渐为内陆淡水种类替代，生物量与生物多样性降低

沿岸潮间带变窄甚至消失，潮间带生境片段化、单一化，生态功能退化甚至消失，围垦区内原有生物群落逐渐被陆地或淡水类群取代且易受围垦区人类生产活动影响，生态系统脆弱化，稳定性降低。

（2）浮游植物密度升高，但小型化种类比例增大，优势种单一，多样性与群落稳定性降低

由于围垦及陆源排污等人类活动的共同影响，围垦区邻近海域水体富营养化加重，敏感脆弱的浮游植物消失，耐污小型化藻类成为优势种，中肋骨条藻、浮动弯角藻、夜光藻等赤潮种类占绝对优势，导致浮游植物群落稳定性降低，赤潮风险增大。

（3）大型浮游动物种类数与生物量均有所下降，小型浮游动物耐污种类占绝对优势，群落结构简单化，多样性下降

受饵料生物与水体理化参数改变等影响，大型浮游动物种类和数量减少，多样性降低；小型浮游动物中耐污种如双刺纺锤水蚤、克氏纺锤水蚤、夜光虫等高耐污种占绝对优势，群落稳定性降低。

（4）大型底栖动物种类、密度与生物量明显下降，多样性较低

游泳能力较强的底栖种类趋利避害逃逸至其他水域，导致受围垦影响水域渔业资源量减少；活动能力较弱的软体类及甲壳类幼体等主要类群受水质、底质、水文水动力及饵料生物等多种因素影响，种类、生物密度及生物量明显减少，群落单一化，稳定性较差。

参 考 文 献

鲍毅新，胡知渊，李欢欢，等. 2008. 灵昆东滩围垦区内外大型底栖动物季节变化和功能群的比较. 动物学报，54（3）：416-427.

陈彬，王金坑，张玉生，等. 2004. 泉州湾围海工程对海洋环境的影响. 台湾海峡，23（2）：192-198.

陈宏友，徐国华. 2004. 江苏滩涂围垦开发对环境的影响问题. 水利规划与设计，（1）：18-21.

陈洪全，张忍顺，王艳红. 2006. 互花米草生境与滩涂围垦的响应——以海州湾顶区为例. 自然资源学报，21（2）：280-287.

陈家宽. 2003. 上海九段沙湿地自然保护区科学考察集. 北京：科学出版社.

陈金平. 2006. 罗源牛坑湾围垦（填海）工程对海洋生态环境影响的分析. 引进与咨询，10：20-21.

陈小文，刘霞，张蔚. 2011. 珠江河口滩涂围垦动态及其影响. 河海大学学报（自然科学版），39（1）：39-43.

陈永星. 2003. 福清东壁岛围垦对海域生态环境影响及保护对策. 引进与咨询，4：13-14.

邓勋飞，陈晓佳，麻万诸，等. 2015. 杭州湾南岸滨海围垦区耕层土壤有机碳的变异特征及影响因素分析. 浙江大学学报：农业与生命科学版，41（3）：349-357.

董慧勤，田军. 2006. 对临港新城滴水湖及滩涂围垦工程档案管理的思考和建议. 上海建设科技，（3）：57-58.

冯利华，鲍毅新. 2004. 滩涂围垦的负面影响与可持续发展策略. 科学视野，28（4）：76-77.

冯士筰，李凤岐，李少菁. 1999. 海洋科学导论. 北京：高等教育出版社.

葛宝明，鲍毅新，郑祥. 2005. 围垦滩涂不同生境冬季大型底栖动物群落结构. 动物学研究，26（1）：47-54.

葛宝明，张代臻，唐伯平，等. 2013. 盐城围垦滩涂冬末大型土壤动物群落结构与多样性特征. 生态学杂志，32（12）：3276-3280.

葛振鸣，王天厚，施文彧，等. 2005. 崇明东滩围垦堤内植被快速次生演替特征. 应用生态学报，16（9）：1677-1681.

郭伟，朱大奎. 2005. 深圳围海造地对海洋环境影响的分析. 南京大学学报：自然科学版，41（3）：286-296.

郭卫东，章小明，杨逸萍，等. 1998. 中国近岸海域潜在富营养化程度的评价. 台湾海峡，17（1）：64-70.

国家环境保护局.《海水水质标准》（GB 3097—1997）. 北京：中国环境科学出版社.

国家质量监督检验检疫总局.《海洋沉积物质量》（GB 18668—2002）.

衡楠楠. 2012. 围垦下的滨海湿地水鸟群落结构与生境因子的关系分析. 上海：华东师范大学硕士学位论文.

胡知渊，鲍毅新，葛宝明，等. 2006. 围垦滩涂潮沟秋季大型底栖动物群落和生态位分析. 动物学报，52（4）：800-809.

胡知渊，李欢欢，鲍毅新，等. 2008. 灵昆岛围垦区内外滩涂大型底栖动物生物多样性. 生态学报，28（4）：1498-1507.

黄少峰，刘玉，李策，等. 2011. 珠江口滩涂围垦对大型底栖动物群落的影响. 应用与环境生物学报，（4）：499-503.

黄小燕，陈茂青，陈奕. 2013. 滩涂围垦冲淤变化及对生态环境的影响——以舟山钓梁围垦工程为例. 水利水电技术，44（10）：30-33.

黄玉凯. 2002. 福建省围海造地的环境影响分析及对策. 中国环境管理，（4）：13-14.

挥才兴. 2004. 长江河口近期演变基本规律. 北京：海洋出版社.

韩希福，王荣. 2001. 海洋浮游动物对浮游植物水华的摄食与调控作用. 海洋科学，25：31-33.

江苏省测绘局. 1986. 中国海岸带和海涂资源综合调查图集：江苏省分册. 北京：测绘出版社.

江苏省地方志编纂委员会. 1995. 江苏省志：海涂开发志. 南京：江苏科学技术出版社.

江苏省地方志编纂委员会. 1999. 江苏省志：地理志. 南京：江苏科学技术出版社.

江苏省农业资源开发局. 1999. 江苏沿海垦区. 北京：海洋出版社.

江志兵，朱旭宇，高瑜，等. 2003. 象山港春季网采浮游植物的分布特征及其影响因素. 生态学报，33（11）：3340-3350.

蒋科毅，吴明，邵学新，等. 2013. 杭州湾及钱塘江河口南岸滨海湿地鸟类群落多样性及其对滩涂围垦的响应. 生物多样性，21（2）：214-223.

黎慧，万乡和，王李宝，等. 2015. 条子泥围垦海域氮磷分布及富营养化评价. 江苏农业科学，43（8）：370-373.

李斌，呈莹. 2002. 北黄海表层沉积物中多环芳烃的分布及其来源. 中国环境科学，22（5）：429-432.

李加林，杨晓平，童亿勤. 2007. 潮滩围垦对海岸环境的影响研究进展. 地理科学进展，26（1）：43-51.

李京梅，刘铁鹰. 2012. 基于生境等价分析法的胶州湾围填海造地生态损害评估. 生态学报，22：7146-7155.

李林江，朱建荣. 2015. 长江口南汇边滩围垦工程对流场和盐水入侵的影响. 华东师范大学学报：自然科学版，2015（4）：77-86.

李强，马长安，吕巍巍，等. 2012. 围垦对崇明东滩潮沟大中型浮游动物群落结构的影响. 复旦学报（自然科学版），51（4）：515-522.

李新正，刘录三，李宝泉. 2010. 中国海洋大型底栖动物——研究与实践. 北京：海洋出版社.

林黎，崔军，陈学萍，等. 2014. 滩涂围垦和土地利用对土壤微生物群落的影响. 生态学报，34（4）：899-906.

陆晓燕，杨智翔，何秀凤. 2012. 2000～2009 年江苏沿海海岸线变迁与滩涂围垦分析. 地理空间信息，10（5）：57-82.

吕巍巍，马长安，余骥，等. 2012. 围垦对长江口横沙东滩大型底栖动物群落的影响. 海洋与湖沼，43（2）：340-347.

吕巍巍，马长安，余骥，等. 2013. 长江口横沙东滩围垦潮滩内外大型底栖动物功能群研究. 生态学报，33（21）：6825-6833.

刘建康. 1999. 高级水生生物学. 北京：科学出版社.

马长安，徐霖林，田伟，等. 2011. 南汇东滩围垦湿地大型底栖动物的种类组成、数量分布和季节变动. 复旦学报：自然科学版，（3）：274-281.

马长安. 2015. 围垦对南汇和崇明东滩湿地大型底栖动物的影响. 上海：华东师范大学博士学位论文.

毛成责，钟俊生，蒋日进，等. 2011. 应用鱼类完整性指数（FAII）评价长江口沿岸碎波带健康状况. 生态学报，31（16）：4609-4619.

孟海星，陆健健，Ronald Thom. 2014. 华盛顿湾鲑鱼（Oncorhynchus spp.）生境恢复方案探讨. 湿地科学，12（2）：220-226.

孟庆峰，杨劲松，姚荣江，等. 2011. 滩涂围垦区土壤重金属调查及生态风险评价——以盐城市弶港镇为例. 农业环境科学学报，30（11）：2249-2257.

牛俊英. 2013. 南汇东滩围垦后湿地水鸟群落多样性变化及生境选择的研究. 上海：华东师范大学博士学位论文.

欧冬妮，刘敏. 2002. 围垦对东海农场沉积物无机氮分布的影响. 海洋环境科学，21（3）：18-22.

潘耀辉. 2007. 大规模滩涂围垦对河口海湾水质环境影响及其景观机理的研究. 杭州：浙江大学硕士学位论文.

乔磊，袁旭音，李阿梅. 2005. 江苏海岸带的重金属特征及生态风险分析. 农业环境科学学报，24（增刊）：178-182.

秦伯强，胡维平，高光，等. 2003. 太湖沉积物悬浮的动力学机制及内源释放的概念性模式. 科学通报，48（17）：1822-1831.

秦延文，郑丙辉，李小宝，等. 2012. 渤海湾海岸带开发对近岸沉积物重金属的影响. 环境科学，33（7）：2359-2367.

曲丽梅，姚德，丛丕福. 2006. 辽东湾氮磷营养盐变化特征及潜在性富营养评价. 环境科学，27（2）：263-267.

任美锷. 1996. 中国滩涂开发利用的现状与对策. 中国科学院院刊，（6）：440-443.

任美锷，许廷官，朱季文，等. 1985. 江苏省海岸带和海涂资源综合调查（报告）. 北京：海洋出版社.

尚玉昌. 2002. 普通生态学. 北京：北京大学出版社.

沈永明，冯年华，周勤，等. 2006. 江苏沿海滩涂围垦现状及其对环境的影响. 海洋科学，30（10）：39-43.

慎佳泓，胡仁勇，李铭红，等. 2006. 杭州湾和乐清湾滩涂围垦对湿地植物多样性的影响. 浙江大学学报（理学版），33（3）：324-328.

时海东，沈永明，康敏. 2016. 江苏中部海岸潮沟形态对滩涂围垦的响应. 海洋学报，38（1）：106-115.

孙超，刘永学，李满春，等. 2015. 近 25 a 来江苏中部沿海盐沼分布时空演变及围垦影响分析. 自然资源学报，30（9）：1486-1498.

孙小静，张战平，朱广伟，等. 2006. 太湖水体中胶体磷含量初探. 湖泊科学，18（3）：225-231.

孙濡泳. 2001. 动物生态学原理（第三版）. 北京：北京师范大学出版社.

童敏，黄民生，何岩，等. 2015. 温州灵昆岛围垦区土壤重金属污染特征及生态风险评价. 华东师范大学学报：自然科学版，（2）：75-83.

涂琦乐，刘晓东，华祖林，等. 2015. 条子泥围垦工程对近海生态环境的影响. 河海大学学报（自然科学版），43（6）：543-547.

王春叶，周斌，丁晓东，等. 2014. 围垦对椒江口夏季浮游植物群落结构和多样性的影响. 华东师范大学学报（自然科学版），（4）：141-153.

王菊英，马德毅，鲍永恩，等. 2003. 黄海和东海海域沉积物的环境质量评价. 海洋环境科学，22（4）：21-25.

王伟伟，王鹏，郑倩，等. 2016. 辽宁省围填海洋开发活动对海岸带生态环境的影响. 海洋环境科学，6：927-929.

王颖. 2002. 黄海陆架辐射沙脊群. 北京：中国环境科学出版社.

魏长发. 1979. 江苏省海滩的围垦和利用问题. 南京师院学报（自然科学版），1：45-50.

魏婷. 2014. 连云港围填海工程对海洋生态环境的影响及防治对策研究. 国土资源情报，6：23-27.

吴宝成. 2015. 江苏东台市不同时期围垦区滩涂植物群落特征变化. 河海大学学报（自然科学版），（6）：548-554.

吴荣军，李瑞香，朱明远，等. 2006. 应用 PRIMER 软件进行浮游植物群落结构的多元统计分析. 海洋与湖沼，37：316-321.

谢挺，胡益峰，郭鹏军. 2009. 舟山海域围填海工程对海洋环境的影响及防治措施与对策. 海洋环境科学，S1：105-108.

徐刚，刘健，孔祥淮. 2012. 南黄海西部陆架区表层沉积物重金属污染评价. 海洋环境科学，31（2）：181-185.

徐潇峰. 2013. 乳山湾及邻近海域浮游动物生态学研究. 青岛：中国海洋大学硕士学位论文.

杨虹，肖青，潘洛安. 2012. 近岸工程施工期对海洋生物的影响及其减缓措施. 上海环境科学，31（4）：150-155.

杨同辉，章建红，张玲菊，等. 2007. 杭州湾南岸一线围垦海塘植物群落多样性研究. 福建林业科技，34（3）：170-172.

姚月，许惠平. 2012. 福建围填海及其对海洋环境影响的遥感初探. 热带海洋学报，1：72-78.

应秩甫，王鸿寿. 1996. 湛江湾的围海造地与潮汐通道系统. 中山大学学报，35（6）：101-105.

于文金，邹欣庆，朱大奎，等. 2007. 江苏王港潮滩重金属 Pb、Zn 和 Cu 的累积规律. 海洋地质与第四纪地质，27（3）：17-24.

余成，陈爽，李广宇，等. 2015. 江苏沿海围垦对辐射沙脊群非使用价值的影响. 海洋环境科学，34（6）：925-941.

袁峻峰. 2003. 上海的湿地及其保护//汪松年. 上海湿地利用和保护. 上海：上海科学技术出版社.

袁兴中, 陆健健. 2001. 围垦对长江口南岸底栖动物群落结构及多样性的影响. 生态学报, 21（10）：1642-1647.

张斌. 2012. 长江口滩涂围垦后土地类型变化对水鸟的影响——以南汇东滩为例. 上海：华东师范大学硕士学位论文.

张斌, 袁晓, 裴恩乐, 等. 2011. 长江口滩涂围垦后水鸟群落结构的变化——以南汇东滩为例. 生态学报, 31(16)：4599-4608.

张长宽. 2011. 江苏近海海洋综合调查与评价专项总报告. 南京：江苏省“908专项”办公室.

张长宽. 2013. 江苏省近海海洋环境资源基本现状. 北京：海洋出版社.

张长宽, 陈欣迪. 2015. 大规模滩涂围垦影响下近海环境变化及其对策. 河海大学学报（自然科学版）, 43（5）：424-429.

张健, 施青松. 2006. 黄宝兴围垦的社会经济价值及其对海洋环境影响的评估. 海洋学研究, 24（增刊）：20-24.

张经. 1996. 中国主要河口的生物地球化学研究——化学物质的迁移与环境. 北京：海洋出版社.

张明慧, 陈昌平, 索安宁, 等. 2012. 围填海的海洋环境影响国内外研究进展. 生态环境学报, 08：1509-1513.

张忍顺, 陈才俊, 曹琼英, 等. 1992. 江苏岸外沙洲及条子泥并陆前景研究. 北京：海洋出版社.

张晓祥, 严长清, 徐盼, 等. 2013. 近代以来江苏沿海滩涂围垦历史演变研究. 地理学报, 68（11）：1549-1558.

张幸. 2012. 东台围垦区滩涂湿地生态安全评估及其生态系统服务价值分析. 南京：南京师范大学硕士学位论文.

郑垂勇, 陈军冰. 2012. 国家科技支撑计划项目“沿海滩涂大规模围垦及保护关键技术研究”专辑序言. 水利经济, 30（3）：I-II.

郑志华, 徐碧华. 2008. 航道疏浚中悬浮泥沙对海水水质和海洋生物影响的数值研究. 上海船舶运输科学研究所学报, （2）：42-47.

中国科学院南京地理与湖泊研究所. 1988. 江苏省海岸带自然资源地图集. 北京：科学出版社.

仲阳康, 周慧, 周晓, 等. 2006. 上海滩涂春季鸻形目鸟类群落及围垦后生境选择. 长江流域资源与环境, 15（3）：378-383.

周红, 张志南. 2003. 大型多元统计软件 PRIMER 的方法原理及其在底栖群落生态学中的应用. 青岛海洋大学学报, 33（1）：58-64.

庄平. 2008. 河口水生生物多样性与可持续发展. 上海：上海科学技术出版社.

陆丽云, 陈君, 张忍顺. 2002. 江苏沿海的风暴潮灾害及其防御对策灾害学, 1：27～32.

《江苏省地图集》编纂委员会. 2004. 江苏省地图集. 南京：中国地图出版社.

Aitkin K J. 1998. The importance of estuarine habitats to anadromous salmonids of Pacific Northwest: A literature review. U.S. Lacey: Fish&Wildlife Service.

Aspinall R J, Marcus W A, Boardman J W. 2002. Considerations in collecting, processing, and analysing high spatial resolution hyperspectral data for environmental investigations. Journal of Geographical Systems, 4（1）: 15-29.

Azul A M, Mendes S M, Sousa J P, et al. 2011. Fungal fruitbodies and soil macrofauna as indicators of land use practices on soil biodiversity in Montado. Agroforestry Systems, 82（2）: 121-138.

Beamer E, Mcrride A, Greene C, et al. 2005. Delta and nearshore restoration for the recovery of wild Skagit River Chinook salmon: Linking estuary restoration to wild Chinook salmon populations. LA Conner: Supplement to Skagit Chinook Recovery Plan, Skagit River System Cooperative.

Brennan J S, Culverwell H. 2005. Marine riparian: An assessment of riparian functions in marine ecosystems. UW Board of Regents, Seattle: Washington Sea Grant Program.

Clarke K R, Warwick R M. 2001. Change in marine communities: an approach to statistical analysis and interpretation. 2nd edition. Plymouth: PRIMER-E.

Clarke K R, Gorbey R N. 2001. PRIMER V5: User Manual/Tutorial. Plymouth: PRIMER-E Ltd.

Collinge S K. 1996. Ecological consequences of habitat fragmentation: implications for landscape architecture and planning. Landscape & Urban Planning, 36（1）: 59-77.

Costanza R, Kemp W M, Boynton W R. 1993. Predictability scale and biodiversity in coastal and estuarine ecosystem: Implications for management. Ambiology, 22: 88-96.

Daehler C C, Strong D R. 1996. Status, Prediction and prevention of introduced cordgrass Spartina spp. invasions in Pacific estuaries. USA Biological Conservation, 78: 51-58.

Drake P，Arias A M. 1997. The effect of aquaculture practices on the benthic macroinvertebrate community of a lagoon system in the Bay of Cadiz（southwestern Spain）. Estuaries and Coasts，20（4）：677-678.

Geiser C，Ray N，Lehmann A，et al. 2013. Unravelling landscape variables with multiple approaches to overcome scarce species knowledge：A landscape genetic study of the slow worm. Conservation Genetics，14（4）：783-794.

Gubanova A D，Prusova I Y，Niermann U，et al. 2001. Dramatic change in the copepod community in Sevastopol Bay（Black Sea）during two decades（1976—1996）. Senckenbergiana Maritimam，31：17-27.

Hu L，Guo Z，Shi X，et al. 2011. Temporal trends of aliphatic and polyaromatic hydrocarbons in the Bohai Sea，China：Evidence from the sedimentary record. Organic Geochemistry，42：1181-1193.

Lana P，Guiss C. 1991. Influence of Spartina alterniflora on structure and temporal variability ofmacrobenthic associations in a tidal flat of Paranaguá Bay，Brazil. Marine Ecology Progress Series，73：231-234.

Pielou E C. 1975. Ecological diversity. New York：John Wiley.

Reise K. 1985. Tidal flat ecology：An experiment approach to species interactions. Berlin：Springer-Verlag.

Roth S，Wilson J G. 1998. Functional analysis by trophic guilds of macrobenthic community structure in Dublin Bay，Ireland. Journal of Experimental Marine Biology and Ecology，222：195-217.

Speelmans M，Vanthuyne D R J，Lock K，et al. 2007. Influence of flooding，salinity and Inundation time on the bioavailability of metals in wetlands. Science of The Total Environment，380（1）：144-153.

Stark J S. 2000. The distribution and abundance of soft-sediment macrobenthos around Casey Station，East Antarctica.Polar Biology，23：840-850.

Suikkanen S，Laamanen M，Huttunen M. 2007. Long-term changes in summer phytoplankton communities of the open northern Baltic Sea. Estuarine Coastal & Shelf Science，71（3）：580-592.

Tang B P，Zhang D Z，Ge B M. 2012. Sustainable utilization of biological resources from coastal wetlands in China. Chinese Science Bulletin，58（19）：2270-2275.

Toffolon M，Lanzoni S. 2010. Morphological equilibrium of short channels dissecting the tidal flats of coastal lagoons. Journal of Geophysical Research Earth Surface，115（F4）：701-719.

Umani S F，Beran A，Parlato S，et al. 2004. Noctiluca scintillans macartney in the Northern Adriatic Sea：Long-term dynamics，relationships with temperature and eutrophication，and role in the food web.Journal of Plankton Research，26（5）：545-561.

Uriarte I，Villate F，Flynn K J. 2005. Differences in the abundance and distribution of copepods in two estuaries of the Basque coast（Bay of Biscay）in relation to pollution. Journal of Plankton Research，27（9）：863-874.

Wang Y. 1983. The mudflat coast of China. Canadian Journal of Fisheries and Aquatic Sciences，40（1）：160-171.

Williams T P，Bubb J M，Lester J N. 1994. Metal accumulation within salt marsh environment a review. Marine Pollution Bulletin，28（5）：277-290.

第 3 章　江苏海涂资源与围垦潜力

海涂资源是江苏省主要的海洋资源之一，海涂围垦一直是江苏沿海拓展发展空间、发展海洋经济的重要手段。海涂资源具有整体性，资源开发有着集约化利用的要求。掌握江苏海涂资源现状及其演变趋势对于保护现有海岸资源环境及生态，促进海涂资源的可持续利用，提高利用效益具有重要的指导意义。本章以江苏海涂资源调查为主，收集整合近 20～30 年（1993 年、2002 年、2012 年）来江苏海涂遥感影像资料及其他相关数据资料，建立合理的江苏海涂围垦区海涂资源与环境分类体系，采用卫星遥感信息提取技术手段，获取江苏围垦区海涂资源与环境信息，同时建立江苏省 20～30 年 2～3 个时相的海涂资源与环境基本信息数据库，为海涂围垦与保护、海域管理提供技术支撑和政策依据。

3.1　海涂资源数量

江苏省沿海滩涂东临黄海，位于山东以南，长江口以北，主要分布在赣榆区（县）、东台市、如东县、启东市等 15 个县（市、区）。

1. 岸线资源

根据 2008 年江苏省"908 专项"调查，江苏省海岸线北起绣针河口苏鲁交界海陆分界点（大王坊村东侧），南至长江口南岸苏沪交界（35 号界碑外侧），总长为888.945km。

连云港市海岸线北起绣针河口苏鲁交界海陆分界点，南至灌河口团港南侧"响灌线"陆域分界，总长 146.587km（不含连岛和两大堤），占全省海岸线的 16.49%；盐城市海岸线北起灌河口团港南侧"响灌线"陆域分界，南至"安台线"陆域分界（20 号界碑附近），总长 377.885km，占全省海岸线的 42.51%；南通市海岸线北起"安台线"陆域分界（20 号界碑附近），南至启东市连兴港，总长 210.365km，占全省海岸线的 23.66%；长江口河口岸线北起启东市连兴港，沿长江口北支北岸，经苏通大桥，南至太仓市浏河镇东侧的苏沪交界，总长 154.108km，占全省海岸线的 17.34%。

2. 滩涂资源

江苏沿海滩涂资源丰富，主要分布于沿海三市（连云港市、盐城市、南通市）及岸外辐射沙脊群。根据 2008 年江苏省"908 专项"调查，全省沿海未围滩涂总面积5001.67km^2（750.25 万亩），其中，潮上带滩涂面积 307.47km^2（46.12 万亩），潮间带滩涂面积 4694.20km^2（704.13 万亩），含辐射沙脊群区域理论最低潮面以上面积

2017.53km^2（302.63 万亩），详见表 3-1。连云港市沿海潮上带滩涂面积 0.47km^2（0.07
万亩），潮间带面积 194.73km^2（29.21 万亩）；盐城市（不包括辐射沙脊群）沿海潮上
带滩涂面积 267.33km^2（40.1 万亩），潮间带面积 1139.93km^2（170.99 万亩）；南通市
（不包括辐射沙脊群）沿海潮上带滩涂面积 39.67km^2（5.95 万亩），潮间带面积 1342km^2
（201.3 万亩）。

　　辐射沙脊群占江苏沿海滩涂比例较大，除理论最低潮面以上的 2017.53km^2（302.63
万亩）区域外，水深 0~5m 的沙脊面积为 2877.67km^2（431.65 万亩），水深 5~15m 的沙
脊面积为 3961.26km^2（594.19 万亩），主要分布于条子泥、东沙、毛竹沙、外毛竹沙、蒋
家沙、太阳沙、冷家沙、腰沙等海域。

表 3-1　江苏省沿海滩涂面积及其分布情况　　　　　　　　（单位：万亩）

沿海三市	潮上带	潮间带	辐射沙洲	合计
南通	5.95	201.30	302.62	750.25
盐城	40.10	170.99		
连云港	0.07	29.21		
合计	46.12	704.12		

3.2　海涂资源遥感调查及动态演变

3.2.1　海涂资源范围的动态演变

　　《关于特别是作为水禽栖息地的国际重要湿地公约》（1971）指出，"湿地系指不问其
为天然或人工，长久或暂时性的沼泽地、湿原、泥炭地或水域地带，带有静止或流动，或
为淡水、半咸水体者，包括低潮时不超过 6m 的水域。"因此，本专著在使用遥感手段界
定海涂范围时，分别采用广义海涂（海岸湿地）和狭义海涂两种界定标准来探讨江苏海涂
资源范围，即研究区域，具体原则如下所示。

　　河口段界定：

　　外缘线：①以水下三角洲前缘线作为前缘边界。对于小的河口，即无水下三角洲的河
口，则以等深线−6m 线为前缘边界；②以理论最低潮面（即等深线 0 米线为前缘线）。

　　内缘线：以河流滨岸湿地边界线作为界限。

　　两侧范围线：以河口—非河口过渡带突然变宽处，分别向−6m 线和 0m 线做垂线为界
线（图 3-1）。

　　非河口段界定：

　　除河口段外为非河口段，陆向内缘线作为海涂内界限，海向外缘线滨海段分别以−6m
等深线和 0m 等深线作为外缘线。

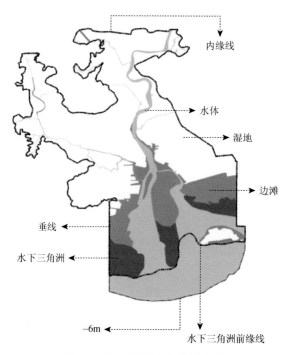

图 3-1　河口段海涂定义示意图

1993 年江苏海涂范围提取（图 3-2）：

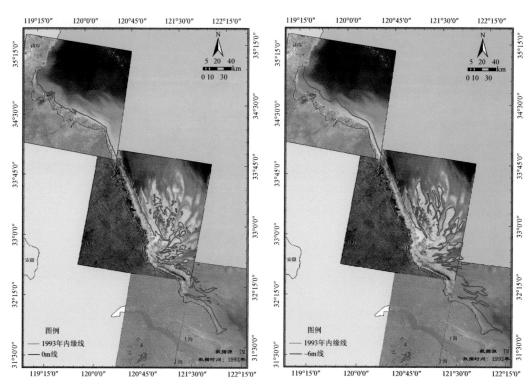

图 3-2　1993 年江苏海涂范围专题图

2002 年江苏海涂范围提取（图 3-3）：

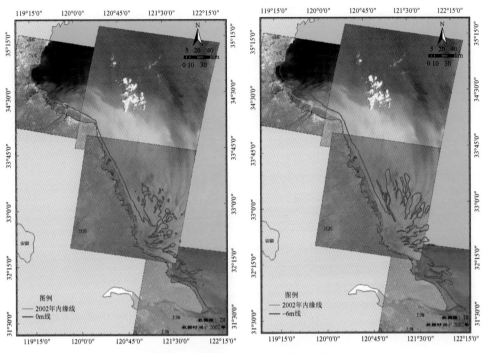

图 3-3　2002 年江苏海涂范围专题图

2012 年江苏海涂范围提取（图 3-4）：

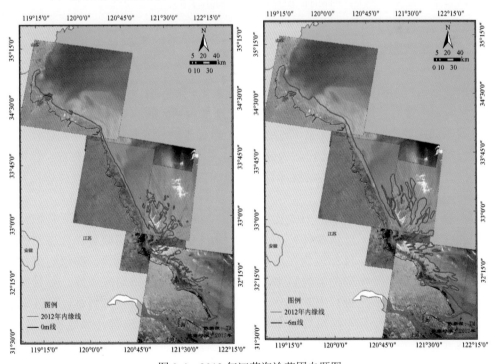

图 3-4　2012 年江苏海涂范围专题图

经统计，分别得到 1993 年、2002 年和 2012 年三年的 0m 外缘线的江苏海涂面积和 −6m 外缘线的江苏海涂范围，具体见表 3-2 和图 3-5。

表 3-2　各年度的海涂面积　（单位：km²）

	1993 年	2002 年	2012 年
0m	7646.265613	7501.890137	7438.35986
−6m	11797.59961	11568.5	11554.2998

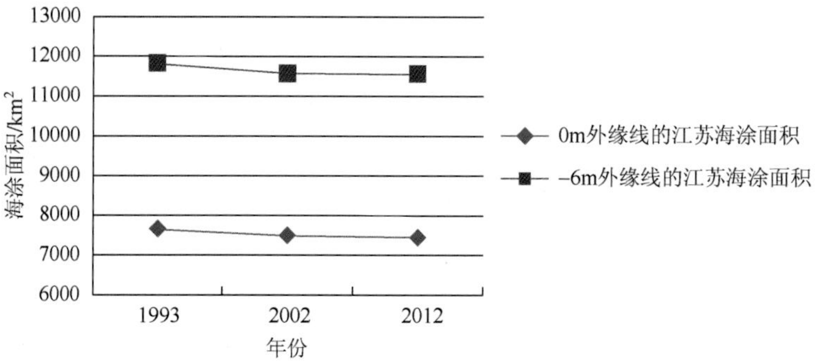

图 3-5　各年度海涂面积变化趋势图

可以看出，近 20 年江苏海涂面积呈逐渐递减的趋势，不过递减程度不明显。

3.2.2　海岸线信息的动态演变

海岸线是指海水面与陆地接触的分界线，由于此分界线会因潮水的涨落而变动位置，故规定以海水大潮时连续数年的平均高潮位与陆地（包括大陆和海岛）的分界线为准。

根据不同岸线类型的解译标志，利用遥感图像处理软件及地理信息系统软件对遥感数据进行综合处理，按照需求选择适当分辨率的卫星数据进行岸线信息提取，包括利用遥感影像处理软件对岸线进行自动解译、利用地理信息系统软件对岸线类型进行判读及赋值等。

本专著采用人工目视判读的方式提取江苏沿岸海岸线。人工目视判读是把假彩色合成图和分类图相结合，以影像特征为基础，利用直接标志与间接解译标志和相关分析等方法，根据地面各种目标地物在遥感图像中存在着不同的色调、颜色、形状、大小、纹理、阴影、相关布局的差异，来分析、解译、理解和识别海岸线。单景图像判读时，依据判读原则，先进行宏观观察，掌握其整体的特征，先易后难，从浅入深，分别识别出地物的属性及勾画出其分布范围和界线，并用统一的符号和线条标示清楚，绘制出判读草图。

江苏沿海海岸线提取专题示意图：

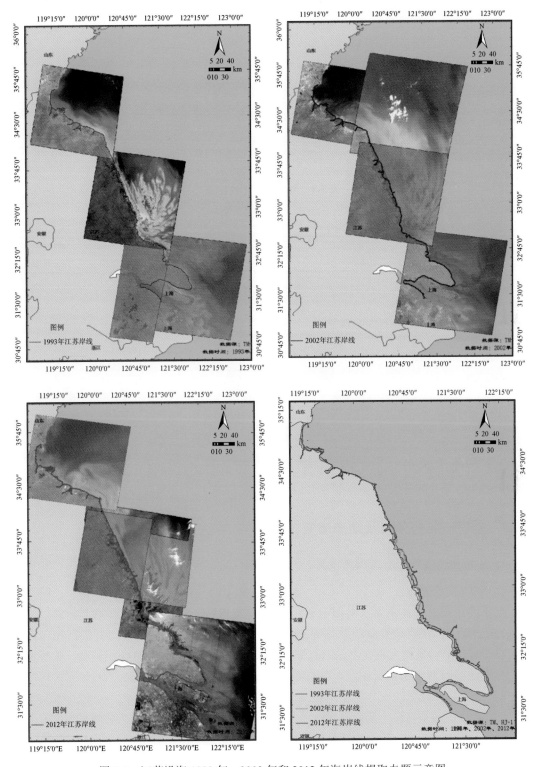

图 3-6　江苏沿海 1993 年、2002 年和 2012 年海岸线提取专题示意图

根据江苏省 1993 年、2002 年和 2012 年 3 年海岸线信息提取结果（图 3-6），分别得

到 3 年江苏省海岸线统计结果（表 3-3）以及 1993～2002 年、2002～2012 年岸线变化统计表（表 3-4）和岸线变化柱状图（图 3-7）。

表 3-3　江苏省海岸线统计表　　　　　　　　　（单位：km）

年份	大陆自然岸线	大陆人工岸线	海岛自然岸线	海岛人工岸线	江苏自然岸线	江苏人工岸线
1993	96.561398	961.076951	19.695023	0	116.256421	961.076951
2002	70.399595	1037.272626	19.695023	0	90.094618	1037.272626
2012	41.348565	1222.160606	16.136034	5.715207	57.484599	1227.875813

表 3-4　海岸线变化统计表　　　　　　　　　（单位：km）

年份	大陆变化岸线		海岛变化岸线		合计	
	自然岸线	人工岸线	自然岸线	人工岸线	自然岸线	人工岸线
1993～2002	−26.161803	76.195675	0	0	−26.161803	76.195675
2002～2012	−29.05103	184.88798	−3.558989	5.715207	−32.610019	190.603187

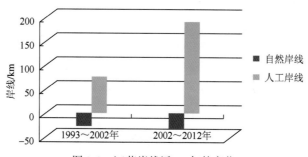

图 3-7　江苏岸线近 20 年的变化

可以看出，近 20 年里，2002～2012 年这 10 年江苏岸线开发强度比上一个 10 年（1993～2002 年）的开发强度高很多；自然岸线在这两个时段内减少相当。

3.2.3　景观信息的分布及动态演变

1. 生物景观信息分布及动态演变

1）生物景观分布

据生物景观分类体系表（参照 HY/T 147.7—2013 海洋监测技术规程第 7 部分：卫星遥感技术方法），在前期外业踏勘基础上建立各个类型的地物解译标志，并根据相应类型的地物解译标志，采用人机交互法、监督分类法和非监督分类法等方法相结合，在遥感影像上提取江苏海涂生物景观图层，信息图层示意图如图 3-8 所示。

2）生物景观类型面积分析及动态演变

江苏海涂的植被资源主要以盐地碱蓬、芦苇等沼生植被和大米草等入侵物种为主，但经过长期的开发利用，大规模原生植被被破坏，区域分布日渐缩小或破碎化零散分布。为了保护海岸和增加滩面淤积速率，大米草于 1963 年开始人为引种到江苏潮间带，它对江苏现代潮滩盐沼的沉积和地貌演化过程的影响非常显著，主要体现在影响潮滩沉积速率、物质分布及潮水沟地貌系统的发育等方面，其在经历了短暂的生长低谷之后又展现了其较强的繁

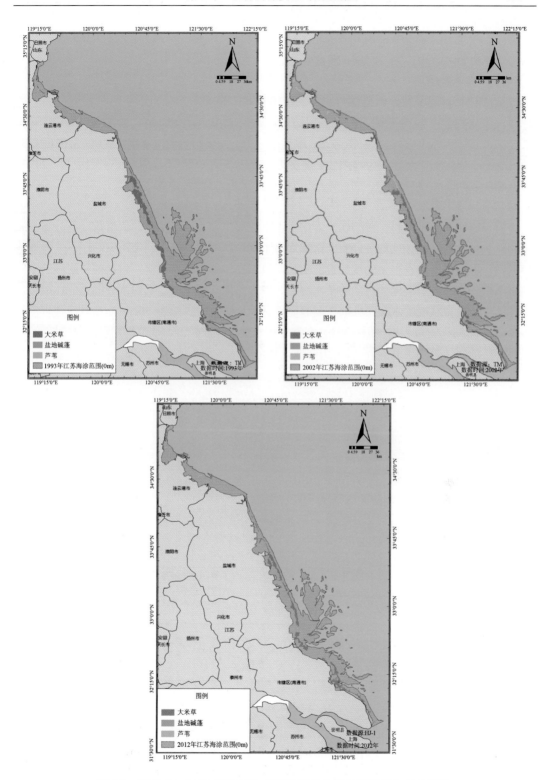

图 3-8　1993 年、2002 年和 2012 年江苏海涂生物景观信息分布示意图

殖能力。经统计（表 3-4），江苏海涂生物景观总面积分别是：1993 年为 620.02km^2，2002 年为 305.99km^2，2012 年为 381.88km^2。

（1）盐地碱蓬

被子植物，属藜科，碱蓬属，一年生草本植物，半灌木，分布于亚热带和温带的广大地区，生于海滨、海滩湿地、沟边、田边含盐碱的土壤上，耐贫瘠，喜温暖潮湿的环境。其是陆地向滩涂延伸的先锋植物群落，耐盐能力强，主要分布在平均海潮线以上的近海滩地，地表高程较低，土壤多为沙壤土，湿度大，含盐量高（张树仁，2009；宋创业等，2010；何文珊，2008）。

（2）芦苇

被子植物，属禾本科，芦苇属，多年生水生或湿生高大草本植物。该群落广泛分布于温带和亚热带，在我国各地均有分布，常成片生于湖泊、浅水洼地、河流沟渠沿岸、滨海滩涂和河口，形成群落，在干旱的沙丘也能生长。芦苇是一种喜光、耐湿、耐盐碱、耐酸的多年生禾本植物，在滨海湿地，内陆的淡水湿地、咸水湿地都能生长。其对水分的适应性很强，植株的生长发育状况受水文条件的影响而显差异，最适宜的水深为 30cm 左右且流速较慢的地段。随着水的深度减少，植株变矮，在常年积水地段生长较好，季节性积水地段植株较矮，而且群落的伴生植物也有差异（《中国湿地百科全书》编辑委员会，2008；何文珊，2008）。

（3）大米草

种中文名：大米草，种拉丁名：*Spartina anglica Hubb*；科中文名：禾本科，科拉丁名：*Gramineae*；属中文名：米草属，属拉丁名：*Spartina*。原产于英国南海岸，是欧洲海岸米草和美洲米草的天然杂交种（赵冬至等，2013）。

大米草为多年生草本，具根状茎。其在我国分布于辽宁、河北、天津、山东、江苏、上海、浙江、福建、广东、广西等省（市、区）的海滩上，国外分布于丹麦、德国、荷兰、法国、英国、爱尔兰、新西兰、澳大利亚、美国。

由表 3-5 和图 3-9 可以看出，大米草在 1993 年、2002 年和 2012 年的江苏海涂生物景

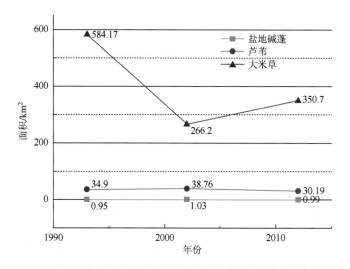

图 3-9　江苏海涂生物景观信息类型动态变化趋势图

观分布中均占有很重要的位置，所占面积最大，作为优良的海滨先锋植物，耐淹、耐盐、耐淤，在海滩上形成稠密的群落，有较好的促淤、消浪、保滩、护堤等作用。虽于 2002 年呈现出大量减少的趋势，但在 2002～2012 年又出现了明显回升，与我国扩大引种栽培不可分割。芦苇和盐地碱蓬在江苏海涂中所占不多，均呈现先增加再减少的趋势，2002 年所占面积最大。

表 3-5　江苏海涂生物景观信息类型面积统计表

类型		1993 年		2002 年		2012 年	
		面积/km²	面积百分比/%	面积/km²	面积百分比/%	面积/km²	面积百分比/%
沼生植被	盐地碱蓬	0.95	0.15	1.03	0.34	0.99	0.26
	芦苇	34.9	5.63	38.76	12.66	30.19	7.91
入侵物种	大米草	584.17	94.22	266.2	87.00	350.70	91.84
总计		620.02		305.99		381.88	
占各年海涂面积（0m）百分比/%		8.11		4.08		5.13	

3）生物景观空间分析及动态演变

采用县市级行政区划作为分类统计单元，并采用中国 1∶400 万行政区划图作为底图，对江苏海涂资源生物景观分布情况进行统计，结果显示（图 3-10、表 3-6）：盐地碱蓬主要集中分布在连云港市；芦苇主要分布在连云港市和盐城市；大米草三个城市均有分布，其中以盐城市分布最多、连云港市分布最少；从 1993 年到 2002 年再到 2012 年，芦苇在连云港市的分布呈先增加后减少的生长趋势，在盐城市的分布呈先减少后增加的生长趋势；而大米草则是在连云港市和盐城市均呈现逐年递减的趋势，在南通市呈先减少后爆发性增长的趋势。

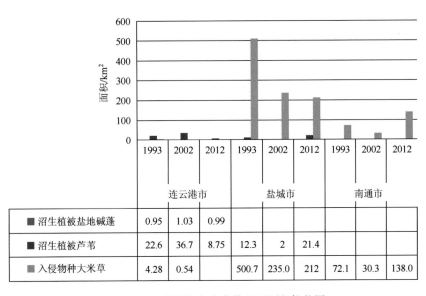

图 3-10　江苏沿海各市生物景观面积柱状图

表 3-6　江苏沿海各市生物景观分布面积统计表　　　　　（单位：km²）

生物景观类型		连云港市			盐城市			南通市		
		1993	2002	2012	1993	2002	2012	1993	2002	2012
沼生植被	盐地碱蓬	0.95	1.03	0.99						
	芦苇	22.60	36.76	8.75	12.30	2.00	21.44			
入侵物种	大米草	4.28	0.54		507.79	235.29	211.97	72.10	30.36	138.74
总计		27.83	38.33	9.74	520.09	237.29	233.40	72.10	30.36	138.74

2. 环境景观信息分布及动态演变

1）环境景观分布

据环境景观分类体系表（参照 HY/T 147.7—2013 海洋监测技术规程第 7 部分：卫星遥感技术方法），在前期外业踏勘基础上建立各个类型的地物解译标志，并根据相应类型的地物解译标志，采用人机交互法、监督分类法和非监督分类法等方法相结合，在遥感影像上提取江苏海涂环境景观图层，信息图层示意图如图 3-11 和图 3-12 所示。

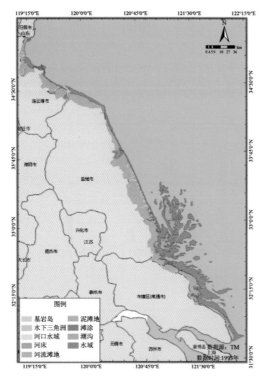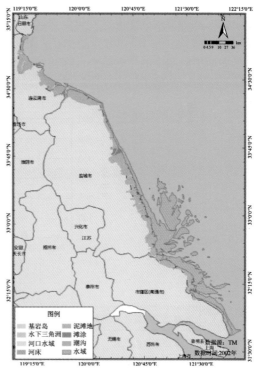

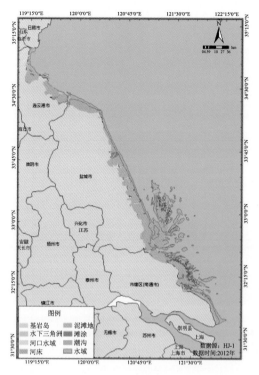

图 3-11　1993 年、2002 年和 2012 年江苏海涂环境活动景观信息（0m）分布示意图

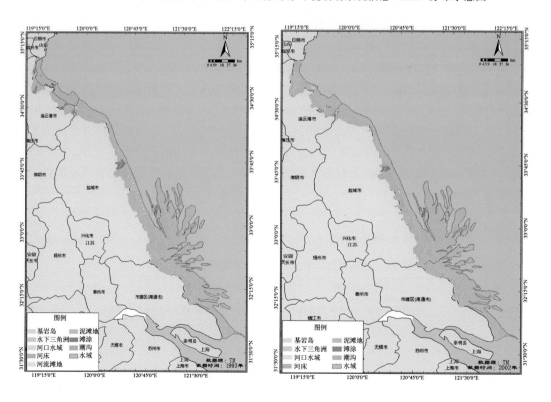

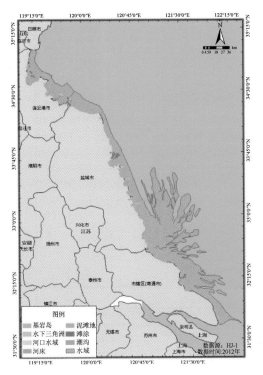

图 3-12　1993 年、2002 年和 2012 年江苏海涂环境活动景观信息（−6m）分布示意图

2）环境景观类型面积分析及动态演变

江苏省海岸北起赣榆绣针河口，南至长江口，其中粉砂淤泥质海岸是江苏省最主要的海岸类型，其岸线长度占整个江苏省海岸长度的 90%以上，砂质海岸和基岩海岸分布在海州湾和连云港地区。因此，江苏的淤泥质潮滩是我国规模最大的潮滩之一，广阔的滨海平原为现有滩涂的持续淤涨提供了主要的物质来源（朱大奎，1986；王颖和朱大奎，1990）。

江苏海岸的地貌框架为"一山两洲夹两原"，其中"两原"分别指北部海州湾海积平原和中部盐城海积平原。近海海底平原是以辐射沙脊群为中心的扇形水下平原，辐射沙脊群是一种特殊的沉积体系，它影响着江苏海岸环境、海岸开发、南黄海的动力环境以及渔业和航运等。

江苏环境景观类型主要分为河口段、滨海段、海岛等，其中滨海段占最大面积（表 3-7 和表 3-8、图 3-13 和图 3-14）。

表 3-7　江苏海涂环境景观信息类型面积统计表（0m）

类型		1993 年		2002 年		2012 年	
		面积/km²	面积百分比/%	面积/km²	面积百分比/%	面积/km²	面积百分比/%
河口段	河床	17.83	0.41	13.51	0.42	14.67	0.31
	河口水域	33.57	0.77	24.12	0.75	32.05	0.69
	滩涂	162.51	3.72	156.70	4.86	167.75	3.59
	水下三角洲	21.85	0.50	7.22	0.22	21.00	0.45

续表

类型		1993 年		2002 年		2012 年	
		面积/km²	面积百分比/%	面积/km²	面积百分比/%	面积/km²	面积百分比/%
滨海段	泥滩地	4095.77	93.88	2983.80	92.59	4401.67	94.27
	潮沟	23.78	0.55	29.81	0.93	24.64	0.53
海岛	基岩岛	7.47	0.17	7.47	0.23	7.46	0.16
总计		4362.78	100.00	3222.63	100.00	4669.24	100.00

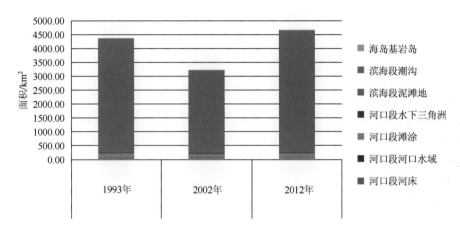

图 3-13　江苏海涂环境景观信息类型动态变化趋势图（0m）

表 3-8　江苏海涂环境景观信息类型面积统计表（−6m）

类型		1993 年		2002 年		2012 年	
		面积/km²	面积百分比/%	面积/km²	面积百分比/%	面积/km²	面积百分比/%
河口段	河床	17.83	0.41	13.51	0.42	14.67	0.31
	河口水域	33.57	0.77	24.12	0.75	32.05	0.67
	滩涂	162.51	3.71	156.70	4.86	167.75	3.49
	水下三角洲	21.85	0.50	7.22	0.22	21.00	0.44
滨海段	泥滩地	4111.29	93.90	2983.80	92.59	4537.77	94.43
	潮沟	23.78	0.54	29.81	0.93	24.64	0.51
海岛	基岩岛	7.47	0.17	7.47	0.23	7.46	0.16
总计		4378.30	100.00	3222.63	100.00	4805.34	100.00

可以看出，滨海段泥滩地是江苏海涂资源调查区域内最大面积的环境景观信息类型，三年所占面积均在 90%以上，由于海涂围垦的飞速发展，理应呈逐年增多的发展变化趋势，故其在 2002 年的减少与卫星数据的瞬时性有很大关系；其次是河口段滩涂，三年所占面积均在 3.5%以上；其余类型不足 1%。

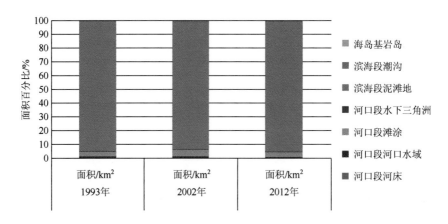

图 3-14　江苏海涂环境景观信息类型动态变化趋势图（–6m）

3）环境景观空间分析及动态演变

采用县市级行政区划作为分类统计单元,并采用中国 1∶400 万行政区划图作为底图,对江苏海涂资源环境景观分布情况进行统计,结果显示（表 3-9、图 3-15）:河口段河床在盐城市分布最多;河口段滩涂三市都有分布,在盐城市分布最多;水下三角洲分布在连云港市和盐城市,南通市没有该类型;滨海段泥滩地和潮沟三市均有分布,盐城市分布最多;基岩岛主要分布在连云港市。

表 3-9　江苏沿海各市环境景观分布面积统计表　　　　　　　（单位：km²）

类型		连云港市			盐城市			南通市		
		1993	2002	2012	1993	2002	2012	1993	2002	2012
河口段	河床	1.92	0.47		15.46	12.73	14.41	0.46	0.31	0.27
	河口水域	10.65	9.91	13.96	20.23	12.09	13.89	2.69	2.13	4.20
	滩涂	56.63	62.75	52.60	104.04	88.45	87.39	1.84	5.51	27.76
	水下三角洲	12.18	2.10	14.70	9.66	5.12	6.29			
滨海段	泥滩地	671.37	661.37	655.19	2776.69	1814.27	2640.74	647.71	508.16	1105.74
	潮沟	5.24	3.62	3.66	18.38	26.07	20.02	0.15	0.12	0.96
海岛	基岩岛	7.47	7.47	7.56						
总计		765.46	747.69	747.67	2944.46	1958.73	2782.74	652.85	516.23	1138.93

由表 3-8 和图 3-15 可以看出,以滨海段泥滩地为主的环境景观信息在盐城市分布最多,从 1993 年到 2002 年再到 2012 年这 20 年间,随着围填海、城市建设的高速发展,环境景观信息也发生多样的转变。此外,也可以看出,大多景观信息均呈现先减少后增加的变化趋势,这也一定程度上反映了卫星遥感监测海涂环境景观信息的局限性,卫星过境时间内的潮汐状况对环境景观信息提取产生了很大的影响。

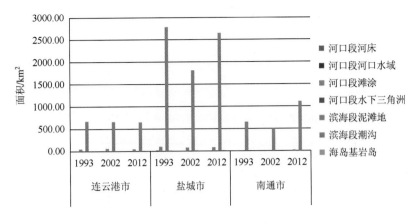

图 3-15　江苏沿海各市环境景观面积柱状图

3. 人类活动景观信息分布及动态演变

1）人类活动景观分布

据人类活动景观分类体系表（参照《海洋监测技术规程》（HY/T 147.7—2013）第 7 部分：卫星遥感技术方法），在前期外业踏勘基础上建立各个类型的地物解译标志，并根据相应类型的地物解译标志，采用人机交互法、监督分类法和非监督分类法等方法相结合，在遥感影像上提取江苏海涂人类活动景观图层，信息图层示意图如图 3-16 所示。

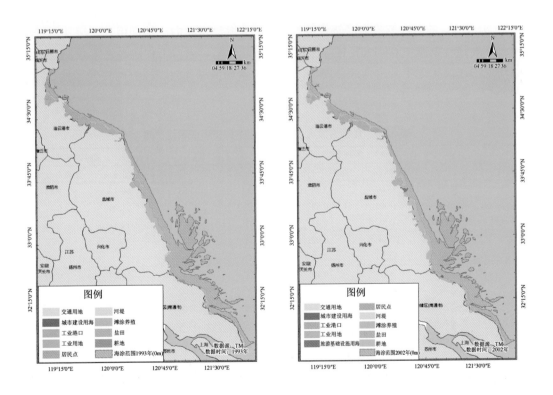

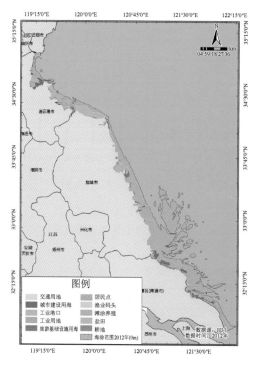

图 3-16　1993 年、2002 年和 2012 年江苏海涂人类活动景观信息分布示意图

2）人类活动景观类型面积分析及动态演变

近 20 年来，随着江苏沿海经济快速发展，江苏海涂资源的土地利用和海域使用状况、利用和开发强度正发生着巨大变化，围填海、滩涂养殖、港口工程建设逐年增加，滩涂、农业耕地用地面积逐年减少，江苏海涂人类活动景观信息各类型面积和百分比如表 3-10 和图 3-17、图 3-18 所示。

表 3-10　江苏海涂人类活动景观信息类型面积统计表

类型		1993 年		2002 年		2012 年	
		面积/km²	面积百分比/%	面积/km²	面积百分比/%	面积/km²	面积百分比/%
土地利用	耕地	75.09	3.99	70.52	3.08	69.37	2.47
	居民点	16.49	0.88	12.28	0.54	11.98	0.43
	工业用地	0.31	0.01	4.37	0.19	77.31	2.75
	交通用地	0.34	0.02	1.31	0.06	6.05	0.22
	河堤	11.30	0.60	11.43	0.50		0.00
海域使用	工业港口	3.20	0.15	4.72	0.21	16.89	0.60
	渔业码头			0.00		0.53	0.02
	盐田	908.74	48.31	902.82	39.50	796.27	28.30
	滩涂养殖	865.83	46.00	1234.75	54.02	1524.23	54.17
	旅游基础设施用海			25.93	1.13	33.28	1.18
	城市建设用海	0.93	0.05	17.67	0.77	278.02	9.88
合计		1882.23		2285.80	100.00	2813.93	100.00

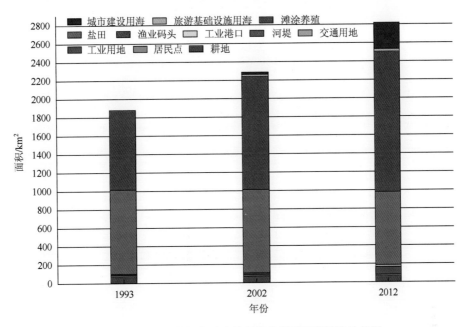

图 3-17　江苏海涂人类活动景观信息类型面积统计柱状图

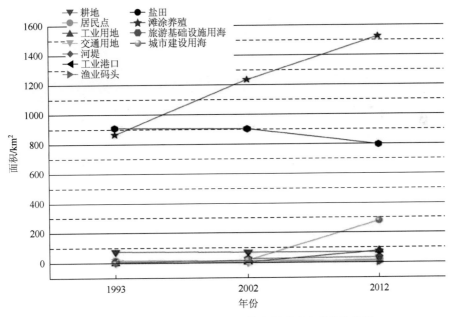

图 3-18　江苏海涂人类活动景观信息类型动态变化趋势图

　　可以看出，江苏沿海主要土地利用类型是耕地，其次为居民点，但是由于经济发展的需要，到了 2012 年，工业用地面积飞速增加，已然超过了耕地的占比；另外，交通用地也呈现逐年上升的趋势；主要海域使用类型是滩涂养殖用海和盐业用海，其中滩涂养殖从占比 48.33% 增加到 2012 年占比超过 50%，是所占最多的类型，其次是盐田，不过由于城市建设的需要，盐业用海的发展情况呈现逐年递减的趋势。从 2002 年到 2012 年这 10 年，江苏海涂资源海域使用状况全面起飞，港口用海、渔业用海、养殖用海、工业用海、旅游娱乐用海、城市建设用海等全面发展，海涂成为江苏经济发展重地。

　　3）人类活动景观空间分析及动态演变

　　采用县市级行政区划作为分类统计单元，并采用中国 1∶400 万行政区划图作为底图，对江苏海涂资源人类活动景观分布情况进行统计，结果显示（表 3-11、图 3-19）：在土地利用方面，耕地三市均有，南通市最多，连云港市和南通市均呈现逐年减少的趋势，盐城市在前 10 年里出现小幅农业耕地高潮；居民点、工业用地、交通用地均主要集中分布在连云港市；在海域使用状况方面，盐田主要集中分布在连云港市和盐城市；滩涂养殖用海三市均有，均呈现逐年增长的趋势，其中盐城市所占最多；随着经济发展的需要，旅游娱乐用海、港口用海以及城市建设用海也在逐年增多。

表 3-11　江苏沿海各市人类活动景观分布面积统计表　　　　　（单位：km^2）

人类景观类型		连云港市			盐城市			南通市		
		1993	2002	2012	1993	2002	2012	1993	2002	2012
土地利用	耕地	21.14	9.38	8.48	5.18	11.73	11.14	48.78	48.41	43.75
	居民点	16.49	12.28	12.76			0.22			
	工业用地	0.31	4.37	30.34			17.43			29.45
	交通用地	0.34	0.88	0.51						5.54
	河堤	1.99	1.77		3.27	8.35		6.03	1.32	
海域使用	工业港口	3.20	4.72	8.73			7.70			0.46
	渔业码头			0.14		0.43	0.39			
	盐田	449.77	413.06	296.57	425.89	453.00	485.36	33.09	36.75	14.34
	滩涂养殖	163.96	210.54	212.92	610.25	866.26	1028.71	91.62	157.95	282.60
	旅游基础设施用海					25.93	33.28			
	城市建设用海	0.93	5.54	108.16		1.90	53.63		10.23	116.22
合计		658.13	662.54	678.61	1044.59	1367.60	1637.86	179.52	254.66	492.36

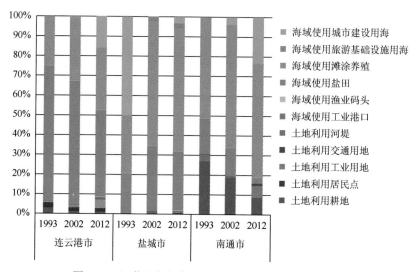

图 3-19　江苏沿海各市各年人类景观面积比例分布图

3.2.4　海涂资源时空分布特征

1. 生物景观时空分布特征

江苏海涂的植被资源主要以盐地碱蓬、芦苇等沼生植被和大米草等入侵物种为主，但经过长期的开发利用，大规模原生植被被破坏，区域分布日渐缩小或破碎化零散分布。为了保护海岸和增加滩面淤积速率，大米草于 1963 年开始人为引种到江苏潮间带，它对江苏现代潮滩盐沼的沉积和地貌演化过程的影响非常显著，主要体现在影响潮滩沉积速率、物质分布及潮水沟地貌系统的发育等方面。盐地碱蓬主要集中分布在连云港市；芦苇主要分布在连云港市和盐城市；大米草三个城市均有分布，其中以盐城市分布最多、连云港市分布最少；从 1993 年到 2002 年再到 2012 年，芦苇在连云港市的分布呈先增加后减少的生长趋势，在盐城市的分布呈先减少后增加的生长趋势；而大米草则在连云港市和盐城市均呈现逐年递减的趋势，在南通市呈先减少后爆发性增长的趋势。

2. 环境景观时空分布特征

江苏省海岸北起赣榆绣针河口，南至长江口，其中粉砂淤泥质海岸是江苏省最主要的海岸类型，其岸线长度占整个江苏省海岸长度的 90% 以上，砂质海岸和基岩海岸分布在海州湾和连云港地区。因此，江苏省的淤泥质潮滩是我国规模最大的潮滩之一，广阔的滨海平原为现有滩涂的持续淤涨提供了主要的物质来源。

江苏海岸的地貌框架为"一山两洲夹两原"，其中"两原"分别指北部海州湾海积平原和中部盐城海积平原。近海海底平原是以辐射沙脊群为中心的扇形水下平原，辐射沙脊群是一种特殊的沉积体系，它影响着江苏海岸环境、海岸开发、南黄海的动力环境以及渔业和航运等。

滨海段泥滩地也是江苏海涂资源调查区域内最大面积的环境景观信息类型，三年所占面积均在 90% 以上，由于海涂围垦的飞速发展，理应呈逐年增多的发展变化趋势，故其在 2002 年的减少与卫星数据的瞬时性有很大关系；其次是河口段滩涂，三年所占面积均在 3.5% 以上；其余类型不足 1%。

河口段河床在盐城市分布最多；河口段滩涂三市都有分布，在盐城市分布最多；水下三角洲分布在连云港市和盐城市，南通市没有该类型；滨海段泥滩地和潮沟三市均有分布，盐城市分布最多；基岩岛主要分布在连云港市。

3. 人类活动景观时空分布特征

近 20 年来，随着江苏沿海经济快速发展，江苏海涂资源的土地利用和海域使用状况、利用和开发强度正发生着巨大变化，围填海、滩涂养殖、港口工程建设逐年增加，滩涂、农业耕地用地面积逐年减少。

江苏沿海主要土地利用类型是耕地，其次为居民点，但是由于经济发展的需要，到了 2012 年，工业用地面积飞速增加，已然超过了耕地的占比；另外，交通用地也呈现逐年上升的趋势；主要海域使用类型是滩涂养殖用海和盐业用海，其中滩涂养殖从占比 48.33%

增加到 2012 年占比超过 50%，是所占最多的类型，其次是盐田，不过由于城市建设的需要，盐业用海的发展情况呈现逐年递减的趋势。从 2002 年到 2012 年这 10 年，江苏海涂资源海域使用状况全面起飞，港口用海、渔业用海、养殖用海、工业用海、旅游娱乐用海、城市建设用海等全面发展，海涂成为江苏经济发展重地。

在土地利用方面，耕地三市均有，南通市最多，连云港市和南通市均呈现逐年减少的趋势，盐城市在前十年里出现小幅农业耕地高潮；居民点、工业用地、交通用地均主要集中分布在连云港市；在海域使用状况方面，盐田主要集中分布在连云港市和盐城市；滩涂养殖用海三市均有，均呈现逐年增长的趋势，其中盐城市所占最多；随着经济发展的需要，旅游娱乐用海、港口用海以及城市建设用海也在逐年增多。

连云港市海岸滩涂利用的总面积为 626.52km²，占江苏省海岸滩涂利用总面积的 23.65%，工业用海（盐田）占连云港市滩涂围垦的比例最大，是连云港市主要的用海活动；其次是养殖用海（滩涂养殖）和城市建设用海。由于连云港港口的规模较大，近年来港口不断发展，在连云港海岸滩涂利用中所占比重也开始变大。

盐城市海岸滩涂利用的总面积为 1609.07km²，占江苏省海岸滩涂利用总面积的 60.74%，其中养殖用海占盐城市滩涂围垦的比例最大，是盐城市主要的用海活动；其次是工业用海（盐田）和城市建设用海，旅游娱乐用海和港口用海也占有一席之地。

南通市海岸滩涂利用的总面积为 413.62km²，占江苏海岸滩涂利用总面积的 15.61%，其中养殖用海（滩涂养殖）占南通市滩涂围垦的比例最大，是南通市主要的用海活动；其次是城市建设用海，可见南通市近年来开发建设，围海造地用海需求不断增加，开始占据整体用海的主要位置；工业用海（盐田）和港口用海也占有一席之地。

1993～2012 年，江苏三市海岸滩涂利用方式的结构略有变化，随着经济发展，港口用海、围海造地建设用海呈增长趋势，工业用海（盐田）占比呈逐年减小的趋势，养殖用海占比变化不大。

3.3　海涂围垦潜力评估

江苏省大陆海岸线长约 888.945km，中部近岸浅海区发育有南黄海辐射沙脊群，南北长约 200km，东西宽约 90km。江苏沿海地区独特的动力地貌孕育了大量的沿海滩涂，未围滩涂总面积为 750.25 万亩，约占全国的 1/4。

根据 2008 年江苏近海海洋综合调查与评价（国家"908 专项"江苏省部分），全省沿海未围滩涂总面积 750.25 万亩，其中，潮上带滩涂面积 46.12 万亩，潮间带滩涂面积 704.13 万亩，含辐射沙脊群区域理论最低潮面以上面积 302.63 万亩（王建等，2012）。

连云港市沿海潮上带滩涂面积 0.07 万亩，潮间带面积 29.21 万亩；盐城市（不包括辐射沙脊群）沿海潮上带滩涂面积 40.1 万亩，潮间带面积 170.99 万亩；南通市（不包括辐射沙脊群）沿海潮上带滩涂面积 5.95 万亩，潮间带面积 201.3 万亩。

我国沿海地区经济发达，人口众多，用地紧张。近年来，在海洋经济大发展的推动下，各沿海省、市（县）纷纷向潮滩寻求发展空间和生存空间。潮滩围垦作为沿海地区促进经济发展、缓解人口压力和保持耕地动态平衡的主要途径，其面积、规模和强度逐渐增大，开发利用方式也从以往的种植业、养殖业、盐业等农业用地发展到港口、临港工业、开发区、城市建设等工业用地和城市建设用地。

江苏沿海滩涂开发历史悠久，经历了兴海煮盐、垦荒植棉、围海养殖、临港工业等为主要利用方式的多个阶段，开展了较大规模的滩涂围垦开发活动。自 11 世纪范公堤修筑以来，共垦殖开发了近 3000 万亩沿海滩涂。特别是新中国成立以来，进行了大规模的围海造地，1951～2008 年累计匡围滩涂 207 个垦区，总面积 412 万亩。

滩涂围垦开发的成效显著。新中国成立以来，通过滩涂围垦，增加了大量土地，已形成各类农业用地约 209 万亩，其中，增加耕地 86 万多亩，建设了海淡水养殖、工厂化设施养殖、粮棉种植、畜牧业及林业生产基地，特别是"九五"以来实施了两轮"百万亩滩涂开发工程"，有效增加了农业供给，推进了港口建设和临港产业发展，支持了沿海地区经济发展。此外，通过海涂围垦，还提高了海堤防护标准，在原海堤外新筑高标准海堤，提高了沿海地区抵御台风、风暴潮等海洋灾害的能力，有力保障了沿海地区人民生命财产安全。

针对江苏省沿海滩涂地貌与动力特征及其冲淤特性，在考虑滩涂围垦与湿地保护尤其是自然保护区与河口湿地保护基础上，注重保护现有沿海港口、深水航道资源，满足未来深水港口以及产业、城镇发展需求，采用卫星遥感手段，利用围垦前、围垦过程中及围垦后遥感影像资料，结合 GPS 验证，分析研究海涂围垦的现状、潜力及存在问题。综合考虑沿海开发经济社会发展需求，在资源、环境综合调查监测基础上，评估江苏海涂围垦潜力。

3.3.1　海涂围垦现状

通过收集 1993～2012 年的影像资料（图 3-20）、现场调查和测量的数据可知，现在江苏海域使用绝大多数集中在–6m 以上的近岸浅水海域。根据海岸滩涂的定义，狭义的海岸滩涂是指潮间带，广义的海涂可以包括水下一定深度可以被利用的浅滩。该处分别来讨论狭义滩涂（理论最低潮面 0m 面）和广义滩涂（–6m 以上的近岸浅滩）的围垦使用情况（海域使用状况）（表 3-12）。

图 3-20　江苏海涂围垦前（1993 年）、围垦过程中（2002 年）、围垦后（2012 年）影像示意图

表 3-12　滩涂使用面积占滩涂面积的比重

年份	滩涂使用面积/km²	潮间带滩涂使用		−6m 线以上滩涂使用	
		滩涂面积/km²	所占百分比/%	滩涂面积/km²	所占百分比/%
1993	1778.70	7646.26	23.26	11797.59	15.08
2002	2185.89	7501.89	29.14	11568.5	18.90
2012	2649.22	7438.36	35.62	11554.3	22.93
平均			29.28		18.94

1. 围垦状况年际变化

根据 1993～2012 年海涂海域使用状况，分析 3 年各类型海域使用方式的面积变化情况（表 3-13、图 3-21）。

表 3-13　江苏省海涂资源海域使用状况对比情况

类型		1993 年		2002 年		2012 年	
		面积/km²	面积百分比/%	面积/km²	面积百分比/%	面积/km²	面积百分比/%
海域使用	工业港口	3.20	0.18%	4.72	0.22%	16.89	0.64%
	渔业码头		0.00%			0.53	0.02%
	盐田	908.74	51.09%	902.82	41.30%	796.27	30.06%
	滩涂养殖	865.83	48.68%	1234.75	56.49%	1524.23	57.53%
	旅游基础设施用海		0.00%	25.93	1.18%	33.28	1.26%
	城市建设用海	0.93	0.05%	17.67	0.81%	278.02	10.49%
合计		1778.70	100.00%	2185.89	100.00%	2649.22	100.00%

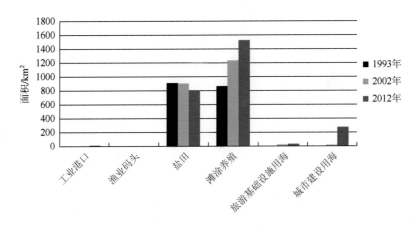

图 3-21　1993～2012 年用海面积对比情况

1993～2012 年，江苏海涂利用总面积由 1778.70km² 增加到 2649.22km²。其中，港口用海总面积由 1993 年的 3.20km² 增加到 17.42km²，1993 年到 2002 年增长平缓，2002 年到 2012 年增加明显；工业用海中的盐田由 1993 年的 908.74km² 减少到 796.27km²，由图像可知，大部分的盐田转变为了城市建设用海，养殖用海、旅游娱乐用海以及城市建设用海均呈现逐年增加的变化趋势。

2. 围垦现状的利用结构现状及动态演变

根据 2012 年江苏海岸滩涂利用情况统计（表 3-14、图 3-22），江苏海岸–6m 以上滩涂围垦总面积为 2649.22km²，以养殖用海（滩涂养殖）为主，其面积为 1524.23km²，占滩涂围垦总面积的 57.54%；其次是工业用海（盐田），其面积为 796.27km²，占滩涂围垦总面积的 30.06%；城市建设用海面积为 278.02km²，占滩涂围垦总面积的 10.49%；旅游娱乐用海面积为 33.28km²，占滩涂围垦总面积的 1.26%；港口用海（工业港口和渔业港口）面积总和为 17.42km²，占总面积的 0.66%。

采用县市级行政区划作为分类统计单元，并采用中国 1∶400 万行政区划图作为底图，对 2012 年的江苏省沿海三市海涂资源海域用海分布情况进行统计，具体结果见表 3-14 和图 3-23。

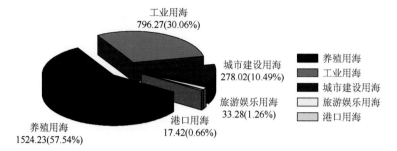

图 3-22 2012 年江苏海涂围垦利用结构

表 3-14 2012 年江苏省沿海各市海岸滩涂利用结构情况

人类景观类型		连云港市		盐城市		南通市	
		面积/km²	比例/%	面积/km²	比例/%	面积/km²	比例/%
海域使用	工业港口	8.73	1.39	7.70	0.48	0.46	0.11
	渔业码头	0.14	0.02	0.39	0.02		0.00
	盐田	296.57	47.35	485.36	30.16	14.34	3.47
	滩涂养殖	212.92	33.98	1028.71	63.94	282.6	68.32
	旅游基础设施用海		0.00	33.28	2.07		0.00
	城市建设用海	108.16	17.26	53.63	3.33	116.22	28.10
合计		626.52		1609.07		413.62	
占滩涂围垦总面积的比例/%		23.65		60.74		15.61	

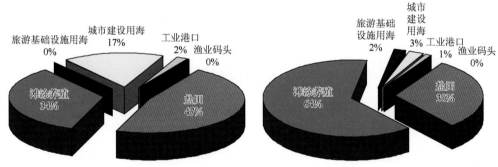

(a) 2012年连云港市海岸滩涂利用结构现状   (b) 2012年盐城市海岸滩涂利用结构现状

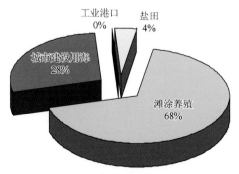

(c) 2012年南通市海岸滩涂利用结构现状

图 3-23 2012 年江苏海涂利用结构现状

由表 3-13 和图 3-24 可知，2012 年，连云港市海岸滩涂利用的总面积为 626.52km²，占江苏省海岸滩涂利用总面积的 23.65%。工业用海（盐田）总面积为 296.57km²，占滩涂围垦总面积的 47.34%，占连云港市滩涂围垦的比例最大，是连云港市主要的用海活动；其次是养殖用海（滩涂养殖），面积为 212.92km²，占滩涂围垦总面积的 33.98%；城市建设用海面积为 108.16km²，占滩涂围垦总面积的 17.26%。由于连云港港口的规模较大，近年来港口不断发展，在连云港海岸滩涂利用中所占比重也开始变大，目前占滩涂围垦总面积的 1.39%。

盐城市海岸滩涂利用的总面积为 1609.07km²，占江苏省海岸滩涂利用的总面积的 60.74%。其中，养殖用海（滩涂养殖）总面积为 1028.71km²，占滩涂围垦总面积的 63.93%，占盐城市滩涂围垦的比例最大，是盐城市主要的用海活动；其次是工业用海（盐田），面积为 485.36km²，占滩涂围垦总面积的 30.16%；城市建设用海面积为 53.63km²，占滩涂围垦总面积的 3.33%；旅游娱乐用海和港口用海分别占滩涂利用总面积的 2.07% 和 0.48%。

南通市海岸滩涂利用的总面积为 413.62km²，占江苏省海岸滩涂利用的总面积的 15.61%。其中，养殖用海（滩涂养殖）总面积为 282.6km²，占滩涂围垦总面积的 68.32%，占南通市滩涂围垦的比例最大，是南通市主要的用海活动；其次是城市建设用海，面积为 116.22km²，占滩涂围垦总面积的 28.1%，可见，南通市近年来开发建设，围海造地用海需求不断增加，开始占据整体用海的主要位置；工业用海（盐田）和港口用海分别占滩涂利用总面积的 3.47% 和 0.11%。

根据江苏沿海三市每年各类型滩涂利用面积占总滩涂利用面积的比例，分析每年江苏省海岸滩涂利用方式的结构变化。结果表明（表 3-15、图 3-24），1993～2012 年，江苏三市海岸滩涂利用方式的结构略有变化，随着经济发展，港口用海、围海造地建设用海呈增长趋势，工业用海（盐田）占比呈逐年减小的趋势，养殖用海占比变化不大。

表 3-15　1993～2012 年江苏沿海三市海岸滩涂利用结构比例变化情况　　　　（%）

人类景观类型		连云港市			盐城市			南通市		
		1993	2002	2012	1993	2002	2012	1993	2002	2012
海域使用	工业港口	0.52	0.74	1.39	0.00	0.00	0.48	0.00	0.00	0.11
	渔业码头	0.00	0.00	0.02	0.00	0.03	0.02	0.00	0.00	0.00
	盐田	72.79	65.17	47.34	41.10	33.62	30.16	26.53	17.93	3.47
	滩涂养殖	26.54	33.22	33.98	58.90	64.29	63.93	73.47	77.08	68.32
	旅游基础设施用海	0.00	0.00	0.00	0.00	1.92	2.07	0.00	0.00	0.00
	城市建设用海	0.15	0.87	17.26	0.00	0.14	3.33	0.00	4.99	28.10

3.3.2　海涂围垦潜力

1. 滩涂围垦量

滩涂围垦量是一段时间内的滩涂围垦面积。这里主要探讨 1993～2015 年这 20 多年间几个特定时间段的滩涂围垦量，分别是 1993～2002 年、2002～2008 年、2008～2010 年、

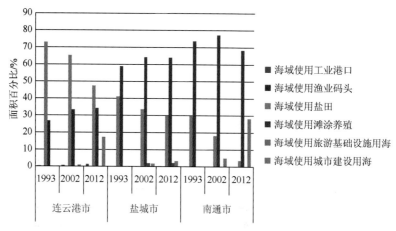

图 3-24　1993～2012 年江苏沿海三市海岸滩涂利用结构变化情况趋势图

2010～2012 年、2012～2014 年以及 2014～2015 年 6 个时间段。根据江苏省 1993 年、2002 年、2008 年、2010 年、2012 年、2014 年及 2015 年 7 年海岸线信息提取结果，得到以上 6 个时间段的滩涂围垦量（图 3-25）、统计结果（表 3-16、表 3-17）以及平均围垦速率变化趋势（图 3-26）。

图 3-25　1993～2015 年间的滩涂围垦量结果专题图

表 3-16　1993～2015 年江苏海涂围垦量　　　　　（单位：km²）

	1993～2002	2002～2008	2008～2010	2010～2012	2012～2014	2014～2015
滩涂围垦量	522.64	500.51	178.97	75.95	172.79	30.04

表 3-17　1993～2015 年江苏海涂围垦年平均围垦速率　　（单位：km²/a）

	1993～2002	2002～2008	2008～2010	2010～2012	2012～2014	2014～2015
滩涂围垦年平均围垦速率	58.07	83.42	89.49	37.98	86.4	30.04

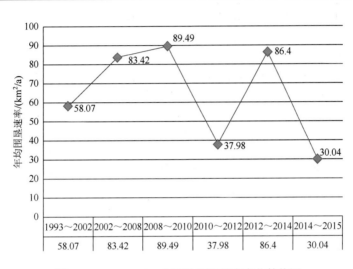

图 3-26　1993～2015 年平均围垦速率变化趋势图

可以看出，从 1993 年开始，江苏海涂围垦在近 20 年的时间里循序渐进地进行着，1993～2002 年，共围垦 522.64km²，年平均围垦速率为 58.07km²/a；从 2002 年开始到 2008 年，填海速率有所提高，年平均围垦速率增至 83.42km²/a；到 2010 年，共围垦 178.97km²，年平均围垦速率也随之增至最高，为 89.49km²/a；而从 2010 年到 2012 年间，滩涂围垦进入了缓慢期，围垦量仅有 75.95km²，年平均围垦速率骤降至 37.98km²/a；而 2012～2014 年，滩涂围垦又再次进入小高潮，两年的围垦总量达到 172.79km²，年平均围垦速率也随之增至 86.4km²/a；而进入 2015 年，围垦再度进入缓慢期，年均围垦速率降至 30.04km²/a。

2. 近期围垦潜力

根据本次遥感监测量算的结果，不同高程等深线与各年的现代海岸线之间的滩地面积参见表 3-18。

表 3-18　现代海岸线以下的滩地面积　　　　　（单位：km²）

年份	至 0m 等深线	至 -6m 等深线
1993	5666.97	9763.20
2002	5155.28	9251.51

续表

年份	至 0m 等深线	至-6m 等深线
2008	4824.14	8915.25
2010	4659.09	8743.83
2012	4609.65	8685.46
2014	4472.31	8533.23
2015	4442.27	8503.19

　　这些丰富的土地后备资源，在全省海岸带综合开发中占有极为重要的地位，但从围海造田角度讲，其中绝大部分滩地只能作为远景围垦潜力区（张忍顺，1988）。根据现有技术水平和经济实力，江苏海涂围垦尚不可能像荷兰等国家那样进行低潮位围垦。实践证明，将起围高程确定在现代海岸线附近，既可就地取土，便于筑堤施工，确保安全，又能做到适当多围，尽可能提高投资效益。由于泥沙和水动力条件的相对稳定，本区海岸围垦也呈相对稳定的变化状态，这就使我们能够根据以前的潮滩围垦规律来预测未来潮滩围垦潜力（唐正东，1992；陈才俊，1990）。从表 3-17 可以看出，不同等高线与现代海岸线之间的滩地面积逐年减少，我们假定本区现代海岸的演变呈相对稳定的衰减趋势，在这一稳定的衰减过程中，假设 0m 等深线和-6m 等深线不随时间而变化，以 2015 年为初始年份，可对未来一段时期内滩涂围垦速率、滩涂围垦量和现代海岸线以下的滩涂面积进行预测（表 3-19）。

表 3-19　潮滩面积变化预测　　　　　　　　　　　　　　（单位：km^2）

2015 年	2020 年				2030 年			
$V1$	$V2$	$\triangle S$	$S1$	$S2$	$V2$	$\triangle S$	$S1$	$S2$
30.04	20.9	104.49	4337.78	8398.7	10.12	101.15	4236.63	8297.55

　　注：$V1$ 为时段初始年份潮滩围垦速率；$V2$ 为时段末年潮滩围垦速率；$\triangle S$ 为间隔时间内的滩涂围垦量；$S1$ 为时段末年岸线至 0m 等深线的滩涂面积；$S2$ 为时段末年岸线至-6m 等深线的滩涂面积

　　但是，这种预测具有一定的局限性。首先，本区潮滩淤长岸段间差异明显，特别是全省侵蚀性岸线在扩大，淤长性岸线在缩短，而预测中未针对不同淤长类型进行分别处理，只是讨论全岸段情况，这就一定程度地影响了预测的准确性。其次，预测的重要前提是假设海洋水动力和泥沙条件相对稳定，这虽然在近期内可以成立，但研究结果表明，中部巨大辐射沙洲群的发育正在逐渐改变着周围的潮流和波浪运动的特征。

参 考 文 献

陈才俊. 1990. 灌河口至长江口海岸淤蚀趋势. 海洋科学，03：11-16.

何文珊. 2008. 中国滨海湿地. 北京：中国林业出版社.

李明. 2006. 长江来沙锐减与海岸滩涂资源的危机. 地理学报，61（3）：282-288.

彭建，王仰麟. 2000. 我国沿海滩涂的研究. 北京大学学报（自然科学版），36（6）：832-839.

任美锷，等. 1986. 江苏省海岸带和海涂资源综合调查. 北京：海洋出版社.

宋创业，黄翀，刘庆生. 2010. 黄河三角洲典型植被潜在分布区模拟——以翅碱蓬群落为例. 自然资源学报，25（4）：677-684.

唐正东. 1992. 江苏省淤长型海涂的近期围垦潜力. 海洋通报，11（2）：50-57.

王建，等. 2012. 江苏省海岸滩涂及其利用潜力. 北京：海洋出版社.

王颖，朱大奎. 1990. 中国的潮滩. 第四纪研究，4：291-300.

杨宝国，王颖，朱大奎. 1997. 中国的海洋海涂资源. 自然资源学报，12（4）：307-315.

张忍顺. 1988. 黄河北归后江苏海岸带的调整与演变. 南京大学学报（自然科学版），9（2）：22-31.

张树仁. 2009. 中国常见湿地植物. 北京：科学出版社.

赵冬至，等. 2013. 入海河口湿地生态系统空间评价理论与实践. 北京：海洋出版社.

赵一平. 2003. 滩涂资源开发利用问题研究——以大连市为例. 大连：辽宁师范大学硕士学位论文.

朱大奎. 1986. 中国海涂资源的开发利用问题. 地理研究，6（1）：34-40.

《中国湿地百科全书》编辑委员会. 2008. 中国湿地百科全书. 北京：北京科学技术出版社.

第4章 海涂围垦对水沙环境的影响

太平洋前进潮波由外海进入东海陆架后,传播中受朝鲜半岛、辽东半岛阻碍,在江苏沿海形成东海前进潮波控制和黄海逆时针旋转潮波影响的潮波系统,江苏沿海的潮汐动力环境与入海径流共同塑造了江苏沿海的地貌环境。针对江苏沿海的水沙动力环境,开展海涂围垦对水沙环境影响的研究,对统筹江苏沿海资源的开发利用有着重要意义。本章建立了东中国海海域潮流泥沙数学模型,在充分验证的基础上,针对江苏沿海中长期围垦规划对水沙环境的影响展开深入研究,并以连云新城围垦工程为例,分析连云新城围垦对水沙环境的影响。

4.1 东中国海潮流及江苏海域潮流泥沙数值模拟

4.1.1 东中国海海域潮流数值模拟

东中国海海域潮流数值模拟采用球面坐标系统(经纬度),模拟研究范围约为117.24°E～128.64°E,25.91°N～40.91°N,研究区域包含中国渤海、黄海、东海大部分海域,开边界选择弧形边界以更好地与东海前进潮波入射方向垂直。数值模拟区域岸线及地形数据主要来自海图资料及现有部分实测地形数据,模拟范围、地形及潮汐表验证站位分布如图4-1和图4-2所示,采用非结构三角网格对计算区域进行网格剖分,并对计算范围内主要河口(黄河、长江)及海湾(杭州湾)进行局部加密,网格数为62224,节点数为32262。

采用海洋动力数学模型对东中国海海域大范围潮流进行数值模拟。开边界采用潮位控制,潮位数据采用松本国家天文台的海洋潮汐预报模式 NAOTIDE 提供的预报潮位资料处理得到。采用 2006 年 12 月至 2007 年 1 月潮汐表中的潮位和潮流预报数据对模型计算潮位、流速、流向进行验证,验证结果表明,所建立的大范围二维潮流数学模型能较好地模拟东中国海海域的潮位变化过程。验证所采用的潮位、流速及流向验证站位编号及名称对照分别如表4-1和表4-2所示。

表4-1 东中国海潮流数值模拟潮位验证站位编号名称对照表

编号	站位名称	编号	站位名称	编号	站位名称
1#	群山	5#	羊角沟	9#	张家埠
2#	仁川	6#	烟台	10#	乳山口
3#	南浦	7#	威海	11#	女岛港
4#	埕口外海	8#	成山角	12#	千里岩

续表

编号	站位名称	编号	站位名称	编号	站位名称
13#	黄岛	19#	弶港	25#	中浚
14#	日照	20#	吕四	26#	滩浒
15#	连云港	21#	天生港	27#	海门港
16#	燕尾	22#	崇明	28#	三沙
17#	滨海港	23#	佘山		
18#	新洋港	24#	吴淞		

表 4-2　东中国海潮流数值模拟潮流验证站位名称与编号对照表

编号	站位名称	编号	站位名称	编号	站位名称
A#	大三山水道	E#	青岛至上海航线	I#	长江口附近
B#	埕北	F#	连青石渔场 2 号	J#	长江口航线
C#	渤海航线	G#	大沙	K#	舟山渔场 1 号
D#	老铁山水道	H#	黄浦	L#	舟山渔场 2 号

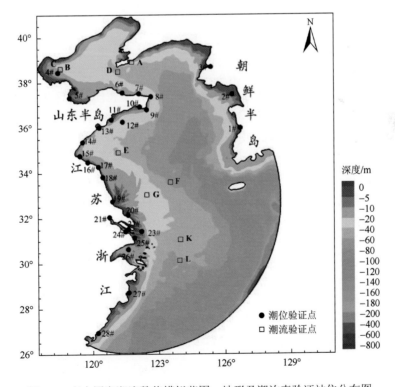

图 4-1　东中国海潮流数值模拟范围、地形及潮汐表验证站位分布图

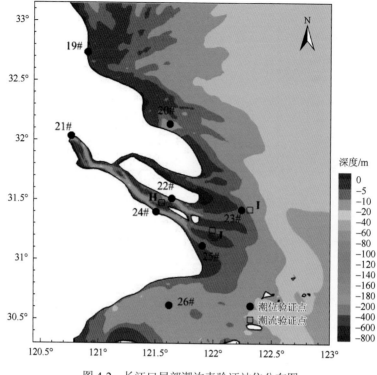

图 4-2　长江口局部潮汐表验证站位分布图

4.1.2　江苏近海海域潮流泥沙数值模拟

　　江苏近海海域范围北起南黄海海州湾外的平岛，南至长江口北支附近的苏沪分界线，范围大致为 30°54′N～36°12′N，模拟范围及地形如图 4-3 所示。江苏海域属于宽浅型水域，水下地形较为复杂。连云港附近海域水下地形为由近岸向外海逐步变深，近岸水深约为 5～20m，20m 等深线离岸约 40km。废黄河口海域则由于近岸和海底受侵蚀作用，地形表现为深水贴岸，15m 等深线距岸线仅数公里，但 20m 等深线距岸约 20km。辐射沙脊群海域，由于其特殊的地理环境，地形为深槽与沙脊间隔存在，主深槽水深大概在 11～20m，如洋口港和大丰港海域。灌河口、射阳河、吕四港等河口区域由于存在拦门沙，因此水深较浅。

　　采用非结构三角网格对江苏近海海域计算区域进行网格剖分，并对计算范围内连云港海区、废黄河口海区及南黄海辐射沙脊海区进行局部加密，网格数为 39217，节点数为 20100。与大范围潮流数值模型相同，江苏近海潮流数值模拟起算时间为 2006 年 12 月 15 日 0：00 时，模拟时长为 745 个小时。模型内模时间步长取 100s，外模时间步长取 10s，垂直方向 σ_h 坐标下 Level 均分为七层，得到 Layer 为六层。模型地形资料采用国家 "908 专项" 测量的江苏近岸海域地形及海图资料。江苏近海海域潮流数值模拟区域外海开边界为北、东、南三条，采用潮位边界进行动力控制，由东中国海海域大范围潮流数学模型的计算结果提供。河口开边界为长江口，河口边界条件采用潮汐表中天生港站位的潮位数据。

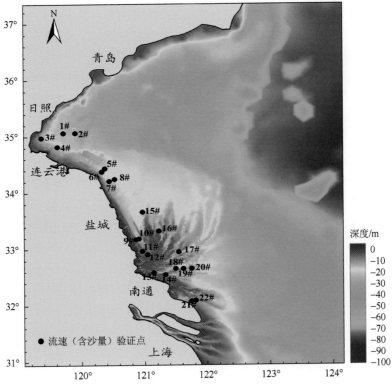

图 4-3　江苏近海海域潮流数值模拟范围、地形及实测站位布置图

流场分析：模型计算海域大潮涨急和落急流场如图 4-4 和图 4-5 所示。由图可知，海

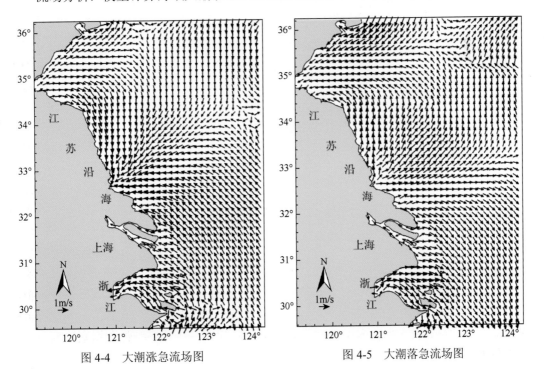

图 4-4　大潮涨急流场图　　　　　　　　　　图 4-5　大潮落急流场图

州湾海区属正规半日潮，在黄海逆时针旋转潮波系统的作用下，深水水流为逆时针方向的旋转流，近岸区域多为往复流。以辐射沙脊群为研究对象，涨潮时，潮流从海州湾海区呈辐射状向外海流出，一部分沿山东半岛南侧流向渤海湾，其他部分绕过废黄河口向辐射沙脊区流去；落潮时，潮流从辐射沙脊群经废黄河口区域进入海州湾海域。废黄河口区域受黄海潮波系统控制，废黄河口北翼海岸（灌河口——废黄河口）潮波运动方向为 ESE—WNW，废黄河口南翼海岸（废黄河口——射阳河口）潮波运动方向为 SSE—NNW，潮波传播方向基本与岸线平行，属于前进波驻波混合型。辐射沙脊群分布在江苏海岸与黄海内陆架海域（射阳港以南至长江口以北蒿枝港），主要受到以弶港为中心的各条潮汐通道内辐聚辐散的往复流为主的影响。涨潮时，涨潮流从北、东北、东和东南诸方向朝弶港聚集；落潮时，落潮流以弶港为中心向外辐散。辐射沙脊群的流场分布与沙脊群的地貌形态是符合的，说明辐射状潮流场是塑造辐射沙脊群的动力条件。中潮和小潮流场特征与大潮相差不大，潮高较小。

　　江苏沿海海域数学模型的流场特征与历史资料及已有的研究结论吻合，可认为江苏沿海海域数学模型能够真实反映海州湾实际潮流的运动规律。

　　悬沙场分析：为了验证模型是否能够真实地反映江苏沿海海域悬沙场的输移特征，对模型计算的悬沙场进行整体分析。江苏沿海海域模型计算海域大潮和小潮平均悬沙场如图4-6 和图4-7 所示。由悬沙场可知，江苏沿海近岸含沙量高，向海含沙量逐渐降低。近岸水体含沙量较高的原因在于，浅水风浪的掀沙作用及沙脊之间较深水道内较强的潮流对底床、边坡的冲刷作用，均使得水体中含沙量增加。沿顺岸方向，海州湾为悬沙浓度低值分布区，废黄河口和长江口外海域为悬沙浓度高值区。弶港附近海区分布着地貌形态独特的辐射状沙洲，此处浅滩深槽地势相差大，潮流动力强劲，大潮含沙量最大可达 2.1kg/m³。泥沙输移方向为从废黄河口向海州湾、辐射沙脊区扩散，从长江口向北扩散输入。

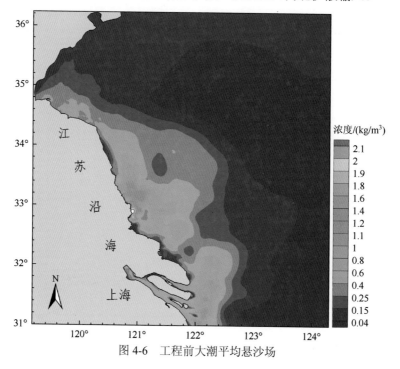

图 4-6　工程前大潮平均悬沙场

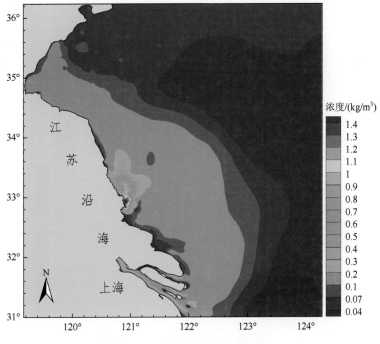

图 4-7　工程前小潮平均悬沙场

　　大潮时期,江苏沿海海域在弶港以北的辐射沙脊区存在含沙量高值区,最大悬沙浓度为 2.8kg/m³。涨潮时期的潮流从北、东北、东、东南方向进入辐射沙脊区,潮沟及潮汐汊道内潮流较强,此外,近岸浅水波浪浅化变形后具有较强的掀沙能力,故在此形成悬沙浓度高值区。

　　小潮悬沙分布特征与大潮相似,潮流动力作用减弱,最大悬沙浓度为 1.4kg/m³,出现在弶港以北的辐射沙脊区。研究海域悬沙浓度分布规律与大潮时期类似,但是由于潮流动力相对较弱,研究海域的整体悬沙浓度均有降低。

4.2　江苏沿海中长期围垦规划实施后对水沙环境的影响分析

4.2.1　江苏沿海中长期围垦规划实施后数学模型

　　根据《江苏沿海滩涂围垦开发利用规划纲要》,基于建立的江苏沿海海域二维潮流泥沙数学模型,采用江苏沿海中长期围垦规划实施后的新地形,对围垦规划后的潮流场、悬沙场进行模拟计算。工程后仍采用三角形网格,网格节点为 16269 个,网格单元为 31023 个。为了充分分析江苏沿海长期围垦规划对江苏沿海海域的潮流动力和悬沙浓度的影响,在对研究海域的整体流场、悬沙场和海床冲淤分析的基础上,研究工程区域前沿的涨落潮半潮平均流速和潮平均流速与潮平均含沙量的变化。按照点—线—面的原则,在工程前布置特征站位,编号为 C1～C24,如图 4-8 所示。

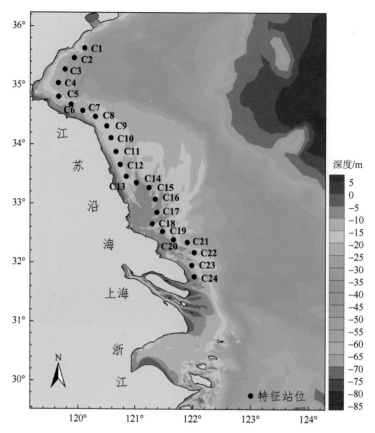

图 4-8　江苏中长期围垦规划实施后地形及特征站位布置图

4.2.2　围垦前潮汐分布特征

潮汐分布特征可以通过绘制潮汐的同潮图来描述。潮汐同潮图由等振幅线和同潮时线组成，等振幅线的分布反映了海区的潮位分布，同潮时线的分布能反映潮波波面的传播过程。

1. 半日潮波

从 M2 分潮的同潮时线可看出西北太平洋半日潮波 M2 大致的传播路径：西北太平洋潮波经琉球群岛进入冲绳深槽海域继而进入东海大陆架边缘,沿西北方向到达浙江三门湾附近海域,由于三门湾沿岸岸线的反射,形成以浙江三门湾为顶点并向外辐散的南、北两支潮波,且仍继续向南、北方向传播。北支潮波沿西北方向传入东海北部,又经长江口、济州岛逐步向黄海推进,最后以前进波的形式进入渤海;南支潮波由西北太平洋潮波沿西南方向传入东海,再沿西南方向传入台湾海峡。

从同潮时线绕无潮点的排列次序,可得到潮波的旋转特性。图 4-9 同潮时线的分布显示:半日分潮 M2 潮波在南、北黄海区各形成一个旋转潮波系统,渤海海域也有两个旋转,且这四个旋转潮波系统中无潮点的位置均偏向中国大陆一侧,迟角绕无潮点逆时针方向逐渐增大，四个潮波系统为逆时针方向的旋转潮波系统。中国近海各无潮点的位置均偏向中国大陆一侧，是由渤、黄、东海的海底地形和摩擦效应共同作用引起的。结果显示，南黄海海区无潮点的位置位于海州湾附近，北黄海海区无潮点位置位于成山角附近，渤海海区无潮点位置分别位于废黄河口附近及秦皇岛位置。各旋转潮波系统的形成原因如下所示。

1）黄海区旋转潮波系统

南黄海区：潮波经东海南端的吕四和舟山群岛传入南黄海，传入南黄海的入射波与因山东半岛岸线反射形成的反射波相互作用后形成驻波，在地转偏向力的作用下驻波绕节点，即无潮点逆时针旋转，形成以海州湾为中心的南黄海左旋潮波系统。

北黄海区：至东端的济州岛和朝鲜半岛以南，传入该海区入射波与辽东半岛岸线反射形成的反射波相互叠加后形成驻波，驻波在地转偏向力的作用下绕节点，即无潮点逆时针旋转，形成以成山角为中心的北黄海左旋潮波系统。

2）渤海海区潮波系统

北黄海传入的入射波经渤海湾和辽东湾继续向前传播，由于三面环路的特殊地形，与岸线反射形成的反射波相互叠加形成基本上属驻波性质的潮波，在地转偏向力的作用下分别在秦皇岛附近、废黄河口附近形成左旋潮波系统。另外，半日分潮 M2 在台湾岛北部还有一个环绕台湾岛北部逆时针方向旋转的退化的潮波系统，形成原因为：由西北太平洋沿西南方向传入东海，再沿西南方向传入台湾海峡的南支潮波与由西太平洋经巴士海峡而传入台湾海峡的潮波交汇，在台湾岛特有地形以及浙闽岸线的反射的作用下形成环绕台湾岛北部逆时针方向旋转的潮波系统。由于模型选取的边界所限，台湾海峡处的 M2 分潮旋转潮波系统形态没有完全显现。

等振幅线的分布如图 4-10 所示。可以看出，M2 分潮等振幅线以无潮点为中心振幅向四周方向依次增加，且朝岸方向振幅梯度较大；无潮点位置均偏向我国大陆一侧，研究海区东侧近岸处的潮差普遍比西侧近岸处大；东海西侧靠近岸线处等振幅线几乎与岸线平行。东海海区靠近中国大陆处潮差大，离岸处潮差逐渐减小；南、北黄海区分别在以成山角为中心、海州湾为中心的无潮点附近海区的潮差最小，近岸海区潮差较大，且东侧潮差比西侧大，尤以东侧朝鲜半岛西岸潮差最大，最大值达 4.0m；渤海区在以滦河口为中心的附近海区——秦皇岛、营口潮差较小，渤海湾顶、辽东湾顶最大。此外，在一些潮波幅聚区、海湾的波腹区潮差也很大（潮能集中、振幅激增的波腹区潮差也较大），如南黄海辐聚区——吕四至盐城间的海区（弶港附近海域）、杭州湾等潮差均较大。

从同潮时图的分布来看，同潮时线是以无潮点为中心，按逆时针方向角度依次增大，表明潮波按逆时针方向旋转。此外，在杭州湾外海附近出现了同潮时线聚集的现象。

半日分潮 S2 的同潮图分布特征与半日分潮 M2 特征基本相似，只是相同海区对应的振幅值不同，如图 4-11 所示。因 M2、S2 分潮潮汐性质相同，均属半日潮，其角频率和周期相近，S2 分潮的同潮时线与 M2 分潮形态基本一致；S2 分潮的振幅约为 M2 分潮振幅的 0.5 倍（图 4-12）。

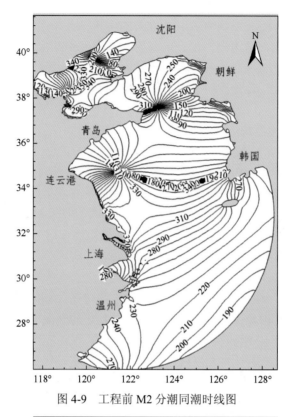

图 4-9　工程前 M2 分潮同潮时线图

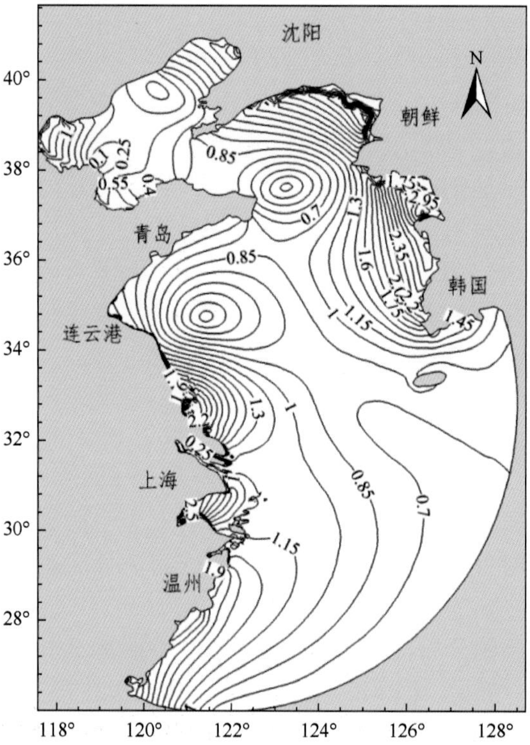

图 4-10　工程前 M2 分潮等振幅线图

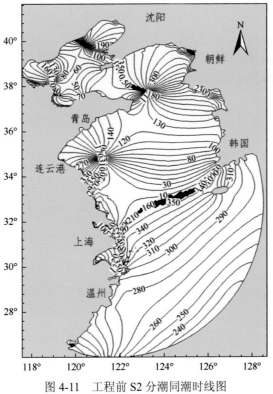

图 4-11　工程前 S2 分潮同潮时线图

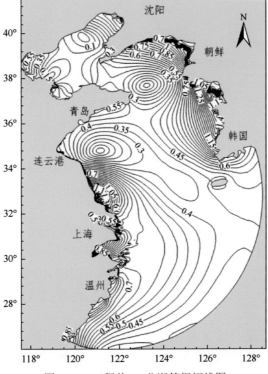

图 4-12　工程前 S2 分潮等振幅线图

2. 全日潮波

与半日分潮相比，全日潮运动相对较弱，但是在半日潮波 M2 或 S2 分潮潮波系统的无潮点附近，全日分潮又是相对重要的，甚至是主要的。因全日潮的角频率是半日潮的一半，周期是半日潮的 2 倍，全日分潮与半日分潮的潮汐同潮图分布的显著特征主要表现为差异性。全日潮波 K1 和 O1 分潮的潮汐同潮图如图 4-13 和图 4-15 所示。

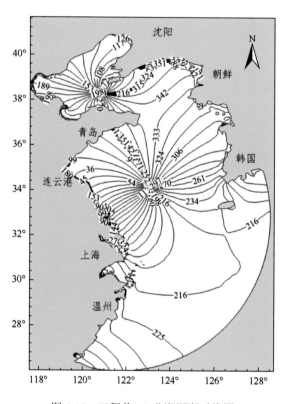

图 4-13　工程前 K1 分潮同潮时线图

与半日分潮 M2、S2 不同的是，全日分潮 K1、O1 在整个研究海区所形成的潮波系统比较简单。图 4-13 和图 4-15 显示，K1、O1 分潮同潮图非常相似，以下分析 K1 和 O1 分潮在各海区的分布特征。

从 K1、O1 分潮的同潮时线可看出太平洋半日潮波 M2 大致的传播路径：太平洋全日潮波经琉球群岛和吐噶喇海峡之间的海域沿西北方向传入东海，且仍继续向西北方向伸展，经南黄海最终传入渤海。与半日分潮不同的是，半日分潮经琉球群岛进入冲绳深槽海域进入东海大陆架边缘后在以浙江三门湾顶点处向外辐散形成南、北两支潮波。

K1、O1 分潮的同潮时线分布图显示：同潮时线以无潮点为中心按逆时针方向向四周辐射；全日分潮潮波在整个黄海区形成一个逆时针方向旋转的潮波系统，无潮点位于南黄海中央海域，在渤海海域也形成一个逆时针方向旋转的潮波系统，无潮点位于渤海海峡附近；东海区，西太平洋潮波沿西北方向经琉球群岛和吐噶喇海峡之间的海域传入东海后，形成两条相距很远的相邻同潮时线，该现象表明全日潮波K1、O1沿该海区传播很快。旋转潮波系统的形成原因与半日潮波中形成的旋转潮波系统原理一样，都是由传入海区的入射波与岸线的反射波叠加形成驻波所致，这里不多赘述。

K1、O1分潮的等振幅线分布图（图4-14、图4-16）显示：等振幅线以无潮点为中心呈同心圆状分布，且朝四周方向振幅逐渐增大。与半日分潮相比，等振幅线分布差异性主要表现为：全日分潮K1、O1的等振幅线分布比较有规则，特别是在南黄海、渤海区，等振幅线呈同心圆分布；南黄海、渤海区K1、O1分潮形成的旋转潮波系统波及范围广，分别占了几乎整个南黄海海域和整个渤海、北黄海海域；全日分潮最大振幅比半日分潮M2小得多，半日分潮M2最大振幅约为3.0m，全日分潮K1最大振幅仅为0.40m，O1最大振幅约为0.30m。另外，吕四至盐城间的海区已不再是南黄海辐聚区。各分潮等振幅线分布的相似特征是：离无潮点远的海区潮差较大，南黄海东侧潮差普遍要比西侧大，海域东侧朝鲜半岛西岸潮差达最大。

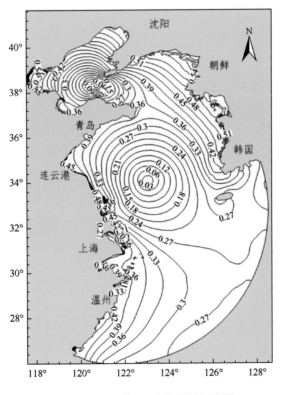

图 4-14　工程前 K1 分潮等振幅线图

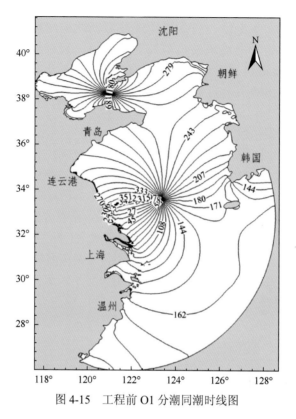

图 4-15 工程前 O1 分潮同潮时线图

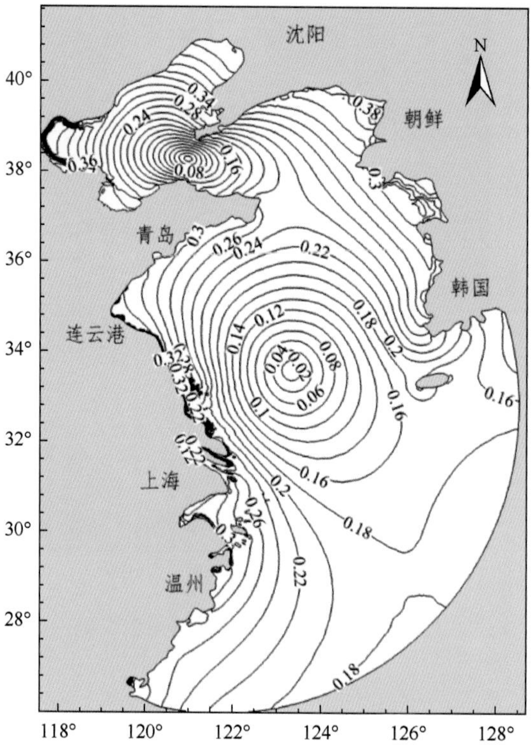

图 4-16 工程前 O1 分潮等振幅线图

4.2.3　围垦方案实施后对潮汐特征的影响

根据《江苏沿海滩涂围垦开发利用规划纲要》，对中国海范围以及江苏沿海围垦工程实施后的潮流进行数值模拟，并与围垦前结果进行对比分析，得到围垦方案实施后的潮汐特征及其对现有潮汐特征的影响。

1. 对半日分潮潮汐的影响

分析比较围垦前后中国近海半日分潮 M2 的同潮时线和等振幅线分布图（图4-17 和图4-18）可知，整体上，围垦前后同潮时线的分布形态基本一致，未发生明显变化。局部上，围垦前后无潮点的位置会发生如下变化：工程前后，黄海、渤海的四个无潮点的分布及变化情况如表4-3所示，渤海区无潮点的变化距离较黄海区小，且南黄海区无潮点的移动距离最大，反映工程对围垦区附近 M2 分潮影响最大，对渤海区无潮点影响较小；废黄河口和南黄海区无潮点由东北向西南变化，北黄海区无潮点由西南向东北变化，秦皇岛附近的无潮点则由东南向西北迁移。对 S2 分潮的影响与 M2 分潮类似（S2 分潮同潮时线和等振幅线分布图见图4-19、图4-20）。

2. 对全日分潮潮汐的影响

分析比较围垦前后中国近海全日分潮 K1 的同潮时线和等振幅线分布图（图4-21 和图4-22）可知，整体上，围垦前后同潮时线的分布形态基本一致，未发生明显变化。局部上，围垦前后无潮点的位置会发生如下变化：工程前后黄海、渤海的四个无潮点的分布及变化情况如表4-3所示，渤海区无潮点的变化距离较黄海区小，反映工程对黄海区 K1 分潮影响较大；黄海区无潮点由东向西变化，渤海区无潮点则由东北偏东向西南偏西迁移。对 O1 分潮的影响与 K1 分潮类似（O1 分潮同潮时线和等振幅线分布图见图4-23 和图4-24）。

表 4-3　工程前后无潮点的位置及变化

分潮	围垦前		围垦后		移动距离/km	移动方向/（°）
	经度/（°）	纬度/（°）	经度/（°）	纬度/（°）		
M2	121.45	34.77	121.46	34.79	2.34	44.40
	123.27	37.62	123.26	37.60	2.40	236.62
	120.31	39.76	120.30	39.77	1.40	125.93
	119.02	38.17	119.02	38.16	0.73	245.91
S2	121.15	34.82	121.20	34.85	5.37	38.83
	123.26	37.71	123.23	37.70	2.87	198.15
	120.39	39.86	120.37	39.89	3.21	121.33
	118.95	38.15	118.94	38.13	2.51	247.90
K1	123.06	34.12	123.08	34.10	2.31	177.28
	120.73	38.32	120.71	38.31	2.04	204.39
O1	123.31	33.59	123.30	33.60	1.92	140.77
	120.98	38.27	120.97	38.26	1.31	236.83

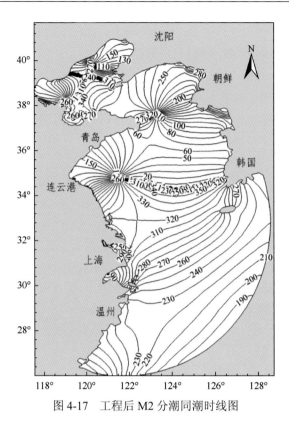

图 4-17 工程后 M2 分潮同潮时线图

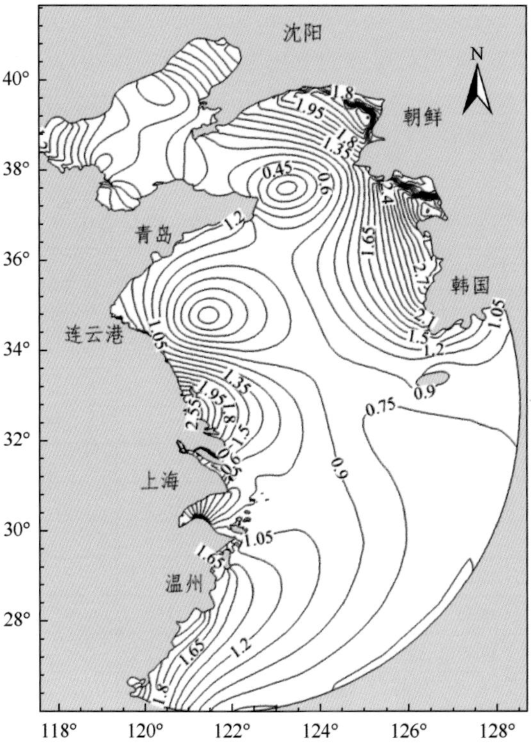

图 4-18 工程后 M2 分潮等振幅线图

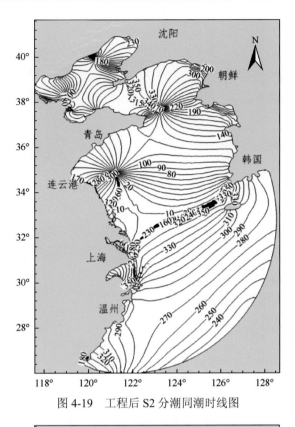

图 4-19　工程后 S2 分潮同潮时线图

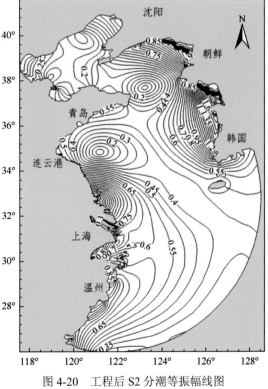

图 4-20　工程后 S2 分潮等振幅线图

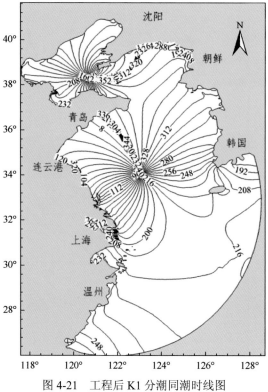

图 4-21　工程后 K1 分潮同潮时线图

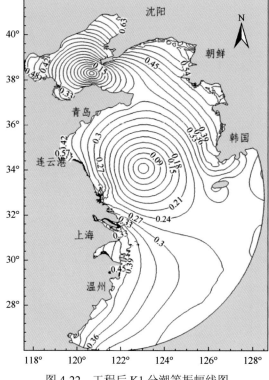

图 4-22　工程后 K1 分潮等振幅线图

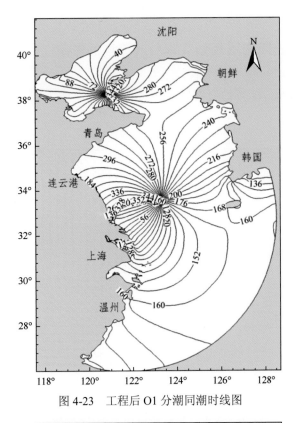

图 4-23　工程后 O1 分潮同潮时线图

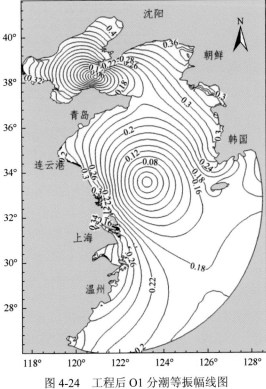

图 4-24　工程后 O1 分潮等振幅线图

4.2.4　江苏沿海中长期围垦规划实施后对流场的影响

根据模型计算得出，江苏沿海海域围垦工程实施后，研究海域的大潮涨落急流场如图 4-25 和图 4-26 所示。

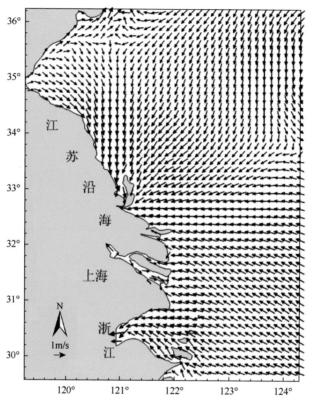

图 4-25　江苏沿海海域围垦规划实施后大潮涨急流场图

与围垦工程实施前的大潮涨急、落急流场图进行对比分析，可以得出：围垦工程实施后，研究海域流场的整体流态并未出现较大的变化，在海州湾海域近岸流仍以往复流为主，外海的潮流为逆时针的旋转流。大潮涨急时刻，潮流从海州湾内呈辐射状流出，大部分绕过废黄河三角洲流向辐射沙脊区，另一部分沿山东半岛南侧进入渤海海域。小潮时期的涨急、落急时刻的潮流规律与大潮基本一致，且流速较小。整体来看，围垦工程对计算海域整体的流态未造成明显影响，但是由于围垦规划的实施，海州湾湾内纳潮量减小，潮流动力条件在一定程度上有所减弱。

废黄河口外海域流场与围垦实施前基本一致，废黄河口北翼海岸（灌河口——废黄河口）潮波运动方向为 ESE—WNW，废黄河口南翼海岸（废黄河口——射阳河口）潮波运动方向为 SSE—NNW，潮波传播方向基本与岸线平行。由于江苏沿海大范围围垦规划的实施，工程实施后废黄河口外海域流速与实施后相比略有减小。

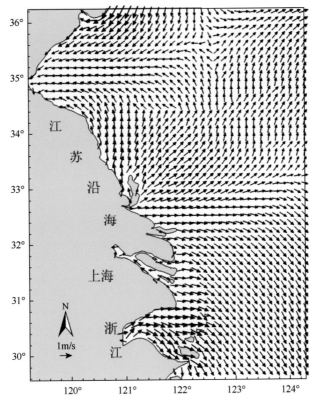

图 4-26　江苏沿海海域围垦规划实施后大潮落急流场图

　　辐射沙脊区外海海域流场形态与围垦前基本一致,涨潮时,涨潮流从北、东北、东和东南诸方向朝弶港聚集;落潮时,落潮流以弶港为中心向外辐散。围垦工程的实施减小了辐射沙脊区的纳潮量,使得围垦规划实施后辐射沙脊区近岸的流速有所减弱。

4.2.5　围垦方案实施后对半潮平均流速的影响

　　通过对工程前后的海域整体流场图对比,围垦工程对整体海域的流场没有造成明显的影响,计算海域的流态也未发生变化。但围垦会造成自然岸线的改变,势必会对工程海域的潮流流速产生影响。根据模型计算结果,提取 24 个特征站位的流速计算半潮平均流速,进行对比分析。

　　江苏沿海围垦实施后对工程附近的海域潮流存在一定程度的影响,除了弶港附近海域流速有较大的降幅外,整体呈现出流速减弱的趋势。

　　大潮涨潮时期,位于海州湾的 C1～C13 及辐射沙脊区南侧的 C20 和 C21 流速微弱降低,辐射沙脊区的 C14～C19 以及长江口北的 C22～C24 降幅较大;大潮落潮时期,位于海州湾的 C1～C11 及辐射沙脊区南侧的 C20～C22、C24 降幅较小,C12～C19、C23 降幅较大。除个别特征站位流速有小幅增加,小潮涨潮时期位于海州湾的 C1～C11 以及辐射沙脊区南侧的 C20～C21 有较小降幅,处于辐射沙脊区的 C12～C19 以及长江口北的 C22～

C24特征站位因围垦范围较大、纳潮量减小，流速减小幅度相对较大。大潮涨、落潮时期，半潮平均流速变幅均超过0.1m/s的站位有C14、C15、C17、C19、C23，小潮涨、落潮时期半潮平均流速变幅均超过0.1m/s的站位有C17、C23，均大致分布于辐射沙脊区附近海域。

综合来看，围垦规划的实施对于工程附近海域的潮流平均流速均造成了一定程度的影响，除个别特征站位出现略微增长外，均呈现降低趋势，大潮涨、落潮时期降幅在0.002～0.270m/s，小潮涨、落潮时期降幅在0.004～0.168m/s。由于辐射沙脊区岸线改变较大，纳潮量减小，辐射沙脊区附近海域流速降幅普遍较大，最大降幅达0.270m/s。与大潮相比，小潮的动力条件较大潮较弱，对于围垦工程造成的岸线改变的反应不如大潮灵敏，最大降幅为0.168m/s。

与大潮时期相比，小潮时期潮流动力弱，流速降幅也较小。对于涨、落潮而言，除少数特征站位出现落潮流速降幅大于涨潮流速降幅外，涨潮平均流速变化基本大于落潮流速的变化值，这是由于涨、落潮历时不等导致的涨、落潮流速不等。

4.2.6　围垦方案实施后对悬沙场的影响

根据江苏沿海围垦规划实施后地形计算得到江苏沿海大潮、小潮悬沙场如图4-27和图4-28所示。

与围垦方案实施前的大小潮悬沙场相比可以看出：围垦规划实施后，研究海域的整体悬沙分布规律并未出现较大改变，依然呈现出近岸大、外海小，辐射沙脊区海域大、海州湾海域小的分布特征，悬沙浓度高值区均分布在辐射沙脊区附近海域。

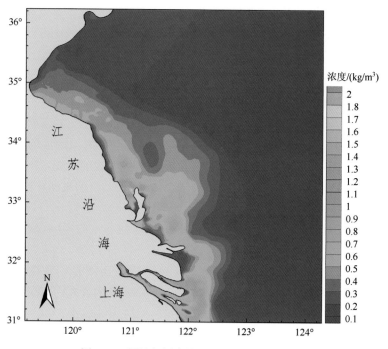

图4-27　围垦规划实施后大潮平均含沙量图

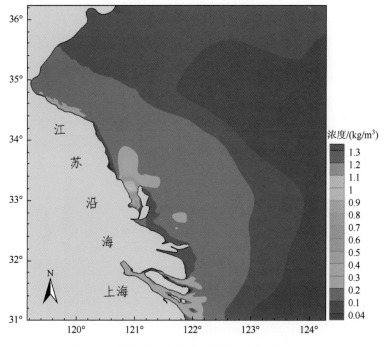

图 4-28　围垦规划实施后小潮平均含沙量图

　　围垦工程虽然没有对研究海域整体的悬沙浓度分布规律造成较大的影响,但悬沙浓度依然出现了一定程度的变化。从整个研究海域来看,围垦规划的实施造成了潮流动力条件的减弱,悬沙浓度也出现了一定幅度的减小。大潮期间,海洋动力条件较强,悬沙浓度受围垦工程影响较明显,围垦规划的实施使得近岸海域的悬沙浓度在一定程度上有所减小。与围垦规划实施前相比,海州湾海域悬沙浓度有微弱减小,辐射沙脊区悬沙浓度高值中心有北移趋势,其原因在于围垦规划的实施改变了辐射沙脊区的潮沙汉道的分布情况,阻挡了泥沙的运动路线,造成了悬沙浓度峰值的集中。小潮时期,由于潮流动力的减弱,海州湾与辐射沙脊区海域的悬沙浓度有所降低,减小幅度与大潮时期相比为小。在外海海域,悬沙浓度受围垦工程影响较小,悬沙浓度大小与围垦规划实施前保持一致。

4.2.7　围垦方案实施后对海床冲淤的影响

　　在上述数学模型的基础上,可计算得出围垦工程实施前后江苏沿海海床的冲淤变化过程(图 4-29 和图 4-30)。
　　受海洋动力条件、海岸工程建设、泥沙来源变化的影响,江苏沿海整体保持不冲不淤,不同区域表现出不同的冲淤特性。根据动力地貌及冲淤特性可将江苏海岸分为四部分,分别是基岩、砂质为主的海州湾稳定海岸,粉砂、黏土为主的废黄河口侵蚀海岸,细砂、粉砂为主的辐射沙脊区淤涨海岸,粉砂、细砂为主的长江三角洲稳定海岸。具体来看,海州湾总体呈现出北部绣针河口砂质岸段基本维持稳定且略微冲刷,南部海域在临洪河闸和石梁河水库修建后,河口向外淤涨缓慢,但仍处于淤涨状态。废黄河口岸段,从北翼到南翼,波浪作用较强烈，且无泥沙来源，呈现侵蚀趋势。沿岸泥沙流的方向大致是顺岸向东、向南方向直至辐射沙脊区内侧的西洋水道。辐射沙脊群区域底床冲淤趋势较为复杂，整体呈现淤积特征，由实测地形对比分析可知，在高泥、条子泥、腰沙、蒋家沙、外毛竹沙呈淤积特征，东沙、毛竹沙、冷家沙呈冲刷特征。辐射沙脊区以南至长江三角洲岸段，岸外无沙洲掩护，无大型潮汐水道，由于近年来的匡围工程，滩面属自然淤蚀状态。

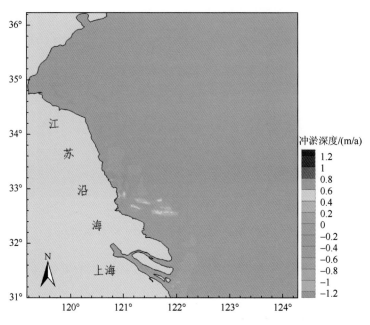

图 4-29　围垦工程实施前海床冲淤演变图

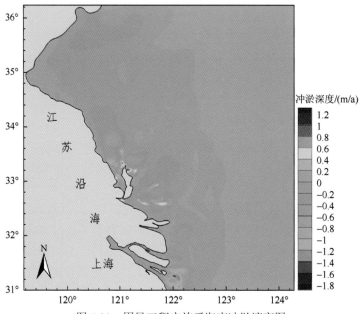

图 4-30　围垦工程实施后海床冲淤演变图

图 4-30 为围垦工程实施后江苏沿海海域海床冲淤情况演变图。将工程前后海床冲淤演变图进行对比可知，工程后冲淤状态与工程前大体一致，主要区别在于，辐射沙脊区高泥和条子泥之间的狭道处由于流速较大，冲刷较剧烈；东沙北端含沙量较高，淤积较明显，东沙、高泥的围垦使得其东侧略呈冲刷状态；冷家沙、腰沙外侧也呈现略微冲刷的特征。

4.3　连云新城围垦工程对水沙环境的影响

4.3.1　连云新城附近海域数学模型

连云新城附近海域计算区域如图 4-31 所示。岸线包括从日照市到盐城市响水县，研究海域包括江苏海州湾海域和部分山东海域，北起日照（35°17′8″N，119°25′43″E），南至灌河口以北盐城响水（34°27′22.5″N，119°54′39″E），东至黄海（34°57′6″N，120°8′46″E）。模型的外海边界为水位控制的开边界，由江苏近海海域潮流模型提供，临洪河口以径流量作为控制的开边界。模型采用非结构三点式三角形网格剖分计算区域，对近岸和工程区域进行局部加密，较好地贴合岸线及自然边界，网格单元 16944 个，网格节点 8728 个。采用潮汐表中连云港站和燕尾站的潮位预报资料和实测潮流站的流速、流向及垂线含沙量资料对海州湾海域小范围模型进行验证，验证结果表明，数学模型能够反映连云新城附近海域的潮流动力和泥沙输运特征，并据此对该海域的流场和悬沙场进行分析。

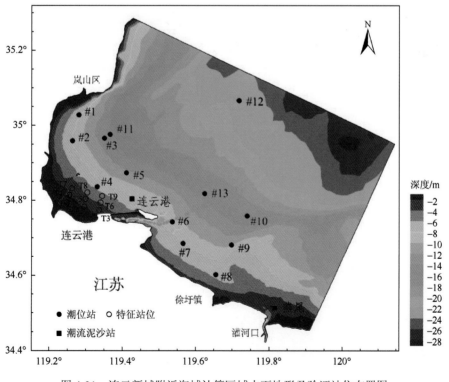

图 4-31　连云新城附近海域计算区域水下地形及验证站位布置图

　　流场分析：海州湾附近模型研究海域流场图如图 4-32 和图 4-33 所示。由图可以看出，海州湾海域属于半封闭式海湾，潮流动力条件较弱。从涨落潮的性质来看，研究海域的潮流属于正规半日潮型，受南黄海旋转潮波系统和东海前进潮波系统的共同作用，从外海向近岸逐渐由逆时针旋转流向往复流过渡。涨急时刻，潮流自辐射沙脊沿岸流经废黄河口三角洲进入海州湾海域，主要以东西向和东北—西南方向流向海州湾的西南沿岸。落急时刻，海州湾内的潮流呈辐射状向外海流出，一部分潮流沿着山东海岸线流向渤海湾，其他大部分潮流绕过废黄河口三角洲向辐射沙脊海域流去。海州湾海域的中潮涨、落急时刻潮流流速较大潮偏小，但整个海域的潮流运动特性与大潮基本一致。

　　海州湾海域模型的流场分布特征与已有的研究结论相吻合，可以认为海州湾海域计算模型能够真实反映海州湾实际潮流的运动规律。

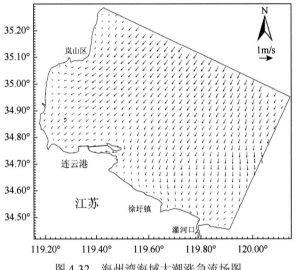

图 4-32　海州湾海域大潮涨急流场图

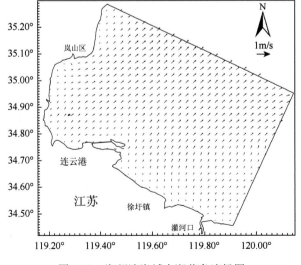

图 4-33　海州湾海域大潮落急流场图

　　悬沙场分析：海州湾模型研究海域大潮时期平均悬沙场图如图 4-34 所示。由悬沙场图可以看出，海州湾海域属于半封闭式海域，海洋动力条件较弱，海域整体悬沙浓度较低，海域悬沙浓度呈现南高北低，近岸相对较大，外海较小的趋势。同时，海州湾海域存在两个较为明显的悬沙高值区，一个在废黄河口北部的灌河口入海口外海海域，另一个是位于海州湾内的临洪河入海口海域。此外，在岚山口处海域的悬沙浓度比附近海域稍微偏高。大范围泥沙输移趋势从东南向西北扩散。

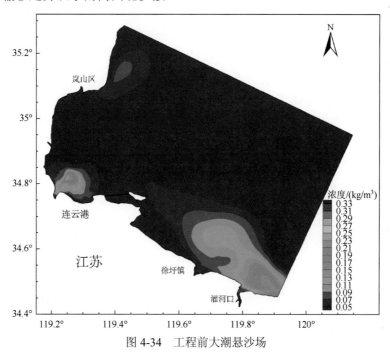

图 4-34　工程前大潮悬沙场

　　大潮时期，研究海域海洋动力条件较强，在海州湾内起主导作用。研究海域整体平均悬沙浓度为 0.098kg/m³，最大悬沙浓度 0.344kg/m³，出现在离废黄河口较近的灌河口东部海域。潮流从辐射沙脊经过废黄河口三角洲流入海州湾海域，废黄河三角洲属于高含沙海域，潮流携带悬沙进入海州湾海域，同时波浪传播到近岸海域时，产生浅水变形后的破碎波具有较强的掀沙能力。此外，临洪河口径流也会携带部分泥沙进入河口区海域，由此在海州湾南部的临洪河口海域也形成了悬沙浓度高值区。中潮时期，海域海洋动力条件减弱，临洪河口水流动力以径流作用为主，径流与潮流综合作用输送泥沙。研究海域整体平均悬沙浓度为 0.056kg/m³，最大悬沙浓度为 0.152kg/m³，出现在临洪河口附近海域。研究海域悬沙浓度分布规律与大潮时期相似，但是由于潮流动力较弱，潮流输沙能力较弱，海域的整体悬沙浓度都有大幅度降低。

4.3.2　连云新城围垦后对水沙环境的影响分析

1. 围垦工程实施后数学模型

　　连云新城围垦区位于海州湾南部，临洪河口右岸。基于建立的海州湾小范围二维潮流泥沙数学模型，采用围垦规划后的新地形，对围垦规划后的潮流场、悬沙场进行模拟计算。

工程后仍采用三角形网格，网格节点数为 8816 个，网格单元为 17116 个。为了充分研究分析连云新区围垦工程对海州湾的潮流动力和悬沙浓度的影响，在对研究海域的整体流场、悬沙场和海床冲淤分析的基础上，研究工程区域前沿的涨、落潮半潮平均流速和潮平均含沙量的变化。按照点-线-面的原则，在工程前自西北向东南布置三排三列九个特征站位，编号为 T1～T9，如图 4-31 所示。

2. 示范区围垦工程后流场变化

根据模型计算结果，连云新区围垦工程实施后，研究海域的大潮涨急、落急时刻流场如图 4-35 和图 4-36 所示。与围垦工程实施前的大潮涨急、落急时刻流场图进行对比分析，可以得出：围垦工程实施后，研究海域流场的整体流态并未出现较大的变化，在近岸潮流仍以往复流为主，外海的潮流呈现为逆时针的旋转流。海州湾内海域流速较湾外有所减小，潮流动力条件较弱。大潮涨急时刻，辐射沙脊的潮流一部分逆时针旋转绕过废黄河三角洲，一部分沿着三角洲海岸进入海州湾，主要以东南和东北—西南方向流向海州湾南岸。大潮落潮时刻，潮流从海州湾内呈辐射状流出，大部分潮流绕过废黄河三角洲流向辐射沙脊，另外一部分沿着山东海岸线进入渤海海域。海州湾海域中潮的涨急、落急时刻，潮流规律与大潮基本一致，流速相对较小。从整体来看，围垦工程虽然对研究海域整体的流态没有造成较大的影响，但由于围垦的实施造成了海州湾湾内的纳潮量减小，潮流动力条件会有一定程度的减弱，但并不明显。

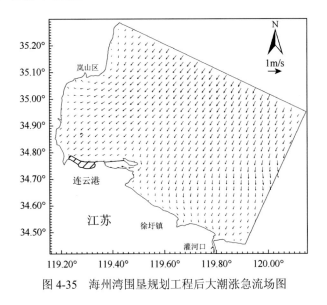

图 4-35　海州湾围垦规划工程后大潮涨急流场图

3. 工程前沿海域半潮平均流速变化

通过对工程前后的海域整体流场图对比，围垦工程对整体海域的流场没有造成明显的影响，研究海域的流态也未发生变化。但围垦会造成自然岸线的改变，势必会对工程海域的潮流流速产生影响。根据模型计算结果，提取 9 个特征站位的流速计算半潮平均流速。围垦规划工程前后的大潮时期，涨、落潮半潮平均流速变化见表 4-4。

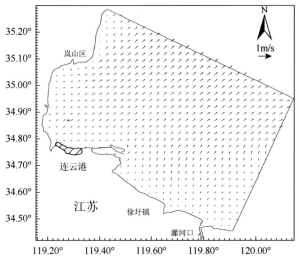

图 4-36 海州湾围垦规划工程后大潮落急流场图

表 4-4 围垦规划附近海域特征站位大潮半潮平均流速变化

| 特征站位 | 大潮半潮流速平均值/（m/s） | | | | | |
| | 涨潮 | | | 落潮 | | |
	围垦前	围垦后	变化量	围垦前	围垦后	变化量
T1	0.376	0.354	−0.022	0.235	0.236	0.001
T2	0.313	0.270	−0.043	0.255	0.208	−0.047
T3	0.342	0.256	−0.086	0.260	0.188	−0.072
T4	0.323	0.321	−0.003	0.307	0.308	0.002
T5	0.391	0.358	−0.033	0.331	0.298	−0.033
T6	0.366	0.326	−0.040	0.277	0.238	−0.038
T7	0.362	0.353	−0.009	0.324	0.321	−0.003
T8	0.408	0.384	−0.025	0.331	0.307	−0.024
T9	0.388	0.363	−0.024	0.292	0.269	−0.023

由表 4-4 可以看出，连云新区围垦实施后对工程附近的海域潮流存在一定程度的影响，整体呈现流速减弱的趋势，但减弱的幅度并不明显。连云新区围垦工程在临洪河口右岸，流速的变化受临洪河口径流的影响比较明显。大潮涨潮半潮沿临洪河口的 T1、T4、T7 平均流速变幅很小，而沿工程走向的特征站位流速出现比较明显的流速变幅依次增强的趋势，由于 T7～T9 离工程位置较远，此规律不明显。大潮落潮半潮平均流速和涨潮时规律基本一致，但在沿临洪河口的 T1 和 T4 特征站位出现了轻微的流速增幅。不论涨潮还是落潮，平均流速变幅最大值均出现在距工程近而离临洪河口较远的 T3 站位处，但变幅均未超过 0.1m/s。总体上，涨潮半潮平均流速变化值大于落潮半潮平均流速变化值。

综上，围垦工程对于工程附近海域的潮流平均流速造成了一定程度的影响，除个别特征站位在落潮时出现略微增加外，大部分均呈现减弱特征，减幅在 0.003～0.086m/s。连云新区围垦后加长了临洪河的右岸河道长度，沿河口处的特征站位流速变化值均小于其他特征站位，而且在大潮落潮半潮平均流速值有轻微的增加。靠近工程区域原属于外海海域的特征站位由于岸线的移动，流速出现较大幅的减小，减幅接近 0.1m/s。对于涨、落潮而言，涨潮平均流速变化值基本大于落潮平均流速的变化值，这是由于海州湾涨潮历时短于落潮历时，涨潮流速大于落潮流速引起的。

对于大、中潮而言，中潮时期，围垦工程对海域特征站位造成的潮流流速变化影响与大潮基本一致，但大潮潮流流速的变化基本大于中潮，这是因为大潮的海洋动力条件更为强劲，对于围垦工程造成自然岸线改变的反应也更为灵敏。

4. 围垦前后悬沙场变化

根据模型计算结果，围垦工程实施后，海州湾海域的大潮悬沙场如图 4-37 所示。与工程实施前的大潮悬沙场进行对比，可以得出：围垦工程实施后，研究海域的整体悬沙分布规律并未出现较大变化，依然呈现海州湾内南部悬沙浓度较高，北部较低，近岸悬沙浓度相对较大，外海悬沙浓度较小的分布趋势。两个悬沙高值区仍分别位于海州湾南部临洪河口入海口海域和灌河口入海东北部海域。岚山区附近海域悬沙浓度分布和工程前一致。

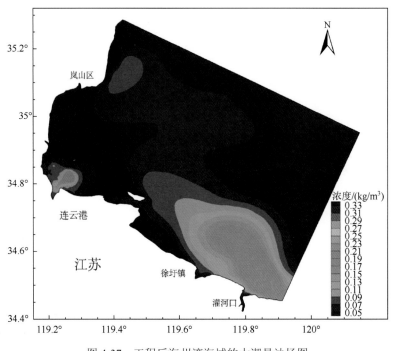

图 4-37　工程后海州湾海域的大潮悬沙场图

围垦工程虽然没有对研究海域整体的悬沙浓度分布规律造成较大的影响，但悬沙浓度依然出现了一定程度的变化。从整个研究海域来看，围垦工程造成了潮流动力条件的减弱，悬沙浓度也出现了一定幅度的减小。

大潮期间，由于海洋动力条件较强，悬沙浓度受围垦工程的影响反应也更为明显。工程实施后，外海的悬沙浓度基本维持稳定，在近海海域的悬沙浓度有一定程度的减小。由于围垦的实施，临洪河口右岸向海延伸，悬沙高值区有所收缩，悬沙浓度峰值更加集中。灌河口海域悬沙浓度高值区范围有所扩大。岚山区悬沙浓度范围也有所扩大。

中潮时期，海州湾内的潮流条件变弱，围垦工程对海州湾海域的悬沙输沙造成的影响类似于大潮时期。研究海域的整体平均悬沙浓度有所降低，但降低幅度整体上较大潮偏小。而在外海州湾海域，悬沙浓度受围垦工程的影响较小，悬沙浓度大小与工程前基本保持一致。

从研究海域平均悬沙浓度来看，围垦工程实施前，大潮时期，研究海域的平均悬沙浓度为 $0.098kg/m^3$；中潮时期，研究海域平均悬沙浓度为 $0.054kg/m^3$。从海域大、中潮时期的平均悬沙浓度可以看出，围垦工程实施前后研究海域的整体平均悬沙浓度基本维持不变，仅在研究海域有较小幅度的变化。

5. 工程附近特征站位悬沙浓度的变化

根据工程后模型计算结果，围垦工程附近海域 9 个特征站位的大潮和中潮平均悬沙浓度如表 4-5 所示。

表 4-5 围垦工程附近海域特征站位悬沙浓度变化表

特征站位	悬沙浓度/（kg/m³）					
	大潮			中潮		
	围垦前	围垦后	变化量	围垦前	围垦后	变化量
T1	0.234	0.296	0.062	0.113	0.082	−0.031
T2	0.123	0.064	−0.059	0.030	0.010	−0.021
T3	0.062	0.038	−0.024	0.018	0.003	−0.015
T4	0.283	0.345	0.061	0.086	0.079	−0.006
T5	0.105	0.071	−0.034	0.024	0.014	−0.011
T6	0.058	0.048	−0.010	0.012	0.005	−0.007
T7	0.233	0.253	0.019	0.033	0.030	−0.003
T8	0.087	0.070	−0.017	0.021	0.014	−0.006
T9	0.055	0.049	−0.006	0.011	0.007	−0.004

由表 4-5 可以看出，连云新区的围垦工程对于附近海域的悬沙浓度存在一定程度的影响，整体呈现减弱趋势，幅度较小，但也有个别距工程较近又紧邻临洪河口的特征站位变化幅度比较明显。

大潮时期，由于临洪河口右岸的延伸，沿临洪河口的 T1、T4、T7 三个特征站位工程后悬沙浓度都有所增加，但增加幅度不大，增幅在 $0.019 \sim 0.062kg/m^3$。由于 T1 站位既靠近临洪河口又靠近工程区，所以该特征站位悬沙浓度变幅比较明显，其余站位的悬沙浓度都较工程前有一定程度的减小，减幅在 $0.006 \sim 0.059kg/m^3$。

中潮时期，各特征站位的悬沙浓度均减小，减幅最明显的 T1 特征站位减幅为 $0.031kg/m^3$，其余站位减小幅度在 $0.003 \sim 0.021kg/m^3$。从各特征站位的情况来看，中潮时的悬沙浓度变化趋势与大潮基本一致，但大潮平均悬沙浓度的变化基本大于中潮，原因是大潮时的海洋动力条件更为强劲，受围垦工程的影响也更显著，变化较中潮更为明显。

第5章 海涂围垦布局及开发时序

5.1 海涂围垦布局

海涂资源是江苏省主要的海洋资源之一，海涂围垦一直是江苏沿海拓展发展空间、发展海洋经济的重要手段。目前，江苏海涂围垦主要依托具体的项目实施，"据点式"围垦使得海涂围垦布局不尽合理、后续区域海涂围垦开发定位不协调甚至冲突等问题日渐突出。海涂资源具有整体性，资源开发有着集约化利用的要求，对江苏海涂围垦布局进行研究，对于避免海涂资源闲置浪费和同类型重复开发，保护现有海岸资源环境及生态，促进海涂资源的可持续利用，提高利用效益具有重要的指导意义。目前，国内外尚未形成关于海涂围垦布局的完整研究技术和方法，对于海涂围垦适宜开发利用方向的确定和区域围垦后的布局研究鲜少涉及。本专著以江苏沿海地区为研究区，根据沿海产业发展现状及趋势，确定各海涂可围垦单元的开发方向，提出江苏海涂围垦总体布局方案。

5.1.1 江苏海涂评价单元研究

1. 海涂围垦的资源条件评价和围垦控制规模确定

1）海涂围垦资源条件评价

（1）1987～2009 年潮滩资源情况

从海涂资源存量来看，1987 年，江苏海涂资源存量为 3532.8519km²；1995 年比 1987 年略有增加，为 3640.6259km²；2000 年为 3146.5427km²，比 1987 年海涂资源存量减少了约 386.309km²。2009 年江苏海涂资源存量为 2672.5555km²，比 2000 年减少了约 473.9872km²，比 1987 年减少了约 860.2964km²。从海涂围垦规模方面来看，根据收集的资料，近百年来江苏省海涂围垦规模约 6360km²；1987～2009 年海涂围垦规模为 1025.9322km²，其中 1987～1995 年为 139.2734km²，1995～2000 年为 388.9356km²，2000～2009 年为 497.7232km²（徐敏等，2012）。

（2）江苏潮滩资源动态变化

从总量看，江苏沿海潮滩存量总体上还是呈逐渐减少的趋势，1995 年较 1987 年潮滩存量增加，主要是岸外沙洲出露面积较大，在去除岸外沙洲的影响后，两个年份的潮滩存量基本持平，之后存量递减明显。

从潮滩分布岸段来看，江苏潮滩主要分布在射阳河口以南至长江口北支岸段，该岸段同时也是潮滩围垦开发规模和强度较大的岸段。1987～2009 年，大部分岸段潮滩围垦速度超过淤长速度，存量总体上均呈递减趋势（徐敏等，2012）。

2）围垦控制规模确定

通过江苏潮滩资源情况及动态变化的分析，为潮滩围填控制线的确定提供了依据（徐敏等，2012）。海涂围垦控制规模依据潮滩围填控制线确定各研究岸段控制规模的外侧边界线，以各研究岸段的现状岸线为内侧边界线。本专著中围垦控制规模所涉及的围垦外侧边界线采用海洋公益性行业科研专项——"淤长型潮滩围填海的适宜规模研究与示范"（200805082）中潮滩围填控制线确定。潮滩围填控制线是指不会明显改变海岸整体形态、加速或者逆转该区域的海岸动力地貌过程；对海洋动力格局及维持周边水道稳定性的控制性动力不产生明显影响；对周边重要保护目标、海港开发不会产生显著不利影响的围填外包络线（徐敏等，2012）。

根据海岸类型、潮滩性质及变化趋势的差异，将江苏潮滩分为海州湾绣针河口至西墅岸段、西墅至射阳河口、射阳河口至梁垛河口、梁垛河口至方塘河口、条子泥外侧岸外沙洲区、方塘河口至东安闸、东安闸至遥望港闸、遥望港以南 8 个岸段围填控制规模（徐敏等，2012）。按照各研究岸段潮滩围填控制线和现状岸线确定的围填控制规模总量为 859.39km²，围填控制规模为海涂围垦的可能范围（表 5-1）。

表 5-1　江苏潮滩不同岸段围填控制规模

序号	岸段	围填控制规模/km²
1	绣针河口至西墅岸段	101.97
2	西墅至射阳河口	0
3	射阳河口至梁垛河口	407.20
4	梁垛河口至方塘河口	50.13
5	条子泥外侧岸外沙洲区	0
6	方塘河口至东安闸	167.73
7	东安闸至遥望港闸	42.63
8	遥望港以南	89.73
	总计	859.39

2. 重要生态功能单元和保护对象筛选

江苏沿海潮滩分布有重要的生态功能区和保护目标，生态功能区对于江苏海域生物多样性的维持具有重要意义，这些区域不宜进行围垦，应予以保护；此外，江苏沿海重要的河口限制了围垦范围，重要的河口两侧留出一定的河口治导线范围（毛桂圈等，2010）。通过江苏沿海重要生态功能单元和保护区的筛选，确定江苏沿海重要生态功能区分布，划定海涂围垦单元的限制范围。

江苏省重要生态功能区和保护目标包括主要海洋类保护区和河口。江苏省主要的海洋类保护区中海洋公园有三个，自然保护区有三个，水产种质资源保护区有四个。江苏沿海地区入海河流处在长江、淮河、沂沭泗三大水系中，垦区有约 40 条排涝河道。江苏省海洋类保护区和主要入海河口信息见表 5-2 和图 5-1。

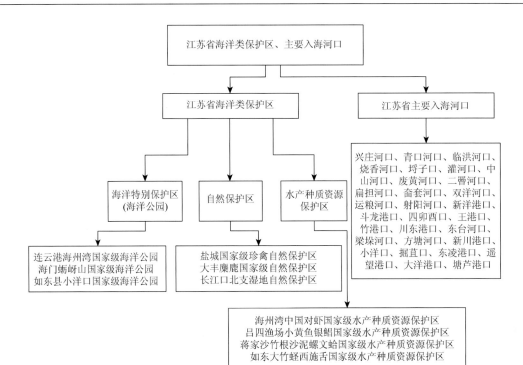

图 5-1　江苏省海洋类保护区和主要入海河口

表 5-2　江苏省海洋类保护区汇总表

序号	编号	名称	位置	保护对象	面积/hm²	开发制约要求
1	C-1	连云港海州湾国家级海洋公园	连云港海州湾	岛屿地貌、沙质海岸、人工鱼礁、生物资源、湿地	51455	保护区的核心区以及缓冲区海涂围垦开发建设是禁止的。实验区在环境容量允许、符合海洋功能区划、保护区总体规划等情况下，在保护区管理机构统一进行指导和规划的情况下，可适度进行旅游等开发活动。海洋公园在资源恢复和海洋生态得到有效保护的基础上，可以进行适当的、科学合理的旅游等开发活动
2	C-2	海州湾中国对虾国家级水产种质资源保护区	连云港海州湾	主要为中国对虾	19700（核心区 3700，实验区 16000）	
3	C-3	盐城国家级珍禽自然保护区	盐城市	主要为丹顶鹤等珍禽、海涂湿地生态系统；候鸟的迁徙通道；北亚热带边缘的典型淤泥质平原海岸景观	247260（核心区 22600，缓冲区 56747，实验区 167913）	
4	C-4	大丰麋鹿国家级自然保护区	川东港南侧滩涂	麋鹿、丹顶鹤、湿地生态系统	2666.7（核心区用海 1109.15）	
5	C-5	如东县小洋口国家级海洋公园	如东县小洋口	滩涂湿地生态系统和珍稀濒危鸟类资源	4700.29（重点特别保护区 2124.91，生态与资源恢复区 1308.21，适度利用区 1267.17）	
6	C-6	蒋家沙竹根沙泥螺文蛤国家级水产种质资源保护区	蒋家沙竹根沙省管海域	泥螺、文蛤	17430（核心区 5430，实验区 12000）	
7	C-7	如东大竹蛏西施舌国家级水产种质资源保护区	如东县	主要为大竹蛏、西施舌；其他有文蛤、四角蛤蜊、大黄鱼、小黄鱼等	3250.2（核心区 385.4，实验区 1864.8）	

序号	编号	名称	位置	保护对象	面积/hm²	开发制约要求
8	C-8	海门蛎岈山国家级海洋公园	海门市滨海新区东北部	牡蛎活体、海洋生物、生态环境	1545.9080	
9	C-9	吕四渔场小黄鱼银鲳国家级水产种质资源保护区	黄海南部	主要有小黄鱼、银鲳、带鱼、大黄鱼、蓝点马鲛、灰鲳、葛氏长臂虾、哈氏仿对虾等重要经济鱼类	1350000（核心区718000，实验区632000）	
10	C-10	长江口北支湿地自然保护区	启东市南部外侧	河口滨海湿地生态系统和珍稀物种	21491	

3. 海涂围垦需求分析

江苏海涂资源丰富、分布广泛、开发需求各异，主要呈现出农业、港口、滨海工业和城镇开发建设四种需求类型。通过收集的研究区最新港口总体规划、临港产业规划、旅游规划、城镇规划、围垦规划、现代农业发展规划等规划资料和相关专题研究报告以及相关建设计划，获取江苏沿海围垦需要的内容。运用遥感与 GIS 技术提取出江苏海涂围垦需求信息，将提取的信息同现状岸线进行叠加，得到现状岸线以外的江苏海涂农业开发、港口开发、滨海工业开发和城镇开发建设需求信息及需求分布情况，具体见表5-3。

表 5-3　现状岸线以外的海涂围垦需求面积/km²

行政区（县、市、区）	农业开发需求	港口开发需求	滨海工业开发需求	城镇开发建设需求	需求总量
赣榆区	0	90.30	20.09	0	110.39
连云区	0	25.79	6.11	21.74	53.64
灌云县	0	0	0	0	0
响水县	11.51	0	0	0	11.51
滨海县	0	14.45	0	0	14.45
射阳县	9.22	6.18	0	0	15.40
大丰区	42.91	23.29	11.22	0	77.42
东台市	586.78	0	0	0	586.78
海安县	8.98	0	0	0	8.98
如东县	109.85	0	0	0	109.85
通州区、海门市	0	160.76	26.02	0	186.78
启东市	25.38	0	0	29.17	54.55
总计	794.63	320.77	63.44	50.91	1229.75

从表 5-3 可知，江苏省沿海现状岸线以外农业围垦空间需求主要分布于东台市、如东县、大丰区、启东市、射阳县、海安县和响水县等。需求量最大的县市为东台市，为586.78km²，主要集中在条子泥、高泥等区域。如东市、大丰区、启东市和响水县农业围垦需求也较大，分别为109.85km²、42.91km²、25.38km²和11.51km²。赣榆区和海安县农业围垦需求相对较小，均在10km²以下。

随着江苏沿海开发进程加快，有着港口开发空间的区域由北向南依次为连云港赣榆港区和徐圩港区、盐城港滨海港区、射阳港区和大丰港区、南通洋口港区和通州湾港区。其中，通州区和海门市港口开发需求量最大，为 160.76km²；赣榆区、连云区、大丰区和滨海县次之，分别为 90.30km²、25.79km²、23.29km²、14.45km²；射阳县开发需求量最小，为 6.18km²。

伴随着沿海临港产业开发和沿海港口开发，滨海工业也产生一定量的开发需求。连云港、盐城市滨海工业用地需求主要集中在规划的港区近岸侧或周边。南通滨海工业需求主要为洋口港区所在的工业用地和通州湾港区近岸侧工业用地。其中，通州区滨海工业需求量最大，为 26.02km²；赣榆区和大丰区次之，分别为 20.09km² 和 11.22km²；连云区需求量最小，为 6.11km²。

海涂围垦城镇开发建设可以拓展江苏沿海城市发展的空间，其开发需求集中于连云港市赣榆区和南通市启东市，开发需求面积分别为 21.74km² 和 29.17km²。

4. 海涂围垦单元划分和单元类型确定

1）围垦单元划分

依据江苏各研究岸段围垦控制规模，确定江苏海涂围垦的可能范围。海涂围垦控制规模以潮滩围填控制线为基础，依据围填控制线确定了研究区的外侧边界，结合各研究岸段的现状岸线，划分各研究岸段内的围填控制规模。潮滩围填控制线采用海洋公益性行业科研专项——"淤长型潮滩围填海的适宜规模研究与示范"（200805082）中已有的研究成果，在江苏省重要生态功能区调查基础上确定海涂围垦的限制区域。通过叠置分析，得到基于潮滩围填控制线的江苏省海涂拟围单元，主要集中于绣针河口至西墅、射阳河口至梁垛河口、梁垛河口至方塘河口、方塘河口至东安闸、东安闸至遥望港闸和遥望港以南岸段，包括赣榆海头区块、龙王河口—兴庄河口区块、兴庄河口—沙旺河口区块、沙旺河口—青口河口区块、青口河口—临洪河口区块、临洪河口—西墅区块、四卯西河口—王港河口区块、王港河口—竹港河口区块、竹港河口—川东港河口区块、东台河口北区块、东台河口南区块、梁垛河口—方塘河口区块、方塘河口—北凌闸区块、小洋口港—掘苴口区块、洋口港区块、东安闸北区块、遥望港南区块、大洋港北区块、蒿枝港—塘芦港区块和协兴港南区块。

值得注意的是，随着围垦工程技术的发展，滩涂资源储量并不是海涂围垦的绝对制约因素，在科学论证的基础上依靠围垦工程技术也可进行开发利用。因此，缺乏滩涂资源储量并有着明确开发需求的岸段，如西墅至射阳河口岸段，也具备被开发利用的可能性。结合海涂围垦需求信息，西墅至射阳河口岸段拟围单元外侧界线按照海涂围垦需求界线，内侧界限按照现状岸线划分，由此可分为徐圩岸外区块、灌河口南区块、翻身河口北区块、运粮河口北区块和射阳河口北区块。

目前，赣榆港区和通州湾地区现处于快速发展时期，具有明确的港口开发需求和滨海工业开发需求。根据相关港口规划和建设计划，确定该类型拟围单元的外侧界线为港口和滨海工业开发需求典型界线，结合现状岸线，将赣榆港区划分为赣榆柘汪区块和赣榆岸外区块两个区块，通州湾区域划分为东安闸南区块和通州湾岸外区块两个区块。

综上所述，江苏海涂拟围单元由北向南依次为：赣榆柘汪区块、赣榆海头区块、龙王河口—兴庄河口区块、兴庄河口—沙旺河口区块、沙旺河口—青口河口区块、青口河口—

临洪河口区块、临洪河口—西墅区块、徐圩岸外区块、灌河口南区块、翻身河口北区块、运粮河口北区块、射阳河口北区块、四卯酉河口—王港河口区块、王港河口—竹港河口区块、竹港河口—川东港河口区块、东台口区块、东台河口南区块、梁垛河口—方塘河口区块、方塘河口—北凌闸区块、小洋口港—掘苴口区块、洋口港区块、东安闸北区块、东安闸南区块、遥望港南区块、大洋港北区块、蒿枝港—塘芦港区块、协兴港南区块、赣榆岸外区块和通州湾岸外区块共 29 个单元（表 5-4、图 5-2）。

表 5-4　江苏海涂拟围单元表

编号	名称	岸段	资源储量/km²	围区岸线长度/km
1	赣榆柘汪区块		16.08	15.51
2	赣榆海头区块		8.30	9.47
3	龙王河口—兴庄河口区块		3.62	2.17
4	兴庄河口—沙旺河口区块	绣针河口至西墅岸段	3.62	2.08
5	沙旺河口—青口河口区块		3.45	4.53
6	青口河口—临洪河口区块		18.10	7.64
7	临洪河口—西墅区块		21.91	13.42
8	徐圩岸外区块		0	16.22
9	灌河口南区块		0	9.67
10	翻身河口北区块	西墅至射阳河口岸段	0	10.39
11	运粮河口北区块		0	6.33
12	射阳河口北区块		0	3.17
13	四卯酉河口—王港河口区块		42.88	23.40
14	王港河口—竹港河口区块		10.65	7.98
15	竹港河口—川东港河口区块	射阳河口至梁垛河口岸段	22.40	7.60
16	东台河口北区块		26.33	9.12
17	东台河口南区块		4.62	1.46
18	梁垛河口—方塘河口区块	梁垛河口至方塘河口岸段	31.23	23.09
19	方塘河口—北凌闸区块		3.28	7.41
20	小洋口港—掘苴口区块	方塘河口至东安闸岸段	47.75	15.26
21	洋口港区块		29.13	25.23
22	东安闸北区块		30.01	11.70
23	东安闸南区块	东安闸至遥望港闸岸段	32.66	14.33
24	遥望港南区块		14.31	7.33
25	大洋港北区块	遥望港以南岸段	6.76	8.07
26	蒿枝港—塘芦港区块		33.42	8.07
27	协兴港南区块		0.17	16.04
外 1	赣榆岸外区块	—	7.90	15.51
外 2	通州湾岸外区块	—	9.92	5.78

2）围垦单元类型确定

江苏海涂资源具有整体性，资源开发有着集约化利用的要求，在基于资源环境承载力划分的江苏海涂拟围单元基础上，叠加江苏沿海围垦的需求，得到江苏拟围单元类型，可分为有开发需求的可围单元、尚无开发需求的可围单元、有开发需求的需围单元三类。

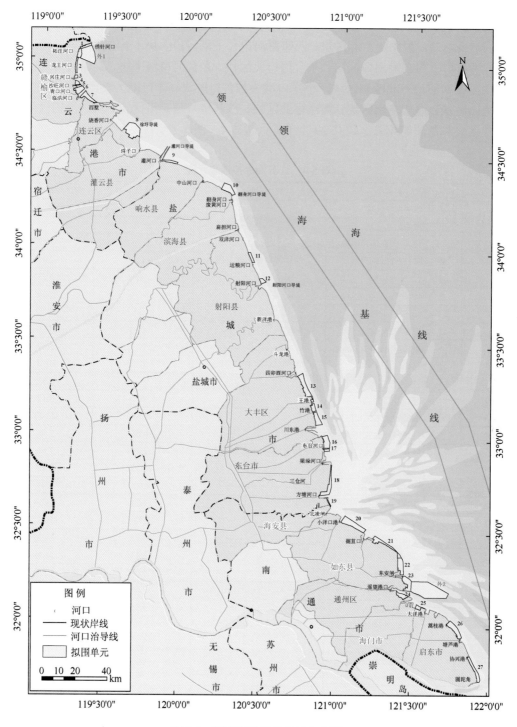

图 5-2　江苏海涂围垦单元分布图

通过江苏海涂拟围单元和江苏沿海围垦的需求信息的叠加，获得了 19 个有开发需求的可围单元、5 个尚无开发需求的可围单元和 5 个有开发需求的需围单元。其中，19 个有开发需求的可围单元分别为赣榆柘汪区块、赣榆海头区块、兴庄河口—沙旺河口区块、沙旺河口—青口河口区块、青口河口—临洪河口区块、四卯酉河口—王港河口区块、王港河口—竹港河口区块、竹港河口—川东港河口区块、东台河口北区块、梁垛河口—方塘河口区块、方塘河口—北凌闸区块、小洋口港—掘苴口区块、洋口港区块、东安闸南区块、遥望港南区块、蒿枝港—塘芦港区块、协兴港南区块、赣榆岸外区块和通州湾岸外区块；5 个尚无开发需求的可围单元分别为龙王河口—兴庄河口区块、临洪河口—西墅区块、东台河口南区块、东安闸北区块和大洋港北区块；5 个有开发需求的需围单元分别为徐圩岸外区块、灌河口南区块、翻身河口北区块、运粮河口北区块和射阳河口北区块。

江苏海涂拟围单元资源储量、需求量、需求方向和类型见表 5-5，拟围单元类型分布如图 5-3 所示。

表 5-5　江苏海涂拟围单元资源储量、需求量、需求方向和类型一览表

编号	名称	资源储量/km²	围垦需求/km²	开发需求方向	单元类型
1	赣榆柘汪区块	16.08	20.09	滨海工业	有开发需求的可围单元
2	赣榆海头区块	8.30	49.19	港口	有开发需求的可围单元
3	龙王河口—兴庄河口区块	3.62	0.00	—	尚无开发需求的可围单元
4	兴庄河口—沙旺河口区块	3.62	2.51	城镇	有开发需求的可围单元
5	沙旺河口—青口河口区块	3.45	1.98	城镇	有开发需求的可围单元
6	青口河口—临洪河口区块	18.10	11.01	城镇	有开发需求的可围单元
7	临洪河口—西墅区块	21.91	6.25	城镇	尚无开发需求的可围单元
8	徐圩岸外区块	0	31.91	港口、滨海工业	有开发需求的需围单元
9	灌河口南区块	0	31.91	农业	有开发需求的需围单元
10	翻身河口北区块	0	11.51	港口	有开发需求的需围单元
11	运粮河口北区块	0	14.45	农业	有开发需求的需围单元
12	射阳河口北区块	0	9.22	港口	有开发需求的需围单元
13	四卯酉河口—王港河口区块	42.88	6.18	港口、滨海工业	有开发需求的可围单元
14	王港河口—竹港河口区块	10.65	36.08	农业	有开发需求的可围单元
15	竹港河口—川东港河口区块	22.40	14.18	农业	有开发需求的可围单元
16	东台河口北区块	26.33	27.17	农业	有开发需求的可围单元
17	东台河口南区块	4.62	24.18	—	尚无开发需求的可围单元
18	梁垛河口—方塘河口区块	31.23	0	农业	有开发需求的可围单元
19	方塘河口—北凌闸区块	3.28	161.18	农业	有开发需求的可围单元
20	小洋口港—掘苴口区块	47.75	8.98	农业	有开发需求的可围单元
21	洋口港区块	29.13	109.85	滨海工业	有开发需求的可围单元
22	东安闸北区块	30.01	5.38	—	尚无开发需求的可围单元
23	东安闸南区块	32.66	0.00	滨海工业	有开发需求的可围单元
24	遥望港南区块	14.31	20.64	港口	有开发需求的可围单元
25	大洋港北区块	6.76	13.44	—	尚无开发需求的可围单元
26	蒿枝港—塘芦港区块	33.42	0	城镇	有开发需求的可围单元
27	协兴港南区块	0.17	29.17	农业	有开发需求的可围单元
外1	赣榆岸外区块	7.90	25.38	港口	有开发需求的可围单元
外2	通州湾岸外区块	9.92	41.12	港口	有开发需求的可围单元

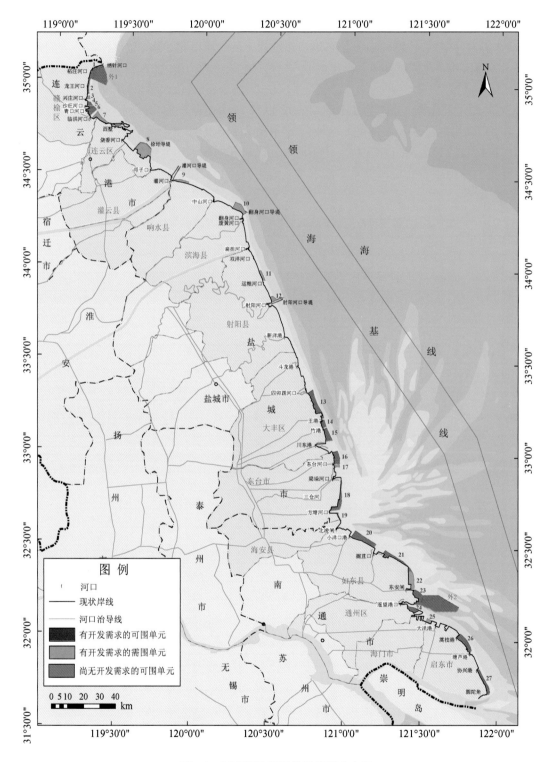

图 5-3 江苏海涂围垦单元类型分布图

5.1.2　江苏海涂围垦布局方案

江苏海涂资源主要的开发利用方式为农业开发、港口开发、滨海工业开发和城镇开发建设。结合江苏海涂资源四种主要的开发利用方式,构建海涂围垦开发方向指标体系,采用统计理论、多目标决策理论与方法,建立海涂围垦开发方向评价模型。在确立评价指标因子的基础上,收集各种统计数据和专题报告,通过分析、计算,对指标因子进行定量化;通过标准化方法对定量后的数据标准化;采用层次分析法确定评价指标的权重;通过线性加权法计算分别得到不同评价区域不同的布局方式的综合得分值,确定评价单元的开发方式。综合有开发需求的可围单元布局研究、尚无开发需求的可围单元布局研究、有开发需求的需围单元布局研究得到江苏海涂围垦布局方案。江苏海涂围垦开发方向评价模型框架具体见图 5-4。

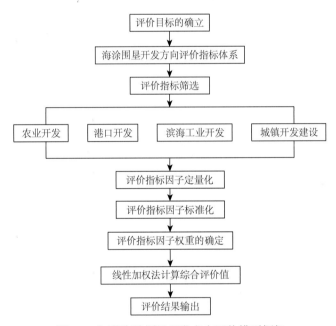

图 5-4　江苏海涂围垦开发方向评价模型框架

1. 海涂围垦开发方向评价模型构建

1) 评价指标体系构建

(1) 指标体选取原则

在进行海涂围垦开发方向评价指标选取时,并不是指标选取的越多越好,而应根据不同海涂围垦开发方向的不同特征以及主要影响因素进行选取。海涂围垦开发方向评价指标选取应遵循如下原则。

①科学性和客观性原则

指标体选取应综合地、全方位地反映海涂围垦开发方向的不同特征,从科学的角度为决策分析提供技术借鉴。指标所需数据来源应真实、准确、客观；选取的指标应尽量定量化，或定性与定量相结合，从而减少主观随意性。

②全面性原则和独立性原则

指标选取应全面包含影响海涂围垦开发的各个方面，包括自然环境、资源环境和社会经济等方面；海涂围垦于海陆交界处，选取的指标不仅要能够体现陆域的特征，也还要体现出海域的属性。选取的指标也应多层次、相互独立、减少重叠。

③可操作性和规范性原则

选取的指标的数据应是易于获取的、可度量的、可靠的，并可进行规范化的计算。

④重点性和可比较性原则

选取的指标应能够代表不同类型的海涂围垦开发方向的特征和海涂围垦开发方向的重点，并且不同空间同种海涂开发方向的各评价指标计算结果和综合评价结果均具有直接可比较性。

⑤时效性和前瞻性原则

选取的指标应能及时反映区域自然、资源、环境和社会经济的现状，并在此基础上实现对未来海涂围垦布局的研究（石京和周念，2010）。

（2）指标选取

判断评价单元适宜的海涂围垦开发方向应综合考虑区域的自身发展状况、自然条件、资源条件、社会经济条件和环境承载力等多个方面。海涂围垦开发方向指标选取是以指标选取原则为指导，结合不同海涂围垦布局方式的特点，采用递推矩阵方法，建立海涂围垦开发方向评价指标体系。评价指标体系共分四层次：目标层、一级指标、二级指标和三级指标。其中，目标层是海涂围垦主要的开发类型，分别为农业开发、港口开发、滨海工业开发和城镇开发建设；一级指标层是海涂围垦不同开发方向的主要影响要素，主要为区域的资源禀赋和社会经济条件；二级指标层是根据海涂围垦不同开发方向的特点对一级指标层资源禀赋和社会经济条件的细化；三级指标层是基础层，是对二级指标的进一步细化，选取对不同的海涂围垦开发方向有重要作用的、有代表性的、具体的、可量化的、可比的评价指标因子，对农业开发、港口开发、滨海工业开发、城镇开发建设评价目标层进行支撑（刘艳云，2009）。

①农业开发

区域资源禀赋和社会经济是农业开发的基础条件和支撑条件。丰富的潮滩空间资源是海涂用于农业开发必不可少的载体，水资源的丰富程度和质量是农业种植的基础条件，自然灾害直接影响农业开发的成果。农业开发的资源禀赋条件从对农业开发影响较大的空间资源、水资源和自然灾害三个方面考虑。人均耕地的多少是进行农业围垦的驱动力，农业技术和农产品竞争力是地区适合发展农业的技术和市场条件。社会经济条件从人均耕地、农产品竞争力、农业技术三个方面考虑。空间资源的丰富度采用单位岸线滩涂资源量、潮滩稳定性和海岸平均坡度来衡量。水资源的状况采用河网密度、年降水量、地表水环境质量和海水环境质量来判定。自然灾害通过主要自然灾害种类、风暴潮灾害综合指数、极端天气发生频率和病虫害发生频率来表示。选用农产品市场需求、农产品产业链成熟度和农产品加工及配套设施说明农产品的竞争力，收集育种和科研能力衡量区域农业技术条件。

综合考虑农业开发布局的主要影响因素，建立海涂围垦开发方向为农业开发（A）的评价指标体系，该体系共包含资源禀赋（A_1）和社会经济条件（A_2）2 个一级指标，空间资源（A_{11}）、水资源（A_{12}）、自然灾害（A_{13}）、人均耕地（A_{21}）、农产品竞争力（A_{22}）和农业技术（A_{23}）6 个二级指标，共 17 个三级指标，具体见表 5-6。

表 5-6　农业开发的评价指标

一级指标	二级指标	三级指标
农业开发（A）资源禀赋（A_1）	空间资源（A_{11}）	单位岸线滩涂资源量（A_{111}）
		潮滩稳定性（A_{112}）
		海岸平均坡度（A_{113}）
	水资源（A_{12}）	河网密度（A_{121}）
		年降水量（A_{122}）
		地表水环境质量（A_{123}）
		海水环境质量（A_{124}）
	自然灾害（A_{13}）	主要自然灾害种类（A_{131}）
		风暴潮灾害综合指数（A_{132}）
		极端天气发生频率（A_{133}）
		病虫害发生频率（A_{134}）
社会经济条件（A_2）	人均耕地（A_{21}）	区域人均耕地面积（A_{211}）
	农产品竞争力（A_{22}）	农产品市场需求（A_{221}）
		农产品产业链成熟度（A_{222}）
		农产品加工及配套设施（A_{223}）
	农业技术（A_{23}）	育种（A_{231}）
		科研能力（A_{232}）

②港口开发

港口一般是由码头、航道和堆场组成，码头、航道和堆场均需要一定范围的海域空间资源。码头和航道对港航资源、气候气象等资源禀赋条件要求较高，生态敏感区则直接限制港口开发的可行性。腹地社会经济条件是港口开发重要的支撑，已建港口规模和区域经济条件说明港口开发的必要性，良好的集疏运条件体现区域物流周转能力。空间资源的衡量因子与农业开发一致，采用单位岸线滩涂资源量、潮滩稳定性和海岸平均坡度 3 个指标。港航资源的质量选用深水近岸条件、港口岸线长、航道水深和万吨级航道开挖年回淤强度等来度量。气候气象的优良根据 6 级以上（含 6 级）大风天数、冰冻天数和风暴潮灾害综合指数来判定。生态敏感区通过生态敏感区类型和生态敏感区安全度来说明。区域经济条件体现在港口功能定位和地区生产总值两个方面，其中港口功能定位决定港口开发的规模，地区生产总值集中体现区域经济发展水平。已建港口规模从码头吨位、港口航道规模和港口吞吐量 3 个方面进行进一步的细化。集疏运条件从公路、铁路、航空和水运四个方面考察。

根据影响港口开发活动的主要因素，确定海涂围垦开发方向为港口开发（B）的评价指标体系，该体系共包含资源禀赋（B_1）和社会经济条件（B_2）2个一级指标，空间资源（B_{11}）、港航资源（B_{12}）、气象气候（B_{13}）、生态敏感区（B_{14}）、已建港口规模（B_{21}）、集疏运条件（B_{22}）和区域经济条件（B_{23}）7个二级指标，共21个三级指标，具体见表5-7。

表5-7　港口开发的评价指标

一级指标	二级指标	三级指标
港口开发（B）		
资源禀赋（B_1）	空间资源（B_{11}）	单位岸线滩涂资源量（B_{111}）
		潮滩稳定性（B_{112}）
		海岸平均坡度（B_{113}）
	港航资源（B_{12}）	深水近岸（10m 等深线离岸距离）（B_{121}）
		港口岸线长度（B_{122}）
		航道水深（B_{123}）
		万吨级航道开挖年回淤强度（B_{124}）
	气象气候（B_{13}）	6级以上（含6级）大风天数（B_{131}）
		冰冻天数（B_{132}）
		风暴潮灾害综合指数（B_{133}）
	生态敏感区（B_{14}）	生态敏感区类型（B_{141}）
		生态敏感区安全度（B_{142}）
社会经济条件（B_2）	已建港口规模（B_{21}）	港口吞吐量（B_{211}）
		港口航道规模（B_{212}）
		码头吨位（B_{213}）
	集疏运条件（B_{22}）	公路（B_{221}）
		铁路（B_{222}）
		航空（B_{223}）
		水运（B_{224}）
	区域经济条件（B_{23}）	港口功能定位（B_{231}）
		地区生产总值（B_{232}）

③滨海工业开发

滨海工业开发需依托一定的空间资源为载体。生态环境资源限制滨海工业开发的可行性，尤其是海洋环境容量情况、周边生态敏感区对滨海工业的限制作用更为明显。经济驱动力决定了滨海工业开发的必要性和发展速度；城市的规划对评价单元发展滨海工业或是驱动力或是阻滞力；区域经济辐射能力，尤其是区域中心城市产业转移等则有助于推动滨海工业开发；周边的港口规模影响着滨海工业发展潜力。基础设施和区域经济是滨海工业发展的重要支撑条件，能源、给排水、劳动力数量、交通条件则是滨海工业开发必不可少的基础条件。

　　根据滨海工业开发的主要影响因素，确定海涂围垦开发方向为滨海工业开发（C）的评价指标体系，该评价体系共包含资源禀赋（C_1）和社会经济条件（C_2）2个一级指标，空间资源（C_{11}）、生态环境资源（C_{12}）、经济驱动力（C_{21}）、基础设施（C_{22}）和区域经济条件（C_{23}）5个二级指标，共14个三级指标，具体见表5-8。

表 5-8　滨海工业开发的评价指标

	一级指标	二级指标	三级指标
滨海工业开发（C）	资源禀赋（C_1）	空间资源（C_{11}）	单位岸线滩涂资源量（C_{111}）
			潮滩稳定性（C_{112}）
			海岸平均坡度（C_{113}）
		生态环境资源（C_{12}）	海洋环境容量（C_{121}）
			生态敏感区类型（C_{122}）
			生态敏感区安全度（C_{123}）
	社会经济条件（C_2）	经济驱动力（C_{21}）	城市规划（C_{211}）
			区域经济辐射力（C_{212}）
			港口规模（C_{213}）
		基础设施（C_{22}）	能源供应（C_{221}）
			给排水（C_{222}）
			交通基础设施（C_{223}）
		区域经济条件（C_{23}）	区域经济总规模（C_{231}）
			劳动力数量（C_{232}）

④城镇开发建设

　　海涂围垦开发是在海涂空间资源的基础上进行的，空间资源是城镇开发建设必不可少的载体。景观资源质量和数量决定城镇开发建设的功能定位，水环境质量是城镇开发建设的必要条件。气象灾害（暴雨、雨涝和风暴潮）是城镇开发建设需考虑的安全因素。地区人口密度越大、城镇人口所占比重越高，驱使着人们寻找新的生存空间，是进行城镇开发建设的驱动力。规划趋势综合反映城镇开发建设的合理性。与主城区距离说明接受主城区辐射力和带动力的程度。地区生产总值和人均 GDP 反映地区经济发展水平和人民生活水平的高低，也会从侧面说明地区经济承受能力和居民寻求生存空间的可能性。

　　海涂围垦开发方向为城镇开发建设（D）的评价指标体系，共包含资源禀赋（D_1）和社会经济条件（D_2）2个一级指标，空间资源（D_{11}）、景观资源（D_{12}）、水环境质量（D_{13}）、气象灾害（D_{14}）、人口（D_{21}）、城市发展趋势（D_{22}）、区域经济条件（D_{23}）7个二级指标，共15个三级指标，具体见表5-9。

表 5-9　城镇开发建设的评价指标

	一级指标	二级指标	三级指标
城镇开发建设（D）	资源禀赋（D_1）	空间资源（D_{11}）	单位岸线滩涂资源量（D_{111}）
			潮滩稳定性（D_{112}）
			海岸平均坡度（D_{113}）
		景观资源（D_{12}）	景观数量（D_{121}）
			景观质量（D_{122}）
		水环境质量（D_{13}）	地表水环境质量（D_{131}）
			海水环境质量（D_{132}）
		气象灾害（D_{14}）	风暴潮灾害综合指数（D_{141}）
			暴雨、雨涝灾害（D_{142}）
	社会经济条件（D_2）	人口（D_{21}）	人口密度（D_{211}）
			城镇人口比重（D_{212}）
		城市发展趋势（D_{22}）	规划趋势（D_{221}）
			距主城区远近程度（D_{222}）
		区域经济条件（D_{23}）	地区生产总值（D_{231}）
			人均 GDP（D_{232}）

2）评价模型构建

（1）评价指标量化和标准化

①指标量化方法

海涂围垦开发方向涉及的评价指标因子较多，按指标的特点和数据的可获取性分为定量指标和定性指标，按其具体含义分为成本型、效益型、区间型和固定型等（王静，2009）。

对于能够直接从统计数据和相关专题报告直接获取数据的评价指标因子，如地区生产总值、人均耕地、港口吞吐量、劳动力数量等，进行统一单位量化；对于能够采用数学公式直接计算出的评价指标因子，如人口密度、城镇人口比重、单位岸线滩涂资源量、人均 GDP 等，拟采用适宜的数学公式实现量化；对于无统计数据的评价指标因子，比如风暴潮灾害综合指数、区域经济辐射力等，采用定量与定性相结合进行综合计算量化；对于只有两面性的评价指标因子，比如规划趋势，如果区域有城镇开发规划指向，指标因子值为1，如果没有，指标因子值则为 0。对于能依据某一判别标准进行定量化的评价指标因子，如海水环境质量，按相应的判别标准进行量化。

对于无统计数据的评价指标因子，常用区间尺度的计量实现定量和定性相结合，常见的是两级比例法。对于成本型指标，现状值越高的指标赋值越小；效益型指标则相反。通常采用 10 点标度对定性指标进行标定，成本型指标最高指标值赋值为 0 点，最低指标值为 10 点；效益型指标赋值则相反（郭卓彦，2012），具体如图 5-5 所示。

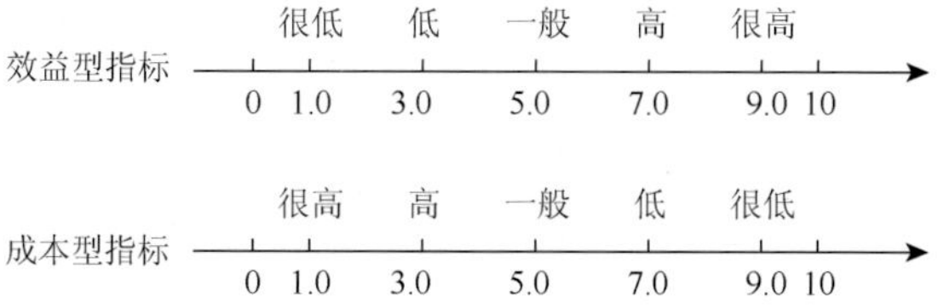

图 5-5　区间尺度下指标值的分配

②标准化方法

海涂围垦开发方向评价指标体系涉及的指标因子较多，评价指标的单位和数量级也不同，需通过对指标进行标准化处理，使指标具有统一的衡量标准。评价指标因子一般分为成本型、效益型、区间型和固定型等（王静，2009）。不同类型的评价因子具有不同的标准化方法。

成本型指标标准化计算公式

$$y_i = \frac{\max\limits_{i} x_i - x_i}{\max\limits_{i} x_i - \min\limits_{i} x_i} \tag{5-1}$$

式中，y_i 为第 i 指标的评估值；x_i 为实际值，$\max x_i$ 和 $\min x_i$ 为实际值的最大值和最小值。

效益型指标标准化计算公式

$$y_i = \frac{x_i - \min\limits_{i} x_i}{\max\limits_{i} x_i - \min\limits_{i} x_i} \tag{5-2}$$

式中，y_i 为第 i 指标的评估值；x_i 为实际值，$\max x_i$ 和 $\min x_i$ 为实际值的最大值和最小值。

区间型指标标准化计算公式

$$y_{ij} = \frac{\max\limits_{i}\left[\max\left(q_1^j - x_{ij}, x_{ij} - q_2^j\right) - \left(q_1^j - x_{ij}, x_{ij} - q_2^j\right)\right]}{\max\limits_{i}\left[\max\left(q_1^j - x_{ij}, x_{ij} - q_2^j\right)\right] - \min\limits_{i}\left[\max\left(q_1^j - x_{ij}, x_{ij} - q_2^j\right)\right]} \tag{5-3}$$

固定型指标标准化计算公式

$$y_{ij} = \frac{\max\limits_{i}\left|x_{ij} - a_j\right| - \left|x_{ij} - a_j\right|}{\max\limits_{i}\left|x_{ij} - a_j\right| - \min\limits_{i}\left|x_{ij} - a_j\right|} \tag{5-4}$$

式中，x_{ij} 表示第 j 个目标方案 x_j 在第 i 个指标因子 f_i 下的指标值；y_{ij} 为第 j 个评价目标在评价指标 i 上的标准化值；a_j 表示 f_j 的最佳稳定值；$\left[q_1^j, q_2^j\right]$ 表示 f_j 的最佳稳定区间（刘艳云，2009；王静，2009；郭卓彦，2012；刘佰琼，2013）。

③不同开发方向评价指标选取、量化及标准化

Ⅰ. 农业开发

海涂围垦开发方向为农业开发（A）的评价指标体系，该体系共包含资源禀赋（A_1）和社会经济条件（A_2）2 个一级指标，空间资源（A_{11}）、水资源（A_{12}）、自然灾害（A_{13}）、人均耕地（A_{21}）、农产品竞争力（A_{22}）和农业技术（A_{23}）6 个二级指标，共 17 个三级指标。指标量化和标准化根据指标的特征和类型选取相应的方法，具体见表 5-10。

表 5-10 农业开发的评价指标

一级指标	二级指标	三级指标	指标解释	量化	指标类型
农业开发（A） 资源禀赋（A_1）	空间资源（A_{11}）	单位岸线滩涂资源量（A_{111}）	可围滩涂资源量（km^2）/滩涂资源占有的岸线长度（km）	定量	效益型
		潮滩稳定性（A_{112}）	按评价单元所在岸段的潮滩稳定性进行分等，分为稳定、淤积、微侵蚀、侵蚀、强侵蚀、严重侵蚀，分别赋值5、4、3、2、1、0分。以滩面冲蚀强度（cm/a）划分潮滩稳定性	定性	效益型
		海岸平均坡度（A_{113}）	根据收集的各评价单元岸段的海岸平均坡度进行量化。将量化的平均坡度进行分类，其中埒子口到滨海海岸平均坡度最大，赋值5分；东灶到蒿枝港坡度其次，赋值4分；蒿枝港到启东嘴赋值3分；赣榆北侧赋值2分；徐圩、射阳到东灶港海岸平均坡度最小，赋值1分（杨宏忠，2012；王艳红等，2006）	定量与定性相结合	成本型
	水资源（A_{12}）	河网密度（A_{121}）	河流总长度（km）/河流的流域面积（km^2）（孙丽萍，2007）	定量	效益型
		年降水量（A_{122}）	根据收集的评价单元多年平均降水量进行赋值	定量	效益型
		地表水环境质量（A_{123}）	根据评价单元所在区域地表水COD、氨氮等要素环境质量标准进行综合定性赋值	定性	效益型
		海水环境质量（A_{124}）	根据收集的海洋环境质量公报资料，按评价单元所在海域海水环境质量进行赋值	定性	效益型
	自然灾害（A_{13}）	主要自然灾害种类（A_{131}）	主要自然灾害包括生态灾害（赤潮、绿潮等）、气象灾害（台风、温带气旋、寒潮、灾害性海浪、海冰、海啸、雷暴等）、地质灾害（地震、海岸侵蚀、海水入侵与土壤盐渍化等）、其他灾害（海平面变化、咸潮入侵、病虫害等）。根据评价单元收集的资料，按主要的自然灾害的种类数量进行赋值	定量	成本型
		风暴潮灾害综合指数（A_{132}）	根据收集的资料，依据各评价单元所在区域10年内风暴潮（台风、寒潮、温带气旋）发生次数、发生强度（轻度、较大、严重、特大）、风暴潮灾害造成的多年平均经济损失（万元/年）综合之后再进行赋值（谢丽和张振克，2011）	定量与定性相结合	成本型
		极端天气发生频率（A_{133}）	根据收集的资料，依据评价单元所在区域年均干旱天数、年均暴雨天数、年均极端低温天数、年均极端高温天数进行综合赋值	定量与定性相结合	成本型
		病虫害发生频率（A_{134}）	根据收集资料，江苏省沿海地区病虫害发生频率空间差距不大，本项指标均赋值1	定性	成本型

续表

一级指标	二级指标	三级指标	指标解释	量化	指标类型
农业开发（A）	社会经济条件（A_2） 人均耕地（A_{21}）	区域人均耕地面积（A_{211}）	根据收集的评价单元所在区域人均耕地面积进行赋值	定量	成本型
	农产品竞争力（A_{22}）	农产品市场需求（A_{221}）	根据评价单元所在区域农产品销售情况、地区人均 GDP、农产品竞争优势情况、农产品进出口情况进行综合赋值	定量与定性相结合	效益型
		农产品产业链成熟度（A_{222}）	根据评价单元所在区域农产品的生产、储运、加工、销售综合情况得到评价单元所在区农产品产业链的成熟度，对其进行定性赋值（杨妍，2006）	定性	效益型
		农产品加工及配套设施（A_{223}）	根据收集的评价单元所在区域加工种类、加工配套设施情况定性赋值	定性	效益型
	农业技术（A_{23}）	育种（A_{231}）	根据评价单元所在区域育种情况（育种类型、育种种数）进行综合赋值	定量与定性相结合	效益型
		科研能力（A_{232}）	根据收集的评价单元所在区域（（农业专业技术人员数+地区农业技术推广员人数+农业高级技术人员数+农业科研机构数量）×1000/评价单元所在区域总人口）×1000 得出的数值进行赋值	定量	效益型

Ⅱ. 港口开发

根据港口开发的各影响因子，确定海涂围垦开发方向为港口开发（B）的评价指标体系，该体系共包含 2 个一级指标，7 个二级指标，共 21 个三级指标。指标量化和标准化根据指标的特征和类型选取相应的方法，具体见表 5-11。

表 5-11 港口开发的评价指标

一级指标	二级指标	三级指标	指标解释	量化	指标类型
港口开发（B）	资源禀赋（B_1） 空间资源（B_{11}）	单位岸线滩涂资源量（B_{111}）	可围滩涂资源量（km^2）/滩涂资源占有的岸线长度（km）	定量	效益型
		潮滩稳定性（B_{112}）	按评价单元所在岸段的潮滩稳定性进行分等，分为稳定、淤积、微侵蚀、侵蚀、强侵蚀、严重侵蚀，分别赋值 5、4、3、2、1、0 分。以滩面冲蚀强度（cm/a）划分潮滩稳定性	定性	效益型
		海岸平均坡度（B_{113}）	根据收集的各评价单元岸段的海岸平均坡度进行量化。将量化的平均坡度进行分类，其中垎子口到滨海海岸平均坡度最大，赋值 5 分；东灶港到蒿枝港坡度其次，赋值 4 分；蒿枝港到启东嘴赋值 3 分；赣榆北侧赋值 2 分；徐圩、射阳到东灶港海岸平均坡度最小，赋值 1 分（杨宏忠，2012；王艳红等，2006）	定量与定性相结合	成本型

续表

一级指标	二级指标	三级指标	指标解释	量化	指标类型
港口开发（B）	资源禀赋（B_1）	港航资源（B_{12}）	深水近岸（10m 等深线离岸距离）（B_{121}）	评价单元所在区域 10m 等深线与海岸线的距离（刘艳云，2009）	定量	成本型
			港口岸线长度（B_{122}）	根据收集的评价单元港口岸线长度（km）进行赋值	定量	效益型
			航道水深（B_{123}）	根据收集的评价单元航道水深（m）进行赋值	定量	效益型
			万吨级航道开挖年回淤强度（B_{124}）	根据收集的评价单元所在区域万吨级航道开挖年回淤总量（万 m³）、年平均淤强综合后，按评价单元万吨级航道开挖年回淤强度大小进行定性赋值	定量与定性相结合	成本型
		气象气候（B_{13}）	6 级以上（含 6 级）大风天数（B_{131}）	根据收集的评价单元多年平均 6 级以上（含 6 级）大风天数进行赋值	定量	成本型
			冰冻天数（B_{132}）	根据收集的资料，江苏沿海地区日均温小于 0℃ 的天数为 30～60 天，日均温在 0℃ 以下可能发生冰冻。全省冰冻天数差别不大，本项指标统一赋值为 1	定性	成本型
			风暴潮灾害综合指数（B_{133}）	根据收集的资料，依据各评价单元所在区域 10 年内风暴潮（台风、寒潮、温带气旋）发生次数、发生强度（轻度、较大、严重、特大）、风暴潮灾害造成的多年平均经济损失（万元/年）综合之后再进行赋值	定量与定性相结合	成本型
		生态敏感区（B_{14}）	生态敏感区类型（B_{141}）	根据评价单元所在区域生态敏感区的种类（河口、保护区、农渔业区等）进行赋值	定量	成本型
			生态敏感区安全度（B_{142}）	根据评价单元与邻近保护区距离、与邻近农渔业区距离、与邻近河口距离进行综合赋值	定量与定性相结合	效益型
	社会经济条件（B_2）	已建港口规模（B_{21}）	港口吞吐量（B_{211}）	根据收集的评价单元港口吞吐量（万吨级）进行赋值	定量	效益型
			港口航道规模（B_{212}）	根据收集的评价单元港口航道规模（万吨级）进行赋值	定量	效益型
			码头吨位（B_{213}）	根据收集的评价单元目前最大的码头吨位（万吨）进行赋值	定量	效益型
		集疏运条件（B_{22}）	公路（B_{221}）	评价单元所在区域公路条数赋值	定量	效益型
			铁路（B_{222}）	评价单元所在区域铁路条数赋值	定量	效益型
			航空（B_{223}）	依据评价单元所在区域是否有航空运输进行赋值，由于江苏沿海三市均有航空港，统一赋值为 1	定性	效益型
			水运（B_{224}）	依据评价单元所在区域是否有水路进行赋值，有则赋值 1，无则赋值 0	定性	效益型
		区域经济条件（B_{23}）	港口功能定位（B_{231}）	依据港口功能定位为区域性中心港口、枢纽港、重要中转港、一般港口；集装箱干线港、集装箱支线港、集装箱运输喂给港；一类口岸、二类口岸、三类口岸进行综合赋值	定性	效益型
			地区生产总值（B_{232}）	根据评价单元所在县（市、区）地区生产总值进行赋值	定量	效益型

III. 滨海工业开发

滨海工业开发指标量化和标准化根据指标的特征和类型选取相应的方法，具体见表 5-12。

表 5-12　滨海工业开发的评价指标

一级指标	二级指标	三级指标	指标解释	量化	指标类型
滨海工业开发（C）	资源禀赋（C_1）	空间资源（C_{11}）	单位岸线滩涂资源量（C_{111}）	可围滩涂资源量（km²）/滩涂资源占有的岸线长度（km）	定量	效益型
			潮滩稳定性（C_{112}）	按评价单元所在岸段的潮滩稳定性进行分等，分为稳定、淤积、微侵蚀、侵蚀、强侵蚀、严重侵蚀，分别赋值 5、4、3、2、1、0 分。以滩面冲蚀强度（cm/a）划分潮滩稳定性	定性	效益型
			海岸平均坡度（C_{113}）	根据收集的各评价单元岸段的海岸平均坡度进行量化。将量化的平均坡度进行分类，其中埒子口到滨海海岸平均坡度最大，赋值 5 分；东灶港到蒿枝港坡度其次，赋值 4 分；蒿枝港到启东嘴赋值 3 分；赣榆北侧赋值 2 分；徐圩、射阳到东灶港海岸平均坡度最小，赋值 1 分（杨宏忠，2012；王艳红等，2006）	定量与定性相结合	成本型
		生态环境资源（C_{12}）	海洋环境容量（C_{121}）	根据收集的资料，按各评价单元所在海域的海洋环境容量进行赋值（孙丽萍，2007）	定量	效益型
			生态敏感区类型（C_{122}）	根据评价单元所在区域生态敏感区的种类（河口、保护区、农渔业区等）进行赋值	定量	成本型
			生态敏感区安全度（C_{123}）	根据评价单元与邻近保护区距离、与邻近农渔业区距离、与邻近河口距离进行综合赋值	定量与定性相结合	效益型
	社会经济条件（C_2）	经济驱动力（C_{21}）	城市规划（C_{211}）	按评价单元所在区域城市规划是否有滨海工业开发方向进行判定，有则赋值 1，无则赋值 0	定性	效益型
			区域经济辐射力（C_{212}）	区域经济辐射力是评价单元所在区域接受周边县（市、区）、地级市、省会城市、城市群中特大中心城市的辐射能力。根据评价单元与所在县（市、区）距离、与所在地级市距离、与省会南京市的距离、与中心城市（上海、北京、天津）距离进行综合赋值（牛华勇，2009）	定量与定性相结合	效益型
			港口规模（C_{213}）	根据收集的评价单元港口吞吐量（万吨）进行赋值	定量	效益型
		基础设施（C_{22}）	能源供应（C_{221}）	根据评价单元所在区域电力供应情况、热力供应（煤炭）情况、天然气和石油供应情况等进行综合赋值	定性	效益型
			给排水（C_{222}）	根据评价单元所在区域给水（淡水供给）、排水情况进行综合赋值	定性与定量相结合	效益型
			交通基础设施（C_{223}）	依据评价单元所在区域公路、铁路、航空、水运等进行综合赋值	定量	效益型
		区域经济条件（C_{23}）	区域经济总规模（C_{231}）	评价单元所在县（市、区）地区生产总值	定量	效益型
			劳动力数量（C_{232}）	评价单元所在县（市、区）劳动力数量（万人）	定量	效益型

Ⅳ. 城镇开发建设

城镇开发建设评价体系的指标量化和标准化根据指标的特征和类型选取相应的方法，具体见表 5-13。

表 5-13　城镇开发建设的评价指标

一级指标	二级指标	三级指标	指标解释	量化	指标类型
城镇开发建设（D）	资源禀赋（D_1）	空间资源（D_{11}）	单位岸线滩涂资源量（D_{111}）	可围滩涂资源量（km^2）/滩涂资源占有的岸线长度（km）	定量	效益型
			潮滩稳定性（D_{112}）	按评价单元所在岸段的潮滩稳定性进行分等，分为稳定、淤积、微侵蚀、侵蚀、强侵蚀、严重侵蚀，分别赋值 5、4、3、2、1、0 分。以滩面冲蚀强度（cm/a）划分潮滩稳定性	定性	效益型
			海岸平均坡度（D_{113}）	根据收集的各评价单元岸段的海岸平均坡度进行量化。将量化的平均坡度进行分类，其中埒子口到滨海海岸平均坡度最大，赋值 5 分；东灶港到蒿枝港坡度其次，赋值 4 分；蒿枝港到启东嘴赋值 3 分；赣榆北侧赋值 2 分；徐圩、射阳到东灶港海岸平均坡度最小，赋值 1 分（杨宏忠，2012；王艳红等，2006）	定量与定性相结合	成本型
		景观资源（D_{12}）	景观数量（D_{121}）	根据评价单元所在区域自然（沙滩、海洋公园、岛屿、山等）和人文的景观类型的数量进行赋值	定量	效益型
			景观质量（D_{122}）	依据评价单元所在区域景观的美学价值、景观产生的经济价值、科教研究文化价值、环境保护价值是否为特级旅游资源等进行综合赋值（陈洪凯等，2012）	定性	效益型
		水环境质量（D_{13}）	地表水环境质量（D_{131}）	根据评价单元所在区域地表水 COD、氨氮等要素环境质量标准进行综合定性赋值	定性	效益型
			海水环境质量（D_{132}）	根据收集的海洋环境质量公报资料，按评价单元所在海域海水环境质量进行赋值	定性	效益型
		气象灾害（D_{14}）	风暴潮灾害综合指数（D_{141}）	根据收集的资料，依据各评价单元所在区域 10 年内风暴潮（台风、寒潮、温带气旋）发生次数、发生强度（轻度、较大、严重、特大）、风暴潮灾害造成的多年平均经济损失（万元/年）综合之后再进行赋值	定量与定性相结合	成本型
			暴雨、雨涝灾害（D_{142}）	根据收集的各评价单元多年平均降水量大于等于 50mm 的天数进行赋值	定量	成本型
	社会经济条件（D_2）	人口（D_{21}）	人口密度（D_{211}）	人口密度计算：评价单元所在县（市、区）人口数量（人）/评价单元所在县（市、区）面积（hm^2）	定量	效益型
			城镇人口比重（D_{212}）	城镇人口比重计算：评价单元所在县（市、区）城镇人口/评价单元所在县（市、区）总人口	定量	效益型
		城市发展趋势（D_{22}）	规划趋势（D_{223}）	按评价单元所在区域规划是否有城镇开发建设方向的趋势进行判定，有则赋值 1，无则赋值 0	定性	效益型
			距主城区远近程度（D_{224}）	按评价单元与主城区的距离（km）进行赋值	定量	成本型
		区域经济条件（D_{23}）	地区生产总值（D_{231}）	评价单元所在县（市、区）地区生产总值	定量	效益型
			人均 GDP（D_{232}）	人均 GDP 计算：评价单元所在县（市、区）地区生产总值/评价单元所在县（市、区）总人口	定量	效益型

（2）评价指标权重的确定

本专著评估指标权重采用层次分析法进行确定。

①层次分析法

层次分析法（analytic hierarchy process，简称 AHP）是由美国著名的运筹学家、匹兹堡大学 Satty 教授在 20 世纪 70 年代提出的。它是指将一个复杂的目标决策问题作为一个系统，将目标分解为多个目标或准则，进而分解为多指标（或准则、约束）的若干层次，通过定性指标模糊量化方法计算出层次单排序权重和总排序权重以作为目标决策的系统方法（朱建军，2005）。

Ⅰ. 递阶层次结构模型的建立

应用 AHP 分析目标决策问题时，首先将目标条理化、层次化，构造出一个有层次的结构模型。在这个模型下，复杂的目标问题被分解成多个元素，这些元素按其复杂程度进而可分解成多指标的若干层次。这些层次可分为三层：①目标层，即目标决策问题；②准则层，目标决策问题的下级属层，它可由若干层次组成，包括准则层、子准则层；③方案层，为实现目标决策所提供的方案、措施等。递阶层次结构模型的上一层次指标对下一层次指标具有支配作用，而下一层次指标受上一层次指标的支配。

Ⅱ. 构建判断矩阵

递阶层次结构模型确定了上下层目标间的隶属关系，构建判断矩阵则是为了确定各层次目标的权重。记准则层 U 的下一层指标为 U_1，U_2，…，U_n，比较 U_i 和 U_j 的重要性及重要程度，按照表 5-14 定义的 1～9 标度赋值各指标的重要程度，形成判断矩阵 $A=(a_{ij})_{n \times n}$，n 为矩阵的阶数（陆萍，2005）。

表 5-14　1～9 标度的含义

比例标度	含义
1	两个元素相比，具有相同的重要性
3	两个元素相比，前者比后者稍重要
5	两个元素相比，前者比后者明显重要
7	两个元素相比，前者比后者强烈重要
9	两个元素相比，前者比后者极端重要
2, 4, 6, 8	表示上述相邻判断的中间值

Ⅲ. 一致性指标检验

通过指标之间的两两相比较构建的判断矩阵，依据的是确定标度值，且决策者在判断时难免存在片面性，导致判断矩阵往往是不一致的，所以需要对判断矩阵计算出来的权重值进行一致性检验。AHP 选用数量指标 CI 来作为一致性检验的衡量数值。CI 定义计算公式如下

$$CI = \frac{\lambda_{\max} - n}{n-1} \tag{5-5}$$

式中，$\lambda_{\max}$ 是判断矩阵 **A** 最大的特征根；n 为阶数。

运用方根法判别矩阵的最大特征值 $\lambda_{\max}$ 及特征向量 W_i，并检验矩阵一致性。

计算判断矩阵每一行元素的乘积 $M_i = \prod\limits_{j=1}^{n} u_{ij}$；

计算 M_i 的 n 次方根 $W_i = \sqrt[n]{M_i}$；

对 W_i 进行归一化得 $W_i = \dfrac{W_i}{\sum\limits_{j=1}^{n} W_j}$；

计算判断矩阵的最大特征值 $\lambda_{\max} = \sum\limits_{i=1}^{n}\left[\dfrac{\sum\limits_{j=1}^{n} u_{ij} W_j}{n W_i}\right]$；

计算出一致性指标 CI 后，继而求判断矩阵一致性检验系数 CR，CR 计算公式如下

$$CR = \frac{CI}{RI} \tag{5-6}$$

式中，RI 为平均随机一致性指标，对于阶数 n 为 1～15 之间，平均随机一致性指标 RI 的取值见表 5-15（洪志国等，2002）。当 CR≤0.1 时，则判断矩阵的一致性满足要求，反之则不满足。

表 5-15　平均随机一致性指标 RI 值

阶数	1	2	3	4	5	6	7	8	9	10	11	12	13	14	15
RI	0	0	0.52	0.89	1.12	1.26	1.36	1.41	1.46	1.49	1.52	1.54	1.56	1.58	1.59

Ⅳ. 层次总排序权重

通过建立判断矩阵确定各层次的权重，都通过一致性检验后，需确定层次总排序的权重。层次总排序权重的计算是从最高一层的准则层向方案层逐层进行的，方案层得到的权重即为层次总排序权重。

若上一层次 U 包含 m 个指标 U_1，U_2，$\cdots$，U_m，每个指标对应的层次总排序权重为 u_1，u_2，$\cdots$，u_m，下一层次 V 包含 m 个指标 V_1，V_2，$\cdots$，V_m，其对应的层次总排序权重为 v_1，v_2，$\cdots$，v_m。若 U_j 包含的 V 层次的某些指标的一致性指标为 CI_j，那么平均随机一致性指标为 RI_j，则 V 层次总排序一致性检验系数为

$$CR = \frac{\sum\limits_{j=1}^{m} u_j CI_j}{\sum\limits_{j=1}^{m} u_j RI_j} \tag{5-7}$$

层次总排序通过一致性检验后，得出各方案的权重，最终可得到各决策方案的定量化数据，决策者即可做出决策。AHP 实施步骤见图 5-6。

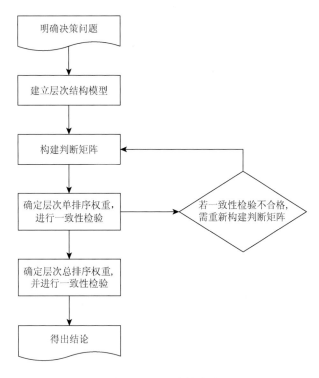

图 5-6　AHP 实施步骤

②指标权重确定

根据层次分析法递阶计算原理，分别对海涂围垦布局的一级指标、二级指标和三级指标进行权重计算。通过专家咨询，确定各评价因子相对于海涂围垦布局的重要程度，构造要素判断矩阵，按照层次分析法 1～9 标度给出因子间相对比较的重要度标度。海涂围垦开发方向评价因子判断矩阵及权重见表 5-16～表 5-19。

表 5-16　农业开发方向评价因子总排序权重及一致性检验结果

三级指标层	二级指标层权重	三级指标层总排序权重 w_i	一致性检验
A_{111}		0.0898	
A_{112}	0.1972	0.0530	
A_{113}		0.0544	
A_{121}	0.1184	0.0654	
A_{122}		0.0530	
A_{123}	0.1308	0.0654	CR=0.00＜0.10；通过
A_{124}		0.0654	
A_{131}		0.0665	
A_{132}	0.2631	0.0537	
A_{133}		0.0661	
A_{134}		0.0768	

三级指标层	二级指标层权重	三级指标层总排序权重 w_i	一致性检验
A_{211}	0.0654	0.0654	
A_{221}		0.0635	
A_{222}	0.1443	0.0404	CR=0.00＜0.10；通过
A_{223}		0.0404	
A_{231}	0.0808	0.0404	
A_{232}		0.0404	

表 5-17　港口开发方向评价因子总排序权重及一致性检验结果

三级指标层	二级指标层权重	三级指标层总排序权重 w_i	一致性检验
B_{111}		0.0319	
B_{112}	0.1162	0.0419	
B_{113}		0.0424	
B_{121}		0.0714	
B_{122}	0.2464	0.0616	
B_{123}		0.0616	
B_{124}		0.0518	
B_{131}		0.0343	
B_{132}	0.0879	0.0319	
B_{133}		0.0217	
B_{141}	0.1330	0.0616	
B_{142}		0.0714	CR=0.00＜0.10；通过
B_{211}		0.0319	
B_{212}	0.2495	0.0326	
B_{213}		0.0520	
B_{221}		0.0418	
B_{222}	0.1671	0.0518	
B_{223}		0.0217	
B_{224}		0.0518	
B_{231}	0.1329	0.0811	
B_{232}		0.0518	

表 5-18　滨海工业开发方向评价因子总排序权重及一致性检验结果

三级指标层	二级指标层权重	三级指标层总排序权重 w_i	一致性检验
C_{111}		0.0470	
C_{112}	0.1450	0.0470	
C_{113}		0.0510	CR=0.00＜0.10；通过
C_{121}		0.0895	
C_{122}	0.2961	0.1033	
C_{123}		0.1033	

续表

三级指标层	二级指标层权重	三级指标层总排序权重 w_i	一致性检验
C_{211}		0.0895	
C_{212}	0.2683	0.1033	
C_{213}		0.0755	
C_{221}		0.0480	CR=0.00＜0.10；通过
C_{222}	0.1552	0.0470	
C_{223}		0.0602	
C_{231}	0.1356	0.1033	
C_{232}		0.0323	

表 5-19　城镇开发建设开发方向评价因子总排序权重及一致性检验结果

三级指标层	二级指标层权重	三级指标层总排序权重 w_i	一致性检验
D_{111}		0.0823	
D_{112}	0.1972	0.0564	
D_{113}		0.0585	
D_{121}	0.1773	0.0823	
D_{122}		0.0950	
D_{131}	0.1258	0.0694	
D_{132}		0.0564	
D_{141}	0.0586	0.0431	CR=0.00＜0.10；通过
D_{142}		0.0155	
D_{211}	0.1381	0.0431	
D_{212}		0.0950	
D_{221}	0.1514	0.0950	
D_{222}		0.0564	
D_{231}	0.1517	0.0823	
D_{232}		0.0694	

③评价目标优序

在选取的海涂围垦开发方向指标标准化和权重确定的基础上，采用线性加权和法计算拟围单元农业开发、港口开发、滨海工业开发、城镇开发建设得分，得到海涂围垦开发方向各评价目标的优劣值向量。其中 V 值越高越好，根据相关统计资料和专家经验，当 $V \geqslant 0.5$ 时，认为某岸段选用该种方式是适宜的。

$$线性加权和法计算公式 y = \sum_{i=1}^{m} I_i \cdot w_i$$

式中，y 为评价对象的得分值；I_i 为评价指标 i 的标准化值；w_i 为评价指标 i 的权重（刘艳云，2009）。

优劣向量值（刘佰琼，2013）

$$V = (v_1, v_2, \cdots, v_n) = (\omega_1, \omega_2, \cdots, \omega_m) \cdot \begin{pmatrix} y_{11} & y_{12} & \cdots & y_{1n} \\ y_{21} & y_{22} & \cdots & y_{2n} \\ \vdots & \vdots & & \vdots \\ y_{m1} & y_{m2} & \cdots & y_{mn} \end{pmatrix}$$

值得注意的是，某些拟围单元，如单元类型为有开发需求的需围单元，由于这些单元资源条件禀赋较差等因素，该类型单元所在岸段资源储量为 0，在进行海涂围垦开发方向评价时易出现四种开发方向的综合得分值均小于 0.5 的情况，可结合现状拟围单元周边优势产业类型确定适宜的开发方向。

2. 有开发需求的可围单元布局研究

通过以上江苏海涂拟围单元类型的研究，江苏海涂拟围单元可确定为 19 个有开发需求的可围单元，5 个尚无开发需求的可围单元，5 个有开发需求的需围单元。其中19 个有开发需求的可围单元分别为赣榆柘汪区块、赣榆海头区块、兴庄河口—沙旺河口区块、沙旺河口—青口河口区块、青口河口—临洪河口区块、四卯酉河口—王港河口区块、王港河口—竹港河口区块、竹港河口—川东港河口区块、东台河口北区块、梁垛河口—方塘河口区块、方塘河口—北凌闸区块、小洋口港—掘苴口区块、洋口港区块、东安闸南区块、遥望港南区块、蒿枝港—塘芦港区块、协兴港南区块、赣榆岸外区块和通州湾岸外区块。

针对 19 个有开发需求的可围单元，通过相关资料收集，依据 5.1.2 节构建的海涂围垦开发方向评价模型、指标量化方法和标准化方法，获得农业开发、港口开发、滨海工业开发、城镇开发建设各评价因子的因子值和标准化值。并结合 5.1.2 节确定的四种开发方向的权重，采用线性加权和法计算该类型拟围单元的农业开发、港口开发、滨海工业开发、城镇开发建设的综合得分和分值排序情况，通过比较优劣向量值得到 19 个有开发需求的可围单元 4 种开发方式的适宜性情况。

有开发需求的可围单元 4 种开发方向综合得分和分值排序见表 5-20 和图 5-7。

3. 尚无开发需求的可围单元布局研究

江苏海涂拟围单元可确定 5 个尚无开发需求的可围单元，分别为龙王河口—兴庄河口区块、临洪河口—西墅区块、东台河口南区块、东安闸北区块和大洋港北区块。依据 5.1.2 节构建的海涂围垦开发方向评价模型、指标量化方法、标准化方法和权重，采用线性加权和法计算该类型拟围单元的农业开发、港口开发、滨海工业开发、城镇开发建设的综合得分情况，通过评价得分值，可得 5 个尚无开发需求的可围单元的 4 种开发方式的适宜性情况。

尚无开发需求的可围单元 4 种开发方向综合得分和分值排序见表 5-21 和图 5-8。

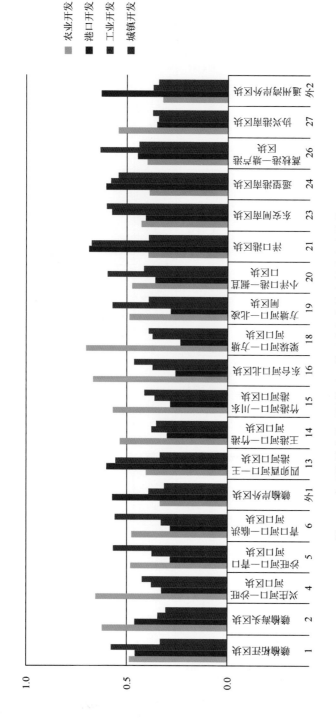

图 5-7 有开发需求的可围单元 4 种开发方向综合得分和分值情况

表 5-20　有开发需求的可围单元 4 种开发方向综合得分和分值排序表

序号	区块编号	有开发需求的可围单元	农业开发综合得分	排序值	港口开发综合得分	排序值	滨海工业开发综合得分	排序值	城镇开发综合得分	排序值
1	1	赣榆柘汪区块	0.4850	9	0.4557	7	0.5747	5	0.3295	17
2	2	赣榆海头区块	0.6208	4	0.4581	6	0.3452	17	0.3046	19
3	4	兴庄河口—沙旺河口区块	0.6537	3	0.3244	12	0.3770	10	0.4214	7
4	5	沙旺河口—青口河口区块	0.4802	10	0.2817	16	0.3726	12	0.5646	2
5	6	青口河口—临洪河口区块	0.4756	11	0.2826	14	0.3272	19	0.5583	3
6	13	四卯酉河口—王港河口区块	0.4033	14	0.5993	4	0.5552	8	0.333	16
7	14	王港河口—竹港河口区块	0.5333	7	0.2989	13	0.3758	11	0.3517	14
8	15	竹港河口—川东港河口区块	0.5687	5	0.2822	15	0.3589	16	0.4101	9
9	16	东台河口北区块	0.6666	2	0.2573	18	0.3701	14	0.4615	5
10	18	梁垛河口—方塘河口区块	0.7005	1	0.2314	19	0.3713	13	0.3883	12
11	19	方塘河口—北凌闸区块	0.4863	8	0.2813	17	0.5715	7	0.3883	11
12	20	小洋口港—掘苴口区块	0.4726	12	0.3576	10	0.5958	3	0.4130	8
13	21	洋口港区块	0.3923	16	0.6874	1	0.6737	1	0.3893	10
14	23	东安闸南区块	0.4267	13	0.4058	9	0.5734	6	0.600	1
15	24	遥望港南区块	0.3874	17	0.6032	3	0.5798	4	0.5422	4
16	26	蒿枝港—塘芦港区块	0.3984	15	0.4463	8	0.6307	2	0.4376	6
17	27	协兴港南区块	0.5408	6	0.3500	11	0.3407	18	0.3705	13
18	外1	赣榆岸外区块	0.3341	18	0.5704	5	0.3902	9	0.3116	18
19	外2	通州湾岸外区块	0.3202	19	0.6261	2	0.3688	15	0.3416	15

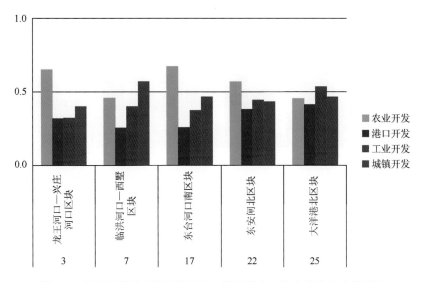

图 5-8　尚无开发需求的可围单元 4 种开发方向综合得分和分值情况

表 5-21　尚无开发需求的可围单元 4 种开发方向综合得分和分值排序表

序号	区块编号	尚无开发需求的可围单元	农业开发综合得分	排序值	港口开发综合得分	排序值	滨海工业开发综合得分	排序值	城镇开发综合得分	排序值
1	3	龙王河口—兴庄河口区块	0.6520	2	0.3187	3	0.3218	5	0.4011	5
2	7	临洪河口—西墅区块	0.4592	4	0.2559	5	0.3991	3	0.5695	1
3	17	东台河口南区块	0.6730	1	0.2595	4	0.3734	4	0.4672	3
4	22	东安闸北区块	0.5707	3	0.3802	2	0.4451	2	0.4318	4
5	25	大洋港北区块	0.4545	5	0.4142	1	0.5357	1	0.4676	2

4. 有开发需求的需围单元布局研究

江苏海涂拟围单元可划分为 5 个有开发需求的需围单元，分别为徐圩岸外区块、灌河口南区块、翻身河口北区块、运粮河口北区块和射阳河口北区块。依据以上构建的海涂围垦开发方向评价模型、指标量化方法、标准化方法和权重，采用线性加权和法计算该类型拟围单元的农业开发、港口开发、滨海工业开发、城镇开发建设的综合得分情况，通过评价得分值，可得 5 个有开发需求的需围单元布局的 4 种开发方式的适宜性情况。有开发需求的需围单元 4 种开发方向综合得分和分值排序见表 5-22 和图 5-9。

对于有开发需求的需围单元，不适宜进行开发利用的，应保持区域的原状；如需开发利用，应根据地区发展的实际情况，科学论证后才可进行开发布局。如徐圩港口开发和滨海工业开发的用地需求量很大，为 31.91km²，而徐圩所在岸外海涂资源却很少，徐圩港区在科学论证基础上依靠航道开挖泥土吹填形成建设用地，目前，徐圩一期工程（北区）围堤已经建成，正在进行区内吹填。

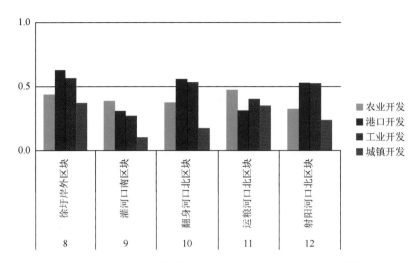

图 5-9 有开发需求的需围单元 4 种开发方向综合得分和分值情况

表 5-22 有开发需求的需围单元 4 种开发方向综合得分和分值排序表

序号	区块编号	有开发需求的需围单元	农业开发综合得分	排序值	港口开发综合得分	排序值	滨海工业开发综合得分	排序值	城镇开发综合得分	排序值
1	8	徐圩岸外区块	0.4354	2	0.6292	1	0.5672	1	0.3700	1
2	9	灌河口南区块	0.3854	3	0.3067	5	0.2698	5	0.1031	5
3	10	翻身河口北区块	0.3755	4	0.5602	2	0.5334	2	0.1744	4
4	11	运粮河口北区块	0.4762	1	0.3108	4	0.4051	4	0.3518	2
5	12	射阳河口北区块	0.3265	5	0.5290	3	0.5253	3	0.2387	3

5. 江苏海涂围垦布局方案

综合有开发需求的可围单元布局研究、尚无开发需求的可围单元布局研究和有开发需求的需围单元布局研究得到江苏海涂围垦布局方案,具体见表 5-23 和图 5-10。

表 5-23 江苏海涂围垦布局方案

序号	区块编号	江苏海涂拟围单元	有开发需求的可围单元适宜开发方式	有开发需求的可围单元空间布局建议	尚无开发需求的可围单元适宜开发方式	尚无开发需求的可围单元空间布局建议	有开发需求的需围单元适宜开发方式	有开发需求的需围单元布局建议	布局方案
1	1	赣榆柘汪区块	滨海工业开发	谨慎规划,科学选址,合理选定围填区域及控制围填海规模,力求做到集约节约用海	—	—	—	—	滨海工业开发
2	2	赣榆海头区块	农业开发	发展特色高效的滩涂生态农业、滩涂海水增养殖业、现代水产业等	—	—	—	—	农业开发

续表

序号	区块编号	江苏海涂拟围单元	有开发需求的可围单元适宜开发方式	有开发需求的可围单元空间布局建议	尚无开发需求的可围单元适宜开发方式	尚无开发需求的可围单元空间布局建议	有开发需求的需围单元适宜开发方式	有开发需求的需围单元布局建议	布局方案
3	3	龙王河口—兴庄河口区块	—	—	农业开发	做好海洋环境生态保护工作,实现滩涂资源可持续利用	—	—	农业开发
4	4	兴庄河口—沙旺河口区块	农业开发	发展特色高效的滩涂生态农业、滩涂海水增养殖业、现代水产业等	—	—	—	—	农业开发
5	5	沙旺河口—青口河口区块	城镇开发	谨慎规划,科学选址,合理选定围填区域及控制围填海规模,力求做到集约节约用海	—	—	—	—	城镇开发
6	6	青口河口—临洪河口区块	城镇开发	谨慎规划,科学选址,合理选定围填区域及控制围填海规模,力求做到集约节约用海	—	—	—	—	城镇开发
7	7	临洪河口—西墅区块	—	—	城镇开发	做好海洋环境生态保护工作,实现滩涂资源可持续利用	—	—	城镇开发
8	8	徐圩岸外区块	—	—	—	—	港口、滨海工业	不适宜进行开发利用,或在科学论证基础上进行合理开发	港口、滨海工业
9	9	灌河口南区块	农业开发	发展特色高效的滩涂生态农业、滩涂海水增养殖业、现代水产业等	—	—	—	—	农业开发
10	10	翻身河口北区块	—	—	—	—	港口、滨海工业	不适宜进行开发利用,或在科学论证基础上进行合理开发	港口、滨海工业
11	11	运粮河口北区块	—	—	—	—	农业开发	不适宜进行开发利用,或在科学论证基础上进行合理开发	农业开发
12	12	射阳河口北区块	—	—	—	—	港口、滨海工业	不适宜进行开发利用,或在科学论证基础上进行合理开发	港口、滨海工业

续表

序号	区块编号	江苏海涂拟围单元	有开发需求的可围单元适宜开发方式	有开发需求的可围单元空间布局建议	尚无开发需求的可围单元适宜开发方式	尚无开发需求的可围单元空间布局建议	有开发需求的需围单元适宜开发方式	有开发需求的需围单元布局建议	布局方案
13	13	四卯西河口—王港河口区块	—	—	—	—	港口、滨海工业	不适宜进行开发利用，或在科学论证基础上进行合理开发	港口、滨海工业
14	14	王港河口—竹港河口区块	农业开发	发展特色高效的滩涂生态农业、滩涂海水增养殖业、现代水产业等	—	—	—	—	农业开发
15	15	竹港河口—川东港河口区块	农业开发	发展特色高效的滩涂生态农业、滩涂海水增养殖业、现代水产业等	—	—	—	—	农业开发
16	16	东台河口北区块	农业开发	发展特色高效的滩涂生态农业、滩涂海水增养殖业、现代水产业等	—	—	—	—	农业开发
17	17	东台河口南区块	农业开发	发展特色高效的滩涂生态农业、滩涂海水增养殖业、现代水产业等	—	—	—	—	农业开发
18	18	梁垛河口—方塘河口区块	—	—	农业开发	做好海洋环境生态保护工作，实现滩涂资源可持续利用	—	—	农业开发
19	19	方塘河口—北凌闸区块	滨海工业开发	谨慎规划，科学选址，控制围填海规模；限制工业发展门类，注重保护小洋口国家级海洋公园生态环境	—	—	—	—	滨海工业开发
20	20	小洋口港—掘苴口区块	滨海工业开发	谨慎规划，科学选址，合理选定围填区域及控制围填海规模，力求做到集约节约用海；限制工业发展门类，注重保护小洋口国家级海洋公园生态环境	—	—	—	—	滨海工业开发
21	21	洋口港区块	港口、滨海工业	谨慎规划，科学选址，合理选定围填区域及控制围填海规模，力求做到集约节约用海	—	—	—	—	港口、滨海工业
22	22	东安闸北区块	农业开发	发展特色高效的滩涂生态农业、滩涂海水增养殖业、现代水产业等	—	—	—	—	农业开发

续表

序号	区块编号	江苏海涂拟围单元	有开发需求的可围单元适宜开发方式	有开发需求的可围单元空间布局建议	尚无开发需求的可围单元适宜开发方式	尚无开发需求的可围单元空间布局建议	有开发需求的需围单元适宜开发方式	有开发需求的需围单元布局建议	布局方案
23	23	东安闸南区块	—	—	城镇、滨海工业	做好海洋环境生态保护工作,实现滩涂资源可持续利用	—	—	城镇、滨海工业
24	24	遥望港南区块	港口、滨海工业、城镇	谨慎规划,科学选址,合理选定围填区域及控制围填海规模,力求做到集约节约用海	—	—	—	—	港口、滨海工业、城镇
25	25	大洋港北区块	滨海工业开发	谨慎规划,科学选址,合理选定围填区域及控制围填海规模,力求做到集约节约用海	—	—	—	—	滨海工业开发
26	26	蒿枝港—塘芦港区块	—	—	滨海工业开发	做好海洋环境生态保护工作,实现滩涂资源可持续利用	—	—	滨海工业开发
27	27	协兴港南区块	农业开发	发展特色高效的滩涂生态农业、滩涂海水增养殖业、现代水产业等	—	—	—	—	农业开发
28	外1	赣榆岸外区块	港口开发	谨慎规划,科学选址,合理选定围填区域及控制围填海规模,力求做到集约节约用海	—	—	—	—	港口开发
29	外2	通州湾岸外区块	港口开发	谨慎规划,科学选址,合理选定围填区域及控制围填海规模,力求做到集约节约用海	—	—	—	—	港口开发

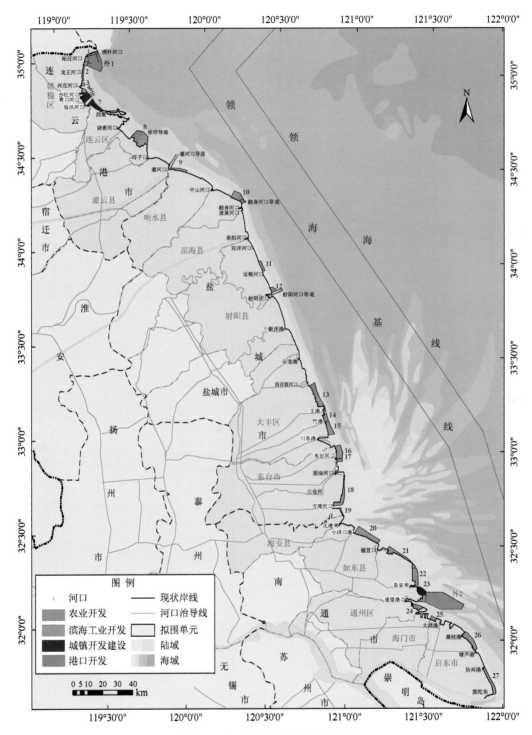

图 5-10　江苏海涂围垦布局方案图

5.2 海涂围垦开发时序

海涂资源围垦是海岸带空间资源利用的重要方式,现有的沿海围垦方式大多依托单个项目进行开发建设,一哄而上的低水平重复开发、供不应求或供过于求等现象时有发生。在实践过程中合理确定海涂围垦活动的开发时序,优化生产要素空间布局,对于科学开发海涂资源,充分调动沿海地区在区域发展中的带动作用具有重要的指导意义。目前,关于海涂围垦开发时序的研究尚属空白,但它在滩涂资源时空筹划中具有美好的研究与应用前景。本专著的研究属于海涂围垦开发时序的探索性、创造性研究,能为今后海涂围垦规划发展和研究提供理论和方法借鉴。

5.2.1 评价单元确定

依据江苏海涂围垦布局方案中关于拟围单元的划分和围垦开发方向的研究,确定不同开发方向的拟围单元。江苏海涂围垦布局中,适宜进行农业开发的区块共计 12 个,分别为赣榆海头区块、龙王河口—兴庄河口区块、兴庄河口—沙旺河口区块、灌河口南区块、运粮河口北区块、王港河口—竹港河口区块、竹港河口—川东港河口区块、东台河口北区块、东台河口南区块、梁垛河口—方塘河口区块、东安闸北区块和协兴港南区块;适宜港口开发的区块为徐圩岸外区块、赣榆岸外区块、翻身河口北区块、射阳河口北区块、四卯酉河口—王港河口区块、洋口港区块、遥望港南区块和通州湾岸外区块,共 8 个区块;适宜滨海工业开发的区块为赣榆柘汪区块、徐圩岸外区块、翻身河口北区块、射阳河口北区块、四卯酉河口—王港河口区块、方塘河口—北凌闸区块、小洋口港—掘苴口区块、洋口港区块、东安闸南区块、遥望港南区块、大洋港北区块和蒿枝港—塘芦港区块,共 12 个区块;适宜城镇开发建设的区块为沙旺河口—青口河口区块、青口河口—临洪河口区块、临洪河口—西墅区块、东安闸南区块和遥望港南区块,共 5 个区块,具体见表 5-24。

表 5-24 不同开发方向的拟围单元

开发方向	区块编号	拟围单元
农业开发	2	赣榆海头区块
	3	龙王河口—兴庄河口区块
	4	兴庄河口—沙旺河口区块
	9	灌河口南区块
	11	运粮河口北区块
	14	王港河口—竹港河口区块
	15	竹港河口—川东港河口区块
	16	东台河口北区块
	17	东台河口南区块
	18	梁垛河口—方塘河口区块
	22	东安闸北区块
	27	协兴港南区块

续表

开发方向	区块编号	拟围单元
港口开发	8	徐圩岸外区块
	外1	赣榆岸外区块
	10	翻身河口北区块
	12	射阳河口北区块
	13	四卯酉河口—王港河口区块
	21	洋口港区块
	24	遥望港南区块
	外2	通州湾岸外区块
滨海工业开发	1	赣榆柘汪区块
	8	徐圩岸外区块
	10	翻身河口北区块
	12	射阳河口北区块
	13	四卯酉河口—王港河口区块
	19	方塘河口—北凌闸区块
	20	小洋口港—掘苴口区块
	21	洋口港区块
	23	东安闸南区块
	24	遥望港南区块
	25	大洋港北区块
	26	蒿枝港—塘芦港区块
城镇开发	5	沙旺河口—青口河口区块
	6	青口河口—临洪河口区块
	7	临洪河口—西墅区块
	23	东安闸南区块
	24	遥望港南区块

5.2.2 海涂围垦开发时序评价模型构建

1. 指标选取与指标体系构建

首先，围垦开发时序研究应考虑各拟围单元的迫切需求，而规划（含建设计划）是融合多要素的某一特定领域的发展愿景，各拟围单元的迫切需求可体现在规划级别及规划个数、规划规模和规划时间等要素上。其次，围垦开发时序应关注各拟围单元所在区域现有同类型海洋产业对拟围单元的支撑力，包括单位效益和从业人口等信息，同时也应考虑评价区围垦规模的饱和度对围垦活动的制约力（表 5-25）。

表 5-25　开发时序指标体系

评价类别	评估要素	评估因子
海涂围垦开发时序（A）	开发需求（A_1）	规划级别及个数（A_{11}）
		规划规模（A_{12}）
		规划时间（A_{13}）
	开发程度（A_2）	围垦现状（A_{21}）
		单位效益（A_{22}）
		从业人口（A_{23}）

2. 指标释义与量化

1）规划级别及个数

规划级别为对某拟围单元的愿景是否上升为国家性、区域性、省级、县（市）级等级别，并考虑各拟围单元相关的建设计划，充分说明该拟围单元在区域发展中的重要程度和迫切程度。规划级别及个数采用综合赋值方法，针对省级海涂围垦开发时序的各拟围单元。省级规划具有较强的针对性，可具体到市、县甚至更小的区域，因此，本专著中将省级规划及个数赋值为最大，国家级、区域级次之，市（区）级最低，具体见表 5-26。0～0.3、0.3～0.6、0.6～0.8、0.8～1 分别为表中综合值的中间值。

表 5-26　规划级别及规划个数赋值表

评估因子	赋值		
规划级别及个数	市（区）级（1 个）	国家及区域级（1 个）	省级（1 个）
综合赋值	0.3	0.6	0.8

2）规划规模

规划（含建设计划）规模为有关某拟围单元的规划对该围垦单元的需求规模，如果规划（含建设计划）规模越大，则说明该拟围单元越适宜优先发展，它是效益型指标。规划规模的计算方法为规划需求面积与该拟围单元岸线长度的比值。

3）规划时间

规划时间考虑各级规划和相关建设计划对某围垦单元的时间安排，可直观地反映某围垦单元进行开发建设的必要性和迫切性，属于效益型指标。规划时间评价值采用综合赋值的方法进行确定，具体见表 5-27。0～0.4、0.4～0.7、0.7～1 分别为表中综合值的中间值。

表 5-27　规划时间赋值表

评估因子	赋值		
规划时间	10 年以上	5～10 年之内	5 年之内
综合赋值	0.4	0.7	1

4）围垦现状

围垦现状为拟围单元周边同类型开发方式现状围垦规模，主要反映该类型开发方式的围垦的饱和程度。如果现状同类型开发方式规模越大，则拟围单元进行优先开发的可能性就越小，它属于成本型指标。围垦现状指标值采用下列公式计算

$$G_{\mathrm{k}} = 1 - \frac{G_x}{G_{\mathrm{c}} + G_x}$$

式中，G_{k} 为围垦现状评估值；G_x 为现有同类型开发方式围垦规模，hm^2；G_{c} 为该围垦单元资源存量，hm^2。

5）单位效益

单位效益为同类型海洋产业的单位效益，说明该类型产业对某拟围单元布局的吸引能力，属于效益型指标，单位：万元/hm^2。

6）从业人口

从业人口为现有同类型海洋产业从业人口，单位：万人/hm^2。该指标按照收集资料范围的不同给予不同的指标类型定义，如果从业人口收集的资料是拟围单元周边小范围区域同类型产业从业人口，从劳动力市场饱和的角度可理解为该类型海洋产业在本区域基本达到饱和，不宜优先发展，为成本型指标；如果从业人口收集的是拟围单元所在行政单元内同类型产业从业人口，是某拟围单元发展某类型产业的支撑条件，从业人口越多，劳动力条件越好，越适宜优先开发，为效益型指标。

3. 指标权重确定

海涂围垦开发时序将层次分析法这一决策分析方法用于海涂围垦开发时序评价指标权重的确定。

1）评价要素层权重

通过专家咨询，确定各评价因子相对于海涂围垦开发时序的重要程度，构造要素判断矩阵，按照层次分析法 1～9 标度给出因子间相对比较重要程度的标度。据此分别对开发需求和开发程度 2 个评估要素进行权重计算，得到判断矩阵及权重系数结果如表5-28 所示。

表 5-28　评估要素判断矩阵及权重系数结果

A	A_1	A_2	权重 w_i	一致性检验
A_1	1	1	0.5	无需检验，通过
A_2	1	1	0.5	

2）评价因子层权重

根据层次分析法递阶计算原理，对开发需求 A_1 下阶的规划级别及个数 A_{11}、规划规模 A_{12}、规划时间 A_{13} 3 个评估因子进行了权重的计算（表5-29）。

表 5-29　A_1 判断矩阵及权重系数结果

A_1	A_{11}	A_{12}	A_{13}	权重 w_i	一致性检验
A_{11}	1	3	1	0.43	
A_{12}	1/3	1	1/3	0.14	$\lambda_{\max}=3$；CI=0；CR=0＜0.10；通过
A_{13}	1	3	1	0.43	

开发现状 A_2 下阶包括围垦现状 A_{21}、单位效益 A_{22}、从业人口 A_{23} 3 个评估因子。鉴于开发现状各评价因子对农业开发、港口开发、滨海工业开发和城镇开发重要程度不一致，基于四种开发利用方式分别计算 A_2 下阶的权重（表 5-30～表 5-33）。

表 5-30　农业开发——A_2 判断矩阵及权重系数结果

A_2	A_{21}	A_{22}	A_{23}	权重 w_i	一致性检验
A_{21}	1	1	1	0.33	
A_{22}	1	1	1	0.33	$\lambda_{\max}=3$；CI=0；CR=0＜0.10；通过
A_{23}	1	1	1	0.33	

表 5-31　港口开发——A_2 判断矩阵及权重系数结果

A_2	A_{21}	A_{22}	A_{23}	权重 w_i	一致性检验
A_{21}	1	2/3	3	0.40	
A_{22}	3/2	1	5	0.37	$\lambda_{\max}=3$；CI=0；CR=0＜0.10；通过
A_{23}	1/3	1/5	1	0.19	

表 5-32　滨海工业开发——A_2 判断矩阵及权重系数结果

A_2	A_{21}	A_{22}	A_{23}	权重 w_i	一致性检验
A_{21}	1	1	2	0.40	
A_{22}	1	1	2	0.39	$\lambda_{\max}=3$；CI=0；CR=0＜0.10；通过
A_{23}	1/2	1/2	1	0.20	

表 5-33　城镇开发——A_2 判断矩阵及权重系数结果

A_2	A_{21}	A_{22}	A_{23}	权重 w_i	一致性检验
A_{21}	1	1	2	0.50	
A_{22}	1	1	2	0.25	$\lambda_{\max}=3$；CI=0；CR=0＜0.10；通过
A_{23}	1/2	1/2	1	0.25	

3）层次总排序权重确定

通过以上评价要素和评价因子等层次单排序的权重，从评价要素到评价因子逐层计算，得到评价因子总排序权重。

评价类别层 A 包含 2 个指标 A_1 和 A_2，分别对应的单层次权重为 0.5 和 0.5。评价要素

A_1 下阶包含 3 个评价要素 A_{11}、A_{12}、A_{13}，分别对应的单层次权重为 0.43、0.14 和 0.43，CI=0，RI=0；以农业开发为例，评价要素 A_2 下阶包含 3 个评价要素 A_{21}、A_{22}、A_{23}，分别对应的单层次权重为 0.33，0.33，0.33，CI=0，RI=0.52。评价要素层 C 层总排序一致性检验系数计算公式如下

$$CR = \frac{\sum_{j=1}^{3} b_j CI_j}{\sum_{j=1}^{3} b_j RI_j}$$

式中，b_j 为评价因子层第 j 个因子的权重；CI_j 为评价因子的指标的一致性指标，对应的平均随机一致性指标为 RI_j。评价因子层总排序权重及一致性检验结果如表 5-34～表 5-37 所示。

表 5-34　农业开发——评价因子层总排序权重及一致性检验结果

评价因子层	评价因子层所属评价要素层权重	评价因子层单层次权重	评价因子层总排序权重 w_i	一致性检验
A_{11}		0.43	0.21	
A_{12}	0.5	0.14	0.07	
A_{13}		0.43	0.21	
A_{21}		0.33	0.17	CR=0＜0.10；通过
A_{22}	0.5	0.33	0.17	
A_{23}		0.33	0.17	

表 5-35　港口开发——评价因子层总排序权重及一致性检验结果

评价因子层	评价因子层所属评价要素层权重	评价因子层单层次权重	评价因子层总排序权重 w_i	一致性检验
A_{11}		0.43	0.21	
A_{12}	0.5	0.14	0.07	
A_{13}		0.43	0.21	
A_{21}		0.40	0.20	CR=0＜0.10；通过
A_{22}	0.5	0.37	0.19	
A_{23}		0.19	0.09	

表 5-36　滨海工业开发——评价因子层总排序权重及一致性检验结果

评价因子层	评价因子层所属评价要素层权重	评价因子层单层次权重	评价因子层总排序权重 w_i	一致性检验
A_{11}		0.43	0.21	
A_{12}	0.5	0.14	0.07	
A_{13}		0.43	0.21	
A_{21}		0.40	0.20	CR=0＜0.10；通过
A_{22}	0.5	0.39	0.20	
A_{23}		0.20	0.10	

表 5-37　城镇开发——评价因子层总排序权重及一致性检验结果

评价因子层	评价因子层所属评价要素层权重	评价因子层单层次权重	评价因子层总排序权重 w_i	一致性检验
A_{11}		0.43	0.21	
A_{12}	0.5	0.14	0.07	
A_{13}		0.43	0.21	CR=0＜0.10；通过
A_{21}		0.50	0.25	
A_{22}	0.5	0.25	0.12	
A_{23}		0.25	0.12	

通过层次分析法递阶计算四种开发方向的开发时序评价指标，具体见表 5-38～表 5-41。

表 5-38　海涂围垦开发时序评价指标权重——农业开发

评价类别	评价要素	评价因子	权重
围垦开发时序（A）	开发需求（A_1）	规划级别及个数（A_{11}）	0.21
		规划规模（A_{12}）	0.07
		规划时间（A_{13}）	0.21
	开发程度（A_2）	围垦现状（A_{21}）	0.17
		单位效益（A_{22}）	0.17
		从业人口（A_{23}）	0.17

表 5-39　海涂围垦开发时序评价指标权重——港口开发

评价类别	评价要素	评价因子	权重
围垦开发时序（A）	开发需求（A_1）	规划级别及个数（A_{11}）	0.21
		规划规模（A_{12}）	0.07
		规划时间（A_{13}）	0.21
	开发程度（A_2）	围垦现状（A_{21}）	0.18
		单位效益（A_{22}）	0.28
		从业人口（A_{23}）	0.06

表 5-40　海涂围垦开发时序评价指标权重——滨海工业开发

评价类别	评价要素	评价因子	权重
围垦开发时序（A）	开发需求（A_1）	规划级别及个数（A_{11}）	0.21
		规划规模（A_{12}）	0.07
		规划时间（A_{13}）	0.21
	开发程度（A_2）	围垦现状（A_{21}）	0.20
		单位效益（A_{22}）	0.19
		从业人口（A_{23}）	0.09

表 5-41　海涂围垦开发时序评价指标权重——城镇开发

评价类别	评价要素	评价因子	权重
围垦开发时序（A）	开发需求（A_1）	规划级别及个数（A_{11}）	0.21
		规划规模（A_{12}）	0.07
		规划时间（A_{13}）	0.21
	开发程度（A_2）	围垦现状（A_{21}）	0.25
		单位效益（A_{22}）	0.12
		从业人口（A_{23}）	0.12

4. 标准化方法

根据海涂围垦开发时序各评价因子的类型确定各评价指标的标准化方法，具体见表 5-42。

表 5-42　海涂围垦开发时序评价指标标准化方法

评价类别	评价要素	评价因子	指标类型	标准化方法
围垦开发时序（A）	开发需求（A_1）	规划级别（A_{11}）	效益型	综合赋值法
		规划规模（A_{12}）	效益型	极值法
		规划时间（A_{13}）	效益型	综合赋值法
	开发程度（A_2）	围垦现状（A_{21}）	成本型	极值法
		单位效益（A_{22}）	效益型	极值法
		从业人口（A_{23}）	效益型、成本型	极值法

5. 综合评价模型

采用加权多因素综合评价法进行海涂围垦开发时序的评价。其计算公式如下

$$S = \sum_{i=1}^{n}(w_i \cdot I_i)$$

式中，S 为某一客观事物评价体系的综合得分；w_i 为第 i 个评价指标的权重；I_i 为第 i 个评价指标的标准化值。

依据综合指数模型计算得出的综合指数值开展评价。本专著研究确定的综合指数为 0～1 连续数值。为了度量海涂围垦开发时序，定义 S 为 0 时，开发时序分值最低，不建议开发；当 S 为 1 时，开发时序分值最高，短期内适宜开发。为了便于描述，将 0～1 的连续数值等分为三等，即 0～0.4、0.4～0.7、0.7～1，分别对应暂不开发、暂缓开发、优先开发三种状态。

优先开发：适宜 5 年内开发；

暂缓开发：适宜 5～10 年内开发；

暂不开发：适宜 10 年之后开发。

5.2.3　江苏海涂围垦开发时序

根据海涂围垦开发时序评价指标的计算方法和标准化方法，从业人口收集拟围单元所

在行政区内从业人口,结合指标权重,计算农业开发、港口开发、滨海工业开发和城镇开发等拟围单元综合评价值,得出不同开发方向的各拟围单元开发时序。

1. 农业开发

根据海涂围垦开发时序评价模型计算可知,农业开发方向拟围单元中,王港河口—竹港河口区、梁垛河口—方塘河口区块和协兴港南区块共 3 个区块适宜优先开发;赣榆海头区块、龙王河口—兴庄河口区块、兴庄河口—沙旺河口区块、灌河口南区块、运粮河口北区块、竹港河口—川东港河口区块、东台河口北区块和东安闸北区块共 8 块区块暂缓开发;东台河口南区块暂不开发。

(1)优先开发区块时序对策:当前要加大支持力度,完善农业基础设施和农产品服务体系建设,提高产业化水平和产业监管能力,发展现代高效农业,形成优势主导产业,提高产品品牌知名度和市场竞争力。

(2)暂缓开发区块时序对策:当前需做好前期研究工作,包括适宜发展类型、规模确定和市场需求情况等。

(3)暂不开发区块时序对策:做好这些区块的海洋环境生态保护工作,实现滩涂资源可持续利用。

农业开发拟围单元开发时序标准化值见表 5-43,农业开发拟围单元开发时序见表 5-44和图 5-11。

表 5-43　农业开发拟围单元开发时序标准化值

区块编号	区块名称	规划级别及个数	规划规模	规划时间	围垦现状	单位效益	从业人口
2	赣榆海头区块	0.2	0	0.3	1	0.5514	0.7180
3	龙王河口—兴庄河口区块	0.2	0	0.3	1	0.5514	0.4980
4	兴庄河口—沙旺河口区块	0.6	0	0.5	0.4572	0.5514	0.7180
9	灌河口南区块	0.8	0.1706	0.8	0	0.7766	0.0175
11	运粮河口北区块	0.8	0.2086	0.8	0	0.8108	0.2092
14	王港河口—竹港河口区块	0.9	0.2546	1	0.3713	1	0.5862
15	竹港河口—川东港河口区块	0.8	0.5123	0.6	0.4158	0.3604	0.2635
16	东台河口北区块	0.8	0.3798	0.6	0.6903	0	0.5394
17	东台河口南区块	0.4	0	0.4	0.5000	0	0.0787
18	梁垛河口—方塘河口区块	0.9	1	1	0.2032	0.8198	1
22	东安闸北区块	0.6	0	0.6	0.6601	0.1964	0
27	协兴港南区块	1	0.2267	1	0.0064	1	0.7639

表 5-44　农业开发拟围单元开发时序

编号	拟围单元	综合评价值	开发时序
2	赣榆海头区块	0.4854	暂缓开发
3	龙王河口—兴庄河口区块	0.4487	暂缓开发
4	兴庄河口—沙旺河口区块	0.5235	暂缓开发
9	灌河口南区块	0.4874	暂缓开发
11	运粮河口北区块	0.5278	暂缓开发

编号	拟围单元	综合评价值	开发时序
14	王港河口—竹港河口区块	0.7516	优先开发
15	竹港河口—川东港河口区块	0.5099	暂缓开发
16	东台河口北区块	0.5321	暂缓开发
17	东台河口南区块	0.2679	暂不开发
18	梁垛河口—方塘河口区块	0.8157	优先开发
22	东安闸北区块	0.3999	暂缓开发
27	协兴港南区块	0.7398	优先开发

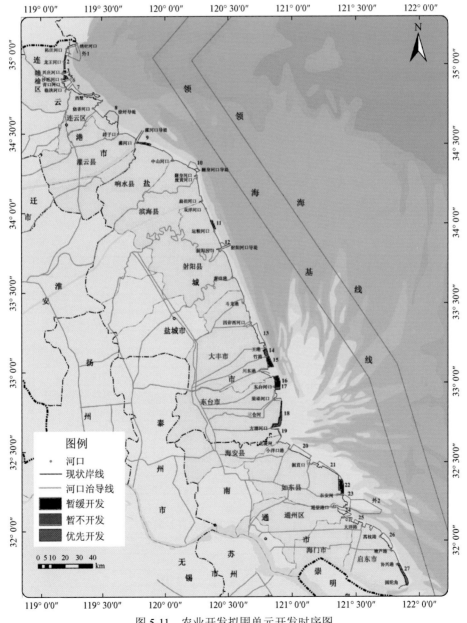

图 5-11　农业开发拟围单元开发时序图

2. 港口开发

根据海涂围垦开发时序评价模型计算可知，港口开发拟围单元中徐圩岸外区块、赣榆岸外区块、翻身河口北区块、射阳河口北区块、四卯酉河口—王港河口区块和通州湾岸外区块共 6 个区块适宜优先开发，遥望港南区块暂缓开发，洋口港区块暂不开发。

（1）优先开发区块时序对策：当前可加大支持力度，完善港口基础设施和配套设施条件，促进港城联动发展，形成港口规模效应，培育区域经济发展的增长极，同时也应加强环境保护工作。

（2）暂缓开发区块时序对策：当前需做好前期研究工作，包括腹地发展前景和运输需求、岸线资源和港航资源等资源条件研究，以及完善相关集疏运条件、供电、给排水和通信条件等。

（3）暂不开发区块时序对策：做好这些区块的海洋环境生态保护工作，实现滩涂资源可持续利用。

港口开发拟围单元开发时序标准化值见表 5-45，港口开发拟围单元开发时序见表 5-46 和图 5-12。

表 5-45　港口开发拟围单元开发时序标准化值

区块编号	区块名称	规划级别及个数	规划规模	规划时间	围垦现状	单位效益	从业人口
8	徐圩岸外区块	1	0.0624	1	0	1	1
外 1	赣榆岸外区块	1	0.1041	1	0.6550	0.5	0.99
10	翻身河口北区块	1	0.0546	1	0	0.9	0.75
12	射阳河口北区块	1	0.0764	1	0	0.875	0.75
13	四卯酉河口—王港河口区块	1	0.0391	1	0.3840	0.7	1
21	洋口港区块	0.2	0	0.2	0.4803	0.5	1
24	遥望港南区块	0.8	0.0720	0.6	0.5139	0	1
外 2	通州湾岸外区块	1	1	1	0.9084	0.665	0

表 5-46　港口开发拟围单元开发时序

编号	拟围单元	综合评价值	开发时序
8	徐圩岸外区块	0.7138	优先开发
外 1	赣榆岸外区块	0.7533	优先开发
10	翻身河口北区块	0.6711	优先开发
12	射阳河口北区块	0.6680	优先开发
13	四卯酉河口—王港河口区块	0.7328	优先开发
21	洋口港区块	0.3690	暂不开发
24	遥望港南区块	0.5015	暂缓开发
外 2	通州湾岸外区块	0.8062	优先开发

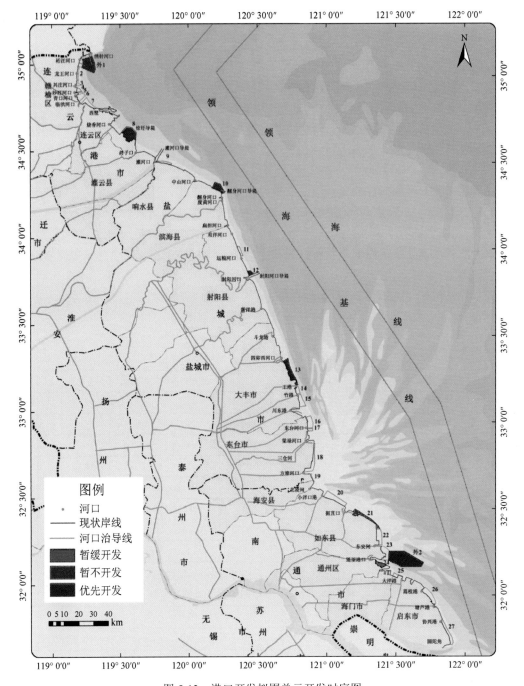

图 5-12　港口开发拟围单元开发时序图

3. 滨海工业开发

根据海涂围垦开发时序评价模型计算可知,滨海工业开发拟围单元中,赣榆柘汪区块、徐圩岸外区块、翻身河口北区块、射阳河口北区块、四卯酉河口—王港河口区块、大洋港北区块、蒿枝港—塘芦港区块、东安闸南区块、方塘河口—北凌闸区块和小洋口港—掘苴口区块共 10 个区块适宜优先开发，遥望港南区块暂缓开发，洋口港区块暂不开发。

（1）优先开发区块时序对策：当前可加大这些区块的开发力度和支撑力度，依托港口发展，提高产业集聚力。

（2）暂缓开发区块时序对策：当前需做好前期研究工作，包括适宜发展的工业门类、规模确定和市场需求情况等，提高相应配套基础设施条件，为后期拟围区块发展提供支撑条件。

（3）暂不开发区块时序对策：做好这些区块的海洋环境生态保护工作，实现滩涂资源可持续利用。

滨海工业开发拟围单元开发时序标准化值见表 5-47，滨海工业开发拟围单元开发时序见表 5-48 和图 5-13。

表 5-47　滨海工业开发拟围单元开发时序标准化值

区块编号	区块名称	规划级别及个数	规划规模	规划时间	围垦现状	单位效益	从业人口
1	赣榆柘汪区块	0.2467	0.0176	0.1554	0.2	0.0653	0.0573
8	徐圩岸外区块	0.2467	0.0051	0.1554	0.06	0.1958	0.0573
10	翻身河口北区块	0.2467	0	0.1554	0.06	0.1958	0.0551
12	射阳河口北区块	0.2467	0	0.1554	0.06	0.1958	0.0551
13	四卯酉河口—王港河口区块	0.2467	0.0065	0.1554	0.1168	0.1632	0.0319
19	方塘河口—北凌闸区块	0.2467	0	0.1554	0.0526	0.1632	0.0979
20	小洋口港—掘苴口区块	0.2220	0.0979	0.1554	0.1544	0	0.0979
21	洋口港区块	0.0493	0.0029	0.0311	0.1361	0.0979	0.0727
23	东安闸南区块	0.2220	0.0196	0.1554	0.1212	0.1305	0.0979
24	遥望港南区块	0.1974	0	0.0622	0.1428	0.0979	0
25	大洋港北区块	0.2467	0	0.1554	0.1488	0.1632	0
26	蒿枝港—塘芦港区块	0.2467	0	0.1554	0.2039	0.1632	0

表 5-48　滨海工业开发拟围单元开发时序

编号	拟围单元	综合评价值	开发时序
1	赣榆柘汪区块	0.7422	优先开发
8	徐圩岸外区块	0.7203	优先开发
10	翻身河口北区块	0.7130	优先开发
12	射阳河口北区块	0.7130	优先开发
13	四卯酉河口—王港河口区块	0.7205	优先开发
19	方塘河口—北凌闸区块	0.7158	优先开发
20	小洋口港—掘苴口区块	0.7276	优先开发
21	洋口港区块	0.3900	暂不开发
23	东安闸南区块	0.7466	优先开发

编号	拟围单元	综合评价值	开发时序
24	遥望港南区块	0.5002	暂缓开发
25	大洋港北区块	0.7140	优先开发
26	蒿枝港—塘芦港区块	0.7691	优先开发

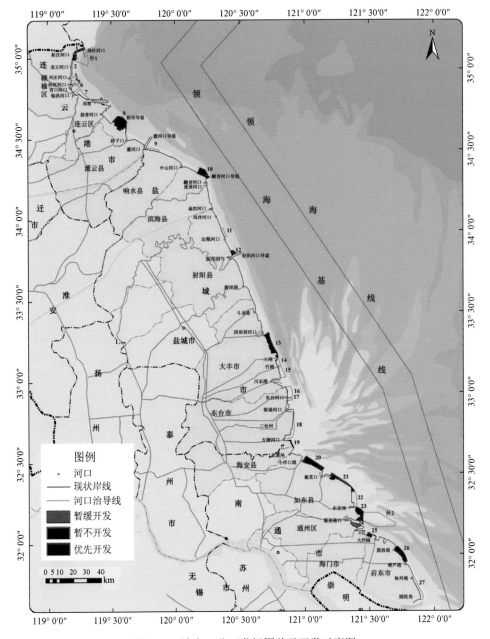

图 5-13　滨海工业开发拟围单元开发时序图

4. 城镇开发

根据海涂围垦开发时序评价模型计算可知,东安闸南区块适宜优先开发,沙旺河口—青口河口区块、青口河口—临洪河口区块、临洪河口—西墅区块和遥望港南区块暂缓开发,洋口港区块暂不开发。

（1）优先开发区块时序对策：当前可加大这些区块的开发力度和支撑力度,合理布局、明确功能、完善基础设施条件、加强环境保护,建设成江苏沿海城镇示范区。

（2）暂缓开发区块时序对策：当前需做好前期研究工作,包括城市建设必要性、功能定位、规模确定等,完善相应配套基础设施条件,为后期拟围区块发展提供支撑条件。

（3）暂不开发区块时序对策：做好这些区块的海洋环境生态保护工作,实现滩涂资源可持续利用。

城镇开发拟围单元开发时序标准化值见表 5-49,城镇开发拟围单元开发时序见表 5-50和图 5-14。

表 5-49　城镇开发拟围单元开发时序标准化值

区块编号	区块名称	规划级别及个数	规划规模	规划时间	围垦现状	单位效益	从业人口
5	沙旺河口—青口河口区块	0.4	0.3023	0.2	0.5302	0.1667	0.2
6	青口河口—临洪河口区块	0.3	1	0.2	0.7790	0	0
7	临洪河口—西墅区块	0.4	0.3229	0.2	0.5611	0.3333	0.2
23	东安闸南区块	0.9	0	1	0.4058	1	1
24	遥望港南区块	0.2	0	0.2	0.5139	0.8333	0

表 5-50　城镇开发拟围单元开发时序

编号	拟围单元	综合评价值	开发时序
5	沙旺河口—青口河口区块	0.3371	暂缓开发
6	青口河口—临洪河口区块	0.3977	暂缓开发
7	临洪河口—西墅区块	0.3674	暂缓开发
23	东安闸南区块	0.7256	优先开发
24	遥望港南区块	0.3117	暂缓开发

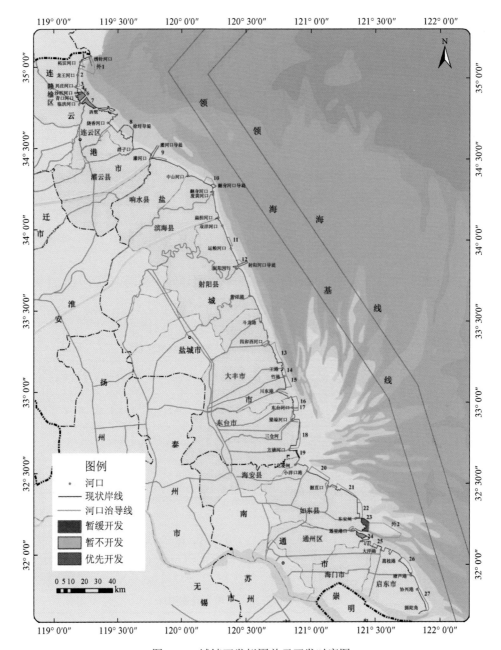

图 5-14　城镇开发拟围单元开发时序图

参 考 文 献

陈洪凯，方艳，吴楚. 2012. 风景名胜区景观价值评价方法研究. 长江流域资源与环境，21（2）：74-80.

郭卓彦. 2012. 基于群决策理论的公共项目投资决策方法研究. 湘潭：湘潭大学硕士学位论文.

洪志国，李焱，范植华，等. 2002. 层次分析法中高阶平均随机一致性指标（RI）的计算. 计算机工程与应用，38（12）：45-47.

刘佰琼. 2013. 基于 GIS 的围填海规模评价与决策研究——以腰沙港口及临港工业围填海为例. 南京：南京师范大学博士学位论文.

刘艳云. 2009. 连云港市海洋资源开发多指标综合评价. 南京：南京师范大学硕士学位论文.

陆萍. 2005. 在高校图书馆评估中运用层次分析法确定指标的权重. 现代情报, 5: 36-38.

毛桂囡, 龚政, 赵立梅, 等. 2010. 江苏入海河道河口治导线研究. 河海大学学报 (自然科学版), 38 (4): 462-466.

牛华勇. 2009. 中心城市对周边经济圈经济辐射力比较分析——基于北京和上海经济圈的案例. 广西大学学报: 哲学社会科学版, 31 (2): 29-34.

石京, 周念. 2010. 交通公平性评价指标的选取原则与方法. 铁道工程学报, 9: 92-97.

孙丽萍. 2007. 江苏省污染物入海通量测算及与水质响应关系研究. 南京: 河海大学硕士学位论文.

王静. 2009. 辐射沙脊近岸浅滩围填的环境影响及适宜规模研究. 南京: 南京师范大学博士学位论文.

王艳红, 温永宁, 王建, 等. 2006. 海岸滩涂围垦的适宜速度研究——以江苏淤泥质海岸为例. 海洋通报, 25 (2): 15-20.

谢丽, 张振克. 2011. 近 20 年中国沿海风暴潮强度, 时空分布与灾害损失. 海洋通报, 29 (6): 690-696.

徐敏, 李培英, 陆培东. 2012. 淤长型潮滩适宜围填规模研究——以江苏省为例. 北京: 科学出版社.

杨宏忠. 2012. 江苏海岸滩涂资源可持续开发的战略选择. 北京: 中国地质大学 (北京) 博士学位论文.

杨妍. 2006. 兰州市农业产业链结构与农产品竞争力的调查研究. 兰州: 甘肃农业大学硕士学位论文.

朱建军. 2005. 层次分析法的若干问题研究及应用. 沈阳: 东北大学博士学位论文.

第6章 海涂促淤及工程优化技术

沿海用地制约着江苏沿海地区的经济发展,科学促淤作为沿海滩涂围垦的补充手段提上了日程。对于有较大促淤潜力的地段和海域,应以行之有效的工程优化技术进行促淤施工。加强促淤技术及相应的工程优化技术的研究是十分重要的,可为大面积海涂的开发利用提供科学依据和技术支持。

6.1 海涂促淤工程优化技术

6.1.1 促淤防冲工程布置及围堤结构

促淤防冲技术方法按结构物的型式可分为 3 大类,分别为实体不透水型、生态型和其他新颖型式。

1. 实体不透水型

实体不透水型促淤防冲技术主要为堤坝(包括潜堤、丁坝、顺坝、坝群、薄板、围堰)。这类技术在我国的应用较早且非常广泛,它多应用于河口或海岸高滩,施工经验成熟,促淤防冲效果显著。其中,丁坝的主要作用是防止沿岸输沙;顺坝可截断向(离)岸输沙,多为辅助丁坝而与其共同作用;坝群是多个丁坝以及丁坝、顺坝的联合应用;薄板可以导流截沙,目前主要应用于流向单一的水流中,海岸地区应用较少。

1)潜堤

促淤工程的促淤效果与工程对波浪的消减程度有关,对于粉砂淤泥质海滩的促淤工程来说,主要采用平行于岸线的离岸堤形式。此外,顺岸潮流也有一定的输沙能力,因此,建造一组离岸堤与丁坝相结合的防护工程更为有效。在工程结构上,对于无石料的平原海岸,采用塑料编织袋充填当地海滩砂筑堤是经济有效的工程措施,表 6-1 为不同潜堤结构型式对比。

表 6-1 不同潜堤结构型式对比(袁勇,2009)

型式	优点	缺点
抛石上压扭工字块潜堤	施工简单、消浪效果好、稳定性较好	适应后期的堤前冲刷能力较差
钢筋砼板桩内石潜堤	稳定性好、能有效适应后期堤前冲刷	对地质条件有一定的要求施工存在一定的难度
木桩内抛石潜堤	稳定性好、能有效适应后期的堤前冲刷、后期维护较简单	木材使用寿命有限、投资较高、对地质条件有一定要求

2）顺坝

促淤顺坝是一种保塘工程的建筑物，主要起到促淤、保滩及消浪等作用。主要作用体现在两个方面：①可以有效地消减进入促淤顺坝后的波浪，减慢海潮流速，消减风暴潮对海塘的冲击力，提高海塘的安全运行系数；②由于潮水进入促淤顺坝后空间范围内的波高和流速减小，水体挟沙能力减弱，由外海进入坝后的水体中所挟带的泥沙就会有一部分沉积下来，利用自然之力使塘前滩地持续淤高，图 6-1 为顺坝促淤工程图。

图 6-1　顺坝促淤工程图

白沙湾至水口促淤工程（屠慧林等，2013）（淤泥质海岸）为在围涂海塘迎潮面大方脚外侧 37.3m 处的一道全长 10km 的促淤顺坝。促淤顺坝主要由土工布、0.2m 厚的石渣垫层、抛填块石混合料、表层大块石理砌组成；龙口段由挤填块石、龙口护底抛石及堤头理砌块石组成。促淤顺坝工程前期运行月淤积量在 0.3m 左右，经过一年多时间的促淤，后期基本没有产生淤量，处于平衡状态。一般而言，从原始滩地开始淤积速度较快，随着滩地的逐步抬高，进潮量减少，泥沙挟量相对减少，淤积速率缓慢。从工程实际运行情况来看，白沙湾至水口促淤顺坝在平湖围涂海塘运用非常成功，消浪保滩效果十分明显。它实现了依靠海水自身携带的泥沙淤积起来形成厚厚的海塘迎潮面大方脚滩的保护层，保证了围涂海塘稳定运行，提高了平湖沿海抗台御潮的能力。

3）丁坝

丁坝是一种治导河流、保护堤岸的水工建筑物，一端与堤岸连接成丁字形，在河流及海岸均有应用，具有防止堤岸冲刷、促进泥沙在坝田中淤积的作用，图 6-2 为丁坝坝后回流示意图。

（1）短丁坝群

短丁坝群的坝距一般取 2～4 倍坝长。丁坝与岸线的夹角为 90°。短丁坝群的保滩效果良好。一般来说，坝距为 2 倍坝长的促淤效果优于 4 倍坝长的促淤效果，短丁坝群的促淤速度和效果优于滩涂自然淤涨情况，但短丁坝群坝田中间受潮流、波浪侵袭，淤涨高程一般不能满足促淤造地要求。另外，在大面积滩涂采用短丁坝群促淤，工作量和单位面积工程造价太大。在冲刷不严重的促淤工程中，建议采用短丁坝群较好。

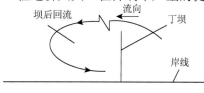

图 6-2　丁坝坝后回流示意图

丁坝促淤在川沙县东滩高桥、周家浜岸滩和吕四等地均有应用。吕四海滩主要为粉砂质海岸，在粉砂淤泥质海岸上建造丁坝具有很好的促淤效果，但对于以波浪侵蚀为主的粉砂淤泥质海岸而言，丁坝防蚀促淤的效果不太理想，这主要是由于主波向与丁坝轴线方向几乎平行，丁坝对波浪的掩护差（陆道成，1987）。

（2）长丁坝群

长丁坝群的挑流、绕流、消浪、缓流作用优于短丁坝群，故长丁坝群促淤速度和效果优于短丁坝群。但距离坝头几百米内的滩面，易受潮流、风浪侵蚀，形成低滩弧形线，既减少圈围面积，也给建筑海塘带来了困难。在浙江慈溪市、瑞安县沿海均已使用长丁坝群或长丁坝与顺岸坝联合工程来促淤。

根据促淤效果进行分析可知，长度为 1000m 以下的丁坝的促淤效果不能满足围垦需要，1500m 以上的丁坝群效果尚好，故建筑长丁坝促淤围垦至少需要 1500m 的长度，且丁坝群中各条丁坝长度应大致相等；单条丁坝围垦土地采用的丁坝与强浪的夹角应小一些；丁坝群的坝距应小于两倍坝长。

（3）丁坝群和顺坝组合（许星煌等，1985）

长丁坝群的促淤效果最好，但也有不足之处。在丁坝淤积的坝田内形成的新岸线呈弧线形状，这给围垦建塘带来了困难，使可利用的土地较少。为了弥补不足，可加筑顺岸坝。这种方法为长丁坝群和顺岸坝联合工程，在瑞安县沿海建筑的丁山促淤工程属于这类工程（张久庆等，2003）。

坝距小的丁坝群和顺岸坝组合工程的促淤效果远远大于坝距大的丁坝群和顺岸坝组合工程的促淤效果，但是坝距过小又会造成工程代价太大，这是由于丁坝群和顺岸坝布置的不同、顺岸坝坝顶高程的不同造成的。

坝距小的丁坝群和顺岸坝组合工程是丁坝群和顺岸坝联合起促淤作用的；坝距大的丁坝群和顺岸坝实际上是丁坝和顺岸坝分别独立地起着促淤作用的。

（4）L 形丁坝（勾坝）

当潮流、风浪方向与岸线的夹角大于 45°时，潮流、风浪直接冲刷坝田内滩涂。修建丁坝群促淤效果不大，这种情况修建 L 形丁坝，其促淤效果优于长、短丁坝群。L 形丁坝适用于侵蚀性海岸，但促淤速度和效果不够理想，还不能满足促淤造地的要求。

4）桩式坝

这种坝体以高强度管桩作为堤坝的主要防浪结构，与传统的抛石坝相比，具有可靠性高、耐久性好、日常维修量小、抗风浪能力强等优点。但是该种结构的坝体通常处于中低滩位置，其施工受风浪、潮流等自然条件的制约十分明显。此外，这种形式的坝体在施工过程中对各个工种之间的协调、配合的密切程度要求相当高，图 6-3 为不透水桩式坝结构布置示意图。

桩式坝结构可分为连续板桩式和透空桩式两类。前者具有较好的消浪效果，但承受的波浪水平压力明显较大。

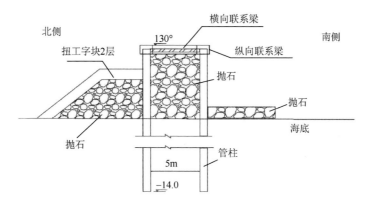

图 6-3　不透水桩式坝结构布置示意图

综上所述，实体不透水型促淤结构物仍为现今主要采用的促淤工程建筑物型式。对于粉砂淤泥质海滩的促淤工程而言，潜堤、顺坝及丁坝均有不同的促淤效果。顺坝可起到促淤、保滩及消浪等作用；丁坝可防止堤岸冲刷、促进泥沙在坝田中淤积；丁坝群及其与顺坝的组合则根据丁坝的长度和间距不同导致不同的促淤效果，由于淤泥质海滩滩涂较广，丁坝需达到一定长度才能满足围垦促淤的需要。

根据以上促淤工程优缺点的对比以及江苏沿海滩涂的特点，以下将对坝群对水动力泥沙环境的影响进行研究，为优化围堤和促淤结构物的平面布置提供依据。

2. 透水桩坝（张久庆等，2003）

透水桩坝指坝体的下部采用桩柱等支撑，水流受阻和流速减缓使泥沙落淤。这类型式坝体无内压力，因而不易发生整体破坏，同时，它透水性强，局部冲刷较轻，在海岸滩面促淤中有一定的应用价值。由于工程上应用时间短，其设计、施工经验尚不足；造价高，比同种情况下基础护面类、抛石类、混凝土异形块体类和插板类结构的丁坝造价高 3~5 倍；海上施工不但受到海水涨落影响，而且时常面临风暴潮的袭击，施工较困难，工程和人身安全受到威胁，图 6-4 为透水桩式坝布置示意图。

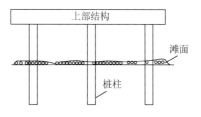

图 6-4　透水桩坝布置示意图

这种坝体以高强度管桩作为堤坝主要防浪结构，与传统的抛石坝相比，具有可靠性高、耐久性好、日常维修量小、抗浪能力强等优点。但这种结构的坝体通常位于中低滩位置，其施工受风浪、潮流等自然条件的制约十分明显，尤其是在中低滩位置的沉桩工艺还需做进一步改善。

3. 新型型式

1）生态型（沈永明等，2006）

生态型促淤防冲技术是指在岸滩或浅水底部种植红树林和米草等大型水生植物，以其发达的根茎阻挡水流和泥沙。生态促淤防冲技术的应用方式有单独使用，也有与坝田结合使用。单纯的生态促淤速度较慢，但持续时间长，累积效果明显；与坝田结合使用的方式既能充分发挥坝田快速促淤的效果，又能发挥大型水生植物作用时间长的优势，同时，因植物对坝田有保护作用，还可减小坝田的破坏程度，延长坝田的使用寿命。但第二种方法的使用需要慎重选择植物的栽种时间，坝田建成初期滩面扰动很强，不具备植物生长的条件，可以选择在坝田建成一段时间后滩面扰动减小时再栽种植物。

多年的生态促淤防冲技术的应用实践也暴露出它的一些固有缺点：大型植物如米草的大量繁殖直接威胁当地渔业生产，降低野生生物多样性；植物根系发达，无法人为控制其生长范围，容易阻塞水道；植物生长周期长，致使促淤效果缓慢，大量根系生理性枯烂和大量种子枯死水中，致使滩泥受到污染，水质变差；在海水中还可能会助发赤潮，植物促淤防冲作用的发挥有季节性，生长环境又具有区域特殊性，这些都使该技术的推广应用受到一定限制。

由于大米草促淤造陆工程具有施工方便、造价低廉以及围垦后很少产生不利副作用等优点，江苏滩涂曾大量种植大米草进行促淤护岸（陈才俊，1994），图 6-5 为大米草在江苏沿海的分布图。

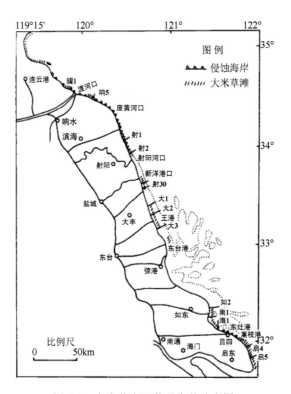

图 6-5   大米草在江苏沿海的分布图

在强侵蚀和高波能海岸大米草难以立苗，不能用于促淤保滩，如果有其他促淤工程配合，大米草也能形成一定的促淤效果，但前者起主要作用。对大米草的促淤效果客观评价：它只对生长带及其极小范围有促淤效果，并不能对生长段的整个潮滩有促淤效果。

实验证明，凡生长大米草的潮滩都有促淤效果而不管原来是否侵蚀，但效果的好坏与潮滩的淤积环境有密切的关系，原来淤积量大的潮滩在大米草生长后淤积量也大，反之也小。在强侵蚀和高波能海岸需有辅助工程的保护才能生长，如废黄河口、吕四、小丁港等海岸。1985 年，在废黄河口种植互花米草并在其南侧建筑丁坝，当年就淤高了 20cm 以上；吕四海岸则平均促淤 30cm，高的可达 50cm；1987 年，在原贝壳陡堤前处的大米草带，潮滩普遍淤高了 30cm 以上，灌河口以北的局部大米草也有类似的情况。经计算，江苏滩涂自栽种大米草以来，大米草生长带增加淤积量超过江苏滩涂潮间带一年的淤积量，近 50km 海堤的直接防护费用每年可减少 30 多万元，图 6-6 为大米草潮滩促淤图。

图 6-6 大米草潮滩促淤

2）网坝（呼延如琳，1980）

利用聚烯烃纤维编织成透水的网片作为坝体，称为网坝，在河流和海岸均有应用。其可分为固定式和浮动式两种结构，固定式适宜在低水时露出的滩面上实施，而深水时可用浮动式以简化施工。由于结构的特殊性，在对防洪要求高、不容许构筑实体建筑物的通航河流中网坝具有很大的优越性；网坝对上、下游都能起缓流促淤作用，下游的淤积范围远较上游大；网坝结构简单，对水流的影响较小，可在实施后观察它的作用和效果，不理想时，可在现场进行局部修正，也能很轻易地完全拆除，能发挥实验性工程的良好作用。

网坝施工迅速，造价低廉，对水流的强制性作用较小。由于其作用显著，实施后容易观察效果，如效果不理想时，可随时拆除改建，予以调整。但是，网坝是柔性结构，受航船或浮物撞击容易损坏，在水流和风浪冲击下，桩网式容易因摩擦使网绳断裂，遇到灾害性风暴是也易松断，总之，网坝的坚固性有待提高。

网坝适宜流速较小的河道和海岸，河道水深 1~6m 为好，海涂涂面高程以 0~-4m 为好；符合上述条件，但离海岸岸边较远，坝轴线又相当长，石方来源困难的地区，或者由于航运条件等限制，不允许使用抛石坝的地区；工作范围较小，不值得大动干戈的地区。

网坝在深水低滩处的促淤功能较显著，而对中、高滩的海涂，只能起到大范围的促淤作用，但作用不太显著。

网坝在浙江沿海滩涂地区应用较广，此类促淤工程多将网坝布置为丁坝或顺坝的形式，网体用聚乙烯网线结成，上下均穿插着聚丙烯的网纲绳并用混凝土隧体块沉入海底。但网坝的促淤效果因地而异，有的地区效果明显，但部分滩涂地区远远达不到预期效果。因此，网坝在使用时应充分考虑根据当地的海岸滩涂环境及经济效益预期。

6.1.2　促淤工程平面布置形式

根据以上促淤工程优缺点的对比以及江苏沿海滩涂特点，以大丰海域为研究对象采用二维水沙模型建立潮流泥沙数学模型，对丁坝的布置方法进行研究并通过方案对比进行优化。

大丰海域位于苏北沿海的辐射沙洲区，海岸平直，走向 NNW—SSE，属堆积型粉砂淤泥质海岸。岸外的西洋水道是江苏沿海辐射沙洲群中最北面及距岸最近的一条深水潮汐水道，它介于潮滩和东沙之间向 NNW 开口，以小阴沙、瓢儿沙为界，分东西两槽，西槽基本与岸线平行，10m 深槽向北直通外海，宽达 5km 以上，尾部伸向东台海滩。西洋深槽外的小阴沙走向 160°～340°，与潮流流向平行。

常用的促淤建筑物有丁坝、顺坝以及丁顺坝组合等方式，各种促淤方式有一定的适用范围，要根据当地的水动力条件来确定促淤方式。拟定丁坝式和丁顺坝组合等四种不同方案，并在归纳总结相关文献及丁坝布置原则的基础上拟定丁坝方向与涨落潮主流方向基本垂直，这样更有利于泥沙易进难出。方案布置图如图 6-7 所示，方案 1 为长丁坝群（两条）组合方式、方案 2 为长丁坝群（三条）组合方式、方案 3 为长丁坝群（三条）和顺坝的组合方式、方案 4 为长丁坝群（四条）与顺坝的组合方式。

采用验证结果较好的大丰海域水沙数学模型可计算得出工程前近岸大潮涨落急流场图如图 6-8 所示，冲淤强度分布图如图 6-9 所示。根据上述四种布置方案计算促淤工程的实施对大丰海域水沙环境的影响。

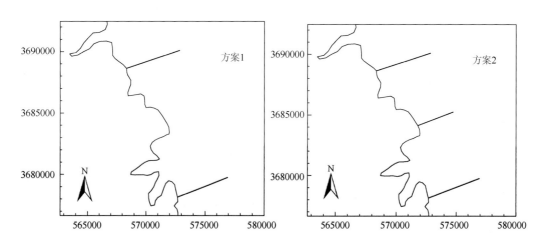

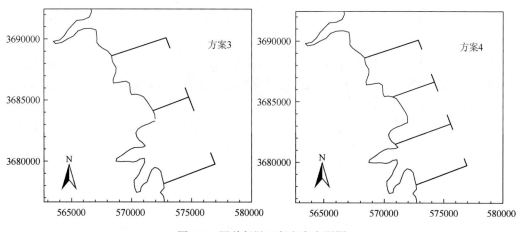

图 6-7　四种促淤工程方案布置图

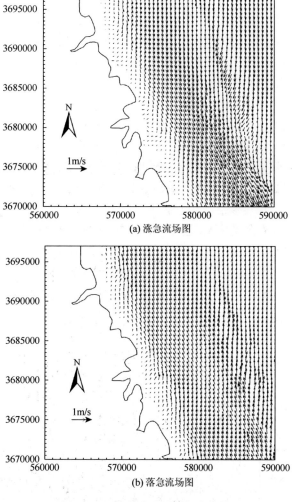

(a) 涨急流场图

(b) 落急流场图

图 6-8　工程前大潮涨落急流场图

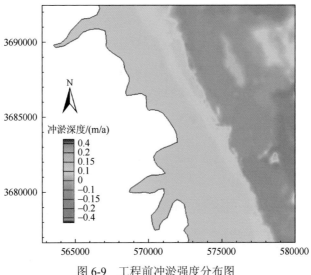

图 6-9　工程前冲淤强度分布图

1. 丁坝布置方案 1 影响分析

　　方案 1 拟定的是长丁坝群（两条）组合方式，工程后大潮涨落急流场图如图 6-10 所示，工程后冲淤强度分布图如图 6-11 所示。

　　方案 1 的实施对计算海域的整体流态没有明显影响，仅对工程区附近海域有一定的影响。方案 1 实施后，涨急时刻，涨潮流自 NNW 向 SSE 流，丁坝附近发生较明显的变化，在坝后形成回流区，可以看出两个丁坝相距较远，两个丁坝单独起作用。落急时刻，落潮流自 SSE 向 NNW 流，丁坝坝田内的潮流向口门流出，最后与口门外的潮流汇合向 NNW 流去，在坝头附近流速增大。工程后，仍然是涨潮流速大于落潮流速。流速在工程前后有所变化，并且在两条丁坝口门内侧的特征站位流速减小，口门外侧的流速有一定增加。比较坝田内各站点大潮涨落潮流速变化率来看，落潮流速变化率大于涨潮流速变化率，因而有利于泥沙易进难出。

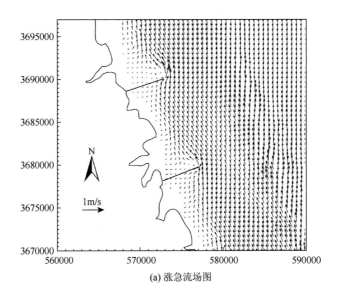

(a) 涨急流场图

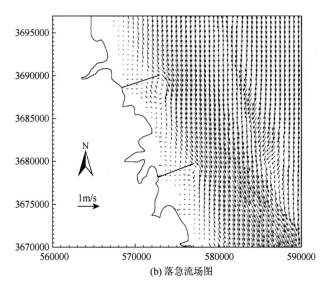

(b) 落急流场图

图 6-10 方案 1 工程后大潮涨落急流场图

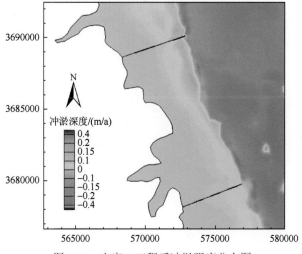

图 6-11 方案 1 工程后冲淤强度分布图

从图 6-11 可以看出，丁坝工程实施后，坝后回流区泥沙淤积较工程前增加明显，在此区域流速滞缓，泥沙容易落淤。而在两丁坝靠坝根段，淤积较工程前没有较明显的增加，是因为该段滩面高程越高，常出现露滩情况，浸水的时间就越短，泥沙落淤的时间就越少的缘故。坝田内侧靠近丁坝的位置淤积强度相对工程前有所增强，淤积强度增量最大可达到 0.15m/a。坝田内其他特征站点冲淤变化不大，淤积强度增加不明显，平均淤积强度增量为 0.02m/a。丁坝坝头流速增大，呈现冲刷状态。口门外断面冲刷强度相对工程前有所增强，工程后平均冲刷强度增量为 0.07m/a。

2. 丁坝布置方案 2 影响分析

方案 2 拟定的是长丁坝群（三条）组合方式，工程后大潮涨落急流场图如图 6-12 所示，工程后冲淤强度分布图如图 6-13 所示。

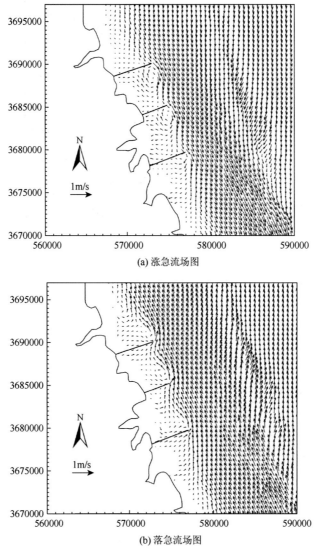

(a) 涨急流场图

(b) 落急流场图

图 6-12　方案 2 工程后大潮涨落急流场图

　　方案 2 的实施对计算海域的整体流态没有明显影响，仅对工程区附近海域有一定的影响。方案 2 实施后，涨急时刻，涨潮流自 NNW 向 SSE 流，丁坝附近发生较明显的变化，在三个坝群之间形成了两个回流区，此区域有利于泥沙的落淤。落急时刻，落潮流自 SSE 向 NNW 流，丁坝坝田内的潮流向口门流出，最后与口门外的潮流汇合向 NNW 流去。根据布置的特征站点的数据（表 3-52 和表 3-53）显示，流速在工程前后有所变化，并且在三条丁坝口门内侧的特征站点流速减小，口门外侧的流速有一定增加。坝田内侧靠近丁坝的站点流速变化率较大，特征站点 F2 大潮落潮时变化率最大，达−59.68%。坝田内其他特征站点流速均有一定的减小，均大于−12.00%。坝头附近水流流速均有一定增加，最大变化率可达 9.59%。坝田内各站点大潮落潮流速变化率大于涨潮流速变化率。

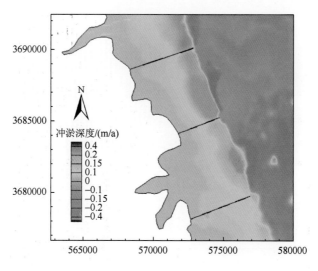

图 6-13　方案 2 工程后冲淤强度分布图

由图 6-13 可知，泥沙在回流区泥沙淤积较工程前增加明显，在此区域流速减小，泥沙在此落淤。坝田内侧靠近丁坝的位置淤积强度相对工程前有所增强，淤积强度增量最大可达到 0.29m/a。坝田内其他特征站点冲淤也有较明显变化，平均淤积强度增量为 0.10m/a。丁坝坝头流速增大，呈现冲刷状态。口门外断面冲刷强度相对工程前有所增强，工程后平均冲刷强度增量为 0.05m/a。

3. 丁坝布置方案 3 影响分析

方案 3 拟定的是长丁坝群（三条）和顺坝的组合方式，工程后大潮涨落急流场图如图 6-14 所示，工程后冲淤强度分布图如图 6-15 所示。

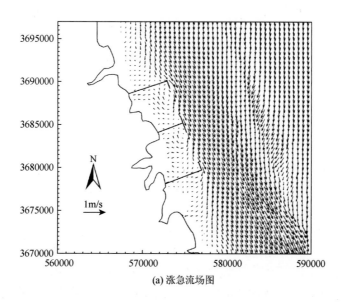

(a) 涨急流场图

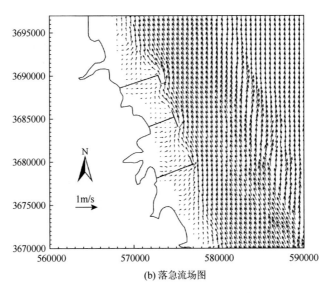

(b) 落急流场图

图 6-14　方案 3 工程后大潮涨落急流场图

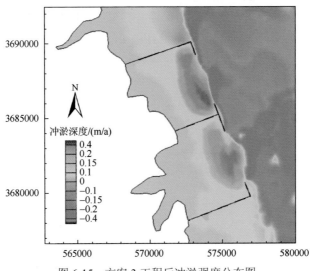

图 6-15　方案 3 工程后冲淤强度分布图

　　方案 3 的实施对计算海域的整体流态没有明显影响,仅对工程区附近海域有一定的影响。方案 3 实施后,涨急时刻,涨潮流自 NNW 向 SSE 流,丁坝附近发生较明显的变化,在三个坝群之间形成了两个回流区,且形成的回流区流速减小较大,更有利于泥沙的落淤。落急时刻,落潮流自 SSE 向 NNW 流,丁坝坝田内的潮流向口门流出,最后与口门外的潮流汇合向 NNW 流去。工程后三条丁坝口门内侧水流流速减小,口门外侧的流速有一定增加。坝田内侧所有站点流速均减小且变化率较大,最大变化率可达 13.70%。坝田内各站点大潮落潮流速变化率大于涨潮流速变化率。

　　由图 6-15 可知,在回流区泥沙淤积较工程前增加明显,在此区域流速减小,挟带的泥沙在此落淤。坝田内侧所有站点淤积强度相对工程前都有所增强,平均淤积强度增量为

0.22m/a，淤积强度增量最大可达 0.37m/a。顺坝及丁坝坝头流速增大，呈现冲刷状态。口门外断面基本呈冲刷增强状态，工程后平均冲刷强度增量为 0.09m/a。

4. 丁坝布置方案 4 影响分析

方案 4 拟定的是长丁坝群（四条）与顺坝的组合方式，工程后大潮涨落急流场图如图 6-16 所示，工程后冲淤强度分布图如图 6-17 所示。

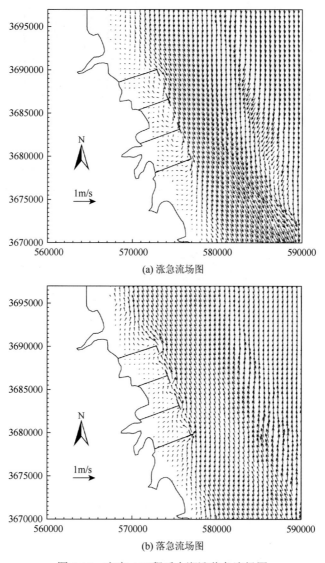

(a) 涨急流场图

(b) 落急流场图

图 6-16　方案 4 工程后大潮涨落急流场图

方案 4 的实施对计算海域的整体流态没有明显影响，仅对工程区附近海域有一定的影响。方案 4 实施后，涨急时刻，涨潮流自 NNW 向 SSE 流，丁坝附近发生较明显的变化，在四个坝群之间形成了三个回流区。落急时刻，落潮流自 SSE 向 NNW 流，丁坝坝田内

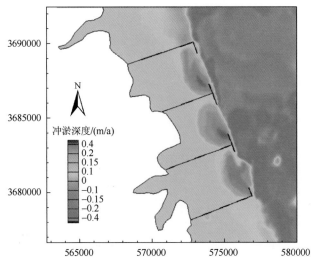

图 6-17　方案 4 工程后冲淤强度分布图

的潮流向口门流出，最后与口门外的潮流汇合向 NNW 流去。流速在工程前后有所变化，四条丁坝口门内侧的水流流速减小，口门外侧的流速有一定增加。坝田内侧所有站点流速均减小且变化率较大，最大变化率达−72.00%。坝头附近流速均有一定增加，最大变化率可达 10.96%。坝田内各站点大潮落潮流速变化率大于涨潮流速变化率。

由图 6-17 可知，在回流区泥沙淤积较工程前增加明显，在此区域流速减小，泥沙容易落淤。坝田内侧所有站点淤积强度相对工程前都有所增强，平均淤积强度增量为 0.22m/a，淤积强度增量最大可达 0.38m/a。顺坝及丁坝坝头流速增大，呈现冲刷状态。口门外断面基本呈冲刷增强状态，工程后平均冲刷强度增量为 0.11m/a。

5. 方案对比分析

四种方案工程后冲淤强度分布图如图 6-18 所示，对四种方案进行对比分析。

方案 1 与方案 2 对比分析：从涨潮流进行对比分析，在方案 1 中北丁坝附近形成一个回流区，回流区影响范围有限，南丁坝坝后也形成回流区；在方案 2 中两个坝田都形成了回流区，且环流流态更明显。从落潮流进行对比分析，方案 1 中工程区外侧落潮流大部分进入坝田内，带走泥沙，不利于泥沙落淤；方案 2 中工程区外侧落潮流小部分进入坝田内，与坝田内原有的水流一起流出。对比冲淤变化图及各特征站位的工程前后冲淤变化值，方案 1 坝田内淤积强度相对工程前有所增强，淤积强度增量最大可达 0.15m/a，平均淤积强度增量为 0.02m/a；方案 2 坝田内淤积强度增量最大可达 0.29m/a，平均淤积强度增量为 0.10m/a。

方案 2 与方案 3 对比分析：方案 3 中在两个坝田内也形成了回流区，且流速比方案 2 降低的更小，更有利于泥沙的落淤；工程区外侧落潮流基本进入不到坝田内部，坝田内原有的水流从口门流出。由于顺坝设置，既对原有沙脊形成了很好的保护，也避免了丁坝坝头的不利流态。对比冲淤变化图及各特征站位工程前后的冲淤变化值，方案 3 的淤积强度增量最大可达 0.37m/a，平均淤积强度增量为 0.22m/a。

　　方案 3 与方案 4 对比分析：方案 4 中在三个坝田内形成了回流区，坝田内水流从口门流出。对比冲淤变化图及各特征站位工程前后的冲淤变化值，方案 4 的淤积强度增量最大可达 0.38m/a，平均淤积强度增量为 0.22m/a。

　　总结以上分析，可见坝距的选择对促淤效果有较明显的影响，合适的坝距有利于泥沙的快速落淤。丁坝与顺坝的组合形式，泥沙在坝田的淤积量最大。因此，长丁坝群与顺坝组合形式更有利于泥沙淤积。

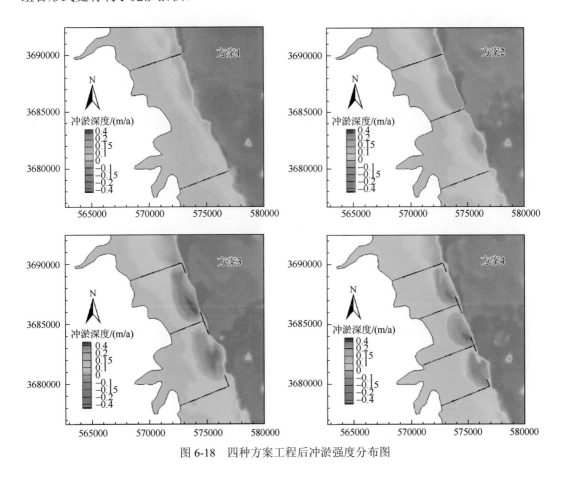

图 6-18　四种方案工程后冲淤强度分布图

6. 小结

　　根据《江苏沿海地区发展规划》，以大丰海岸围垦为背景，研究了该海岸各丁坝布置方案对近岸水沙运动的影响，探讨了四种丁坝布置形式：方案 1（两条长丁坝群）、方案 2（三条长丁坝群）、方案 3（三条长丁坝群和顺坝的组合）、方案 4（四条长丁坝群和顺坝的组合）。主要结论如下：

　　（1）四种方案实施后，在坝后均形成回流区，流速减小，此区域有利于泥沙的落淤。在坝头附近流速有一定的增加。比较坝田内各站点大潮涨落潮流速变化率来看，落潮流速变化率大于涨潮流速变化率，因而有利于泥沙易进难出。

　　（2）四种方案实施后，泥沙在回流区域落淤，坝头附近冲刷。从布置的特征站位分析，坝田内淤积强度较工程前增加，方案 1 实施后坝田内淤积强度增量最大可达 0.15m/a，平均淤积强度增量为 0.02m/a；方案 2 实施后坝田内淤积强度增量最大可达 0.29m/a，平均淤积强度增量为 0.10m/a；方案 3 实施后坝田内淤积强度增量最大可达 0.37m/a，平均淤积强度增量为 0.22m/a；方案 4 实施后坝田内淤积强度增量最大可达 0.38m/a，平均淤积强度增量为 0.22m/a。因此，长丁坝群与顺坝的组合方式更有利于泥沙淤积。

6.1.3　围垦工程优化技术

优化的出发点是为了满足工程质量、施工条件和经济性三个指标。工程质量的评价指标主要是指对围堤工程质量具有重要意义的地基沉降量和边坡抗滑稳定性；施工条件主要是指材料供应和运输条件；经济性主要指以单位延米造价作为评价指标并通过投资概算。通过上述评价指标可对比分析选择围堤结构、筑堤施工、抗浪性能的最优设计方案。

1. 围堤结构型式优化研究

1）海堤的结构型式分析

海堤的工程造价占整个围垦工程投资的 70%以上，故海堤结构型式设计的合理、安全、经济对工程建设有重大影响。由于海堤工程多位于深厚软弱黏土地基上，因此在断面设计中需按堤基处理考虑，并结合断面形式和护面结构型式综合选择。同时，海堤的施工应考虑当地的建筑材料市场实际情况，结合本地区的实际情况进行施工。海堤的结构型式应主要包含 3 方面的内容：基础处理的方式、海堤断面形式及结构护面的选择。

（1）断面选择

正确地选择海堤的结构断面型式，对保证海堤的防汛安全有重要意义。我国现有海堤的结构型式大体上可分为以下几种。

①直立式堤

主要优点是：堤身断面较经济、占地面积小、工程造价较低。缺点是：直立堤对地基要求高、稳定性较差、不利消浪。直立堤可在港口码头、河口及海湾以内受风浪作用较小的海岸结合护岸工程构筑。

②斜坡式堤（含单坡和带平台的复坡 2 种）

斜坡式堤的优点为堤身与地基接触面积大，地基应力较小，能较好地适应滩涂的软土地基条件，整体稳定性较好；能有效地吸收波浪，消浪效果明显，对强风浪区有较强的适应性；筑堤土料和围内填土抬高地面一般可就地取材；施工工艺不复杂；护面结构及施工技术简单，维修养护较容易。目前，沿海地区已将斜坡堤作为海堤的基本结构形式，如江苏省、浙江省和上海市的海堤，基本上是斜坡式土堤或斜坡式土石堤。斜坡式堤还适用于高、中、低潮带圈堤，同时也通用于深水围堤。

③直立式与斜坡式组合形式

直立式与斜坡式相结合的混合式堤兼有直立式堤、斜坡式堤的优缺点，适用于潮下带围堤及深水圈堤。其中，低潮位以下部位采用直立式堤，受风浪作用部位采用斜坡式堤。为了适应沿海地区风浪大的特点，海堤的结构型式以采用斜坡式及混合式为宜。混合式堤的特点是外坡为变坡结构。当断面组合得当，可兼有斜坡堤和直立堤两者的优点，而避免其缺点，但边坡转折处，波浪紊乱，波能较集中，容易变形破坏，需予结构上补强。

（2）护面结构

海堤工程的护面型式直接关系到防冲安全程度。迎潮面宜采用抗冲刷整体性好的结构，堤顶面及背坡面主要视越浪量大小而定。允许越浪时，一般迎潮面采用混凝土、细骨料混凝土灌砌石、浆砌石、干砌石上安放人工块干砌石、砂浆砌和混凝土预制块体等；堤顶面采用混凝土、沥青混凝土等护面；背坡面采用石（板）等护面。护面应满足坚固耐久、就地取材、方便施工、维护管理以及经济美观的要求。在设计、施工中一般最常采用砼灌砌块石和干砌块石上安放砼四脚空心或栅栏板结构。栅栏板及砼灌砌块石或干砌块石上安放的砼四脚空心块护面厚度需计算确定（王世杰，2007）。

2）新型围堤关键问题及技术研究

（1）新型围垦堤防迎水坡防冲关键技术研究（王世杰，2007；张发明等，2012；苑耕浩，1997）

围绕围堤快速施工方法，研究筑堤新材料与新工艺下的堤防迎水坡防冲关键技术，提出新型防浪护面结构型式。

采用新材料新工艺，提出新型护面结构型式。研究波浪爬高、越浪量和海堤结构稳定性；提出经济合理的新型护面结构和多功能海堤结构及其相关设计计算方法；对不同类型的海堤分别从抗滑稳定性、堤脚冲刷稳定性、渗透稳定性、动力作用下海堤的稳定性，强台风作用下海堤稳定性以及不同结构形式的防浪效果等几个方面开展相应的研究。

综合考虑围垦、港口及环境的需求，提出多功能新型海堤结构。重点依据海堤的功能，提出海堤设计中主要的影响因素，建立合适的数学优化分析模型，进而对结构进行优化设计分析；建立基于多重影响因素的海堤优化分析模型，选取典型地基（粉、沙土类和淤泥质土）为研究对象，在研究地基加固的基础上提出合理的上部结构型式以及提出应对超强台风对海堤的作用的工程措施。

（2）新型围垦堤防结构优化设计关键技术研究

新型围垦堤防结构优化设计关键技术研究应依据围垦区的水文地质条件、围垦材料特点，综合考虑围垦、港口及环境的需求，研究围垦堤防在安全稳定基础上的最优结构断面型式。具体包括以下研究内容。

①围垦海堤设计安全控制指标及其计算理论方法研究（张发明等，2012）

海堤抗滑稳定性研究。海堤施工期与运行期的稳定性是海堤建设成败的关键指标之一。针对围垦海堤的特点，在借鉴软土地基上的堤坝稳定性计算理论与方法，通过考虑地基破坏形式、堤身与基础的强度、堤脚冲刷稳定性以及堤身滑动稳定安全性等方面，对围垦海堤进行稳定性研究，提出合理有效的数值分析模型、分析方法和稳定性判别标准，为设计提供参考。

新型防浪结构研究。风浪是造成堤坝越浪、海水漫溢、海堤损坏的主要动力因素，如何防止风浪对海堤的破坏是海堤设计中的重要问题之一。这一问题涉及风浪特性的计算以及风浪与海堤建筑物构造特点间的相互作用计算分析。本专著结合风浪计算理论，通过数值模拟计算，提出比较有效的防浪结构设计，并进行室内、现场试验验证，将其应用于实际工程中。

②海堤结构优化设计研究。在前述工作基础上，本专著采用现代最优化设计理论与方法，建立包含影响海堤安全性指标在内的堤防结构的优化数学模型，通过最优化方法获得最佳的堤防结构，从而提高滩涂围垦堤防的设计水平与设计质量（张发明等，2012）。

（3）新型围堤研究存在以下关键问题

①要有可靠的波浪要素分析手段

随着围垦工程水深越来越深，堤前波浪也越来越大，在新型结构中尤其是桩基础的直立堤中，起控制作用的荷载往往是波浪力，作为结构受力分析的前提条件，必须要有可靠的波浪要素分析手段。

②要有合适的软基处理方案

江苏省海堤的地基土部分为深厚的软土地基，地基处理也是新型结构设计的一大难点，要根据不同结构型式采取不同的地基处理方法。地基处理不仅要满足沉降控制，还要满足海堤整体抗滑稳定要求。

③要有可靠的防渗处理方案

传统的土石堤，采用涂泥闭气，其最大的优点是就地取材、造价低廉。新型结构海堤多数采用钢筋混凝土构件挡浪，如仍采用闭气土防渗，往往形成较大的土压力，造成挡浪结构前后压力比过大，尤其是土压力与波谷吸力组合时，易形成零压力区或结构产生过大的倾斜，对工程安全运行极为不利。因此，挡浪结构内侧尽可能采用砂石料回填，这就需要在混凝土构件内形成防渗结构。但由于海水影响，又不可能沿线修筑围堰施工，防渗结构施工难度很大，施工质量也难以确保。所以，需要发展新型止水材料或工艺，满足在潮水影响甚至在水下施工的防渗结构。

④要有足够强度的抗水平荷载结构

海堤都具有防浪挡潮功能，属于不透水结构，波浪力全部由海堤承担。随着围垦工程向低滩发展，堤前往往形成巨大的水平波浪力，同时还存在静止水压力、内侧土压力等水平荷载。传统的土石堤由于断面宽大，摩擦力足以抵挡水平荷载。而在新型结构中，一般断面宽度较小，自重较轻，水平荷载往往由桩基础承担。在水深较深、波浪力特别大的区域，甚至需要采用叉桩来承担水平荷载。

⑤要采取措施消除围区大面积堆载对海堤的影响

围区内一般都会进行大面积回填，必然在海堤下的地基土中产生附加应力，引起地基土的压缩。这种影响对于土石堤等散体材料坝影响相对较小，但对钢筋混凝土挡潮结构的影响较大，尤其对桩基础会产生负摩阻效应，导致海堤向内侧倾斜。因此，必须采取工程措施消除大面积堆载对海堤的影响。一个比较便捷的方案就是在海堤与内侧回填区交界处设置沉降隔离设施，如连续打设的深层搅拌桩、钢筋混凝土板桩或混凝土地下连续墙等。

⑥要有合适的计算模型及计算参数

相对而言，传统的土石结构海堤的稳定、沉降、防渗、固结等分析计算方法已较成熟，也积累了丰富的设计与施工经验。土石海堤有个显著的特征就是损坏后维修便捷，而新型结构海堤，尤其是钢筋混凝土结构海堤，损坏后修复难度大，因此，新型结构海堤对分析计算的精度要求更高。因而，计算模型与基础计算参数值的合理选用显得尤为重要。目前在应用相关计算模型和程序软件分析时，对于如何更好地模拟地基下的桩土共同作用、计算开孔式空箱的波浪力以及承台的应力、应变协调分析等方面存在较大的难度。

⑦要有充分的模型试验和现场原型观测研究

新型结构受力复杂，在波浪作用下的受力情况、越浪情况和稳定情况，目前理论计算成果还很难与实际情况完全相符。因此，新型结构在设计过程中需要进行相关物理模型试验和现场原型观测，以验证其应力、应变情况和结构的可靠性。（呼延如琳，1980；王晓波等，2007）

3）新型结构海堤应用案例（桩基工程手册编写委员会，1995；郭平等，2004；俞孔坚，1999）

新型结构海堤的上部挡浪结构一般为钢筋混凝土结构，如钢筋混凝土框架结构、空箱式结构（包括开孔式空箱结构）。下部基础分为复合地基和桩基础。复合地基包括了刚性桩复合地基、柔性桩复合地基及散体材料桩复合地基。刚性桩包括现浇薄壁筒桩（PCC桩）、预制管桩、预制方桩等；柔性桩包括深层搅拌桩、旋喷桩等；散体材料桩包括了大直径砂桩、碎石桩等。桩基础包括了预应力方桩、灌注桩、板桩以及预制插板等（王晓波等，2007）。以下通过几个案例进行介绍。

案例 1（王世杰，2007）：钢筋混凝土开孔式空箱+深层搅拌复合地基。该方案地基处理采用深层搅拌法。堤身挡浪、挡土结构为外侧钢筋混凝土开孔式空箱，空箱下部为抛石基床，可作为搅拌桩复合地基的桩顶褥垫层。空箱下部预制、上部现浇，防渗采用涂泥闭气。

案例 2：钢筋混凝土开孔式空箱+高桩承台。该方案主堤坝采用高桩梁板式码头形式作为上部结构承台，上部设开孔式空箱抗浪挡潮，由叉桩形成深基础，上部结构水平和竖向荷载经承台传递至叉桩深基础。内侧采用涂泥闭气。地基处理采用深层搅拌法处理地基，解决海堤层抗滑稳定问题和内侧大面积堆载对桩基的负摩阻影响。为消除内侧大面积堆载引起的负摩阻，在主堤坝内侧与土石衔接部位设置深层搅拌桩沉降隔离墙。

案例 3：土石堤+大直径砂桩处理地基。该方案地基处理采用大直径砂桩处理软基。海堤堤身结构采用土石堤身，断面型式为下部斜坡、上部陡墙的复式断面。大直径砂桩处理软基的功效主要表现在两方面：一方面，砂桩作为排水通道起到排水固结作用，这方面与塑料排水板类似，但由于砂桩直径大，排水通道的通水特性保持性好，地基排水速度更快；另一方面，砂桩可起到复合地基的挤密和置换作用。打设砂桩后总体较使用塑料排水板的方案可缩短工期、减小断面。虽然海堤工后仍有一定沉降，但工后沉降明显小于塑料排水板处理地基方案。

案例 4：预制长短板桩+叉桩方案。该方案采用预制长短板桩+叉桩形成海堤挡浪及防渗体，结构类似前板桩码头结构，整个结构为装配整体式结构。外海侧由预制长短板桩构成，内侧由预制叉桩构成。长短板桩间、叉桩间由纵梁连接，预制叉桩和预制长板桩间用横梁连接，形成一个整体，结构上部采用预制和现浇叠合面板。长短板桩之间通过特制的滑槽连接，槽内贯注细骨料混凝土防渗。

案例 5：预制水力插板方案。该方案采用的水力插板既是上部结构的深基础，又是挡浪、防渗体，整个结构为装配整体式结构。前后 2 排插板并排插入地基作为深基础，插板内侧每隔一定距离设置横梁作为横撑拉牢两边插板，在相同高程处设置纵梁连接横梁，增加整体刚度。横梁和纵梁吊装在预制牛腿上，横梁、纵梁端部钢筋与牛腿上预留钢筋焊接，现浇混凝土节点。现浇带肋板与插板顶部钢筋一起现浇成整体，增加结构整体工作能力，外海侧顶部与现浇肋板一起现浇防浪墙。

2. 筑堤施工优化技术

1）砂桩砂被围堤施工优化技术

砂桩砂被围堤的施工作业内容主要有施打砂桩和吹填砂被堤两部分，施工断面图见图 6-19，砂桩砂被围堤的施工流程见图 6-20。具体施工步骤包括：施打砂桩，施工砂棱体，回填砂垫层，铺设土工格栅，埋设沉降和位移观测点，砂被堤施工，连接段施工，内坡防渗层施工，外坡护面施工。

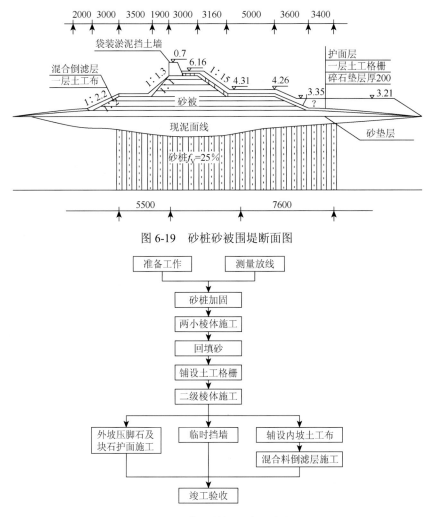

图 6-19　砂桩砂被围堤断面图

图 6-20　砂桩砂被围堤施工流程图

砂桩砂被围堤施工过程中，在底部设计加入土工格栅这一新型材料及工艺，可大大优化缩小堤身断面，可在不影响围堤抗浪能力的基础上节约投资。采用铺设不透水编织布的措施，可有效解决抛石围堤的内坡防渗结构易受堤内外高水位差破坏的问题。

（1）优化技术的应用（王卫东和程琪，2000）

在连云港港庙岭三期试验区围堤工程砂桩砂被围堤施工中，针对堤身非正常沉降及水平位移，发现原因为地基排水不畅，固结缓慢，施工荷载已超过相应土层固结度对应的极限承载力。对策为停止施工，加强观测的紧急措施，由每天观测一次改为每天观测两次，待砂被围堤沉降及位移满足规范要求一个星期后再继续施工，并将加载速率控制在 15cm/d，均匀加载，直至砂被吹到设计标高，没有再发生类似的异常情况。据此可知，严格控制加载速度可以解决砂被围堤施工过程中的非正常沉降与水平位移问题。

在内坡防渗层施工过程中，由于连云港潮差较大，如果水门排水功能不足，在潮差的作用下，铺设好的防渗层很容易被鼓坏，原设计第一次吹填到+3.5m 标高很难实现。因此，采用不透水编织布满铺内坡护面的方法。编织布长 40m，宽 15m，搭接宽度 2m，从坡顶一直铺到泥下，并用泥袋压住边角。然后一次将水位吹到+5.2m，并始终保护堤内水位不低于堤外水位，落潮时水门排水，平潮和涨潮时吹泥，取得了成功。吹泥过程中不能忽视围堤稳定的观测，逐步抬高水位到设计水位+6.5m。

在外坡护面施工过程中，为了防止围堤受到风、浪的破坏，对北堤和东、西堤北部外坡进行了干砌块石护面，作为临时设施，护面厚度取 30cm，取得了较好效果。

2）大型充砂袋围堤施工优化技术（杨海庆，2005；张国泉和陈小刚，2009；桩基工程手册编写委员会，1995；刘金砺和李大钊，1994；中掘和英等，1982；苑耕浩，1997）

大型充砂袋围堤施工流程大体为：铺设堤底软体排，充砂袋棱体，棱体内的吹填施工。对于大型充砂袋围堤，在泥浆泵有效吹距范围内布置临时砂库虽然增加了工序，造成了一定吹填砂的流失，但增加了工作时间和工作面，有效地节省了工期。在施工的同时，计算充砂袋加载间歇期，避免盲目等待加载间歇期造成的时间延误。对传统的施工工艺进行优化设计，舍弃不必要的工序，可有效扩大工作时间，提高工作速度，工程费用有所增加，但减少了工期，在工期紧迫的情况下，采取此种方案是切实可行的。

（2）优化技术的应用（王新强等，2012）

天津港某工程采用大型充砂袋围堤，针对工期紧、质量要求高、吹砂船舶有限、吹填区土质差等情况，采用了布置临时砂库、准确计算加载间隙期、加快充填砂固结等一系列措施，成功克服了困难，有效地节省了工期。由于该工程东围堰部分海底泥面较高，土质差不能作为吹填取泥区，吹砂船数量有限，如何快速完成充砂袋施工成为制约工期的关键。

由于施工船舶有限，每艘吹砂船的施工效率约 200m³/h，这样就限制了充砂袋施工的速度。对此，采用在泥泵的有效吹距内布置砂库的方案，可以利用临时砂库进行充砂袋施工，扩大了工作时间，提高了工作速度。砂库一般选择在泥面较高，易于施工的位置，吹填之前，底部放置砂袋布，周围布置袋装砂以减少砂流失。吹砂库的时间为吹砂船的闲置时期，但距充砂袋施工的时间不宜过长，以减少潮汐对砂库的影响。在东围堰 0～300m

段充砂袋施工采用布置临时砂库方案，通过实际统计，增加的工程费用约占综合单价的20%，但工期比预计减少30%以上。

充砂袋砂源来自运砂船及临时砂库，分别采用吹砂船、泥浆泵施工。临时砂库利用船舶闲置期、加载间歇期进行吹填，这样在船舶有限的情况下提高了施工效率，节省了工期（图6-21）。

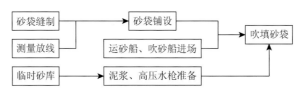

图6-21　大型充砂袋围堤施工工艺流程图

对传统的施工工艺进行改进，采取充砂袋二次吹填、加快固结的方案。吹填按充填→进浆→二次吹填至袋内土体厚度满足设计要求的工序进行。

此项工程采用临时砂库、计算加载间歇期、优化施工工艺等方案，有效地节省了工期，提高了工作效率（表6-2）。

表6-2　施工效率比较

施工方案	加载间歇期/d	日完成量/m³	吹砂效果
传统施工方案	18～20	500～600	砂袋表面不平整，破袋率高
新施工方案	15	1000	砂袋表面平整、返工率低

由此可见，①通过构建临时砂库，增大了工作面，在吹砂船舶有限及吹砂船无法作业时可以有效地提高施工速度，但增大了吹砂工序，砂库在潮汐作用下易流失；②通过计算加载间歇期，得出在瞬时加载完成后下一级加载所用的时间，避免了盲目等待造成的时间浪费；③通过优化施工工艺，采用二次吹填、加快固结排水的方案，达到了砂袋不破裂、表面平整的目的，降低了返工率。

3. 软土地基处理优化技术

在连云港围海造陆工程的具体实施过程中，为在确保地基处理效果的前提下达到既缩短施工工期又减少工程投入的目的，对真空预压地基处理进行了工艺及技术创新，有效地解决了工程中出现的问题。经过在连云港围海造陆工程的应用中证明，浅层地基处理中的小型插板机施工、深层地基处理中直排、压膜沟无缝搭接、吹填粉细砂保护真空膜等工艺和技术在实际工程运用中取得了巨大成功。该技术已成功应用到连云港围海造陆工程中。

1）工艺创新

改进了轻型简易插板机。插板机由发动机、减速器、轨道、机座、支架和带齿插杆组成，接通电源，打开开关，电机带动齿轮正向转动，与插杆咬合，使插杆向下运动，从而将插头下面的排水板打设到淤泥中（图6-22和图6-23）。

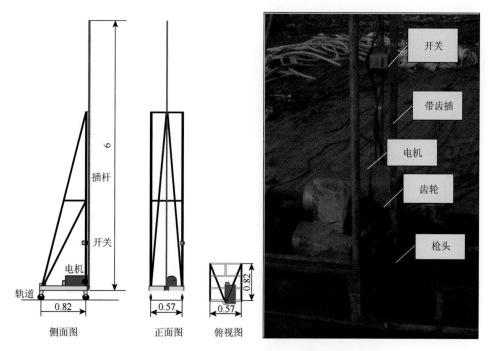

图 6-22　简易插板机组成图

图 6-23　简易插板机施工图

通过现场实测，打设一根排水板平均用时 40 秒，每台机械平均可插设 800～1000 根/天，比传统人工插板效率高，质量好。

2）直排深层真空预压处理

由于常规深层地基处理利用中粗砂垫层进行排水效果较差，排水砂垫层对中粗砂的质量要求高，工程造价高，且该工程地基处理面积大，连云港地区无法提供如此大量的优质中粗砂，故结合现场积累的经验，决定采取直排工艺。

利用风化砂资源的优势，铺设风化砂作为插打深层排水板的工作垫层。直排式真空预压地基处理方法采用滤管代替砂垫层，由主管、支管、滤管等组成密封的水平管网系统与排水板直接相连。其工作原理如图 6-24 和图 6-25 所示。

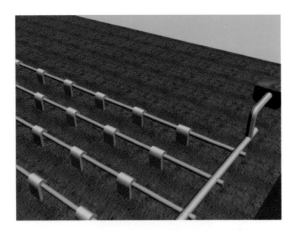
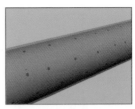

图 6-24　直排示意图

图 6-25　直排施工图

3）压膜沟无缝搭接

为解决压膜沟问题，在某 8 层建筑地块的地基处理中，分区之间采用开挖压膜沟无缝拼接进行处理，效果明显，解决了压膜沟问题，在后续其他工程中得到了推广处理。图 6-26 为传统压膜沟换填处理图，图 6-27 为压膜沟大样图。

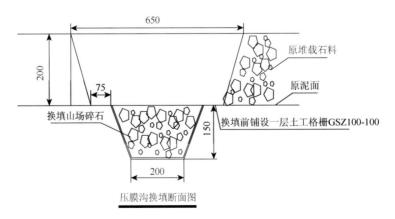

图 6-26　传统压膜沟换填处理图

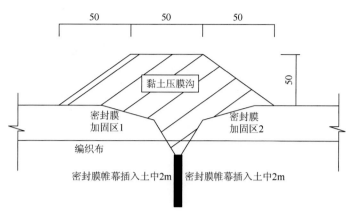

图 6-27　压膜沟大样图

分区之间压膜沟采用无缝搭接技术,即分区交界处压膜沟处理方法采用将两块密封膜搭接 1.0m,并进行黏合,在搭接处上方用蛇皮袋灌装黏土紧凑压载,如图 6-28 所示。

图 6-28　压膜沟无缝搭接处理

经无缝搭接处理后的压膜沟,不漏气,抽真空效果好,承载力大,后期回填施工不用处理,重型运输车可以直接通过压膜沟。

4）吹填粉细砂保护层

回填粉细砂的目的是保护抽真空的密封膜不被后续堆载材料破坏,确保真空压力。密封膜的密封效果决定抽真空的成败。

陆上回填粉细砂存在 2 个缺点。第一点:不能确保密封膜完好无损。陆上回填粉细砂,一般用小型运输车倒运,运输机械在在密封膜上不断来回行走,不可避免地要对密封膜造成破坏,是最大的一个缺点。第二点:由于淤泥承载力有限,满足不了大型运输设备在密封膜上来回倒运粉细砂,不能使用大型机械作业,效率低下,施工周期长,增加了施工成本。因此,只能使用大型运输车辆卸载粉细砂集中堆放在场地周边,再采用小型运输工具二次倒运,这样极大降低了施工效率,增加了工程成本。图 6-29 为陆上回填粉细砂与吹填粉细砂的对比图。

图6-29　陆上回填粉细砂与吹填粉细砂的对比图

（1）吹填粉细砂保护层施工

　　针对陆上回填粉细砂的两个缺点，在某地块的真空预压地基处理中，各参建单位大胆创新，借鉴其他地区吹填砂围海造陆施工工艺，将其创新地运用到了连云港地区的膜上粉细砂回填上。天津等砂源丰富的地区，利用大型吹砂船直接将附近的海沙吹填至造陆区域形成陆域。该地块外侧为淤泥质海域，无海沙可以吹填。在施工过程中，技术人员开创性地将取沙、吹沙分离开来，利用挖沙船挖沙，经过运沙船运至该地块外侧海域，利用改装的吹砂船将外来的粉细砂成功吹填至密封膜上。

（2）吹填粉细砂运用

　　真空预压地基处理海上吹填粉细砂成功解决了陆上回填粉细砂的问题，确保了施工质量和进度。在连云港某临海路段地基处理中，同样采取了海上吹填粉细砂的施工工艺，确保了该段路基按期全面完工。海上吹填粉细砂是真空预压地基处理中的又一重大创新，为以后类似工程提供了重要借鉴。

6.2　海涂围垦景观优化技术

景观格局与生态过程的关系是景观生态学研究中的核心内容。景观格局影响生态过程的运行，而生态过程又塑造着景观格局的形成。然而，生态过程不是孤立于某个景观类型或某种生态系统中的，而是在组成景观的各个生态系统之间水平流动，景观格局中的各个景观类型对于特定的生态过程均具有一定的作用，或促进、或阻碍、或起中介作用。同时，景观中存在某种空间格局可以使特定的生态过程运行最畅通，使生态效益最大化，这种景观格局即为生态安全格局（俞孔坚，1999）。识别和建立景观安全格局是景观格局优化的理论依据。

目前，国内外景观格局优化的研究方法主要有概念模型、数学模型和计算机空间模型（韩文权等，2005）。概念模型是基于景观格局和生态过程一般规律的经验土地利用模式，是数学模型和计算机空间模型等所有景观格局优化方法的最基本格局依据。数学模型是利用统计学理论优化景观格局，强调的是景观要素在空间上的数量配置（邬建国，2000）。随着计算机技术的发展，计算机空间模型克服了数学模型的不足，从数量和空间配置两方面来进行优化，但是由于景观格局演变和生态过程的复杂性导致计算机编程不能很好地与实际耦合。最小累积阻力模型是建立在"景观流"理论（傅伯杰等，2001）和"源""汇"（陈利顶等，2006）理论基础之上的，图论清晰、数据信息适度、运算法则简便快速、计算结果直观形象，而且在 ArcGis 各种桌面程序包中就可以实现，使复杂的大尺度的景观分析实际操作成为可能（Adriaensen 等，2003；Driezen 等，2007；吴昌广等，2009），目前普遍运用于土地规划和物种保护管理中。国内外学者运用最小累积阻力模型分析公路网络路径（康苹和刘高焕，2007），评价土地生态适宜性（李平星等，2011），模拟灾害蔓延趋势（Gonzalez 等，2008）等，均取得了良好效果。本专著利用最小累积阻力模型对城市景观进行生态规划，可从理论及实践上为日益城市化的生态基础设施建设提供一定指导。

海涂围垦是沿海地区实现土地总量动态平衡的主要途径之一。但是，滩涂围垦破坏了景观的自然演替规律，重建的景观格局在生态方面是否合理，生态格局是否安全，必然引起广泛的重视。因此，合理的景观优化方案不仅可以对已围垦区的景观格局进行评价优化，而且可以为拟围垦区的土地利用规划管理提供理论依据，使经济发展与环境保护协调发展。

6.2.1　景观优化方法与原理

1. 景观格局指标的选取与计算

根据研究目标，从景观破碎程度和景观单元连通性这两个方向来表征研究区景观格局特征,在类别水平上选取五个景观指数;在景观水平上选取连通性作为类别水平上的补充,基于围垦新城景观分类图,运用 Fragstats 3.3 进行各景观格局指数的计算。

2. 生态安全格局组分识别

一个潜在的景观生态安全格局包括生态源地、生态廊道、辐射道和节点这些在景观层次上控制特定生态过程的关键区域、点和相互空间位置关系(俞孔坚,1999)。生态源地选取主观性大,可根据研究目的和方法选取那些有利于生态流运行而且在空间上有一定连续性的单一景观或复合景观(李纪宏和刘雪华,2006)。生态廊道是保证生态功能流畅通行的源间通道,是"源"与"源"间的低阻力通道。辐射道是"源"与周围景观的低阻力通道。生态节点是对生态流运行起着关键作用的某些点或区域,具体指的是对生态过程极其敏感和生态功能极其薄弱的地方,生态资源价值高和生态服务功能相互矛盾的区域(张小飞等,2009)。在 GIS 空间分析模块输出的最小累积阻力面基础上,借鉴地理学上水文分析原理和方法(汤国安和杨昕,2006),利用 GIS 水文分析模块,分析最小累积阻力面,获得"最小耗费路径网"和"最大耗费路径网",依此获得生态廊道、辐射道和节点这些组分,达到景观格局优化的目的。

3. 景观生态服务价值及阻力系数的确定

景观生态服务价值是景观系统依靠其自身要素结构和生态过程或者通过直接或者间接的方式提供给人类的有形产品和无形服务在市场经济体系下的市场评定价值(Costanza等,1998)。景观生态服务价值通过价值形态将抽象的生态服务具体化,使景观服务强度研究从定性化转变为定量化。景观生态服务价值定量化的描述景观生态服务功能强度是衡量景观生态功能的一个重要指标。景观生态服务价值越高,阻力就越小,反之,景观生态服务价值越小,其阻力则越大,两者成反比关系。利用连通性评价时所计算出来的生态服务功能强度作为阻力系数确定的依据。

4. 最小累积阻力模型及阻力层的确定

最小累积阻力模型是生态流经过地块之间运动时克服阻力所做的功,主要考虑保护源、距离、地表摩擦阻力等因子,其公式如下

$$P_{MCR} = f_{\min} \sum_{j=m}^{i=n} \left(D_{ij} \times R_i \right)$$

式中,P_{MCR} 为最小累积阻力值;D_{ij} 表示源 j 到景观单元 i 的欧氏距离;R_i 表示景观单元 i 对特定生态过程运动的阻力系数;f 表示最小累积阻力与距离、地表摩擦阻力因子的正相关关系。

使用最小累积阻力模型进行生态安全格局组分判别的步骤:①源的确定;②阻力层的选择;③阻力面的建立;④最小累积阻力模型的生成;⑤生态安全格局组分的识别。

阻力层的评价因子有很多,如海拔、土壤侵蚀度、坡度等,由于研究区为海涂围垦用地,土地平坦,因而本专著仅按照其景观覆盖因子来评定阻力。阻力值的确定采用专家打分方法,主要依据不同景观类型的生态服务功能强度,生态服务被细分为气体调节、气候

调节、水源涵养、土壤形成与保护、废物处理、生物多样性保护、食物生产、原材料、娱乐文化九类。根据来自海洋学、城市学、景观学、生态学等不同学科不同领域的专家学者打分综合获得。

6.2.2 案例分析

1. 景观格局优化案例一（连云新城）

1）研究区概况

连云新城是连云港新一轮城市发展战略中的重要一环，是集金融商街、行政主轴、滨海居住、旅游内湾等功能为一体的滨海新城，地理优势明显，东依北固山，南靠 242 省道，西接临洪河口湿地，北临海州湾。连云新城是滩涂围垦城市利用的典型，土地来源大部分为匡围滩涂和填海造地，该区域人为干扰强度大，景观格局和生态功能差异前后显著。

2）结果与分析

（1）景观生态格局分析

表 6-3 是基于 2015 年景观分类图在 Fragstats 3.3 下计算出来的各景观指数，这些景观格局指数描述未来连云新城的景观格局特征。结果显示，建筑用地占地面积最大，滩地、水体、城市绿地相仿，在 15%左右，林地最小；在斑块密度上，城市绿地处于 10 以上，远远大于其他景观类型，水体为 2.1839，建筑用地、滩地和林地最低小于 0.5；在平均斑块面积上，滩地和林地最大，在 200 以上，建筑用地为 142.2655 次之，而水体为 7.7822，绿地仅为 1.2997；在连通度上，绿地连通性最差为 0.5785，水体在 1.5~2，滩地连通性最好达到 60 之多，建筑用地也达到 10 之多，而林地只有一个斑块，无所谓连通度；景观水平上的连通度为 0.6327，与绿地在一个连通水平上。因而，从斑块类别上看，滩地和林地斑块数目较少，集聚度较高，绿地和水体斑块破碎度高，连通性差。总体上来讲，连云新城景观面积相对平衡，但是景观破碎程度较高，整体连通性较差。

表 6-3 连云新城景观格局指数

	PLAND/%	PD/（个/hm²）	LSI	AREA_MN/hm²	C
滩地	13.4193	0.0489	2.8639	274.4595	66.6667
建筑用地	51.0096	0.3586	18.2500	142.2655	12.1212
林地	3.8957	0.0163	2.2857	239.0341	—
水体	16.9956	2.1839	16.9789	7.7822	1.7731
城市绿地	14.6798	11.2944	35.8068	1.2997	0.5785

注：PLAND：面积百分比；PD：斑块密度；LSI：景观形态指数；AREA_MN：平均斑块面积；C：连通度

（2）阻力面确定与生态源地

连云新城各景观类型生态系统服务功能价值表显示，湿地生态服务价值最大，草地、水体、森林依次减小，建筑用地为 0。本专著选取新城中呈"工"字主干的西部湿地、东部山体和"竖"划上两个大的水体斑块作为源地。

（3）生态廊道、辐射道

在最小累积阻力模型理论和方法指导下，依靠 ArcGIS 9.3 空间分析模块，输入源图层和阻力层，输出结果为最小累积阻力面。运用 ArcGIS 9.3 水文分析模块，分析最小累积阻力面，提取最小耗费路径网（图 6-30）。最小耗费路径网呈树枝状，从东北部向西南部蔓延，说明东北部较西南部对整个连云新城生态功能更重要，这和东北部依靠北固山和海州湾的地理位置吻合。而西南部靠近内陆，建设用地集中，生态功能流受阻。网络的一个主节点刚好位于西墅浴场旁的大面积水域，该水域正好将海州湾和连云新城内部水系连通起来，这给我们提供了一个潜在的保护源地。其他节点均位于选取源地内或周边，因而保护源地及其构建源地缓冲带极其重要。将最小耗费路径网与连云新城景观分类图叠加分析可知，连云新城规划生态廊道比较合理，实际与理论吻合度高，生态廊道多为河流廊道，有小部分为绿地廊道。因而，我们应保护已存在的河流廊道和绿地廊道，河流廊道避免与建筑物直接相邻，应设置一定的绿地缓冲带，防止城市污染迫害生态廊道。在此理论基础上，根据图 6-30（c）显示的最小耗费路径，建立未有的生态廊道和辐射道并加以保护。

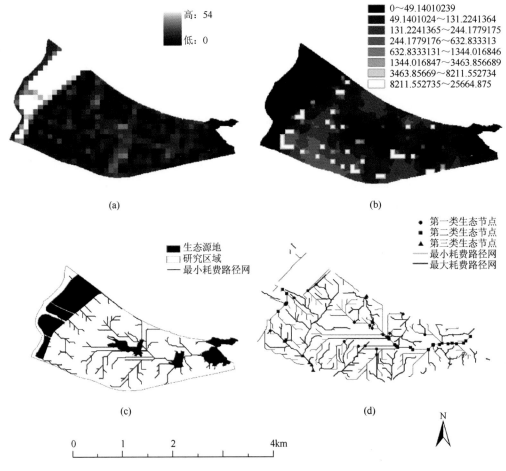

图 6-30　生态服务功能强度（a）、最小累积阻力面（b）、最小耗费路径网
（c）和生态节点空间布局（d）图

（4）生态节点

本专著在生态节点的选取中分为三类：一类为"最大耗费路径网"和"最小耗费路径网"的交汇点；一类为"最小耗费路径网"的高级别结点；一类为"最大耗费路径网"的高级别结点。第一类为景观格局中的冲突地带，不利于生态流的运行；第二类为生态流运行的潜在源点，易受外界干扰，需要加强管理保护；第三类为生态流运行的阻力汇集区，生态流运行易受阻。由以上分析的最大耗费路径网和最小耗费路径网可得景观生态节点的空间分布位置（图 6-30（d））。

第一类生态节点位于连云新城中部河网体系中，城市河流在人类景观的冲击下破碎化严重，已经丧失了自然河流的大部分生态属性，生态特性脆弱，易受外界干扰；第二类生态节点一部分位于连云新城内部河流与海州湾连接的入水口，入水口在河流网络分析中也是受关注的焦点，是网络中的脆弱地带，另一部分位于两块源水体斑块的中间地带；第三类生态节点位于连云新城边界上，这给我们一个启示，生态系统不能孤立，要与外部生态系统有所联系，因而边界生态不容忽视。

（5）景观格局优化总体方案

景观格局优化是通过调整景观元素的数量、配置和结构从而使景观格局更安全、生态过程更畅通、景观功能更稳定。从生态源地、生态廊道和辐射道、生态节点三个方向阐述连云新城景观格局优化总体方案。

生态源地的保护。生态源地控制和促进景观生态功能的稳定发挥。本专著中生态源地主要包括生态功能服务价值高的西部湿地和东部山体、占据重要空间位置的内部两个大的水体斑块。这些源地应予以保护和建设，增大其核心斑块面积，建立源地缓冲区，避免人为活动造成的干扰。

生态廊道和辐射道。生态廊道和辐射道是关系到景观连通性的重要元素。本专著中水体廊道是生态廊道的主要组成部分，保护位于连云新城中心线连接山体、两个大的水体斑块和湿地呈东西向弧线的水道以及从两个水体斑块向南北边界辐射的水道。根据城市建筑扩展特征，建立有一定宽度的河堤绿化带；按照最小耗费路径网建设有一定长度和一定面积组团式的绿地，使绿地作为生态廊道的重要组成部分，发挥其生态功能；建设连云新城海岸线向内陆蔓延的水体生态廊道，将海洋引入连云新城城市生态体系中。

生态节点。生态节点是人工景观对自然景观相互联系的干扰区。本专著中获得的生态节点位于源地中较大的水体斑块周围、山体与内部河流连通线上、连云新城边界上，处于生态廊道连接断点和生态功能薄弱区。构建和保护生态节点，将建成区、湿地系统、山体系统通过水体、绿地等生态廊道有机地连通成一个生态功能网络结构，增强景观间功能联系，维护景观稳定。

3）讨论

运用最小累积阻力模型在 GIS 环境下模拟特定生态过程的运行趋势，可以直观地反映生态过程在景观系统中进行的方向和强度。最小累积阻力模型应用的关键是阻力层的确定，阻力层的获得使运用 GIS 基于最小累积阻力模型进行景观安全组分识别和优化成为可能。如何合理设置阻力系数关系到最小累积阻力模型是否可以有效利用（吴昌广等，2009）。目前，阻力值的设定一般通过专家意见、经验值或者根据时间、流速等数据间接获得。本专著以景观生态服务价值作为最小累积阻力模型分析时阻力系数制定的依据，在一定程度上较准确地描述了不同土地覆盖类型对生态过程的适宜度，但是，是否将人口分布、地形地貌等因子考虑进去还有待进一步研究。

加强核心源地的保护，增强景观之间的连通性是景观格局优化的两个重要措施（孙贤斌和刘红玉，2010）。本专著发现，核心源地保护中，建立核心源地缓冲带是关键；连通性的提高靠生态廊道来完成，生态廊道的形状、取向是影响连通性的关键。在形状上，具有一定长度的条形状较好。Adriaensen 等（2003）对两种虚拟景观（廊道平行或垂直于生态流）进行了比较，结果表明，平行于生态流方向上的廊道对连通性有大的提高，而垂直于生态流方向的廊道没有什么大的影响，说明在取向上，平行于生态流方向较垂直于生态流方向对连通性促进作用更大。因此，对于连云新城，保护临洪河口湿地、北固山、城市中部水体生态源地，建立源地缓冲带极其重要。保护和重建以生态源地为汇聚点的水体和绿地廊道及生态节点可以有效提高景观之间的连通性。具体分析生态廊道的长度和取向的问题有待进一步深化研究。

在生态安全格局组分定位方面，岳德鹏等（2007）与孙贤斌和刘红玉（2010）利用GIS 水文分析模块提取最小累积阻力面上的"山谷线"和"山脊线"来获得生态安全组分格局，这在一定程度上较准确地获得生态廊道、辐射道和生态节点的空间位置。本专著借鉴其水文分析原理，提取最大耗费路径网和最小耗费路径网，这样计算出来的耗费路径是潜在路径的平均位置，它们的结点也表现出一定的平均性和趋势性（汤国安和杨昕，2006）。现实景观安全组分规划与构建时，需要考虑各方面的因素，提供一个组分可供选择的区域，使其具有实际意义，同时，耗费路径网也能满足现实需求。

2. 景观格局优化案例二（海门新区）

1）研究区概况

江苏省海门市地处黄海之滨，有着便利的水利运输，位于长江之滨，北临黄海，南依启东市，海岸线长 11.7km^2，与国际大都市上海隔江相望，西靠港口城市南通。研究区面积约 440km^2，包括的地方有青龙港护岸、江心沙、永隆沙、新村沙、东灶港等区域。

2）结果与分析

景观格局与生态过程的相互关系是景观生态学的核心研究内容。景观格局，即景观结构，包括景观组成单元的类型、数目以及空间分布与配置，是自然因子和人为因子共同作用下景观异质性在空间上的综合表现。在景观生态过程中，格局既决定生态过程又影响和控制景观功能的循环与发展，一定的景观格局有着相应的景观功能。任何一个景观系统都存在一个使生态过程更畅通、生态功能更稳定的景观格局，即景观生态安全格局。景观生态安全格局对维护或控制某种生态过程有着异常重要的意义，其组分对过程来说具有主动、空间联系和高效的优势。景观生态安全格局是由景观中的某些关键性的局部、位置和空间联系所构成，包括生态源地、生态廊道、生态节点三大结构组分，这三大功能组分有机地连通构成景观生态功能网络结构，维护区域生态功能稳定。因而，本专著从景观生态安全格局三大组分来分析研究区景观格局特性。

（1）生态源地

生态源地是对整个生态功能起稳定作用的景观或景观复合物。在海门新区用地结构中，水体的生态服务价值最大，绿地次之，发挥主要生态功能并起稳定作用的是以两个体量较大的水体为中心、整合其周边绿地资源的两个地块。运用 ArcGIS 9.3 空间分析平台提取出生态源地。

（2）生态廊道和辐射道

基于最小累计阻力模型，依靠 ArcGIS 9.3 空间分析功能，输入生态源地图层和阻力面图层，得到最小累计阻力面（图 6-31）。生态廊道是生态源地之间的低阻力通道，辐射道则是生态源地向外围景观扩散的低阻力通道，运用 ArcGIS 9.3 分析最小累积阻力面，获得规划结构的生态廊道和辐射道（图 6-32）。两个生态源地仅有一条以水体为主的生态廊道，廊道数目较少，类型单一，而且被中心渔港区大面积的竖向长条状道路隔断；生态源地向外的辐射道是 5 条水体廊道，廊道数目较少，类型单一。

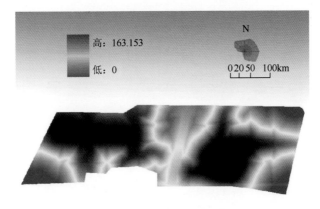

图 6-31　最小累积阻力面

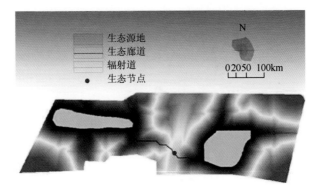

图 6-32　景观结构图

（3）生态节点

生态节点是在生态过程中起关键作用的景观，一般指生态功能敏感和薄弱的区域、生态服务功能相矛盾的区域。运用 ArcGIS 9.3 分析最小累积阻力面，获得 5 个生态节点，如图 6-32 所示，分别位于生态廊道和辐射道被打断的部位，这些节点因对生态流的运动具有阻碍作用而成为关键点。

3）结论及景观模式优化建议

以生态发展为战略，以经济、社会、环境协调发展为目标，我们提出海涂围垦工业利用型景观模式的建议。

设置山水绿地组团作为稳定区域整体生态功能的源地，山水绿地组团外围布局居住组团，最外层布局工业组团。山水绿地组团通过生态廊道有机串联起来，并通过辐射道将生态流向居住组团和工业组团扩散，最终形成生态流网络结构，共同构成生态安全格局（图6-33）。

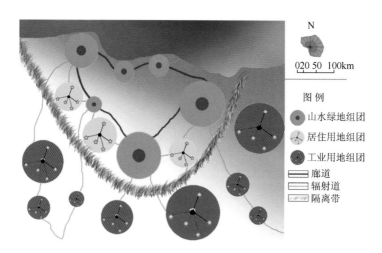

图6-33　海涂围垦工业利用型地区景观模式示意图

具体优化建议要点：

（1）基于现有新区规划的水体布局，整合绿地资源建设中心游憩公园，使其成为新区生态功能的"源地"，提供生态流和稳定整个园区生态的功能。

（2）山水绿地组团土地利用功能可以选取环境友好型的旅游用地。

（3）居住区应紧邻中心公园，改善居民公共绿地水体的可达性，提高人居环境。

（4）海水一侧应尽可能避免工业和居住用地的设置，通过引入水体绿地公园减少人为活动对海域的生态破坏。

（5）各类工业用地应布局在新区外围，除港口用地可以设置在海洋一侧外，其他均设置在内陆一侧。

（6）新区内不同类型工业组团集聚布置，设置水体和绿地廊道将其分割，在重要节点设置小游园和亲水设施。

（7）可修建参与性强的工业类型，增加市民体验项目。

参 考 文 献

陈才俊. 1994. 江苏滩涂大米草促淤护岸效果. 海洋通报，02：55-61.

陈国平，等. 1998. 天津市海挡工程设计断面波浪模型试验. 南京：南京水利科学研究院.

陈利顶，傅伯杰，赵文武. 2006. "源""汇"景观理论及其生态学意义. 生态学报，05：1444-1449.

陈全会，李国繁. 1990. 放於固堤工程吹填土的沉降固结性能. 人民黄河，6：25-30.

陈征兵，甘一丰. 2011. 围堤工程设计优化. 水运工程，7：180-182.

付天宇，王晓波. 2012. 温州浅滩一期南围堤护面结构优化设计. 浙江水利科技，3：44-46.

傅伯杰，陈利顶，马克明，等. 2001. 景观生态学原理及其应用. 北京：科学出版社.

港口及航道护岸工程设计与施工规范（JTJ 300—2000）.

高延红，张俊芝. 2008. 基于波浪冲刷的现有堤坝护坡破坏的风险分析. 浙江工业大学学报，36（2）：198-203.

郭平，胡明华，周建，等. 2004. 大直径现浇混凝土薄壁筒桩在围海工程中的应用研究. 水利水电技术，35（5）：29-31.

韩文权，常禹，胡远满，等. 2005. 景观格局优化研究进展. 生态学杂志，24（12）：1487-1492.

呼延如琳. 1980. 网坝在实践中的作用和效果. 江苏水利，01：83-93.

黄海龙，等. 2000. 宁波港北仑港区国际集装箱码头工程堆场陆域围堤断面波浪物理模型试验. 南京：南京水利科学研究院.

黄海龙，等. 2003. 阳江核电海域工程南防波堤断面波浪物理模型试验. 南京：南京水利科学研究院.

康苹，刘高焕. 2007. 基于耗费距离的公路网络路径分析模型研究——以珠江三角洲公路网为例. 地球信息科学，06：54-58+132.

李纪宏，刘雪华. 2006. 基于最小费用距离模型的自然保护区功能分区. 自然资源学报，02：217-224.

李平星，陈东，樊杰. 2011. 基于最小费用距离模型的生态可占用性分析——以广西西江经济带为例. 自然资源学报，2：227-236.

刘金砺，李大钊. 1994. 桩基工程设计与施工技术. 北京：中国建材工业出版社.

陆道成. 1987. 南汇东滩促淤方式和速度的探讨. 海岸工程，01：54-64.

孟凡琳. 2007. 充泥管袋在围海造地工程封堵龙口中的应用. 山西建筑，19：364-364.

乔树梁，陈国平，等. 1995. 浙东海堤抗浪性能试验. 南京：南京水利科学研究院河港研究所.

沈永明，张忍顺，杨颈松，等. 2006. 江苏沿海滩涂互花米草及坝田工程促淤试验研究. 农业工程学报，04：42-47.

孙文怀. 1999. 基础工程设计与地基处理. 北京：中国建材工业出版社.

孙贤斌，刘红玉. 2010. 基于生态功能评价的湿地景观格局优化及其效应——以江苏盐城海滨湿地为例. 生态学报，5：1157-1166.

汤国安，杨昕. 2006. ArcGIS 地理信息系统空间分析实验教程. 北京：科学出版社.

屠慧林，虞浩杰，竹建华. 2013. 对白沙湾至水口促淤顺坝运行情况的分析. 浙江水利水电专科学校校报，04：4-6.

王世杰. 2007. 常见海堤工程的结构型式分析及应用. 科技咨询导报，14：55-56.

王卫东，程琪. 2000. 连云港港庙岭三期试验区围堤工程施工. 中国港湾建设，6：45-48.

王晓波，陈秀良，王文双. 2007. 新型结构海堤的研究与实践. 浙江水利科技，6：40-42.

王新强，许佳，陈洁，等. 2012. 围堤工程大型充砂袋高效施工技术. 中国港湾建设，2：58-59.

邬建国. 2000. 景观生态学——格局、过程、尺度与等级. 北京：高等教育出版社.

吴邦颖. 1995. 软土地基处理. 北京：中国铁道出版社.

吴昌广，周志翔，王鹏程，等. 2009. 基于最小费用模型的景观连接度评价. 应用生态学报，20（8）：2042-2048.

许星煌，孙庭兆，黄晋鹏. 1985. 丁坝群和顺岸坝组合工程促淤效果的研究——对浙江瑞安丁山促淤工程的分析. 海洋工程，01：15-23.

杨海庆. 2005. 大型充砂袋在曹妃甸通路路基工程中的应用. 港工技术，3：52-53.

俞孔坚. 1998. 景观生态战略点识别方法与理论地理学的表面模型. 地理学报，65（S1）：11-20.

俞孔坚. 1999. 生物保护的景观生态安全格局. 生态学报，19（1）：8-15.

袁勇. 2009. 浅谈岸线蚀退与保滩促淤. 海岸工程，02：34-37.

苑耕浩. 1997. 大型充砂袋在海港工程中的应用问题. 中国港湾建设，6：1-8.

岳德鹏，王计平，刘永兵，等. 2007. GIS 与 RS 技术支持下的北京西北地区景观格局优化. 地理学报，11：1223-1231.

张发明，龚政，陈国平，等. 2012. 新型围垦堤防设防标准与设计方法研究. 水利经济，30（3）：26-30.

张国泉，陈小刚. 2009. 充泥管袋在青草沙水库工程中的应用. 人民长江，12：47-48.

张久庆，王莉，俞相成. 2003. 新型堤坝结构——桩式坝在上海市促淤保滩工程中的初步应用. 水利建设与管理，06：20-22.

张铁峰，唐敏，黄海龙. 2004. 宁波港集装箱码头陆域围堤抗浪性能研究. 水运工程，12：53-56.

张铁峰. 2006. 宁波港北仑四期围堤工程关键技术研究. 南京：河海大学.

张小飞，李正国，李如松，等. 2009. 基于功能网络评价的城市生态安全格局研究——以常州市为例. 北京大学学报（自然科学版），04：728-736.

中国水利学会围涂开发专业委员会. 2000. 中国围海工程. 北京：中国水利水电出版社.

中掘和英，等. 1982. 软土地基处理. 张文全译. 北京：人民交通出版社.

桩基工程手册编写委员会. 1995. 桩基工程手册. 北京：中国建筑工业出版社.

左东启，王世夏，林益才. 1995. 水工建筑物. 南京：河海大学出版社.

Adriaensen F，Chardon J P，de Blust G，et al. 2003. The application of 'least-cost' modelling as a functional landscape model. Landscape and urban planning，64（4）：233-247.

Costanza R，d'Arge R，de Groot R，et al. 1998. The value of the world's ecosystem services and natural capital. Ecological Ecolomics，25：3-15.

Driezen K，Adriaensen F，Rondinini C，et al. 2007. Evaluating least-cost model predictions with empirical dispersal data: A case-study using radiotracking data of hedgehogs（Erinaceus europaeus）. Ecological Modelling，209（2）：314-322.

Gonzalez J R，del Barrio G，Duguy B. 2008. Assessing functional landscape connectivity for disturbance propagation on regional scales—A cost-surface model approach applied to surface fire spread. Ecological Modelling，211（1）：121-141.

第7章　江苏海涂防灾减灾技术

江苏海涂围垦区位于黄海南陆架海域，该海域气象、水动力、地质条件复杂，极易受到气象灾害、海洋环境灾害、海洋生态灾害和海洋地质灾害的侵袭。由于该海域地貌和水动力环境的复杂性，使得常用的风暴潮数值模型、海浪数值模型难以精确预报该海域风暴潮和海浪灾害。针对存在的问题，利用海洋台（站）、浮标、雷达、卫星等观测资料的数据同化技术，结合复杂地形处理技术，开展了该海域复杂地形水动力条件下的精细化风暴潮与近岸浪数值预报技术的研究。

7.1　江苏海涂围垦区海洋灾害特征分析

1. 热带气旋

分析 1951～2014 年西太平洋生成对江苏海域产生影响的热带气旋（图 7-1），结果显示：热带气旋对江苏海域的影响一是热带气旋本身，二是热带气旋与西风带系统的共同作用。影响江苏海域热带气旋的源地 89% 位于菲律宾以东的西太平洋洋面，6% 位于南海海面，其余 5% 的源地纬度较高，位于琉球群岛附近。对江苏海域产生影响的热带气旋个数，年平均数为 2.6 个/年（1981～2010 年平均值），1951～2014 年期间，最少年份 1 个，最多年份 8 个。热带气旋造成 6 级以上大风平均每年 2.5 次，主要集中在 7～9 月。影响江苏海域热带气旋的路径主要有登陆北上型、登陆消失型、正面登陆型、近海活动型和南海穿出型五类（图 7-2）（卞光辉，2008）。

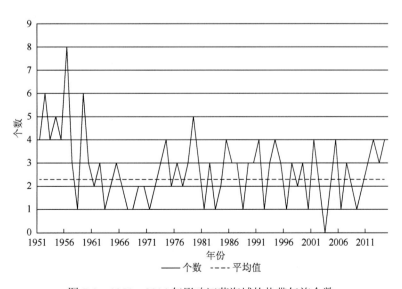

图 7-1　1951～2014 年影响江苏海域的热带气旋个数

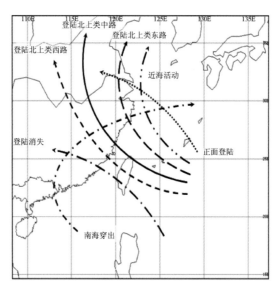

图 7-2　影响江苏的台风路径图

2. 风暴潮

风暴潮是江苏沿海主要的海洋灾害之一,江苏沿海每年均会遭遇数次不同程度的风暴潮灾害侵袭,风暴潮、天文潮和近岸海浪共同作用更可酿成严重灾害。若风暴潮高峰时和天文大潮相遇,两者潮势叠加,会使水位暴涨,导致特大风暴潮灾害的发生。

统计 1949~2014 年江苏发生过的几次严重风暴潮灾害(表 7-1 和表 7-2),发现主要是受台风影响所致,如 5116 号、5622 号、7413 号、7608 号、8114 号、9216 号、9711 号以及 2000 年的"派比安"和"桑美"等。江苏沿海受风暴潮灾影响严重的岸段位于如东小羊口至长江口北岸,该岸段也是我国风暴潮成灾率较高,灾害较严重的四处岸段之一,而连云港的海州湾是受影响次严重的岸段。据海岸带调查资料,1950~1981 年共 31 年间,影响江苏的台风累计 99 次,其中 94 次影响沿海地区,有重大影响的台风,南通市岸段出现 8 次,占总数的 23.5%;盐城市岸段出现 6 次,占总数的 17.6%;连云港市岸段出现 5 次,占总数的 14.7%。射阳河口、吕四等 7 个海洋站的资料显示,1971~1981 年,造成 1.5m 以上增水的台风有 13 次,增水 2m 以上的有 6 次,增水 1~1.5m 的有 20 次(陆丽云,2002)。江苏沿海台风风暴潮出现的次数,20 世纪 90 年代以后较 20 世纪 80 年代呈明显增多的趋势,造成的损失也远远大于 20 世纪 80 年代造成的损失(曹楚等,2006)。

表 7-1　江苏沿海及相关海域特大台风风暴潮灾害(1981~2014 年)

日期	台风编号(名称)	最大风暴潮增水/m	发生地区	损失情况	
				死(伤)人数/人	经济损失/亿元
1981.8.30~9.3	8114	2.18	苏、沪、浙沿海	53	数亿元
1992.9.16	9216	3.05	闽、浙、沪、苏、鲁、冀、津、辽沿海	280	92.6
1996.7.31~8.1	9618	2.25	苏、沪、浙、闽沿海	124	83.86

续表

日期	台风编号（名称）	最大风暴潮增水/m	发生地区	损失情况	
				死（伤）人数/人	经济损失/亿元
1997.8	9711	2.60	闽、浙、沪、苏、鲁、冀、津、辽沿海	254	267
2000.8.30	派比安		苏、沪、浙沿海	23（伤 1040）	67
2000.9.12～9.15	桑美		苏、沪、浙沿海		33
2009.8.7～9	莫拉克	2.32	苏、浙、闽		32.6
2011.8.5～8	梅花	1.59	鲁、苏、沪、浙		3.10
2012.8.2～4	达维	1.78	冀、津、鲁、苏		41.75
2012.8.6～9	海葵	3.23	苏、沪、浙		42.38
2013.10.14～16	韦帕	1.40	苏		0.12
2014.9.21～23	凤凰	0.73	苏、浙		4.52

　　江苏沿海温带气旋、寒潮风暴潮灾害造成的损失虽然没有台风风暴潮灾害严重，但出现的次数明显多于台风风暴潮灾害次数。江苏沿海的温带风暴潮主要出现在 8～10 月份，尤以 9 月、10 月最多，温带风暴潮若和天文大潮叠加，即使气旋或冷空气的强度较弱，也可能出现较明显的风暴潮增水。

　　统计 1951～1996 年资料，连云港共出现 942 次 50cm 以上的温带天气系统增水，平均每年发生 20.5 次，100cm 以上的增水全年每个月份均有发生，其中秋季频数最高，占总数的 40.8%（陆丽云，2002）。

表 7-2　江苏沿海有记录的台风风暴潮灾害（含近岸台风浪灾害）损失统计（1989～2014 年）

年份	受灾人口/万人	农田/万 hm²	海洋水产养殖损失/万 hm²	房屋/万间	海洋工程/处、km	损毁船只/艘	死亡（失踪）/人	直接经济损失/亿元
1992		994		1.89		152	10	3.2
1996	23.0	0.26		0.57			2	4.36
1997		38	38		800km	110	10	30.0
2000	640.7	335.3	12.8	3.5	40 处 31km		9	56.1
2004	—		—			186	19	0.21
2005	4.20	0.033	12.33	0.0017		24		1.60
2007	11.0		21.03			1	3	0.59
2008	0.5	0	0.51	0	10	10	0	0.08
2009	—	0	30.09	0	40	186	2	0.97
2011	—		11.7	—	9.5	0	0	0.61
2012	0.04	—	63.42	233	—	—	0	6.15
2013	—	0	3.39	0	6.37	0	0	0.17
2014	—	0	15.32	0	19.8	0	0	0.19

3. 灾害性海浪

江苏海域的台风浪虽然没有温带气旋、冷空气浪出现的频次多，但造成的损失巨大。统计 1951～2014 年的数据资料，从江苏沿海正面登陆的台风虽然只有 4 个，其中 7 月 1 个，8 月 3 个，但不同程度影响江苏的台风近 200 个，主要集中在 5～10 月，受台风风暴潮和近岸海浪灾害的影响，江苏每年都会遭受不同程度的损失。

统计 1992～2014 年冷空气、气旋引起的灾害性海浪的月际变化情况（图 7-3），江苏海域由于冷空气和气旋的影响而形成的灾害性海浪各月均有出现，其中，出现最多的是春末 5 月，22 年中共出现了 9 次，其次是 4 月，出现了 8 次，9 月出现了 6 次，初春、秋末为 3～5 次，其余月份为 1～2 次。

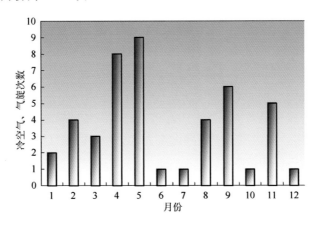

图 7-3　1992～2014 年冷空气、气旋浪各月分布情况

4. 赤潮分析

海州湾赤潮监控区 2000～2014 年赤潮发生次数显示（图 7-4）：2003 年和 2014 年江苏连云港海域赤潮监控区未发现赤潮，其余年份该海域发现赤潮的次数为 1～4 次，2001 年和 2005 年赤潮成灾面积达 1200km^2 以上（表 7-3），连云港海域（赤潮监控区）发现的赤潮主要集中在 5～10 月。

表 7-3　2000～2014 年江苏海域赤潮灾害发生情况

年份	次数	面积/km^2	主要优势藻种
2000	1	—	—
2001	4	1200	—
2002	2	—	—
2003	0	0	—
2004	2	100	多纹膝沟藻、夜光藻
2005	4	1275	中肋骨条藻、链状裸甲藻
2006	1	600	短角弯角藻、链状裸甲藻
2007	3	459.4	赤潮异弯藻、海链藻

续表

年份	次数	面积/km²	主要优势藻种
2008	2	670	赤潮异弯藻、短角弯角藻
2009	1	210	凯伦藻
2010	2	220	链状裸甲藻
2011	1	200	中肋骨条藻
2012	3	487	中肋骨条藻
2013	1	450	赤潮异弯藻
2014	0	0	—

注：链状裸甲藻、凯伦藻、赤潮异弯藻为有毒赤潮藻种

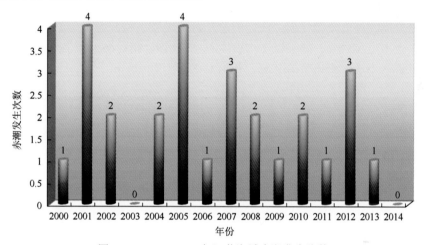

图 7-4　2000～2014 年江苏海域赤潮发生次数

5. 海平面上升

监测分析结果表明：1980 年以来，江苏沿海海平面平均上升速率为 3.6mm/a，高于全国平均上升速率；江苏海域 2000～2014 年海平面年际变化曲线显示（图 7-5），该海域海平面呈波动性上升趋势，2005 年处于 2000 年以来的最低位，2014 年处于 2000 年以来的最高位。2012～2014 年，分别较常年平均高 112mm、89mm、124mm。

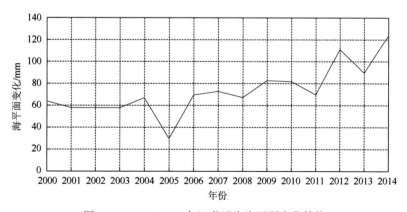

图 7-5　2000～2014 年江苏沿海海平面变化趋势

海平面自然上升的同时,由于江苏沿海特别是长江三角洲北岸地区本身处在构造沉降带,又因大型建筑物密集和地下水过量开采,加剧了地面下沉的速率,且地面下沉的速率达到海平面自然上升速率的数十倍。由此所造成的海平面间接上升与海平面自然上升相叠加,加剧了江苏沿岸台风风暴潮、海岸侵蚀(特别是砂质海岸和泥质海岸)、海水入侵与土壤盐渍化的影响程度,影响滨海生态系统、社会经济发展。海平面上升对江苏沿海造成的主要影响如下:

(1)海防工程的影响。江苏沿海地区地势低平,相当部分地面高程低于当地的平均高潮位,完全靠海堤保护。通过不同海平面上升量下的可能最高潮位计算可知(陈晓玲等,1996),海平面上升 30cm,燕尾港、新洋港、大洋港百年一遇的风暴潮位将变为不到 50 年一遇;海平面上升 53cm,小洋口百年一遇的风暴潮位也将变为 50 年一遇。

(2)堤外潮滩湿地资源受损。江苏沿海发育的潮滩坡度普遍仅 0.1%左右,不少岸段平均坡度甚至不足 0.05%。如果以平均坡度 0.1%计算,相对海平面上升 1cm,受淹没的潮滩宽度就将达 10m。有研究者估算,相对海平面上升 50cm,全省因淹没损失潮滩面积将可能达到 $1.7 \times 10^4 hm^2$ 左右(朱季文和谢志仁,1996)。另一个造成江苏沿海潮滩损失的主要原因是海岸侵蚀加剧,在一些岸段,侵蚀加剧引起的潮滩损失甚至超过直接淹没的损失。

(3)沿海低洼洪涝灾害加剧。苏北低地的地面坡降较小,一般在 0.02%~0.20%。水面比降更小,平均值为 0.004%,河道排水极慢,主要排水干道射阳河,行洪期流速仅 0.3m/s(朱季文和谢志仁,1996)。苏北滨海平原(包括里下河洼地)的洪涝积水主要依靠沿海 90 余座大、中、小型涵闸外排入海。由于地势偏低,内河水位普遍低于各排水闸的闸外高潮位,受潮流的顶托,堤内低洼地的内涝积水只能利用低潮位时抢排,如苏北射阳河闸多年平均高潮位为 3.01m,而射阳河阜宁站多年平均水位仅 2.35m,低于河口挡潮闸闸下高潮位 0.66m;斗龙港闸闸下多年平均高潮位为 3.17m,而斗龙港大团站的多年平均水位仅 2.42m,低于闸下高潮位 0.75m 之多(冯士筰等,1999)。

6. 海岸侵蚀

由于江苏沿海地区地势平坦,地面高程普遍较低,受海平面上升影响,海岸侵蚀、海水入侵等次生灾害不断加剧。监测显示(表 7-4):江苏省侵蚀海岸的总长度为 301.7km,分为四段:废黄河三角洲海岸、弶港海岸、吕四海岸以及海州湾的沙质海岸。各海岸侵蚀原因不同,废黄河三角洲海岸是因黄河改道失去泥沙来源;吕四与弶港海岸则因辐射沙洲调整过程中滨岸水道的向岸移动造成的;而北部沙岸则是因人类活动(上游建设水库及开挖海滩沙)的干扰。侵蚀岸段长 194.7km,占江苏海岸总长度的 20.4%,加上由淤长向蚀退的过渡型海岸长度 76.9km,淤泥质侵蚀岸段总长达 271.6km,占海岸总长度的 28.5%。

江苏省盐城市海域面积 $1.7 \times 10^4 km^2$,境内海岸线长 582km。灌河口(119°47′45″、34°28′51″)至射阳河口(120°29′3.5″、33°49′4.7″)计 135.5km 为侵蚀性粉砂淤泥质海岸,海岸侵蚀后退速度每年平均为 7~15m,堤外滩面较窄,一般为 0.5~2km。目前,由于人工达标海堤建设,海岸侵蚀后退的速度得到了一定的遏制。

射阳河口(120°29′3.5″、33°49′4.7″)至安台线(南通市和盐城市海域行政区域界线)20 号界桩(120°53′43.00″、32°38′09.00″)共计 192.5km 为堆积型粉砂淤泥质海岸,滩阔坡缓，潮滩宽 10km 以上，在沙洲并陆段甚至可达 30km，坡度约为 2×10^{-3}，其平均高潮线外移速度以辐射沙洲基部蹲门口至弶港一带为最快，可达 200m/a，向南北两侧逐渐减慢。沿岸潮间带浅滩宽限 10～13km，岸外为巨大的辐射状沙脊群。本岸段是江苏海岸淤积作用最大、潮间带最宽的地带。

表 7-4　2014 年江苏省沿岸监测岸段海岸侵蚀统计

序号	侵蚀岸段位置	海岸类型（砂质、淤泥质、基岩、其他）	监测海岸长度/km	侵蚀海岸长度/km	海岸蚀退距离/m	监测时段
1	海洋滩涂围垦新垦闸岸段	淤泥质（平原）海岸和生物海岸	9.30	1.00	30.00	2014 年 1～9 月
2	响水县三圩港岸段	淤泥质	0.83	0.83	2.00	2014 年 1～12 月
3	响水县小东港岸线	淤泥质	1.91	1.91	4.00	2014 年 1～12 月
4	滨海县南八滩闸与入海口道段	淤泥质	2.27	2.27	1.50	2014 年 1～12 月
5	射阳县扁担港至奤套港	其他	3.40	3.00	21.00	2014 年 1～12 月
6	射阳县双洋港至射阳港	其他	16.90	3.10	45.00	2014 年 1～12 月
7	射阳县射阳港至新洋港	其他	18.30	8.30	44.00	2014 年 1～12 月

7. 海水入侵和土壤盐渍化

江苏沿海滩涂、浅海面积大，受海平面上升影响，海水入侵、土壤盐渍化加重。通过在如东县设置 6 个监测井，分别为（32.46675°N 121.20453°E）、（32.44994°N 121.19383°E）、（32.44014°N 121.18786°E）、（32.49339°N 121.13619°E）、（32.49197°N 121.13489°E）和（32.48681°N 121.13106°E）（图 7-6）。6 个监测点监测结果显示（表 7-5）：南通发生了轻微的海水入侵现象，但情况较为稳定，略有扩散，最大入侵距离约 2.9km，最大严重入侵距离约 2.9km，平均入侵距离约 2.5km。南通沿海海水入侵程度略有加重，入侵距离变大。

图 7-6　调查站位示意图

表 7-5　海水入侵监测数据（2015 年 11 月）

观测断面	经度/ (°)	纬度/ (°)	水位/cm	Cl⁻/ (mg/L)	矿化度/ (g/L)	入侵程度	地下水类别	离海岸线距离/km
I	121.20453	32.46675	略	21141.14	2.81	严重入侵	咸水	略
	121.19383	32.44994	略	78176.67	6.37	严重入侵	咸水	略
	121.18786	32.44014	略	5272.43	1.20	无入侵	微咸水	略
II	121.13619	32.49339	略	42176.45	3.61	严重入侵	咸水	略
	121.13489	32.49197	略	23945.14	4.51	严重入侵	咸水	略
	121.13106	32.48681	略	15858.42	2.50	严重入侵	咸水	略

土壤盐渍化监测数据显示：靠近海岸线 1km 的地区盐渍化水平较高，离海岸线 2km 左右的土地已经呈现中性特征，盐渍化最远距离大约为 2～3km 的范围。从土壤盐渍化监测点与海水入侵监测点的相应数据来看，海水入侵与土壤盐渍化的相关性很高，海水入侵严重的地区土壤盐渍化程度也很高，海水入侵轻微的地区土壤盐渍化程度也很低。

7.2　围垦区防灾减灾技术研究

7.2.1　江苏海涂风暴潮预警报技术

1. 江苏海涂精细化风暴潮数值模式

江苏海涂地形地貌复杂，为了更好地刻画江苏海涂水深地形特征，江苏海涂精细化风暴潮数值预报模式采用了目前被国际上广泛接受的水动力模型——ADCIRC 模型。该模型的特征主要表现为：①采用广义波动连续性方程（GWCE）与动量方程结合，基于伽辽金有限元方法求解方程，可有效提高计算的精确性和稳定性；②可用笛卡儿坐标或球坐标，适用二维或三维模拟，采用并行计算，有效地提高计算速度；③采用非结构三角形网格，可灵活调整网格分辨率以刻画复杂的近岸河口地形（图 7-7）；④采用干湿法处理动边界；⑤物理接口较多，包括了风场、气压场、天文潮、河流径流、海浪辐射应力等；⑥可用于计算一维障碍物的溢流，如河堤、海堤的漫堤计算等。

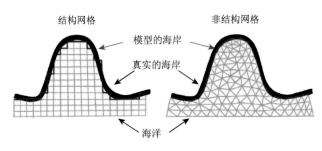

图 7-7　不同网格对地形的刻画

2. 模型设置及基础资料分析处理

1）参数设置

（1）输入文件

ADCIRC 模型中主要包括两个必选输入文件：网格地形文件 fort.14 和模型参数控制文件 fort.15，还包括可选输入文件：网格点属性文件 fort.13 和风场文件 fort.22。

（2）输出文件

在模型参数控制文件 fort.15 中，可以设置不同的输出选项，选择输出计算结果的间隔时间步长及选择输出内容等。在 ADCIRC 运行过程中，会把程序执行计算过程保存为单独文件 fort.16，出错记录保存到错误记录文件中，以便于检查。

ADCIRC 模型中计算结果的输出较为简便，既可以输出单个站点水位文件 fort.61、单个站点流速文件 fort.62、单个站点气压文件 fort.71 及单个站点风速文件 fort.72，也可以输出整个计算区域水位场文件 fort.63、气压场文件 fort.73 和风场文件 fort.74。

（3）模式参数设置

ADCIRC 模型参数输入文件为 fort.15，以下为主要的控制参数：

IHOT 热启动选项：IHOT=0，冷启动；IHOT≠0，热启动。

ICS 坐标系选项：ICS=1，笛卡儿坐标系；ICS=2，球坐标系。

IM 模式类型（二维或三维）。

NOLIBF 底摩擦选项：NOLIBF=0，线性形式；NOLIBF=1，二次方形式；NOLIBF=2，混合形式。

NOLIFA 有限振幅选项：NOLIFA=0，有限振幅项被忽略并且不采用干湿法；NOLIFA=1，有限振幅项被考虑并且不采用干湿法；NOLIFA=2，考虑有限振幅项和干湿法。

NCOR 科氏力选项：NCOR=0，科氏参数为常数；NCOR=1，基于 β 平面近似。

NTIP 潮汐选项：NTIP=0，不考虑潮汐；NTIP=1，只考虑天文潮；同时考虑天文潮和固体潮。

NWS 风场选项：NWS=0，无风场、辐射应力输入；NWS=1，2，3，…，11，各种不同形式的风场输入；NWS=100，101，102，−102，103，104，−104，105，−105，106，110，111，各种形式的风场和辐射应力输入。

TAU0 参数选项：TAU0=0，控制方程变为纯波动方程；常数 TAU0>1，控制方程为 GWCE 形式；TAU0=−1，−2，为空间可变的参数；TAU0=−3，为空间和时间均可变的参数。

DT 时间步长选项：A_{00}，B_{00}，C_{00} 为时间权重系数选项，指在 GWCE 形式下 $k-1$，k，$k+1$ 时刻的权重。

H_0 为干湿网格控制参数。

ISOLVER 计算方法选项：ISOLVER=−1，无外部计算方法；ISOLVER=1，Jacobi 共轭梯度法。

本专著中应用 ADCIRC 模式进行台风风暴潮数值模拟时，参数设置采用冷启动、球坐标、二维模式类型、混合底摩擦形式（Cfmin=0.002，Hbreak=3.0），考虑有限振幅项并采用干湿法、科氏参数基于 β 平面近似、考虑潮汐，台风风场采用 NWS=8、TAU0=−3（时间和空间均可变；在 H＞10 时，TAU0=0.005；在 H＜10 时，TAU0=0.02，并且随时间而变，TAU0=0.03+1.5×Tk，Tk 为时间参数）、时间步长 DT=1.0 秒、时间权重参数为 0.35、0.30、0.35、干湿标志参数 H_0=0.10、采用 Jacobi 共轭梯度计算方法。

2）边界条件

（1）海表面边界条件

采用中央气象台提供的最佳台风路径、强度等台风信息作为台风风暴潮数值模式的强迫场；采用国家海洋环境预报中心下发的温带风场预报作为温带风暴潮数值模式的海表面强迫场。

（2）陆地、岛屿及开边界条件

本专著中对于陆地、岛屿等陆边界，在边界上满足不可入射条件，即取法向流速为零，$V_n = 0$；在外海的开边界上，指定水位边界条件为开边界控制量，其他物理量采用辐射边界条件。

3）初始条件

由于本专著主要研究台风风暴潮的数值模拟，因此，只需考虑正压情况，不需要考虑温度、盐度随着时间和空间的变化。

ADCIRC 模型启动时，认为初始的海洋是静止的，所有单元上的水位值的初始条件和流场的初始条件均为 0，即

$$\zeta = 0$$
$$u = v = 0$$

4）基面之间的关系

基面问题在风暴潮预报模式的建立过程中地位十分重要，江苏沿海风暴潮数值模式选取江苏连云港站平均海平面作为整个江苏沿海的平均海平面。

连云港站各基面之间的换算关系如图 7-8 所示。

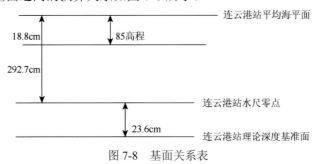

图 7-8　基面关系表

5）网格剖分和水深分布

模型水深数据为采用分辨率为 2′×2′ 的水深数据插值得到，其范围为 99°E～157°E、5°S～52°N。江苏沿海及其附近水深部分的水深数据由最新的水深测量和"908 专项"得到。

为了减少甚至避免由于计算区域开边界对模拟结果的影响，更好地模拟风暴潮在外海特别是江苏周边及沿岸海域的传播过程，特别是考虑到冷空气等引起的温带风暴潮过程产生的大规模水体流动，本专著中所做网格的计算边界选取了包括渤海、黄海和部分东海地区的范围，此范围的选取可以将边界条件对风暴潮计算结果的影响减小到最少。此外，我

们还对江苏近岸区域进行了重点加密，考虑到江苏沿海岸线变化较缓慢，同时为了兼顾节省风暴潮数值模式计算时间，故将江苏沿海海域网格分辨率设为 300m 左右，能够满足对地形和重点地物的刻画。

　　该套高分辨率非结构网格的计算区域包括了 504403 个三角形单元，共计 257290 个节点。图 7-9～图 7-14 分别展示了高分辨率非结构网格及相应地区的水深和地形的变化。

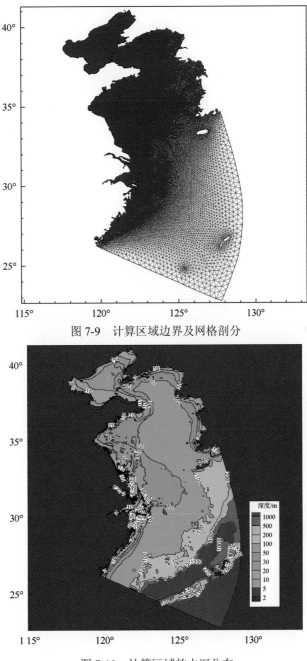

图 7-9　计算区域边界及网格剖分

图 7-10　计算区域的水深分布

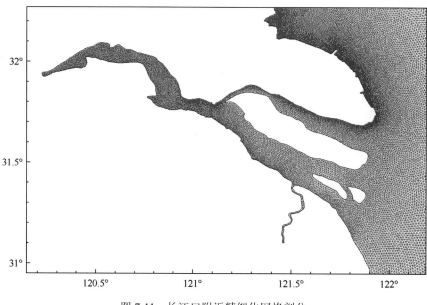

图 7-11　长江口附近精细化网格剖分

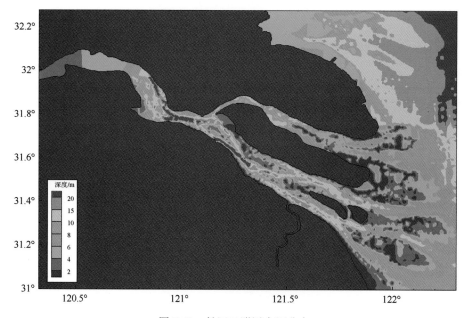

图 7-12　长江口附近水深分布

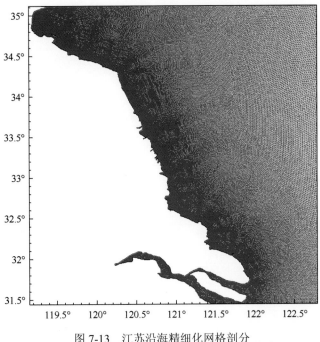

图 7-13　江苏沿海精细化网格剖分

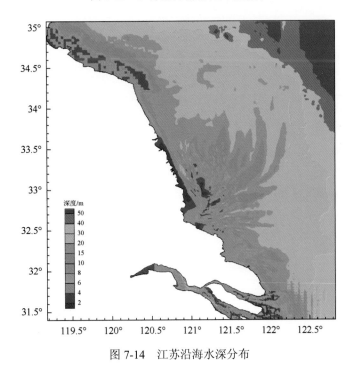

图 7-14　江苏沿海水深分布

3. 风暴潮模型的检验

1) 台风风暴潮模型的检验

由于台风风暴潮预报的准确性更多地取决于台风路径预报的准确性, 为了验证模式的性能，选取历史上对江苏影响显著的五次台风风暴潮过程进行检验，这五次显著台风风暴潮过程分别为：7708 号台风风暴潮过程、8114 号台风风暴潮过程、8509 号台风风暴潮过程、0012 号台风风暴潮过程、1210 号台风风暴潮过程（表 7-6）。经数值预报检验，江苏台风风暴潮数值预报模型的后报相对误差为 17.2%。

表 7-6　显著台风风暴增水过程计算值与实测值的比较

台风号	站名	最大增水		计算最大增水		绝对误差	相对误差/%
		值/cm	时间/（月日时）	值/cm	时间/（月日时）		
7708	吴淞	126	09-10-19	75	09-10-18	51	40.5
	吕四	236	09-11-05	256	09-11-04	20	8.5
8114	吕四	192	09-01-11	187	09-01-16	5	2.6
	高桥	168	09-01-00	199	09-01-08	31	18.5
8509	日照	106	08-19-04	81	08-19-05	25	23.6
	连云港	119	08-19-04	102	08-19-05	17	14.3
	吕四	92	08-18-09	126	08-18-12	34	37.0
0012	日照	70	08-31-05	49	08-31-08	21	30.0
	连云港	75	08-31-07	53	08-31-08	22	29.3
	吕四	126	08-31-00	121	08-31-00	5	4.0
	高桥	168	08-30-22	172	08-30-22	4	2.4
1210	日照	115	08-03-00	103	08-02-19	12	10.4
	连云港	178	08-02-23	174	08-02-23	4	2.3
平均误差						19	17.2

2）温带风暴潮模型的检验

江苏海涂温带风暴潮数值预报模型亦采用 ADCIRC 模型计算区域及网格分布与台风风暴潮模型保持一致。选取 2013 年影响江苏沿海典型的三次温带风暴潮过程进行检验，分别为：20130301 温带风暴潮过程、20130310 温带风暴潮过程和 20130527 温带风暴潮过程（表 7-7）。检验时效分为：24 小时预报、48 小时预报、72 小时预报和 96 小时预报。通过检验 2013 年三次显著温带风暴潮过程，发现 24 小时预报平均相对误差为 18.2%。

表 7-7　2013 年以来显著温带风暴潮过程计算值与实测值的比较

过程号	站名	最大增水		24 小时预报最大增水		绝对误差	相对误差/%
		值/cm	时间/（月日时）	值/cm	时间（月日时）		
20130301	连云港	67	03-01-06	81	03-01-02	14	20.9
	吕四	132	03-01-13	113	03-01-09	19	14.4
20130310	连云港	141	03-10-03	119	03-10-05	22	15.6
	吕四	167	03-10-10	135	03-10-07	32	19.2
20130527	连云港	66	05-27-02	65	05-27-01	1	1.5
	吕四	93	05-28-14	58	05-28-14	35	37.6
平均误差						20.5	18.2

7.2.2　江苏海涂海浪预警报技术

江苏海域海岸线曲折，北面有海州湾，南面有长江口，而且海底地形复杂，北部海域海底地形平坦，南部海域海底为罕见的辐射沙洲地形，底坡坡度变化剧烈，对波浪传播变形影响很大。根据江苏海域特殊的地理环境特点，基于目前国际先进的第三代近岸海浪模式 SWAN（simulating waves nearshore），建立江苏海域波浪模型。SWAN 模式的特点为全隐格式、无条件稳定、非结构网格、OMP 和 MPI 并行计算。SWAN 模式的物理过程包括风应力、白浪破碎、波-波非线性相互作用、底摩擦、水深和水流引起的波浪折射浪破碎、波浪、水深引起的波变浅效应、波浪增水等。

1. 江苏海域精细化海浪预报模型构建

为更好地分析研究波浪在江苏沿海的传播规律及分布特征，江苏海域精细化海浪预报模型的物理过程考虑海底摩擦、波浪破碎、三波和四波的相互作用，同时考虑了绕射的影响。

1）海岸线提取

基于 2014 年 8 月 7 日更新的 Google Earth 地图进行岸线提取，分辨率为 3″~5″。通过与 GEODAS 岸线比较发现（图 7-15）：Google Earth 提取的岸线能够准确刻画新建的人工岛屿和堤坝等。精细化区域采用 Google Earth 提取岸线，非精细化区域采用 GEODAS 岸线。

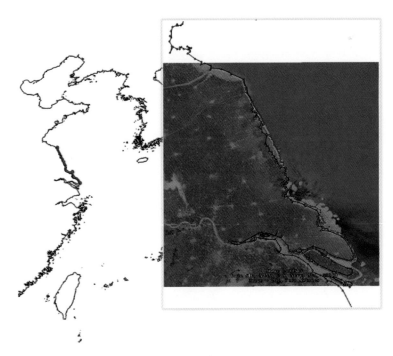

图 7-15　南黄海海岸线图

红色：Google Earth 提取岸线，蓝色：GEODAS 岸线

2）计算网格

网格信息：精细化区域分辨率：150m，开边界分辨率：0.4°。

网格质量控制：锐角＞35°，钝角＜110°，面积改变率小于 0.5，单个节点上的网格数不超过 8 个。网格数量：150575，格点数量：77844（图 7-16）。

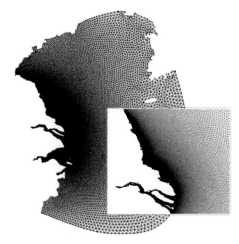

图 7 -16　计算区域及网格剖分图

3）水深分布

南黄海辐射沙脊群水深数据：在辐射沙脊群附近分辨率较高。考虑潮位的影响，对水深进行半潮位校正，统一校正到平均海平面（图 7-17）。

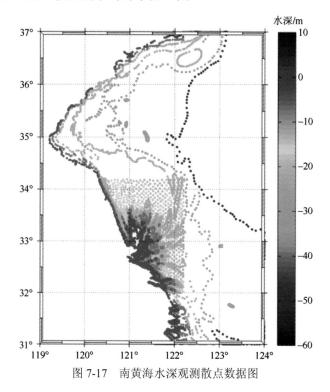

图 7-17　南黄海水深观测散点数据图

韩国水深数据：韩国在渤、黄、东海分辨率为 1′的高程数据（图 7-18）。

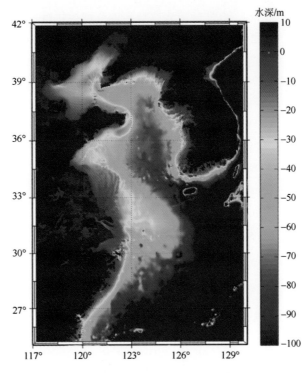

图 7-18　韩国分辨率为 1′的高程散点数据图

水深数据的融合：在精细化海域采用图 7-17 中的辐射沙脊群水深数据，其余海域采用韩国水深数据。将融合后的水深插值到网格点，既可以精细地刻画南黄海辐射沙脊群的水深特征，又可以描述外围海域的水深变化（图 7-19）。

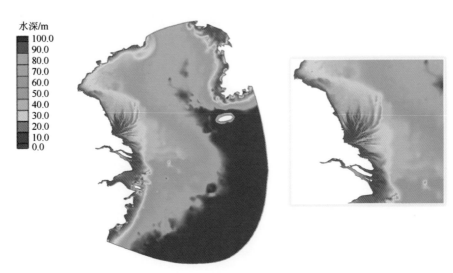

图 7-19　计算海域的水深

4）风场

采用国家海洋环境预报中心的历史融合风场。采用 WRF 中尺度预报模式，以全球大气再分析数据 CFSR 为背景场，将各种观测资料与再分析资料进行动力融合，建立水平分辨率 0.1°、时间分辨率 1 小时的长时间序列（1981~2011 年）的海面风场再分析资料集。相比于模型风场，融合风场与观测的风速更加接近（图 7-20）。

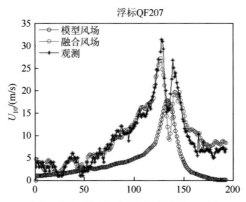

图 7-20　融合风场与模型风场的单点比较（浮标 QF207）

2. 江苏海域精细化海浪预报模型模拟与检验

1）台风浪模拟与检验

选取近年对江苏海域影响较为显著的三次台风过程进行了数值模拟计算，分别是 201109 号超强台风"梅花"、201215 号超强台风"布拉万"和 201216 号超强台风"三巴"。

201109 号超强台风"梅花"强度及路径图如图 7-21 所示，融合风场和模型风场对比图如图 7-22 所示，融合风场模拟的有效波高和模型风场模拟的有效波高对比图如图 7-23 所示。

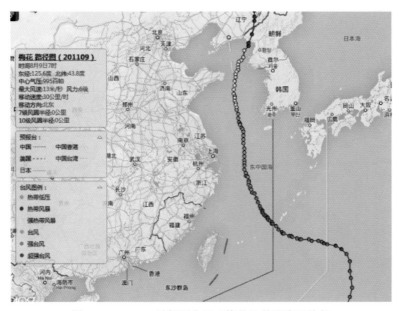

图 7-21　201109 号超强台风"梅花"的强度及路径

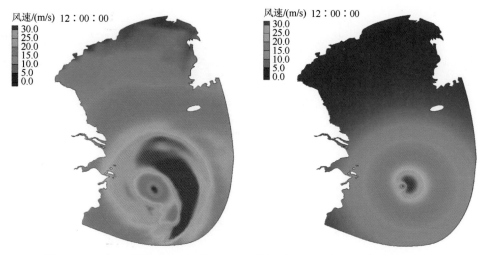

图 7-22　201109 号超强台风"梅花"同时刻融合风场（左）和模型风场（右）

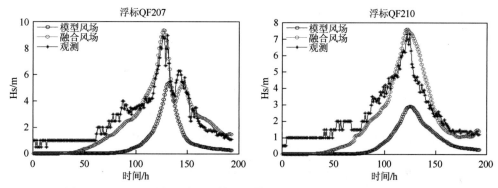

图 7-23　201109 号超强台风"梅花"模型风场和融合风场模拟的有效波高

融合风场模拟的海浪比模型风场更加接近观测值，误差更小。

201215 号超强台风"布拉万"强度及路径如图 7-24 所示，观测实况波高与模拟波高对比图和模拟误差的概率密度分布图如图 7-25 和图 7-26 所示。

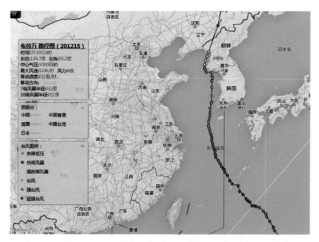

图 7-24　201215 号超强台风"布拉万"的强度及路径

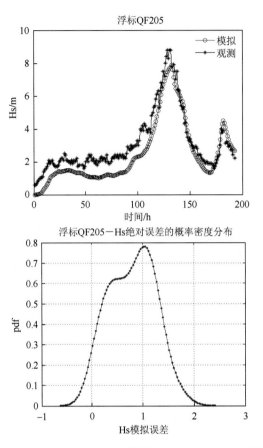

图7-25　201215号超强台风"布拉万"模拟的有效波高（上）及模拟误差的概率
密度分布（下）（浮标 QF205）

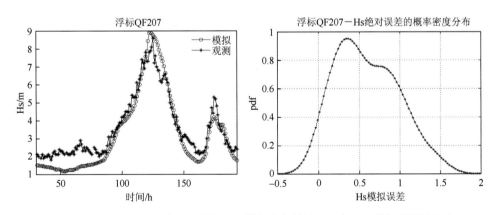

图7-26　201215号超强台风"布拉万"模拟的有效波高（左）及模拟误差的概率
密度分布（右）（浮标 QF207）

模拟的有效波高与观测值之间的平均相对误差小于22%。

201216号超强台风"三巴"强度及路径图如图7-27所示，观测实况波高与数值模拟波高对比图如图7-28和图7-29所示。数值模拟图如图7-27～图7-29所示。

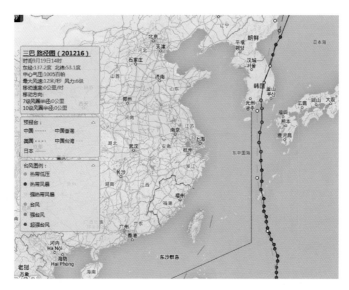

图 7-27   201216 号超强台风"三巴"的强度及路径

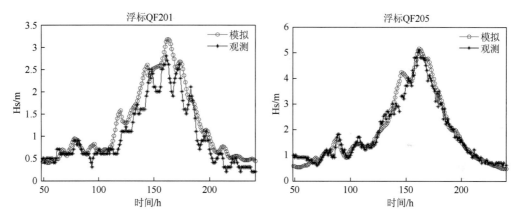

图 7-28   201216 号超强台风"三巴"模拟的有效波高与浮标 QF201 和浮标 QF205 观测实况对比图

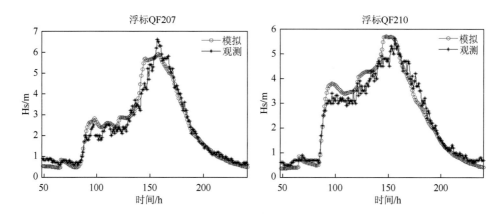

图 7-29   201216 号超强台风"三巴"模拟的有效波高与浮标 QF207 和浮标 QF210 观测实况对比图

经过数值预报检验,台风浪模拟的有效波高与观测值之间的平均相对误差小于 14%。

2）冷空气浪模拟与检验

分别选取 2013 年 4 月 6 日和 2013 年 3 月 10 日两次影响江苏海域的冷空气过程进行数值模拟计算。

（1）2013 年 4 月 6 日冷空气模拟值与观测值对比如图 7-30 所示。

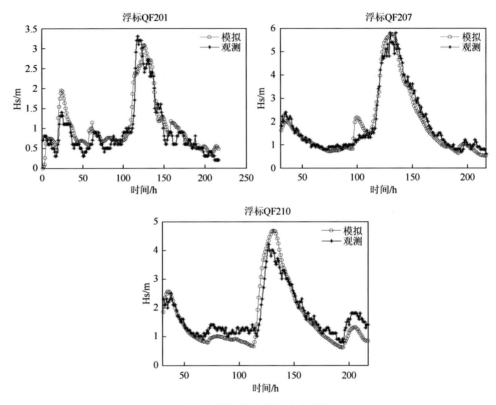

图 7-30　2013 年 4 月 6 日冷空气模拟的有效波高与浮标 QF201、浮标 QF207、
浮标 QF210 观测实况对比图

（2）2013 年 3 月 10 日冷空气模拟值与观测值对比如图 7-31 所示。

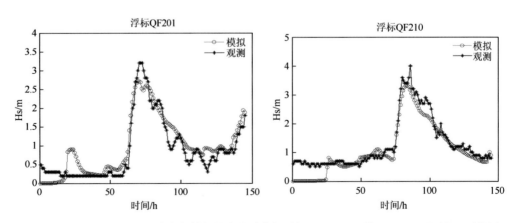

图 7-31　2013 年 3 月 10 日冷空气模拟的有效波高与浮标 QF201 和浮标 QF210 观测实况对比图

经过数值预报检验，对冷空气过程模拟有效波高的平均相对误差均低于 15%。

7.2.3　围垦区警戒潮位核定技术

海涂围垦是指在沿海滩涂筑堤挡潮、变海为陆的工程，因此，围垦区警戒潮位的核定主要考虑构筑海堤情况下的警戒潮位核定技术。警戒潮位按照蓝色、黄色、橙色、红色四级进行核定，采用《警戒潮位核定规范》的相关技术方法，我们对江苏沿海 14 个县、市（区）岸段进行了警戒潮位核定，现选取两个典型围垦区警戒潮位核定情况介绍如下。

1. 选取典型围垦区岸段

选定连云港市连云区、海门市作为警戒潮位核定岸段。

连云区岸段北起于赣榆区和连云区的界河临洪河，南至徐圩港区南里子口，包括东西连岛在内，岸线总长 99.6km（不包括内河河口）（图 7-32）。整个大陆岸段海堤在 1998～2006 年基本达标验收，设计以二级海堤（50 年一遇）为主，个别岸段设计为一级海堤（百年一遇）。由北到南依次为市区段、连云港区段、田湾核电站段、排淡河口—圩子口段（其中圩子口以北为在建徐圩港区），其中东西连岛除西南侧被划为连云港区段外，其余多为自然岸线。

海门市核定岸段东起国务院 1 号界桩（启海交界），西止国务院 14 号界桩（通海交界）（图 7-33），堤坝名称为海门港中心渔港外围道路，堤坝长 25.2km，宽 8m，堤顶高程 7.2～8.5m（85 高程）。海门市海堤采用土建石混凝土结构，用土石模袋布灌泥吹填而成（图 7-34），设计潮位为 50 年一遇高潮位加 10 级风浪爬高。

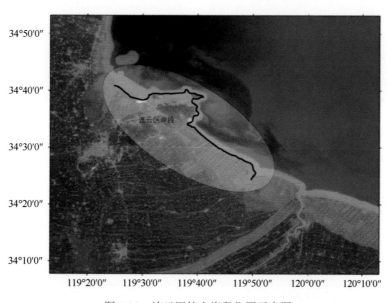

图 7-32　连云区核定岸段位置示意图

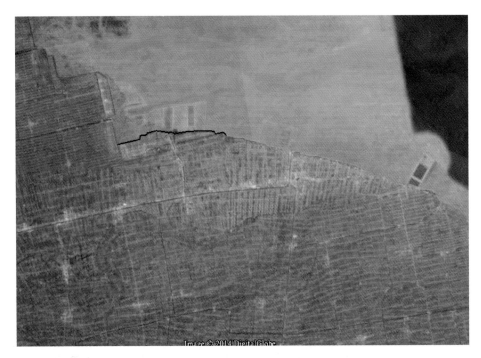

图 7-33　海门市核定岸段位置示意图

图 7-34　海门市核定岸段海堤类型

2. 选取代表性验潮站

根据核定岸段所在地理位置,分别选取连云港验潮站、海门港临时验潮站作为该核定岸段代表性验潮站(表 7-8)。

表 7-8　代表性验潮站基本情况

岸段名称	核定站名称	隶属	资料序列	备注
连云港市连云区	连云港验潮站	国家海洋局东海分局	1993-2012	
海门市	海门港临时验潮站	国家海洋局东海分局	2013.9.18-2013.10.17	

3. 资料收集整理

历史资料收集情况见表 7-9。

表 7-9　基本资料一览表

类别	要素	资料名称及要求	备注
自然因子	潮汐	潮高基准面及其与国家高程基准面的关系；潮汐类型；长期验潮站和临时测站所有连续逐时潮高及高低潮	
	气旋、强冷空气	热带、温带气旋及强冷空气的活动时间、强度、路径、影响范围；热带气旋登陆地点等	
	风暴潮	增水过程（时间、增水值），最大增水及出现时间；历史典型风暴潮实例	
	海浪	历年平均波高，最大波高及出现日期，各向平均波高、最大波高、周期	
	其他	历史上有关地震海啸的记载。（河口海岸）潮灾发生过程相应的降水量及持续时间，日平均及最大降水量；（河口海岸）潮灾发生过程的流量、洪水总量、洪峰流量、重现期	
防御能力	海岸防护工程	堤前水深、堤防迎水面结构、建设时间、设计标准、高程、宽度、结构、施工情况及现状	
	现用警戒潮位	警戒潮位值历史变化及其背景、警戒潮位制定时间、方法、数值、使用情况	
基础地理	地理状况	地形、地貌、海岸类型和入海河流	
	地面高程	5m 等高线以下岸段的平均高程、最大高程和最小高程	
	岸线变迁	自然变迁和围填海工程	
潮灾		历次潮灾发生时间、诱发因子及强度、受灾面积及人口、建筑物损坏、人员伤亡及经济损失、出现险情的岸段等	
社会经济		人口密度及其分布；重要企事业单位分布；社会发展、经济状况；发展规划	近期情况

4. 数据资料统计分析

对潮位、波浪、潮灾、海岸防护工程四方面开展资料统计分析工作，重点介绍警戒潮位核定过程几个主要特征值的计算方法。

1）不同重现期高潮位的计算

（1）连云区不同重现期高潮位的计算

连云港潮位站资料序列时间较长，因此，连云区多年一遇设计高潮位的计算方法是根据连云港潮位站（1992~2012 年）21 年的实测年极值高潮位资料，采用 P-Ⅲ型方法进行高潮位重现期的计算，计算结果：连云港 2 年一遇高潮位为 310cm，5 年一遇高潮位为 330cm，10 年一遇高潮位为 345cm，50 年一遇高潮位为 377cm。（图 7-35、表 7-10）

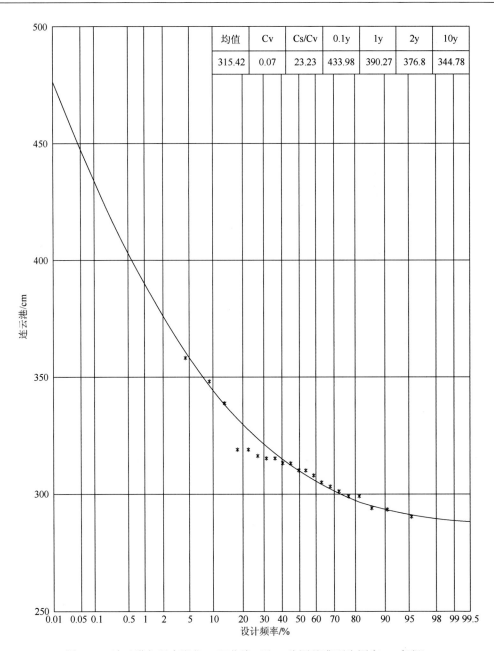

均值	Cv	Cs/Cv	0.1y	1y	2y	10y
315.42	0.07	23.23	433.98	390.27	376.8	344.78

图 7-35　连云港年最高潮位 P-Ⅲ曲线（注：此图基准面为国家 85 高程）

表 7-10　连云港潮位站年最高潮位 P-Ⅲ型频率曲线适线成果表

设计频率/%	连云港（基准面为 85 高程）/cm
0.01	476.816
0.02	464.578
0.05	447.58
0.10	433.982

续表

设计频率/%	连云港（基准面为 85 高程）/cm
0.20	421.397
0.333	411.241
0.50	403.513
1.00	390.265
2.00	376.797
3.33	367.002
5.00	358.692
7.50	350.856
10.00	344.782
12.00	341.133
15.00	336.392
17.00	333.872
20.00	330.431
25.00	325.573
30.00	321.599
33.30	319.341
35.00	318.202
40.00	314.975
45.00	312.416
50.00	309.897
55.00	307.597
60.00	305.261
65.00	303.325
70.00	301.286
75.00	299.299
80.00	297.533
85.00	295.546
90.00	293.559
95.00	291.13
97.00	290.247
98.00	289.735
99.00	288.922
99.50	288.633
均值	315.417

（2）海门市不同重现期高潮位的计算

海门市核定岸段采用海门港临时验潮站短期验潮资料，所得资料只能进行潮汐性质分析，无法建立警戒潮位核定所需要的最高潮位年极值系列。为了获得没有长期验潮资料的核定点所需要的数据，建立了数值模型进行年极值高潮位的模拟。

江苏附近海域风场模型系统是基于中尺度模式 WRF（weather research forecast）构建的。水平分辨率 1～10km，模拟范围 0°～45°N，105°～150°E（图 7-36），参数设置见表 7-11。

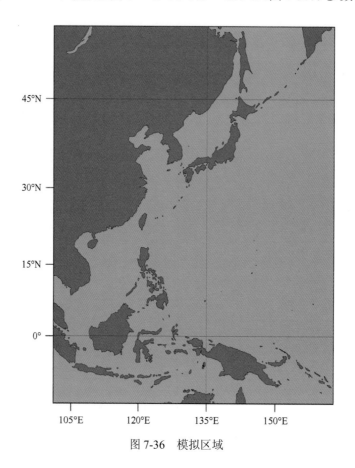

图 7-36　模拟区域

表 7-11　气象预报系统参数化明细

参数编号	物理过程	方案名称
1	微物理过程	Ferrier（水汽，云水）微物理方案
2	长波辐射	Rrtm 方案
3	短波辐射	Dulia 方案
4	近地面层	Monin-Obukhov 方案
5	陆面过程	热量扩散方案
6	边界层	YSU 方案
7	积云参数化	Grell-Devenyi 集合方案
8	扰动边界层	考虑地面通量
9	陆面模式	热量扩散方案
10	雪盖效应	考虑

续表

参数编号	物理过程	方案名称
11	云的影响	考虑
12	湍流和混合作用项	计算二阶扩散
13	湍涡系数	水平 Smagorinsky 一阶闭合
14	抽吸系数	0.01
15	静力模式	否
16	特定边条件	真实大气

　　风暴潮模型采用 ADCIRC 模式，计算网格范围为 115°~134°E，16°~41°N，包括了整个东中国海（图 7-37）。外海网格较大，而在南通市附近网格做了局部加密，并在岸界之上设置了一定范围的缓冲网格以刻画漫滩过程，沿岸网格分辨率大约为 1000m。在苏北浅滩地形复杂处，由于潮沟众多，为刻画局部精细流场，网格作了进一步加密，最高网格分辨率为 200m 左右（图 7-38）。海堤总长约 150km（图 7-39），北边较高，南边较低，详见表 7-12。

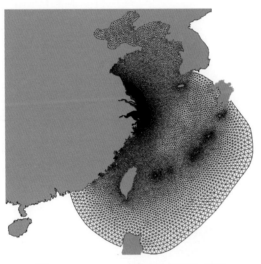

图 7-37　ADCIRC 模式计算网格范围

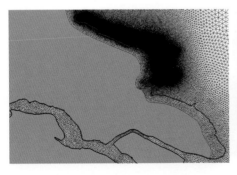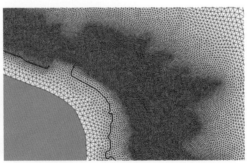

图 7-38　南通市沿岸的网格及苏北浅滩区域的网格

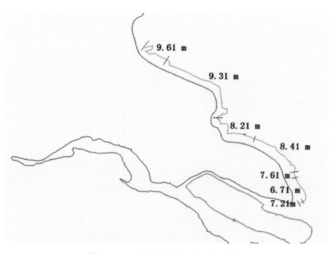

图 7-39 海堤位置及高程分布

表 7-12 海堤位置及高程概况

岸段	北端点（经纬度）		南端点（经纬度）		长度/km	85 高程/m
1	120.8953	32.63536	121.0377	32.56307	11	9.61
2	121.0392	32.5618	121.3581	32.21679	50	9.31
3	121.3585	32.20328	121.5907	32.08589	25	8.21
4	121.5932	32.08386	121.8446	31.88341	32	8.41
5	121.8407	31.87882	121.8474	31.8481	4	7.61
6	121.8474	31.84673	121.898	31.70461	20	6.71
7	121.8946	31.70276	121.8786	31.69338	2	7.21

苏北浅滩区域网格最密处数字化水深资料也最密集，从而准确地刻画出地形（图 7-40）。可以发现，插值到网格上的水深较好地刻画了苏北浅滩的海底地形（图 7-41），而陆地高程则根据 DEM 数据插值获取（图 7-41）。

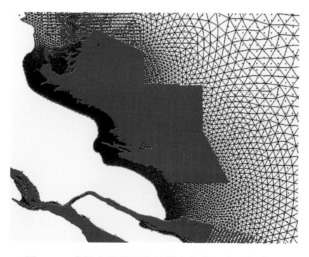

图 7-40 南通市及邻近海域数字化水深点（红点）

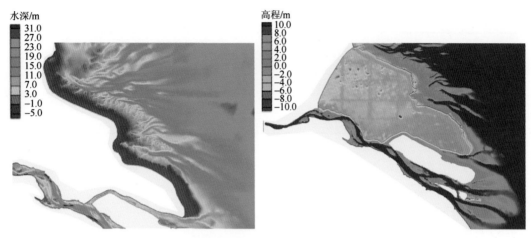

图 7-41　南通沿岸网格水深分布及网格高程分布

模式时间步长设为 1s。根据台风过程的时间，提前 2 天开始计算。考虑网格干湿变化，每 10 分钟输出 1 次水位场以获取最大潮位和最大增水数据。初始水位场为 0，外海水位开边界考虑了 9 个主要分潮（M2，S2，N2，K2，K1，O1，P1，Q1，2N2）。NCEP 再分析场数据和 WRF 模式计算结果为风暴潮模式提供计算所用的风场和气压场。

天文潮验证时间段为 2012 年 4 月 1 日 00 点（世界时）到 2012 年 6 月 30 日 00 点，共计算 90 天。对连云港、吕四、洋口港、竹根沙和火星沙 5 个站位作对比验证，计算结果与实测值接近。

根据海门港（1993～2012 年数值模拟年极值结果）20 年数值模拟得出的年极值高潮位资料，采用耿贝尔方法进行高潮位重现期的计算，计算结果如图 7-42 和表 7-13 所示。

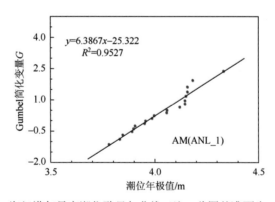

图 7-42　海门港年最高潮位耿贝尔曲线（注：此图基准面为 85 高程）

表 7-13　海门港临时验潮站年最高潮位耿贝尔频率曲线适线成果表

设计频率/年	海门港（85 高程）/cm
100	469
50	458
20	443
10	432

设计频率/年	海门港（85 高程）/cm
5	420
4	416
3	411
2	402

由表可知，海门港附近海域 2 年一遇高潮位为 402cm，5 年一遇高潮位为 420cm，10 年一遇高潮位为 432cm，50 年一遇高潮位为 458cm。

2）不同重现期波高的计算

（1）连云区不同重现期波高的计算

基于连云港海洋站 53 年的波浪极值，应用 P-III 型适线法进行多年一遇的波浪值推算，得出该站不同重现期极值，结果见表 7-14。

表 7-14　连云港 16 方向不同重现期的 $H_{1/10}$ 波高（1960～2012）　（单位：m）

方位	2 年一遇	10 年一遇	50 年一遇	百年一遇
N	2.18	2.94	3.56	3.81
NNE	2.59	3.51	4.17	4.41
NE	2.63	3.49	4.09	4.32
ENE	1.95	2.88	3.56	3.82
E	1.80	2.48	2.99	3.19
ESE	1.06	1.66	2.135	2.31
SE	1.50	2.27	2.83	3.05
SSE	—	—	—	—
S	—	—	—	—
SSW	—	—	—	—
SW	—	—	—	—
WSW	—	—	—	—
W	0.93	1.31	1.59	1.69
WNW	1.03	1.78	2.39	2.64
NW	1.27	2.17	3.07	3.45
NNW	1.515	2.09	2.51	2.67

分析表 7-14 可见：百年一遇的最大波高极值出现在 NNE 方向，为 4.41m；其次为 NE 方向，波高为 4.32m；最小值出现在 W 方向，波高为 1.69m。其中 SSE—WSW 方向的年 H1/10 波高极值为不完整序列，故无计算结果。

（2）海门市不同重现期波高的计算

利用吕四海洋站 1968～1990 年计 23 年五个方位的波浪资料，进行不同重现期波高的频率分析，得到五个方位的重现期波高，结果见表 7-15。

表 7-15　吕四海洋站 1968～1990 年重现期波高表　　　（单位：m）

重现期	NW—NNW	N—NNE	NE—ENE	E—ESE	SE—SSE
100 年	3.27	3.22	3.53	3.11	2.86
50 年	3.08	3.04	3.29	2.77	2.58
25 年	2.87	2.83	3.00	2.41	2.29
10 年	2.56	2.54	2.55	1.91	1.89
5 年	2.28	2.28	2.17	1.52	1.56
2 年	1.82	1.84	1.58	1.03	1.07

　　分析表 7-15 可见：50 年一遇的最大波高极值出现在 NE—ENE 方向，为 3.29m；其次为 NW—NNW 方向，波高为 3.08m；最小值出现在 SE—SSE 方向，波高为 2.58m。

　　3）波浪爬高的计算

　　（1）连云区波浪爬高的计算

　　建立 WRF-SWAN 数值模拟系统，对近 20 年影响江苏沿海的 167 次大浪过程进行数值模拟计算，得到江苏沿海精细化的波浪数值场，通过提取相关核定岸段的灾害过程数据，得到核定岸段内建设海堤的年极值有效波高。利用 P-III 曲线，求得有效波高的重现期，依据《警戒潮位核定规范》，结合相应海堤的设计参数，最后计算出核定岸段海堤波浪爬高值，计算结果见表 7-16。

表 7-16　核定岸段海堤波浪爬高计算结果

计算海堤	所属岸段	断面形式	坡度	护面形式	有效波高 /m	平均波高 /m	波浪爬高 /m
临洪河口至西墅	连云区	复合斜坡式	平台以上 1∶3 平台以下 1∶4	C25 砼槽型块	1.52	0.95	2.07
西墅至排淡河口	连云区	斜坡式	1.5	六角型多孔护面	1.77	1.1	1.33
排淡河口至圩子口	连云区	复合斜坡式	平台以上 1∶3 平台以下 1∶4	C25 砼槽型块	1.67	1.04	1.97

　　（2）海门市波浪爬高的计算

　　海门市海堤为带有平台的复合斜坡堤，综合考虑带有平台的复合斜坡堤，其坡度系数 me 值取 5.0。根据《警戒潮位核定规范》（GB/T 17839-2011）附录 E，采用正向来波在单一斜坡上的波浪爬高计算公式，当 $1.5 \leqslant m \leqslant 5.0$ 时，可按下式计算

$$R_p = \frac{K_\Delta K_v K_p}{\sqrt{1+m^2}} \sqrt{HL}$$

式中，R_p 为累计频率为 p 的波浪爬高，m；K_Δ 为斜坡的糙率及渗透系数；K_v 为经验系数；K_p 为爬高累计频率换算系数；m 为斜坡坡率，$m=\cot\alpha$，α 为斜坡坡角；H 为堤前波浪的平均波高，m；L 为堤前波浪的平均波长，m。

　　式中各项参数确定见表 7-17。

表 7-17　海门市波波爬高计算参数

波向	N	NE	E
设计风速/（m/s）	24.5	24.5	24.5
平均波高/m	1.84	1.58	1.03
堤前水深/m	1.5	1.5	1.5
波长/m	17.25	17.25	17.25
坡度/m	5	5	5
断面型式	复合斜坡式	复合斜坡式	复合斜坡式
护面形式	砌石护坡	砌石护坡	砌石护坡
K_Δ	0.8	0.8	0.8
K_V	1.28	1.28	1.28
K_P	1.4	1.4	1.75
波浪爬高计算值 R/m	1.58	1.47	1.48
与海堤法向夹角/（°）	45	0	45
斜向系数 K_β	0.85	1	0.85
波浪爬高 R'/m	1.35	1.47	1.26

由以上得 R_p =1.47，即该海域的波浪爬高值为 1.47m。

按照《警戒潮位核定规范》（GB/T 17839—2011）开展连云区、海门市警戒潮位核定，核定的初步结果见表 7-18 和表 7-19。

表 7-18　连云区核定岸段四色警戒潮位值　　　　　　　　　　（单位：cm）

核定岸段 / 警戒潮级别	蓝色	黄色	橙色	红色	基面
连云区	289	311	333	356	85 高程
	579	601	623	646	测站基面

表 7-19　海门市核定岸段四色警戒潮位值　　　　　　　　　　（单位：cm）

核定岸段 / 警戒潮级别	蓝色	黄色	橙色	红色	基面
海门市	390	405	420	435	85 高程
	804	819	834	849	测站基面

根据警戒潮位核定技术，2013 年开展了江苏沿海 14 个县（市、区）的警戒潮位核定，江苏省海洋与渔业局公开发文（苏海管〔2015〕4 号）公布了警戒潮位核定结果，见表 7-20。

表 7-20　江苏省沿海 14 个岸段警戒潮位值（基面：1985 国家高程；单位：cm）

核定岸段	蓝色	黄色	橙色	红色
赣榆区	305	325	345	360
连云区	300	320	340	365
灌云县	330	350	370	390
灌南县	330	350	370	390
响水县	310	340	365	390
滨海县	260	280	300	315
射阳县	240	255	270	285
大丰区	310	330	350	370
东台市	420	450	480	510
海安县	440	465	490	525
如东县	440	465	490	525
滨海园区	390	405	430	450
海门市	390	405	430	450
启东市	390	405	430	450

参 考 文 献

卞光辉. 2008. 中国气象灾害大典. 北京：气象出版社.

曹楚，彭加毅，余锦华. 2006. 全球气候变暖背景下登陆我国台风特征的分析. 南京气象学院学报，4：455-461.

陈晓玲，王腊春，朱大奎. 1996. 苏北低地系统及其对海平面上升的复杂响应. 地理学报，51（4）：340-349.

冯士筰，李凤岐，李少菁. 1999. 海洋科学导论. 北京：高等教育出版社.

国家海洋局. 2011. 中国海洋灾害风险评价与减灾对策.

国家海洋局. 2011～2015. 2000～2014 年中国海洋灾害公报.

国家海洋局. 2015. 2014 年中国海平面公报.

季子修，蒋自巽，朱季文，等. 1994. 海平面上升对长江三角洲附近沿海潮滩与湿地的影响. 海洋与湖沼，25（6）：69.

陆丽云，陈君，张忍顺. 2002. 江苏沿海的风暴潮灾害及其防御对策. 灾害学，1：27-32.

翁光明，龚茂珣，鸟隙明，等. 2011. 警戒潮位核定技术规范. 中华人民共和国国家质量监督检验检疫总局，中华人民共和国国家标准化管理委员会.

朱季文，谢志仁. 1996. 未来海平面上升对长江三角洲地区的可能影响∥施雅风.中国气候与海面变化及其影响.济南：山东科技出版社.

第8章　海涂围垦后评估

8.1　海涂围垦后评估简介

8.1.1　海涂围垦工程后评估定义

目前，海涂围垦后评估尚没有准确的定义，但国内外其他领域的后评估发展已经较为成熟，故可借鉴其他领域的后评估定义可得出海涂围垦后评估的定义。海涂围垦工程综合效益后评估是指在开敞海域滩涂湿地地区的围垦工程建成投产并正式运营一段时间后(一般要2年后)，对项目实施产生的实际环境、资源、社会和经济等方面的影响进行科学、客观和全面地再评价，得出海涂围垦工程的综合效益，发现项目建设和海洋管理中存在的问题，总结经验和教训，为加强围填海动态管理，落实规划用海、集约用海、生态用海、科技用海、依法用海提供科学依据。

海涂围垦综合效益后评估的主要内容包括：开展环境资源、社会和经济等方面的补充调查；评估围垦工程产生的实际效益（环境、资源、社会和经济）；复核前期工程相关的专题报告有关结论或预测，分析产生问题的原因；总结项目建设、投资管理和海域管理的经验和教训；向有关部门反馈信息，提出切实可行的对策和措施。

8.1.2　后评估目的

海涂围垦后评估的目的在于加强围垦工程管理，提高围垦工程的决策水平，增强项目的环境、社会和经济效益，提高项目的投资效益，有助于完善决策机制，提高海域管理效能，主要有如下三点：

（1）反馈信息，调整相关决策、计划、进度，改进或完善在建工程。

（2）增强项目实施的社会透明度和管理部门的责任心，提高投资管理水平。

（3）通过经验和教训的反馈，调整和完善投资政策和发展规划，提高决策水平，改进未来投资计划和管理，增加投资效益。

由此可见，后评估对提高建设项目决策的科学水平、改进项目管理和提高投资效益等方面发挥着极其重要的作用。

8.1.3　海涂围垦后评估的内容

1. 海涂围垦的特征

海涂围垦属于海洋工程，不同于陆域项目，有其显著的特征。

1）形成方式的复杂性

围垦工程的形成主要包括两个方面：一是填海造陆工程，包括围堰修筑、地基处理、陆域吹填以及基础设施工程等；二是陆域形成后，入驻运营的项目。因此，进行海涂围垦后评估时不仅要考虑填海造陆工程，还需考虑以填海造陆工程为载体而建设运行的具体项目。

2）开发利用类型的综合性

围垦工程开发利用类型综合性表现在围垦工程陆域形成后，入驻项目不仅仅局限于个体或一个产业，大规模的填海造地往往包括多个项目或多个产业。因此，进行海涂围垦后评估需综合考虑填海区上的每个项目。

3）地理区位的独特性

潮滩有其独特的区位特征，处于海陆交界处，同时受到海洋环境和陆地环境的双重影响，是海陆经济的衔接区和互动区，同时也是生态系统的敏感区。因此，进行海涂围垦后评估时需考虑区域社会、经济和海洋资源环境等多方面的反馈信息。

2. 后评估内容

海涂围垦后评估是指海涂围垦工程建成投产或投入使用一段时间后，对工程运行进行系统、客观地评估，确定评价对象是否达到预期目标。通过后评估为未来的类似围垦工程决策提供经验和教训，有利于实现工程的最优控制。本专著所指的后评估主要是指海涂围垦工程影响评估。项目影响是指对其周围地区在经济、社会、环境以及其他方面产生的影响，主要包括社会影响评估、环境影响评估和经济影响评估三个方面。

1）社会影响评估

项目建设与运营不仅给项目使用者带来经济效益，而且对工程所在区域的政治、经济、文化及环境等将产生深远的影响。项目的社会效益体现在促进土地和自然资源的开发利用、缩小区域差异、促进地区经济发展等方面；同时，项目建设方案的实施也将对规划区域的自然环境和生态环境产生影响。

社会影响评估是项目综合评估不可或缺的一部分。通过社会评估，将有限资源配置到更好的项目中去，实现"以人为中心的可持续发展"，并且使项目决策、资源利用、项目设计、实施和延续变得更加有利于人的发展，是实现可持续发展的有效工具。

社会影响的评估内容一般包括劳动与就业（新增就业人口、新增就业人数、从业人员年平均工资等）、生活设施与社会服务（人均住房面积、规模以上宾馆、饭店、商场数量、生活垃圾无害化处理率、健身娱乐设施数量、千人拥有医生数、社会最低保障金、社会保障覆盖率）、教育事业（教师学生比、新建中小学占地面积等）、防灾减灾（自然灾害发生数量、防灾预警系统、灾害致灾直接经济损失）。

2）环境影响评估

海涂围垦工程的环境影响评估主要是指围垦工程对海洋环境的影响，参照项目前评估时批准的环境影响报告书或其他专题报告，重新评估项目环境影响的实际效果。评估项目环境管理的决策、规定、规范、参数的可靠性和实际效果，实施环境影响评估应遵照国家环保法、国家和地方环境质量标准和污染物排放标准以及相关产业部门的环保规定，并对未来海洋环境影响进行预测。并且，对有可能产生突发性事故的项目，要进行环境影响风险的分析。项目的环境影响后评估主要包括对项目的污染控制、区域的环境质量、自然资源的利用、区域的生态平衡和环境管理能力等内容的评估。

海洋环境影响的评估内容一般包括近岸海域海水水质（COD、无机氮、活性磷酸盐、石油类、溶解氧、重金属等）、近岸海域沉积物质量、近岸海域生态环境质量（叶绿素 a、浮游植物、浮游动物、大型底栖生物、渔业资源）、水动力环境（主要分潮潮流椭圆要素、浅水分潮振幅、浅水分潮迟角）、水深地形、海岸线变化（海岸类型、海岸侵蚀、海岸淤涨等）。

3）经济影响评估

海涂围垦工程的经济影响评估主要指工程建设后对周边区域的经济效益贡献，评估以下指标在海涂围垦工程实施前后的变化，如围垦工程的主要利用类型变化、经济效益与生态环境损害效益比变化、吸引的总投资额变化、围垦工程经济效益对各相关行业的贡献率变化、围垦工程产生的经济效益总产值占区域 GDP 比重、围垦工程国内生产总值变化。

经济影响评估的内容一般包括地区生产总值、固定资产总投资、产业结构、财政收入、各行业产值、单位面积填海成本、法人单位及产业活动单位数量、上缴利税总额、营业总收入、在岗人数、港口吞吐量、泊位数量等。

4）其他评估内容

（1）工程可持续性评估

围垦工程可持续性评估是指对工程建成投入运营后，工程的既定目标是否能够按期实现，并产生较好的效益，业主是否愿意，并可以依靠自己的能力继续实现既定目标，工程是否具有可重复性等方面作出评估。评估项目的可持续性包括三个方面的内容，即环境功能的持续性、经济增长的持续性、项目效果的持续性。进行项目持续评估，应在分析基础上提出解决影响项目持续性问题的措施和建议。

（2）成功度评估

海涂围垦后评估需要对围垦工程的总体成功度进行评估，得出可信的结论。成功度评估需对照围垦工程立项阶段所确定的目标和计划，分析实际结果与其差别，以评估工程目标的实现程度。另外，在进行成功度评估时，要十分注意工程原定目标的合理性、实际性以及条件环境变化带来的影响，并进行分析，以便根据实际情况评估项目的成功度。成功度评估是依靠评估专家或专家组的经验，综合各项指标的评估结果，对项目的成功度作出定性的结论，也就是通常所说的打分方法。成功度评估是以逻辑框架分析项目目标的实现程度和经济效益分析的评估结论为基础，以项目的目标和权益为核心所进行的全面的、系统的评估。

3. 海涂围垦后评估对象

从发展和需要的角度看，后评估是海涂围垦工程监管的一个重要环节，原则上所有围垦工程都应进行后评估，但限于资料完整度、项目敏感度和人力物力等因素，对所有围垦工程开展后评估工作也是不现实的。

鉴于此，海涂围垦工程的后评估可先选择一部分围垦规划中影响大的大中型项目进行后评估（参照《海洋工程环境影响评价技术导则》（GB/T 19485—2014），大中型围垦工程一般指围垦面积超过 5km^2 的用海工程），并且选取具有一定代表性的典型围垦工程。既要选择投入运营效益好的项目，也要选择环境效益、经济效益和社会效益不十分理想的项目；既要选择重点项目，也要选择非重点项目；既要选择实施中出现过重大问题的海涂围垦工程，也要选择对开展海涂围垦工程后评估工作有研究价值、重要意义和影响的项目。总而言之，应本着便于全面了解海涂围垦项目的决策、建设和运营全过程的特征、特点的原则来选择海涂围垦工程进行后评估，待各方面条件具备后，对所有海涂围垦工程开展后评估。

4. 海涂围垦项目后评估的一般程序

尽管海涂围垦项目规模、环境、复杂程度等的不同会导致每个项目后评估的具体工作程序有所区别，但从总的情况来看，一般项目的后评估都应遵循一个客观和循序渐进的过程。为了保证后评估的工作质量，海涂围垦项目后评估应按以下程序进行。

1）明确评估对象

明确海涂围垦项目后评估的具体对象、评估目的以及具体要求。不同的围垦项目特征、不同围垦区生态环境以及不同竣工年份等对后评估的要求都会不同，原则上，对所有围垦项目都要进行后评估。但实际上，往往由于各种条件的限制，只能有选择地确定评价对象，建议优先考虑以下类型项目：竣工投产后环境、社会等效益明显较好或不好的项目；投资巨大或对国计民生具有重要影响的项目；位于敏感海域的项目；国家限制发展的产业类型围垦项目；围填海面积大的围垦项目。

2）收集资料和补充调查

后评估工作主要依赖项目运行后的实际数据与前期数据开展对比分析。资料搜集的完整性和真实性以及补充调查内容的针对性对围垦工程后评估的评估结果至关重要，因此，资料收集和补充调查是后评估工作的重中之重。首先，应根据围垦工程所在海域的自然条件、区域社会经济、工程类型等因素，收集围垦的前期论证报告书、海洋环境质量监测资料、海籍调查图、海洋功能区划、省市海洋环境保护规划、地区统计年鉴、国民经济和社会发展统计公报、统计年鉴等资料。根据收集的资料，有针对性地开展补充调查工作。

3）收集、整理和分析资料

对所收集的资料进行汇总、整理和分析。

4）编制评价报告

将分析研究的结果进行汇总、整理，筛选及计算评价指标，并与前评估进行对比分析，找出差异及其原因，编制后评估报告书。

8.1.4　海涂围垦后评估基准时间和工作流程

后评估基准年一般应是海涂围垦工程完全竣工并运营达到设计生产能力时方能较好地体现围垦工程的综合效应。

当海涂围垦工程完全竣工运营后不满足以上条件时，后评估的基准时间可提前。

（1）产生了重大的环境影响，可将该年份作为后评估的基准年份。

（2）围垦区内地区生产总值、固定资产总投资、新增就业人口、港口吞吐量、本年农作物总播种面积等指标有 2 个或 2 个以上指标达到围垦区设计水平时（即围垦工程规划报告、工程可行性报告、海域使用论证或海洋环评中涉及的具体规划目标），可将下一年份作为后评估的基准年份。

海涂围垦工程后评估的工作流程大体分为资料搜集→现状分析→评价指标筛选→补充调查→评价模型应用→评价结果→结论与建议，具体工作流程见图 8-1。

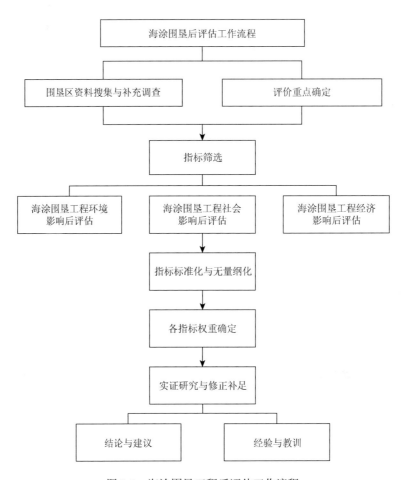

图 8-1　海涂围垦工程后评估工作流程

8.2　后评估指标体系

关于海涂围垦工程后评估的研究，目前国内学术界并没有一套公认的后评估理论体系和统一的评估方法。我国早期关于海洋工程后评估的研究主要集中于海洋石油钻井平台的环境影响后评估和填海造地工程竣工后建设项目的经济效益评估。随着海岸带生态问题、环境问题、社会问题日益突出以及可持续发展观点的提出，从 20 世纪 90 年代开始，国内外研究者逐渐开始重视填海造地工程对区域社会、经济和环境的影响，探讨有关方面的综合效益评估。

目前，在我国的某些领域已经建立了相应的工程项目环境影响后评估体系，且已经形成了较为完备的建设项目后评估和环境影响后评估指标体系，如水利工程项目环境影响后评估、公路铁路建设环境影响后评估等。而我国的海洋工程只有海洋石油钻井平台建立了较为完备的海洋环境影响后评估体系，但海洋石油钻井平台仅仅是众多类海洋工程的一小部分，不具有普遍代表性。随着我国多个沿海战略规划的实施，沿海地区对土地的需求越来越大，填海造地工程已成为我国海洋工程的重要组成部分。目前，我国的填海造地工程综合效益后评估至今还缺乏十分有效和公认的指标体系、评估方法和评估模型，从个别项目已做的验证性评估、回顾性评估来看，所用方法基本为定性描述，并且其使用的后评估方法较多、形式不一，缺乏定量评估的评估体系。

虽然相关的管理部门将填海造地工程实施前的有关技术支撑报告作为海洋环境监管和海域使用监管的依据，但工程实施前所做的环境影响评估和海域使用论证等毕竟不能等同于海洋科学研究，并受限于工作大纲，加之工程影响存在不确定性，故工程建设前的相关技术报告并不能完全作为监管的依据。并且，由于缺乏一套可靠的后评估理论以及可操作性强的评估方法，有可能导致管理部分对填海造地工程建设和运行后实际综合效益影响评估不足。

因此，为了有效保证海洋资源开发利用和海洋经济发展的可持续性，除了需尽快建立一整套较为完善的填海造地工程后评估工作体制外，还需尽快建立一套具有普适性的海涂围垦工程后评估指标体系、评估方法和评估模型。

海涂围垦后评估的对象是已经完成的滩涂围垦工程。评估指标体系是用来衡量项目建设是否成功的标尺，它涉及众多因素，本专著从海涂围垦工程（以连云港滨海新城和海门市滨海新区）的项目背景、建设过程、环境影响、社会效益和经济效益等方面进行分析。由于海涂围垦工程社会、经济和环境影响因素很多，涵盖的要素是一个多数量、多层次、相互叠合、相互反馈的庞大系统。海涂围垦工程后评估是一项复杂的系统工程，涉及社会、经济、资源和生态环境的诸多方面，其中大部分评估因素可以通过实测、调查和计算以精确的数值进行定量描述，而部分因素由于其本身内涵和外延的不确定性，难以用确切的数值或数学方法进行表达或计算，只能进行定性描述。

本专著在参考现有研究成果的基础上，建立海涂围垦工程后评估指标体系，使其更加适合开敞海域围填海工程的实际。指标体系包括项目建设过程评估、环境效益、社会效益、经济效益和资源效益共 5 个一级指标，将这 5 个一级指标划分为规划符合性、敏感区域、填海造地平面设计、潮流、地形地貌、海洋生态、海洋资源、湿地景观、海洋灾害、经济效益和社会效益等 17 个二级指标，再将这 17 个二级指标具体划分为 37 个三级指标，其中 6 个是定性指标，31 个是定量指标，其中 12 个指标为必选指标，具体见表 8-1。

表 8-1 海涂围垦工程后评估指标体系

一级指标	二级指标		三级指标	属性
项目建设过程	规划符合性	1	用海界址符合性*	定性
		2	相关区划规划符合性	定性
	敏感区域	1	满足环境保护目标的要求	定性
	填海造地平面设计	1	离岸人工岛式、多突堤式、多区块组团式的围填方式	定性
		2	围垦区内水域面积保留率	定性
环境效益	潮汐潮流	1	归潮水量最大变化率	定量
		2	主要浅水分潮调和常数最大变化	定量
		3	围垦区附近最大潮流变化*	定量
	地形地貌	1	最大冲淤强度变化*	定量
		2	冲淤影响范围变化	定量
		3	沉积物类型变化	定量
	海洋生态	1	水质环境变化*	定量
		2	沉积物质量变化	定量
		3	生物体质量变化	定量
		4	底栖生物量变化*	定量
	湿地景观	1	景观多样性变化	定量
		2	景观类型构成变化	定量
	海洋灾害	1	海水入侵	定量
	生态补偿	1	生态补偿措施*	定性
		2	生态补偿效益*	定量
经济后评估	财务后评估	1	财务内部收益率*	定量
		2	财务净现值	定量
		3	投资回报期	定量
	国民经济后评估	1	国民经济内部收益率*	定量
		2	国民经济净现值	定量
社会后评估	社会效益	1	新增就业率*	定量
		2	人均收入年均增加率	定量
	社会环境	1	利益相关者协调度	定性
		2	产业结构优化率	定量
	社会适应性	1	产业契合度	定量
		2	群众支持率	定量
资源后评估	岸线资源	1	自然岸线损失*	定量
		2	提供可开发岸线长度	定量
	港口资源	1	码头港池回淤强度	定量
		2	航道回淤强度	定量
	旅游资源	1	游客量增长率	定量
		2	旅游收入增长率*	定量

带有*的指标为必选指标

在实际应用中个别指标的选取应有所侧重,可对部分指标进行删减,但必选指标不得删除。

1. 项目建设过程

海涂围垦工程建设过程是指从工程开工到工程完成并被验收整个时段对工程建设过程进行后评估,可以总结经验教训,以利于今后在工程建设中进一步提高海涂围垦工程的前期规划和审批管理水平。同时,可为今后同类项目的开展提供借鉴,并为有关部门在海涂围垦工程建设上提供参考。本专著将项目建设过程后评估分为规划符合性、敏感区域距离和用海方式合理性 3 个二级指标。

1)规划符合性

海涂围垦工程的规划符合性分为省级海洋功能区划符合性、相关产业政策符合性和省、市社会经济发展规划符合性 3 个三级指标进行评价。由于上述 3 个指标均涉及围垦工程的社会属性问题,难以量化,故均采用定性方法开展评估。

(1)用海界址符合性

根据《中华人民共和国海域使用管理法》,项目的实际用海范围必须与批复的用海范围一致,因此,需对围垦工程后的实际用海界址与批复的用海界址开展符合性调查与分析。

(2)相关区划规划符合性

根据《中华人民共和国海域使用管理法》和《中华人民共和国海洋环境保护法》,我国实行海洋功能区划制度,项目用海必须符合海洋功能区划,并且还要符合国家、地方、行业等规划,因此,需对围垦与相关区划规划符合性开展论证。

2)敏感区域

主要海洋环境保护目标应包含海洋自然保护区、海水增养殖区、海洋生物产卵场和索饵场、海水利用区、河口与滨海湿地、风景旅游区和其他环境敏感目标等。主要沿岸陆域环境保护目标包含居民区、学校、文物区、风景区、水源区和生态敏感点等,评估围垦工程能否满足环境保护目标的要求。

3)填海造地平面设计

(1)离岸人工岛式、多突堤式、多区块组团式的围填方式

海涂围垦工程的平面设计应该由海岸向海延伸式填海逐步转变为人工岛式和多突堤式填海,由大面积整体式围填海逐步转变为多区块组团式围填海,最大限度地延长新形成土地的人工岸线,尽量减小占用和破坏自然岸线。因此,应从是否体现了离岸人工岛式、多突堤式、多区块组团式的填海平面设计原则;是否体现了减少占用岸线长度、增加岸线曲折度的要求;是否体现了优化景观布置、增加亲水岸线、提升景观价值和围垦区内水域保留面积率等几个方面评估围垦工程的平面设计。

(2)围垦区内水域面积保留率

在海涂围垦的同时,在围垦区内保留一定面积的水域,可营造亲水岸线、海洋环境过程廊道和岛群式围垦等效果,其平面布置优于以往的顺岸平推式围垦,是今后优化海涂围垦工程平面设计的方向。因此,在海涂围垦后评估中考虑围垦区内水域面积保留率这个指标,但鉴于国内外尚无围垦区内水域保留面积的具体要求,故该指标只能暂做定性评估。

2. 环境效益

1）归潮水量最大变化率

海涂围垦工程必然会占用部分纳潮海域的湿地，导致岸线的局部变化，进而导致局部流场流态的变化，围垦工程周边海域的归潮水量也随之改变，归潮水量最大变化率的计算方法如下

$$TW_k = \frac{\sum_l^n \left| \frac{TW_a - TW_b}{TW_a} \right| \times 100\%}{n} \qquad (8\text{-}1)$$

式中，TW_k 为归潮水量最大变化率评估值；TW_a 为围垦工程实施前工程附近水道、潮沟的最大归潮水量；TW_b 为围垦工程实施后工程附近水道、潮沟的最大归潮水量；n 为围垦工程临近水道数量。

2）主要浅水分潮调和常数变化

海涂围垦工程不可避免地需要采取人工修筑堤坝、吹填和填埋土石方等施工以形成新的陆域和海岸，从而影响原先潮流场稳定的流路，潮流场需要重新调整以适应新的地形和岸线。一般来说，大规模围填海工程对区域的主要潮汐结构影响很小，但浅水分潮多是由区域地形或岸线变化产生，故选取主要浅水分潮（根据江苏海域特点，浅水分潮一般为 M_4、M_{S4} 和 M_6）调和常数（一般指振幅、迟角、最大流速）作为评价围垦区对潮汐影响的评估指标。

$$H_k = \frac{\sum_t^n \left| \frac{H_a - H_b}{H_a} \right| \times 100\%}{n} \qquad (8\text{-}2)$$

式中，H_k 为浅水分潮调和常数最大变化率；H_a 为围垦工程实施前周边海域浅水分潮调和常数；H_b 为围垦工程实施后周边海域浅水分潮调和常数；n 为围垦工程区周边海域浅水分潮调和常数计算特征点数量。

3）围垦区附近最大潮流流速变幅

海涂围垦工程不可避免地会改变原有的海岸形态，部分围垦工程还修建了凸入海洋的防波堤，对局部潮流的影响更大，而潮流对区域污染物稀释和泥沙输送具有重要的影响。因此，选取围垦区附近的潮流变化作为评价海涂围垦工程对附近潮流影响的评估指标，具体计算方法如下

$$V_k = \frac{\sum_t^n \left| \frac{V_a - V_b}{V_a} \right| \times 100\%}{n} \qquad (8\text{-}3)$$

式中，V_k 为潮流最大流速变化率，%；V_a 为围垦工程实施前临近海域潮流最大流速，cm/s；V_b 为围垦工程实施后临近海域潮流最大流速，cm/s；n 为围垦工程区周边海域潮流最大流速计算特征点。

4）地形地貌

（1）最大冲淤强度变化

潮流是粉砂淤泥质海岸塑造的主要动力条件，海涂围垦工程会改变局部海域的潮流流

态特征，围垦工程势必打破原有的泥沙运动特征和冲淤平衡，引发围垦区域周边海域新的冲刷或淤积发生。因此，选取最大冲淤强度变化作为评价海涂围垦工程对地形地貌环境影响的评估指标。

$$E_{\text{e}} = \frac{\sum_t^n \left| \dfrac{E_a - E_b}{E_a} \right| \times 100\%}{n} \tag{8-4}$$

式中，E_{e} 为最大冲淤强度变化率；E_a 为围垦工程实施前临近海域最大冲刷强度，cm/a；E_b 为围垦工程实施后临近海域最大冲刷强度，cm/a；n 为围垦工程区周边最大冲刷强度的监测点数量。

（2）冲淤影响范围变化

围垦工程实施后直接改变海岸线形态和水下地形，对冲淤环境产生影响。不同规模的围垦工程，其引起冲淤环境的变化范围也是不同的。为了使围垦工程冲淤范围这一指标在空间上具有可比性，冲淤影响范围评估值采用工程实施后冲淤变化范围与围垦工程面积之比来计算，其公式如下

$$R_{\text{s}} = \frac{S_{\text{v}}}{S} \tag{8-5}$$

式中，R_{s} 为冲淤变化范围评估值；S_{v} 为围垦工程实施后冲淤变化范围；S 为围垦工程面积。

（3）沉积物类型变化

海涂围垦工程的建设，改变了原有海域的自然岸线，水文动力环境随之发生改变，可能会影响临近海域泥沙运动的重新调整至新的平衡状态，海岸类型也可能随之发生变化，因此，在地形地貌和冲淤环境影响评估中需考虑围垦工程周边海域沉积物类型的变化。由于沉积物类型的分类方法较多，本专著建议采用福克分类方法，用于评价围垦工程实施前后周边海域沉积物类型的变化，具体方法如下

$$S_{\text{s}} = \frac{\sum_t^n \left| \dfrac{S_a - S_b}{S_a} \right| \times 100\%}{n} \tag{8-6}$$

式中，S_{s} 为沉积物中值粒径变化率；S_a 为围垦工程实施前临近海域沉积物中值粒径；S_b 为围垦工程实施后临近海域沉积物中值粒径；n 为围垦工程区周边沉积物中值粒径监测站位数量。

5）海洋生态

海涂围垦工程会改变围垦区海域的自然属性，导致大量的滩涂丧失，海洋生物的栖息环境发生不可逆转的改变。围垦工程竣工后，随着围垦区主要用于农业、工业或城镇建设等，上述生产和生活活动会有部分工业、农业和生活污水就近排放入海，从而可能影响周边海域的海洋生态环境。因此，选取海水水质环境变化、海洋沉积物环境变化、海洋生物体质量变化、底栖生物量 4 个三级指标以评估海涂围垦工程对海洋生态环境的影响。

（1）以水质为例

$$R_{\text{wq}} = \frac{\sum R_i |\text{WQ}_i|}{n} \tag{8-7}$$

式中，R_{wq} 为水质污染指数平均差值；WQ_i 为与历史资料相比，第 i 个监测点水质污染指数的差值；n 为监测点数量。

海水质量各因子污染指数采用单因子指数法。

评价标准：采用 GB 3097—1997《海水水质标准》中第 x 类（x 代表第几类水质标准）。

评价方法：采用单项标准指数法。

单项水质参数 S_i 的标准指数

$$S_i = \frac{C_i}{C_{six}} \tag{8-8}$$

式中，C_i 为第 i 项水质参数的浓度监测值；C_{six} 为第 i 项水质参数的 GB 3097—1997 中第 x 类标准值。

pH 的标准指数为

$$S_{pH} = \frac{|pH - pH_{sm}|}{DS} \tag{8-9}$$

$$pH_{sm} = \frac{pH_{su} + pH_{sd}}{2}, \ DS = \frac{pH_{su} - pH_{sd}}{2} \tag{8-10}$$

式中，S_{pH} 为 pH 的污染指数；pH 为 pH 的监测值；pH_{sd} 为水质标准中的下限值；pH_{su} 为水质标准中的上限值。

DO 的标准指数为

$$S_{DOj} = \frac{|DO_f - DO_j|}{DO_f - DO_s}, \ DO_j \geqslant DO_s$$

$$S_{DOj} = 10 - 9 \times \frac{DO_j}{DO_s}, \ DO_j < DO_s \tag{8-11}$$

$$DO_f = \frac{468}{31.6 + T}$$

式中，S_{DOj} 为 J 站（断面）的溶解氧标准指数；DO_j 为 J 站（断面）的溶解氧平均浓度，mg/L；DO_s 为溶解氧的标准浓度，mg/L；DO_f 为饱和溶解氧浓度，mg/L；T 为水温，℃。

若标准指数≥1，则表明该区域水环境现状已不满足其功能要求，即水环境现状已超标。

（2）以底栖生物密度为例

$$B_e = \frac{\sum R_i |B_i|}{n} \tag{8-12}$$

式中，B_e 为工程前监测点底栖生物密度与工程后该监测点底栖生物量平均差值；B_i 为与现状相比，第 i 个监测点工程前底栖生物密度与工程后该监测点底栖生物量差值；n 为监测点数量。

6）湿地景观

湿地景观指为天然或人工、长久或暂时性的沼泽地、湿原、泥炭地或水域地带，带有或静止或流动、或为淡水、半咸水或咸水水体的水域景观。

海涂围垦工程多用于城镇建设和工农业生产，在带来巨大的社会效益和经济效益的同时，也对滩涂湿地景观格局和功能造成了干扰和破坏。因此，选取景观多样性变化、景观破碎度变化和景观廊道密度指数变化 3 个指标来评价围垦工程对滨海湿地景观的影响。

为了使景观多样性变化、景观破碎度变化和景观廊道密度指数变化 3 个指标在空间上具有可比性，景观多样性变化、景观破碎度变化和景观廊道密度指数变化采用围垦工程实施前后之比来计算。其计算公式如下

$$D_s = \frac{S_w}{S_e} \tag{8-13}$$

式中，D_s 为景观多样性变化、景观破碎度变化评估值或景观廊道密度指数变化；S_w/S_e 分别为围垦工程实施前后景观多样性变化、景观破碎度变化和景观廊道密度指数之比。

7）海洋灾害

大规模的滩涂围垦工程不仅给我国滨海湿地、近岸海域和河口的海洋环境保护带来了巨大压力，也加大了海洋灾害的经济损失，对我国发展海洋经济产生了严重制约。例如，在河口地区过量开采地下水而造成的地面严重沉降，不仅导致区域地下水变咸、农作物减产，而且加剧了区域性的相对海平面上升的速度，导致海岸工程防护标准被迫一再提高。因此，选取海水入侵评估指标海涂围垦工程对海洋灾害的影响。

海水入侵源于"人为超量开采地下水造成水动力平衡的破坏"。海水入侵使灌溉地下水水质变咸、土壤盐渍化，导致水田面积减少、旱田面积增加、农田保浇面积减少、荒地面积增加。在本专著中，使用海水入侵最大距离变化率来表示海水入侵的灾害程度，计算方法如下

$$S_e = \frac{S_{re}}{S_{oe}} \times 100\% \tag{8-14}$$

式中，S_e 为海水入侵最大距离变化率；S_{re} 为围垦工程实施后海水入侵最大距离；S_{oe} 为围垦工程实施前海水入侵最大距离。

8）生态补偿

（1）生态补偿措施

生态补偿措施从生态补偿设施的配备、生态补偿设施的运转、生态补偿措施的可行性综合评估，采用专家打分法进行，具体评估方法见表 8-2。

表 8-2　生态补偿措施指标体系

生态补偿措施指标体系	生态补偿设施的配备	生态补偿设施的运转	生态补偿措施的可行性
标准化值	专家打分法（0～1）	专家打分法（0～1）	专家打分法（0～1）
生态补偿措施标准化值为生态补偿设施的配备、生态补偿设施的运转和生态补偿措施的可行性之和的平均值			

（2）生态补偿效益（A_k）

生态补偿效益采取发放问卷调查的方式进行。

生态补偿效益可简化为调查样本中认为围垦工程生态补偿有效益人数与调查样本之比，计算公式如下

$$A_{k} = \frac{A_{p}}{A_{d}} \times 100\% \tag{8-15}$$

$$A_{p} = \delta A_{pa} + \varepsilon A_{pb} \tag{8-16}$$

式中，A_k 为生态补偿效益评估值，%；A_p 为样本中认为围垦工程生态补偿有效益人数，个；A_d 为样本总数，个；A_{pa} 为认为围垦工程生态补偿效益明显的人数；A_{pb} 为认为围垦工程生态补偿效益一般的人数；δ、ε 为 A_{pa} 和 A_{pb} 的加权系数，这里确定 δ 为 1，ε 为 0.5。

生态补偿效益和社会后评估中的群众支持率调查问卷统一设计，如表 8-3 所示。

表 8-3　围垦工程后评估生态补偿效益和群众支持率问卷调查表

工程名称	

工程概况及运营状况：

主要生态影响及采取的生态补偿措施：

被调查者姓名		性别		年龄	
职业		文化程度		工作单位	
电话		居住地址			

1. 您是否了解本工程？
□A 不了解　□B 知道一点　□C 很清楚

2. 您认为本工程建设及营运对海洋生态方面会有哪些不利的影响？（可多选）
□A 底栖生物　□B 海水养殖　□C 渔业资源　D 滩涂湿地　□E 其他（　　　　　）

3. 您已知的本工程海洋生态补偿措施有哪些？
□A 增殖放流　□B 海洋牧场　□C 人工鱼礁　□D 生态护岸　□E 排污有偿使用　□F 其他（　　　）

4. 您觉得本工程生态补偿措施取得的效益如何？
□A 明显　□B 一般　□C 基本没有　□D 不清楚

5. 您认为本工程建设是否有利于本地区经济发展？
□A 非常有利　□B 一般　□C 不利于　□D 不知道

6. 你对本工程持何种态度？
□A 坚决支持　□B 有条件赞成　□C 无所谓　□D 反对

7. 您对本工程在后续营运过程中的生态措施有何建议和要求？（可加页）

3. 经济效益

潮滩围垦经济后评估包括财务后评估和国民经济后评估两个方面。根据工程实际运行的各项数据资料，分析财务效益是否满足行业基准的收益水平以及围垦工程对国民经济的贡献情况。

1）财务后评估

财务后评估是从企业角度出发，分析工程实施运行的财务效果，偏重于说明工程的盈利水平。进行财务后评估指标计算时，以建设期总投资、运营期的实际数据和预测期的预测值为基础。财务后评估采用的资金流入量和资金流出量计算。资金流出量是将工程全部支出作为费用，包括工程总投资、经营成本、年运行费用、折旧费、摊铺费、营业税及附加、海域使用金、所得税和利息支出等。资金流入量包括土地出让收入、港口开发收入、城镇开发建设收入、临港工业开发收入、养殖收入、旅游开发收入和各项补贴等。财务后评估选取财务内部收益率（FIRR）、财务净现值（FNPV）和投资回报期（Pt）3 个指标。

（1）财务内部收益率

财务内部收益率指围垦工程及产业收益现值总额与成本现值总额相等，即现值为 0 时的贴现率。如果财务内部收益率等于或大于行业基准收益率，表明增加的收益现值能够弥补投资增加的现值或有剩余。

$$\sum_{t=1}^{n}(CI-CO)_t(1+FIRR)^{-1}=0 \qquad (8\text{-}17)$$

式中，t 为年份；CI 为资金流入量，包括两个时间段，以后评估时点为基准时间，一是后评估时点以前实际发生的数据用统计学原理加以处理，二是后评估时点以后的数据用预测学原理加以处理；CO 为资金流出量，同样包括两个时间段，两个时间段与资金流入量相同；n 为计算期，为工程资金投入的起点到工程经济寿命期的终点，包括从立项到项目运行的全过程评估及对项目未来运行期的预测等。

（2）财务净现值

财务净现值指按行业基准收益率将该围垦工程各年的净资金流量折现到建设起点的现值之和。当财务净现值大于或等于 0 时，说明项目未出现亏损。财务净现值越大，项目的获利水平越高。

$$FNPV=\sum_{t=1}^{n}(CI-CO)_t(1+i_0)^{-t} \qquad (8\text{-}18)$$

式中，t、CI、CO、n 定义同财务内部收益率中的相关定义；i_0 为行业基准收益率。

（3）投资回报期

投资回报期指以围垦工程及产业经营净资金流量抵偿原始总投资所需要的全部时间。投资回报期与行业或部门的基准投资回收期进行比较，若小于或等于行业或部门的基准投资回收期，说明项目资金回收能力在可接受范围内。

$$\sum_{t=0}^{n}(CI-CO)_t=0 \qquad (8\text{-}19)$$

式中，t、CI、CO、n 定义同财务内部收益率中的相关定义。

2）国民经济后评估

国民经济后评估从国家或者地区整体角度出发，以资源合理配置为原则，考察工程的效益和费用。进行国民经济后评估指标计算时，采用的效益和费用是在工程建设总投资、实际运行期和预测期财务数据的基础上剔除国民经济内部转移的所得税、营业税、借贷款利息（国内）和补贴等费用，再按照影子价格、影子工资、影子汇率等参数进行调整。围垦工程国民经济后评估的费用包括直接费用和间接费用。直接费用又包括工程总投资和工程实际运营期的经营成本、运行成本以及预测运营期的预测成本等；间接费用包括围垦工程占用海域和养殖区导致生态系统服务功能价值的损失。围垦工程国民经济效益包括直接效益和间接效益。直接效益为港口开发效益、城镇开发建设效益、临港工业开发效益、养殖效益等剔除税金后的效益；间接效益包括防洪效益、生态补偿效益等。国民经济后评估选取国民经济内部收益率（EIRR）和国民经济净现值（ENDV）2 个指标。

（1）国民经济内部收益率

国民经济内部收益率反映围垦工程对国民经济净贡献的相对指标，是围垦工程在计算期内各年经济效益流量的现值累计等于 0 时的折现率。如果经济内部效益率等于或大于社会折现率，表明围垦工程对于国民经济的净贡献达到或超过了国民经济要求的水平，认为围垦工程从国民经济角度考虑是可接受的。

$$\sum_1^n (B-C)_t (1+\text{EIRR})^{-1} = 0 \tag{8-20}$$

式中，B 为实际效益流入量，包括两个时间段，以后评估时点为基准时间，一是后评估时点以前实际发生的数据用统计学原理加以处理，二是后评估时点以后的数据用预测学原理加以处理；C 为实际费用流出量，也由两时间段构成，同实际效益流入量；$(B-C)_t$ 为围填工程第 t 年的净效益流量；n 为计算期。

（2）国民经济净现值

国民经济净现值反映围垦工程对国民经济净贡献的绝对指标，是围垦项目按照社会折现率将计算期内各年的经济效益折现到建设初期的现值之和。如果经济净现值等于或大于 0，说明围垦工程达到符合社会折现率的国民经济净贡献，认为围垦工程从国民经济角度考虑是可以接受的。

$$\text{ENPV} = \sum_1^n (B-C)_t (1+i_s)^{-1} \tag{8-21}$$

其中，B、C、t、n 同国民经济内部收益率；i_s 为社会折现率。

4. 社会效益

潮滩围垦社会后评估是分析围垦活动为实现国家与地方各项社会发展目标所做的贡献和对国家、地区的影响以及围垦工程与社会的相适应性。社会后评估的主要内容包括工程实施的社会效益、对社会环境的影响和与社会的适应性。

1）社会效益

围垦工程的社会效益主要体现在就业水平、收入水平和生活水平 3 个方面。围垦工程建设和运行都需要大量的劳动力，能够在短时间内提高区域就业水平。围垦工程对收入水平的影响，不仅仅体现在就业人员收入水平的提高，还体现在依托围垦工程发展起来的产业效益一般比较高，能够提高区域收入水平，进一步可带动区域人们生活水平的提高。为了体现围垦工程带来的社会效益，采用了新增就业率（Q_k）、居民生活水平改善率和人均收入年均增加率（Z_k）3 个指标。

（1）新增就业率

由于围垦工程新增就业人口随着工程建设和运营的需要会出现年度差异，但随着工程建设或运营达到稳定状态，其就业人员也会较稳定。为了体现围垦工程对区域就业水平的贡献程度，新增就业率采用工程建设或运营达到稳定的状态时所需的就业人数与工程所在县（市）行政区在工程建设到就业人员稳定这一时间段内平均新增总就

业人口之比。计算公式如下

$$O_k = \frac{O_p}{O_d} \times 100\% \tag{8-22}$$

式中，O_k 为新增就业率评估值，%；O_p 为工程建设或运营达到稳定的状态时所需的就业人数，人；O_d 为工程所在县（市）行政区在工程建设到就业人员稳定这一时间段内平均新增总就业人口，人。工程提供的总就业人数通过业主单位统计获得，工程所在县（市）行政区新增总就业人口通过政府年度工作报告、统计年鉴等渠道获取。

（2）人均收入年均增加率

人均收入年均增加率按照下列公式计算

$$I_k = \left(\sqrt[n]{\frac{I_N}{I_O}} - 1 \right) \times 100\% \tag{8-23}$$

式中，I_k 为人均收入年均增加率评估值，%；I_N 为后评估时点（年）的人均收入，元；I_O 为围垦工程建设前一年的人均收入，元；n 为工程建设前一年到后评估时间点的年份。

2）社会环境

围垦工程对社会环境的影响体现在工程建成后是否存在影响社会稳定的因素和产业环境是否改善。

围垦工程遗留下来影响社会稳定的主要风险因素是工程建设直接替代或影响其他开发利用活动，导致用海人利益受损。该类因素影响范围不大，但反应程度激烈，需引起足够的重视。因此，对社会稳定的影响采用了利益相关者协调完成度（F_k）和产业结构优化度（IOD_k）作为评价指标。

（1）利益相关者协调完成度

利益相关者协调完成度为已完成协调的人数与需进行利益协调的总人数比。计算公式如下

$$F_k = \frac{F_a}{F_A} \times 100\% \tag{8-24}$$

式中，F_k 为利益相关者协调完成度，%；F_a 为已完成协调的人数；F_A 为需进行利益协调的总人数。

（2）产业结构优化度

从世界范围来看，经济发达地区第三产业的比重较高，基本在 60%～70%，第三产业比重越大，说明产业结构越合理，故采用第三产业比重作为产业结构优化度的衡量指标。产业优化度计算公式如下

$$IOD_k = \frac{PTR - FTR}{FTR} \tag{8-25}$$

式中，IOD_k 为产业优化度评估值；PTR 为工程建设后区域第三产业比重；FTR 为工程建设前第三产业比重。

3）社会适应性

围垦工程与社会的适应性应考虑与当地经济环境的适应性和群众对工程的支持率。围垦工程布置于某一区域，应考虑该区域的经济发展水平能否承载围垦工程及产业的发展，

如果不能够承载，围垦工程将缺乏有利的支撑条件。另外，区域群众对工程的态度能够综合反映工程对当地经济、社会和资源环境的影响程度，如果区域大多数群众对工程持不支持态度，则会引起上访、聚会、游行等活动，这说明工程明显与群众心理上是不适应的。与当地经济环境的适应性选取产业契合度（θ_t）这一评估因子，群众对工程的支持直接采用群众支持率（P_S）这一评估因子。

（1）群众支持率

群众支持率采取发放问卷调查的方式进行统计。群众支持率可简化为调查样本中对工程持支持态度的人数与调查样本总数之比，计算公式如下

$$P_S = \frac{S_p}{S_d} \times 100\% \tag{8-26}$$

式中，P_S 为群众支持率评估值，%；S_p 为样本中对工程持支持态度人数，个；S_d 为样本总数，个。

（2）产业契合度

产业契合度采用以下公式计算：

$$\theta_t = \alpha \sum_{i=1}^{n} u + \beta l + \gamma p \tag{8-27}$$

$$u = \frac{R_i^U}{R_{it}} \text{或} 0 \tag{8-28}$$

$$l = \frac{L^U}{L_t} \tag{8-29}$$

$$p = \frac{c_f + c_g}{B_e} \tag{8-30}$$

$$\alpha + \beta + \gamma = 1 \tag{8-31}$$

式中，θ_t 为在 t 时刻的产业契合度；资源利用率 U 是指嵌入产业生产第 i 种产品所需要的全部资源 R_i 中有多少来自于当地 R_i^U，由于资源可分为不可再生资源和再生资源两种，若该工程从当地获取的为可再生资源，则 $u = \frac{R_i^U}{R_{it}}$，若工程从当地获取的为不可再生资源，则 $u = 0$；劳动力就业率 l 是指嵌入产业所使用的全部劳动力 L 中当地劳动力被雇佣 L^U 的比例；对产业造成的环境污染 p 主要由政府和企业共同治理，并且政府承担较大的治理成本；B_e 为工程实施后的效益；α、β、γ 为资源利用率、劳动力就业率、环境污染的治理成本对产业的影响程度。

5. 海洋资源

围垦工程资源后评估是指围垦工程竣工验收并正式运营后，评估围垦工程对海洋资源的影响，包括岸线资源、港口资源和旅游资源等资源评估要素。

1）岸线资源

围垦工程一般都依岸而建，直接占用自然岸线和人工岸线，工程建成后也会形成新

的岸线。因此，围垦工程对岸线资源的影响采用自然岸线损失（B_k）和提供可开发岸线长度（B_l）2 个评估因子。

（1）自然岸线损失

围垦工程若占用自然岸线资源，将会直接引起自然岸线的损失。自然岸线损失率评估值采用工程占用自然岸线的长度与评估范围内自然岸线的长度来表示。其计算公式如下

$$B_k = \frac{B_p}{B_e} \times 100\% \qquad (8\text{-}32)$$

式中，B_k 为自然岸线损失评估值，%；B_p 为工程占用自然岸线的长度，m；B_e 为评估范围内自然岸线的长度，m。评估范围为工程所在行政区。

（2）提供可开发岸线长度

围垦工程的实施能够提供进一步开发利用的岸线资源。提供可开发岸线长度评估值采用工程提供可开发岸线长度与工程占用岸线的长度之比来计算，其计算公式如下

$$B_l = \frac{B_o}{B_e} \qquad (8\text{-}33)$$

式中，B_l 为提供可开发岸线长度评估值；B_o 为工程提供可开发岸线长度，m；B_e 为工程占用岸线的长度，m。

2）港口资源

围垦工程对周边港口资源的主要影响体现在：工程建设改变了水动力环境，从而可能导致码头停泊水域和港池以及航道回淤环境出现变化。围垦工程对港口资源的影响选用了码头港池回淤强度和航道回淤强度 2 个评估因子。

围垦工程对周边港口资源的主要影响体现在：工程建设改变了水动力环境，从而可能导致码头停泊水域和港池以及航道回淤环境出现变化。码头港池和航道回淤强度采用下列公式计算

$$S_k = \frac{S_p - S_o}{S_o} \qquad (8\text{-}34)$$

式中，S_k 为码头港池或航道回淤强度评估值；S_p 为围垦工程实施后码头港池或航道回淤强度实际监测值，cm/a；S_o 为围垦工程实施前码头港池或航道回淤强度，cm/a。

3）旅游资源

围垦工程建成后可能会对周边旅游资源产生积极或消极的影响。积极的影响表现在围垦工程及产业的开发带动地区经济发展，提高地区知名度，从而带动旅游业的发展。消极影响表现在围垦工程及其产业的开发可能会对周边海域环境质量、生态环境产生不利影响，从而影响旅游资源的质量。围垦工程对旅游资源的影响选用游客量增长率和旅游收入增长率 2 个评估因子。

为使游客量增长率和旅游收入增长率在空间上具有可比性，从易于操作的实际要求出发，对游客量增长率和旅游收入增长率评估值进行如下处理

$$T_k = \frac{T_n}{T_o} \qquad (8\text{-}35)$$

式中，T_k 为游客量增长率或旅游收入增长率评估值；T_n 为围垦工程实施后游客量年均增

长率或旅游收入年均增长率；T_0 为围垦工程实施前游客量年均增长率或旅游收入年均增长率。

8.3 后评估指标计算方法

8.3.1 指标一致化和标准化

1. 评估指标类型的一致化

在一般的情况下，指标 $x_1, x_2, x_3, \cdots, x_m$ 中，可能含有"极大型"指标、"极小型"指标、"居中型"指标和"区间型"指标。对于一些定量指标，如产值、利润等，希望它们的取值越大越好，这类指标称为极大型指标；而对于诸如成本、能耗等一类指标，一般希望它们的取值越小越好，这类指标称为极小型指标；对于人的身高、体重等指标，一般希望它们的取值居中较好，这类指标称为居中型指标；区间型指标是期望其取值落在某个区间内为最佳的指标。

如果指标 $x_1, x_2, x_3, \cdots, x_m$ 中既有极大型指标、极小型指标，又有居中型指标或区间型指标，则需对评估指标进行一致化处理。

1）极小型指标的处理

对于极小型指标 x，令

$$x^* = M - x \tag{8-36}$$

$$或 \qquad x^* = \frac{1}{x} \ (x > 0) \tag{8-37}$$

式中，M 为指标 x 的一个允许上界。

2）居中型指标的处理

对于居中型指标 x，令

$$x^* = \begin{cases} 2(x-m), & 若 m < x < \dfrac{M+m}{2} \\ 2(M-x), & \dfrac{M+m}{2} \leqslant x \leqslant M \end{cases} \tag{8-38}$$

式中，m 为指标 x 的一个允许下界；M 为指标 x 的一个允许上界。

3）区间型指标的处理

对于区间型指标 x，令

$$x^* = \begin{cases} 1.0 - \dfrac{q_1 - x}{\max\{q_1 - m, M - q_2\}} & 若 x < q_1 \\ 1.0 \\ 1.0 - \dfrac{x - q_2}{\max\{q_1 - m, M - q_2\}} & 若 x > q_2 \end{cases} \tag{8-39}$$

式中，$[q_1, q_2]$ 为指标 x 的最佳稳定区间；M 和 m 分别为 x 的允许上、下界。

通过这样的变化，非极大型评估指标 x 通过上述公式都可转化为极大型指标。

2. 评估指标的标准化

海涂围垦工程后评估指标体系包括定量指标和定性指标，由于各指标的涵义不同、计算方法不同、量纲不同，因而难以进行比较。为了进行海涂围垦工程后评估，首先需要对指标进行标准化。

指标的标准化包括定性指标的量化和定量指标的无量纲化。由于各指标的涵义不同、计算方法不同、量纲不同，所以必须将各个不同的指标化为同一标准后才能进行评估。通常指标标准化的方法是将指标值与标准值相比较得到指标的得分。

一般来说，指标 $x_1, x_2, x_3, \cdots, x_m$ 之间由于各自量纲及量级（即指标的数量级）的不同而存在着不可公度性，这样难以对指标直接进行比较。为了尽可能地反映实际情况，排除由于各项指标的量纲不同以及其数量级间的悬殊差别所带来的影响，避免出现荒谬的现象，需要对指标进行无量纲化处理。指标的无量纲化也称作指标的标准化、规范化，它是通过数学变换来消除原始指标量纲影响的方法。常用方法有以下 6 种。

在以下介绍中，假设所有指标均为极大型指标，观测值为 $(x_{ij} \,|\, i=1,2,3,\cdots,n; j=1,2,3,\cdots,m)$。

1）标准化处理法

$$x_{ij}^* = \frac{x_{ij} - \bar{x}_j}{s_j} \tag{8-40}$$

式中，$\bar{x}_j$、$s_j (j=1, 2, \cdots, m)$ 分别为第 j 项指标观测值的（样本）平均值和（样本）均方差，称为标准观测值。

该方法的特点是：样本平均值为 0，方差为 1；区间不确定，处理后各指标的最大值、最小值不相同；对于指标值恒定（$s_j = 0$）的情况不适用，对于要求指标值 $x_{ij}^* > 0$ 的评估方法（如熵值法、几何加权平均法等）不适用。

2）极值处理法

$$x_{ij}^* = \frac{x_{ij} - m_j}{M_j - m_j} \tag{8-41}$$

式中，$M_j = \max\{x_{ij}\}$，$m_j = \min\{x_{ij}\}$（下述各式同）。

对于指标 x_j 为极小型的情况，上式（8-41）变为

$$x_{ij}^* = \frac{M_j - x_{ij}}{M_j - m_j} \tag{8-42}$$

该方法的特点是：$x_{ij}^* \in [0,1]$，最大值为 1，最小值为 0，对于指标值恒定的情况不适用（分母为 0）。

3）线形比例法

$$x_{ij}^* = \frac{x_{ij}}{x_j'} \qquad (8\text{-}43)$$

式中，x_j' 为一特殊点，一般可取为 m_j、M_j 或 $\bar{x}_j$。

该方法的特点为：要求 $x_j' > 0$。当对 $x_j' = m_j > 0$ 时，有 $x_{ij}^* \in [1, \infty)$，有最小值 1，无固定的最大值；当 $x_j' = M_j > 0$ 时，$x_{ij}^* \in (0,1]$，有最大值 1，无固定的最小值；当 $x_j' = \bar{x}_j > 0$ 时，$x_{ij}^* \in (-\infty, +\infty)$，取值范围不固定，$\sum_i x_{ij}^* = n$。

4）归一化处理法

$$x_{ij}^* = \frac{x_{ij}}{\sum_{i=1}^n x_{ij}'} \qquad (5\text{-}44)$$

该方法的特点：可看成是线性比例法的一种特例，要求 $\sum_{i=1}^m x_{ij} > 0$，$x_{ij} > 0$。无固定的最大值、最小值，$\sum_i x_{ij}^* = 1$。

5）向量规范法

$$x_{ij}^* = \frac{x_{ij}}{\sqrt{\sum_{i=1}^n x_{ij}^2}} \qquad (8\text{-}45)$$

该方法的特点为：当 $x_{ij} \geq 0$ 时，$x_{ij}^* \in (0,1)$，无固定的最大值、最小值，$\sum_i (x_{ij}^*)^2 = 1$。

6）功效系数法

$$x_{ij}^* = c + \frac{x_{ij}}{\sqrt{\sum_{i=1}^n x_{ij}^2}} \qquad (8\text{-}46)$$

$$x_{ij}^* = c + \frac{x_{ij} - m_j'}{M_j' - m_j'} \times d \qquad (8\text{-}47)$$

式中，M_j'、m_j' 分别为指标的满意值和不容许值；c、d 均为已知正常数。c 的作用是对变换后的值进行"平移"；d 的作用是对变换后的值进行"放大"或"缩小"。

该方法的特点是：可看成是更普遍意义义下的一种极值处理法，取值范围恒定，x_{ij}^* 的最大值为 $c+d$，最小值为 c。

8.3.2　后评估分级标准

在实际评估工作中对指标进行标准化处理时，需要预先知道各指标样本值各等级标准。本专著在对各指标进行研究的基础上，制定了一套评估标准，该评估标准对每个指标进行了严格的等级划分，以便在实际中应用。评估标准是根据研究者对客观现象的认知程度确定的，是主客观相互结合的产物，从哲学的普遍性和特殊性考虑，标准都是相对的、动态的，绝对的标准是不存在的，随着在现实中新情况、新问题的出现，标准有时也需要适时更新。

海涂围垦工程综合效益后评估研究尚处于起步阶段，在建立评估指标的标准时可参考的文献有限，本专著基于以前对海湾围填海项目后评估研究的基础之上，制定以下评估指标标准。同时，为了度量海涂围垦工程的效益和影响，本专著确定的每个二级评价指标的指数为 0~1 连续数值。为了度量海涂围垦工程的效益和影响，一般来说，定义 S 为 0 时，影响最大；当 S 为 1 时，影响最小。

但由于每个指标尤其自身属性特点，若最大冲刷强度变化率较大，也不一定说明围垦工程的实施对区域冲淤环境造成负面影响，因为航道和港池的冲刷强度大未必是负面效应。因此，对每个二级指标的评估指数均需仔细甄别。

后评估指标体系中的每个二级指标都是并列的，没有权重之分，因此，考虑到海涂围垦工程各具特色、收集资料和补充调查的差异性、区域自然环境特点等因素，无法得出海涂围垦工程后评估的总评估指数，只能给出每个二级指标的后评估指数，通过每个二级指标的后评估指数来反映海涂围垦工程实施后产生的综合影响。

8.3.3　后评估指标权重

海涂围垦工程，尤其是大型的海涂围垦项目是一个多属性、多目标综合评估问题，其指标体系中各指标的作用地位及重要程度不同，需要对各指标赋予不同的权重系数。指标权重是指标在评估过程中不同重要程度的反映，是决策（或评估）问题中指标相对重要程度的一种主观评估和客观反映的综合度量。权重的赋值合理与否，对评估结果的科学合理性起着至关重要的作用；若某一因素的权重发生变化，将会影响整个评判结果。因此，权重的赋值必须做到科学和客观，这就要求寻求合适的权重确定方法。

8.3.4　主观赋权法

1. *层次分析法（AHP）*

1）运用 AHP 的步骤

（1）递阶层次结构模型的建立

应用 AHP 分析目标决策问题时，首先将目标条理化、层次化，构造出一个有层次的结构模型。在这个模型下，复杂的目标问题被分解成多个元素，这些元素按其复杂程度进而可分解成多指标的若干层。这些层可分为三层：①目标层，即目标决策问题；②准则层，目标决策问题的下级层，它由若干层组成，包括准则层、子准则层；③方案层，为实现目标决策所提供的方案、措施等。递阶层次结构模型的上一层指标对下一层指标具有支配作用，而下一层指标受上一层指标的支配。

（2）构建判断矩阵

递阶层次结构模型确定了上下层目标间的隶属关系，构建判断矩阵则是为了确定各层次目标的权重。记准则层 U 的下一层指标为 U_1，U_2，…，U_n，比较 U_i 和 U_j 的重要性及重要程度，按照表 8-4 定义的 1～9 标度赋值各指标的重要程度，形成判断矩阵 $A = (a_{ij})_{n \times n}$，$n$ 为矩阵的阶数。

表 8-4　1～9 标度赋值各指标的重要程度

比例标度	含义
1	两个元素相比，具有相同的重要性
3	两个元素相比，前者比后者稍重要
5	两个元素相比，前者比后者明显重要
7	两个元素相比，前者比后者强烈重要
9	两个元素相比，前者比后者极端重要
2，4，6，8	表示上述相邻判断的中间值

（3）一致性指标检验

通过指标之间的两两相比构建的判断矩阵，依据的是确定的标度值，且决策者在判断时难免存在片面性，导致判断矩阵往往是不一致的，所以需要对判断矩阵计算出来的权重值进行一致性检验。AHP 选用数量指标 CI 来进行一致性检验的衡量数值。CI 定义计算公式如下

$$CI = \frac{\lambda_{\max} - n}{n - 1} \tag{8-48}$$

式中，$\lambda_{\max}$ 是判断矩阵 A 最大的特征根；n 为阶数。

计算出一致性指标 CI 后，继而求判断矩阵一致性检验系数 CR，CR 计算公式如下

$$CR = \frac{CI}{RI} \tag{8-49}$$

式中，RI 为平均随机一致性指标，对于阶数 n 为 1～15 之间，平均随机一致性指标 RI 的取值如表 8-5 所示。当 CR≤0.1 时，判断矩阵的一致性满足要求，反之则不满足。

表 8-5　平均随机一致性指标 RI 值

阶数	1	2	3	4	5	6	7	8	9	10	11	12	13	14	15
RI	0	0	0.52	0.89	1.12	1.26	1.36	1.41	1.46	1.49	1.52	1.54	1.56	1.58	1.59

（4）层次总排序权重

通过建立判断矩阵确定各层次的权重，经过一致性检验后，需确定层次总排序的权重。层次总排序权重的计算是从最高一层的准则层向方案层逐层进行的，方案层得到的权重即为层次总排序权重。

若上一层次 U 包含 m 个指标 U_1，U_2，$\cdots$，U_m，每个指标对应的层次总排序权重为 u_1，u_2，$\cdots$，u_m，下一层次 V 包含 n 个指标 V_1，V_2，$\cdots$，V_n，其对应的层次总排序权重为 v_1，v_2，$\cdots$，v_n。若 U_j 包含的 V 层次的某些指标的一致性指标为 CI_j，那么平均随机一致性指标为 RI_j，则 V 层次总排序一致性检验系数为 $CR = \dfrac{\sum\limits_{j=1}^{m} u_j CI_j}{\sum\limits_{j=1}^{m} u_j RI_j}$。层次总排序通过一致性检验后，得出各方案的权重，最终可得到各决策方案的定量化数据，决策者即可做出决策。AHP 运用步骤如图 8-2 所示。

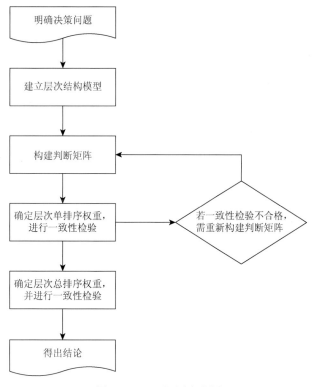

图 8-2　AHP 运用步骤图

2）层次分析法在海涂围垦后评估中的应用

海涂围垦后评估将层次分析法这一决策分析方法用于后评估指标体系的建立和指标权重的确定。通过建立递阶层次结构模型，形成海涂围垦后评估体系基本框架，如图 8-3 所示。

2. 指标权重确定

依据层次分析法计算原理和实施步骤，评估类别权重的计算过程如下。

（1）评估类别相对重要性及其标度

通过专家咨询，确定评估因子相对于海涂围垦后评估的重要程度，构造要素判断矩阵，按照层次分析法 1～9 标度给出因子间相对比较的重要度标度。

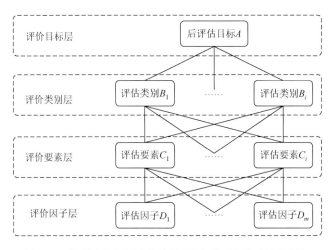

图 8-3　基于层次分析法的海涂围垦后评估体系基本框架

（2）评估因子权重计算及一致性检验

运用方根法判别矩阵的最大特征值 λ_{max} 及特征向量 W_i，并检验矩阵一致性。

计算判断矩阵每一行元素的乘积 $M_i = \prod_{j=1}^{n} u_{ij}$；

计算 M_i 的 n 次方根 $W_i = \sqrt[n]{M_i}$；

对 W_i 进行归一化得 $W_i = \dfrac{W_i}{\sum_{j=1}^{n} W_j}$；

计算判断矩阵的最大特征值 $\lambda_{max} = \sum_{i=1}^{n} \left[\dfrac{\sum_{j=1}^{n} u_{ij} W_j}{n W_i} \right]$；

计算判断矩阵一致性指标 $CI = \dfrac{\lambda_{max} - n}{n - 1}$；

计算判断矩阵一致性检验系数 $CR = \dfrac{CI}{RI}$。

8.3.5　客观赋权法

熵值法是一种根据各项指标观测值所提供的信息量的大小来确定指标权数的方法。熵是热力学中的一个名词，在信息论中又称为平均信息量，它是信息无序度的度量，信息熵越大，信息的无序度越高，其信息的效用值越小；反之，信息熵越小，信息的无序度越小，信息的效用值越大。在综合评估中，运用信息熵评估所获系统信息的有序程度及信息的效用值。

根据信息论的定义，在一个信息通道中传输的第 i 个信号的信息量 I_i 是

$$I_i = -\ln P_i \tag{8-50}$$

式中，P_i 是该信号出现的概率。

如果有 n 个信号，其出现的概率分别为 p_1，p_2，$\cdots$，p_n，则这 n 个信号的平均信息量，即熵为

$$-\sum_{i=1}^{n} p_t \ln p_i \tag{8-51}$$

设定（$i=1, 2, \cdots, n$；$j=1, 2, \cdots, m$）为第 i 个被评价对象中的第 j 项指标观测数据。对给定的 j，x_{ij} 的差异越大，该项指标对被评价对象的比较作用就越大，即该项指标包含和传输的信息越多。信息的增加意味着熵的减少，熵可以用来度量这种信息量的大小。

用熵值法确定指标权数的步骤如下：

（1）计算第 j 项指标下第 i 个被评价对象的特征比重，则有

$$p_{ij} = x_{ij} \frac{x_{ij}}{\sum_{t=1}^{n} x_{ij}} \tag{8-52}$$

这里假定 $x_{ij} \geqslant 0$，且 $\sum_{i=1}^{n} x_{ij} > 0$。上式是针对越大越优型指标的计算公式，对于越小越优型指标，则要将指标值进行求倒数之后再代入上式进行计算。

（2）计算第 j 项指标的熵值

$$e_j = -k \sum_{i=1}^{n} p_{ij} \ln(p_{ij}) \tag{8-53}$$

式中，$k > 0$，$e_j > 0$。

（3）计算指标 x_{ij} 的差异性系数。对于给定的 j，介的差异越小，则 e_j 越大；介的差异越大，则 e_j 越小，指标对被评价对象的比较作用越大。

定义差异系数为

$$g_j = 1 - e_j \tag{8-54}$$

不难看出，g_j 越大，越应重视该项指标的作用。

设 x_{ij} 对于给定的 j 全部相等，则 $p_{ij} = \dfrac{1}{n}$，$e_j - I_k \cdot \ln n$，此时，指标对于被评价对象比较作用最小，取 $g_j = 0$，可以推算出 $k = \dfrac{1}{\ln n}$。

（4）确定权数，即取

$$\omega_j = g_j \frac{g_j}{\sum_{i=1}^{m} g_j}, j = 1, 2, 3, \cdots, m \tag{8-55}$$

式中，ω_j 即为归一化了的权重系数。

8.3.6　权重系数推荐值

本专著给出了海涂围垦工程各指标的权重系数推荐值，见表 8-6。

表 8-6　海涂围垦工程后评估指标体系

一级指标	二级指标	三级指标		权重
项目建设过程	规划符合性	1	用海界址符合性	—
		2	相关区划规划符合性	—
	敏感区域	1	满足环境保护目标的要求	—
	填海造地平面设计	1	离岸人工岛式、多突堤式、多区块组团式的围填方式	—
		2	围垦区内水域面积保留率	—
环境效益	潮汐潮流	1	归潮水量最大变化率	0.35～0.45
		2	主要浅水分潮调和常数最大变化	0.15～0.30
		3	围垦区附近最大潮流变化	0.35～0.40
	地形地貌	1	最大冲淤强度变化	0.32～0.44
		2	冲淤影响范围变化	0.27～0.39
		3	沉积物类型变化	0.16～0.23
	海洋生态	1	水质环境变化	0.14～0.33
		2	沉积物质量变化	0.04～0.13
		3	生物体质量变化	0.10～0.19
		4	底栖生物量变化	0.29～0.48
	湿地景观	1	景观多样性变化	0.37～0.62
		2	景观类型构成变化	0.27～0.54
	海洋灾害	1	海水入侵	1.0
	生态补偿	1	生态补偿措施	—
		2	生态补偿效益	1.0
经济后评估	财务后评估	1	财务内部收益率	0.27～0.46
		2	财务净现值	0.14～0.23
		3	投资回报期	0.30～0.39
	国民经济后评估	1	国民经济内部收益率	0.38～0.67
		2	国民经济净现值	0.39～0.68
社会后评估	社会效益	1	新增就业率	0.42～0.69
		2	人均收入年均增加率	0.45～0.74
	社会环境	1	利益相关者协调度	0.39～0.61
		2	产业结构优化率	0.42～0.70
	社会适应性	1	产业契合度	0.28～0.65
		2	群众支持率	0.35～0.69
资源后评估	岸线资源	1	自然岸线损失	0.51～0.78
		2	提供可开发岸线长度	0.47～0.69
	港口资源	1	码头港池回淤强度	0.32～0.58
		2	航道回淤强度	0.29～0.54
	旅游资源	1	游客量增长率	0.40～0.63
		2	旅游收入增长率	0.47～0.70

8.4　评 估 案 例

8.4.1　评估案例一（连云港滨海新城）

1. 水质

应用 2013 年的连云港滨海新城周边海域的水质监测结果中 COD、无机氮、活性磷酸盐和石油类作为典型水质污染物作为评估指标，与 2005 年的 COD、无机氮、活性磷酸盐和石油类的监测结果相比，得到后评估指数分别为 0.52、0.41、0.80、0.87。

2. 水深地形

水深地形可直接反映围垦工程对海域冲域环境的影响，因此，围垦工程建设前后工程区周边海域水深地形数据对评估冲域环境变化十分重要。在金海集团的支持下，课题组获得了施工前（2005～2006 年）工程区的水深资料，如图 8-4 所示。原计划在 2014 年上半年开展工程区海域的水深测量，但滨海新城西北部仍在不断吹填施工，故对水深地形环境人为影响较大，故调整为 2014 年下半年开展重点断面的水深补充测量（图 8-5），以作为后评估所需资料。

D1 断面整体淤积最大，2005 年的 0m 等深线处，淤积约 3m，离岸变远，淤积则逐渐越小，约到离岸 4km 处，淤积约为 0.5m；D2 断面除近岸 250m 基本保持稳定外，离岸 250m

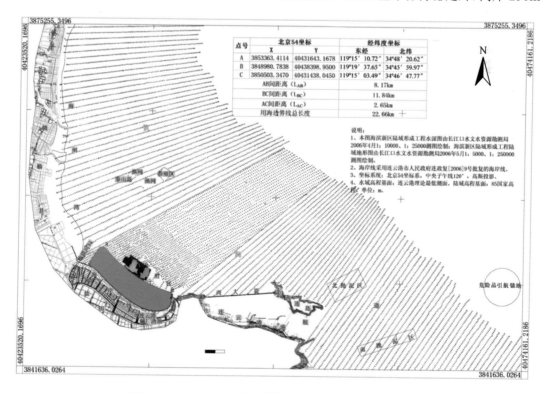

图 8-4　2005～2006 年连云港滨海新城附近海域水深地形

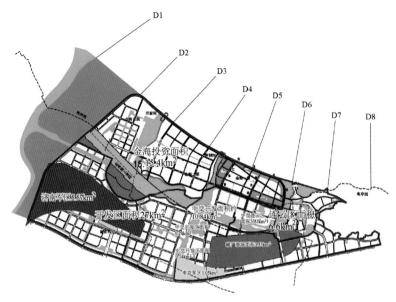

图 8-5　2014 年下半年连云港滨海新城计划调查水深断面分布

后均有 0.8~1.5m 左右的淤积；D3 断面近岸 200m 淤积约 0.5~1.0m 不等，然后地形侵蚀逐渐加剧到离岸 1km 处最大约有 1.2m，往外再逐渐趋于冲淤平衡；D4 断面整体处于冲淤平衡，离岸 1~2km 约有 0.4m 的淤积；D5 断面整体基本处于稳定状态，微有淤积，总体约有 0.2~0.4m 不等的淤积；D6 断面整体淤积，近岸和离岸 1.5km 以远淤积较大，约有 0.5~1.0m 不等的淤积；D7 断面为近岸侵蚀，远岸淤积，整体坡度变陡，其中近岸 1km，基本处于淤积状态，最大淤厚约 1.2m，离岸 1km 后以淤积为主，最大侵蚀约有 1.4m；D8 断面基本冲淤变化趋势一致，都是近岸淤积，然后逐渐趋于冲淤平衡。由此可见，连云新城区域建设用海规划实施以后，周边海域以淤积为主。

　　根据《连云港市海滨新区建设用海总体规划海域使用论证报告书》（报批稿）中有关区域建设用海对冲淤环境的影响预测结果：由于海州湾顶本身就处于轻微的淤积环境，当海域潮流动力由于工程影响减弱时，工程附近海域因潮流动力减弱使得水体挟沙能力降低，高含沙水体中大量的泥沙也将随之产生淤积。因此，在潮流数值模拟计算出的流速减小范围内都将产生泥沙淤积，泥沙淤积主要集中在陆域形成工程外围堤正前方及两侧一定范围内，淤积强度在围堤前沿最大，并逐渐向外海递减。工程区堤线前沿由于流速减小相对较大，因而回淤强度也将较大，尤其在堤线东侧与北固山之间流速减弱最多，淤积量也将最大。通过实测水深数据来看，连云新城外围堤身周边海域由于流速有所减小，淤积量较大，但连云新城中部围堤近岸海域呈现出部分侵蚀的现象，是由于该区域为吹填取沙区，因此该区域的水深地形变化较大。由此可见，虽然连云新城近岸海域由于吹填施工导致部分区域水深地形变化不稳定，但近岸海域已经发生淤积现象。应用 2006 年秋季的连云港滨海新城的水深测量数据与 2007 年的水深测量数据相比，得到后评估指数分别为 0.73。

3. 潮流变化

　　基于数值计算结果，分析连云新城区域建设用海规划实施以后对区域潮汐潮流的影响。

　　通过对工程前后的海域整体流场图对比，围垦工程对整体海域的流场没有造成明显的影响，计算海域的流态也未发生变化。但围垦会造成自然岸线的改变，势必会造成工程海域的潮流流速产生影响。根据模型计算结果，提取 9 个特征点的流速计算半潮平均流速，特征点位置见图 8-6，围垦规划工程前后的大潮时期，涨、落潮半潮平均流速变化见表 8-7。

表 8-7　围垦规划附近海域特征点大潮半潮平均流速变化

特征点	大潮半潮流速平均值					
	涨潮			落潮		
	围垦前	围垦后	变化量	围垦前	围垦后	变化量
T1	0.376	0.354	−0.022	0.235	0.236	0.001
T2	0.313	0.270	−0.043	0.255	0.208	−0.047
T3	0.342	0.256	−0.086	0.260	0.188	−0.072
T4	0.323	0.321	−0.003	0.307	0.308	0.002
T5	0.391	0.358	−0.033	0.331	0.298	−0.033
T6	0.366	0.326	−0.040	0.277	0.238	−0.038
T7	0.362	0.353	−0.009	0.324	0.321	−0.003
T8	0.408	0.384	−0.025	0.331	0.307	−0.024
T9	0.388	0.363	−0.024	0.292	0.269	−0.023

　　由表 8-7 可以看出，连云新区围垦实施后对工程附近的海域潮流存在一定程度的影响，整体呈现流速减弱的趋势，但减弱的幅度并不明显。连云新区围垦工程在临洪河口右岸，流速的变化受临洪河口径流的影响比较明显。大潮涨潮半潮平均沿临洪河口的 T1、T4、T7 流速变幅很小，而沿工程走向的特征站位流速出现比较明显的流速变幅依次增强的趋势，由于 T7~T9 离工程位置较远，此规律不明显。大潮落潮半潮平均和涨潮时规律基本一致，但在沿临洪河口的 T1 和 T4 特征站位出现了轻微的流速增幅。不论涨潮还是落潮平均，流速变幅最大值均出现在距工程近而离临洪河口较远的 T3 站位处，但变幅均未超过 0.1m/s。总体上，涨潮半潮平均流速变化值大于落潮半潮平均变化值。

　　应用连云港滨海新城实施前后的数值计算结果，得到后评估指数分别为 0.84。由此可见，围垦工程对于工程附近海域的潮流平均流速造成了一定程度的影响，除个别特征站位在落潮时出现略微增加外，均呈现减弱特征，减幅在 0.003~0.086m/s。连云新区围垦后加长了临洪河的右岸河道长度，沿河口处的特征站位流速变化值均小于其他特征站位，而且在大潮落潮半潮平均流速值有轻微的增加。靠近工程区域原属于外海海域的特征站位由于岸线的移动，流速出现较大幅的减小，减幅接近 0.1m/s。对于涨、落潮而言，涨潮平均流速变化基本大于落潮流速的变化值，这是由于海州湾涨潮历时短于落潮历时，涨潮流速大于落潮流速的涨落潮不等引起的。

此外，根据《连云港市海滨新区建设用海总体规划海域使用论证报告书》（报批稿）中有关连云新城建设后对区域潮流的影响预测结论：连云新区建设用海对海州湾流场的影响范围主要在工程附近海域，工程实施后堤线外侧流速均有所降低，尤其是对工程正前方流速影响程度较大。因此，《连云港市海滨新区建设用海总体规划海域使用论证报告书》（报批稿）中有关潮流影响预测结果与实际较为一致。

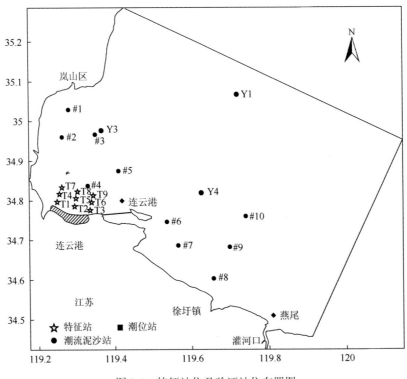

图 8-6　特征站位及验证站位布置图

4. 财务后评估

连云新城一期围垦工程 2006～2014 年资金流入量为实际值，2015～2016 年为预测估算值。

该工程的财务内部效率为 2%，财务净现值为–34704.19 万元，财务投资回报期为 11 年（含建设期），说明连云新城一期围垦工程作为城市基础设施工程建设，其资金周转能力、回收能力一般，盈利水平一般，未达到行业基准的要求。

5. 国民经济后评估

连云新城一期围垦工程经济内部收益率为 12%，经济净现值为 43936.55 万元，说明连云新城一期围垦工程从国民经济角度考虑是可以接受的，对国民经济具有一定的贡献。根据连云新城围垦一期工程经济后评估标准化值、权重，采用多因素加权评估法得出该工程经济后评估综合指数值为 0.1163（表 8-8）。

表 8-8　研究区经济后评估综合指数

评估因子	评估值	综合指数
财务内部收益率 D_1	2%	0
财务净现值 D_2	−34704.19 万元	0
投资回报期 D_3	11	0.0139
国民经济内部收益率 D_4	13%	0.0704
国民经济净现值 D_5	43936.55 万元	0.0320

6. 社会后评估

连云新城围填工程共分为三期，目前一期工程建设完成，进入全面开发建设阶段，二期和三期围垦工程尚在建设过程中。因此，本评估仅针对已建设完成的连云新城一期围垦工程进行。因连云新城一期围垦工程现今产业开发程度较低，社会后评估只针对填海工程部分进行评估，不涉及填海形成陆域上的产业部分。

1）新增就业率

连云港金海岸开发建设有限公司引进工作人员约 130 人，主要为施工人员和后勤人员。工程所在连云区 2007 年新增就业岗位 7165 人，新增就业率为 1.8%。

2）人均收入年均增加率

2006 年连云区城市住户人均可支配收入 11699 元；农民人均纯收入 7259 元，平均值为 9479 元。2014 年城镇住户人均可支配收入 26468 元；农民人均纯收入 14420 元，平均值为 20444 元。人均收入年均增加率评估值为 10%。

3）渔民利益协调完成度

连云新城一期围垦工程渔民利益协调完成度按照已补偿金额与需补偿渔民和养殖公司金额的比值确定。连云新城一期围垦工程需补偿金额 22236.8 万元，已完成补偿金额 16214.4 万元，渔民利益协调完成度为 73%。

4）产业结构优化度

2006 年连云区第三产业比重为 48.4，2012 年第三产业比重为 49.5，平均每年增加 0.18，产业结构优化度评估值为 0.18。

5）产业契合度

该工程为围垦工程，根据围垦工程的特点，将 α、β、γ 分别赋值为 0.5、0.3、0.2。

资源利用率：围堤所需的砂石料从连云港等产地采购，回填所需土方全部就近取土，那么该工程的资源利用率为 1。

劳动力就业率：本围区新增就业人员约为 130 人，主要是围区施工人员和后勤人员，基本上均是来自于连云区。因此，该工程的劳动力就业率为 1。

可持续发展性：连云新城一期围垦工程由连云港金海岸开发建设有限公司开发建设，环境和生态的治理成本上由连云港金海岸开发建设有限公司承担。连云新城一期围垦工程实现利润约 3.4 亿元。该工程海洋环境和生态治理费用考虑渔业资源损失费用和生态服务价值损失补偿费用两个方面，共计约 15199.8 万元。因此，该工程可持续发展性为 0.55。

将上述参数带入产业契合度公式中，得出该工程的产业契合度评估值为 0.9。

6）群众支持率

该工程群众支持率采用发放问卷调查的方式获取，通过统计调查问卷，工程实施后，周边群众对该工程的支持率为 100%。

根据连云新城围垦一期工程社会后评估标准化值、权重采用多因素加权评估法，得出该工程社会后评估综合指数值为 0.1439。

8.4.2　评估案例二（海门市滨海新区）

1. 水质

应用 2013 年秋季的海门市滨海新区周边海域的水质监测结果中 COD、无机氮、活性磷酸盐和石油类作为典型水质污染物作为评估指标，与 2007 年秋季的 COD、无机氮、活性磷酸盐和石油类的监测结果相比，得到后评估指数分别为 0.65、0.67、0.82、0.74。

2. 底栖生物

应用 2013 年秋季的海门市滨海新区周边海域的大型底栖生物监测结果作为底栖生物密度评估指标，与 2007 年秋季的底栖生物密度监测结果相比，得到后评估指数分别为 0.44。

3. 生物密度

应用 2013 年秋季的海门市滨海新区周边海域的生态监测结果中小型浮游动物密度作为评估指标，与 2007 年秋季的监测结果相比，得到后评估指数分别为 0.78。

4. 生物体质量

因 2013 年连云港滨海新城和海门市滨海新区的生物体质量监测数据与历史监测数据不具有可比性（两个年代监测的代表生物体种类均不同），故该指标未进行评估。

5. 水深地形

海门区段建港条件研究阶段的断面观测数据显示，1958 年时，堤外 1200m 处滩面高程为+2.0m（废黄河零点计），到 1986 年，滩面高为+2.08m（废黄河零点计），说明二十八年间此处海滩相当稳定。从 1981～1986 年新设置的全长 3200m 断面的平均情况来看，五年来该断面平均每年淤高 2.8cm，说明在小庙洪的尾部浅滩基本上是处于相对稳定的微弱淤积环境。工程前实测断面位置图见图 8-7，断面地形变化见图 8-8。

实施前后地形资料分析，围垦工程建设后不影响小庙洪水道北淤南冲的演变趋势，只是对工程附区的冲淤环境有一定的影响：围堤前沿、东侧围堤以东浅滩以及蛎岈山两侧港汊均出现不同程度回淤。该工程围堤修筑完成一年后局部地形冲淤变化基本稳定。围填区东侧浅滩出现宽近 5km 的淤积区，淤高 1.0m 以上的区域集中在围填区东侧 2km 范围内，蛎岈山东侧港汊末段有轻微淤积，淤强不超过 0.5m，此区域的淤积主要出现在+1m 以上的浅滩，对小庙洪主槽没有影响。围填区前沿包括蛎岈山西侧港汊，普遍淤积，围堤前沿 500m 范围内的淤积幅度达 1.0m，港汊淤积幅度近 0.5m，围填区前沿淤积影响的范围基本在围堤前沿 1.5km 以内，没有影响蛎岈山前缘拟建码头的港池深槽及小庙洪水道尾部深槽的自然动态。中心渔港的回淤主要是由渔港外围道路工程的建设引起的。

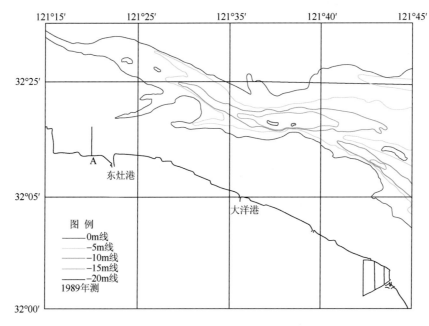

图 8-7　海门区段工程前实测断面位置图

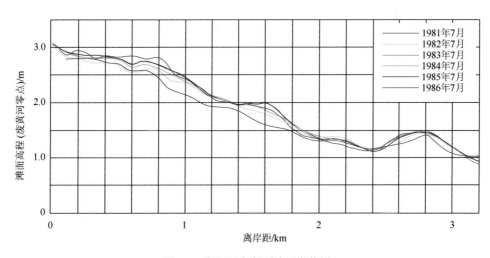

图 8-8　海门区段断面地形变化图

6. 潮流变化

基于数值计算结果，分析海门市滨海新区区域建设用海规划实施以后对区域潮汐潮流的影响（图 8-9）。

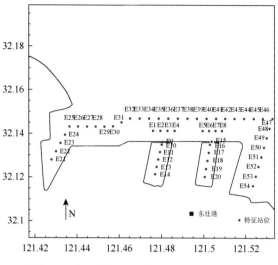

图 8-9　海门围垦工程特征站位布置示意图

从模型计算结果中提取 54 个特征点的流速计算半潮平均流速,围垦规划实施前后的大、小潮过程的半潮平均流速变化见表 8-9 和表 8-10。

表 8-9　围垦规划实施前后附近海域特征点大潮半潮平均流速变化

特征点	大潮半潮流速平均值/(m/s)					
	$t=567\sim579$ 时期			$t=579\sim591$ 时期		
	围垦前	围垦后	变化率/%	围垦前	围垦后	变化率/%
E1	0.331	0.239	−27.738	0.337	0.256	−23.945
E2	0.345	0.261	−24.343	0.352	0.284	−19.367
E3	0.360	0.292	−18.923	0.366	0.329	−10.256
E4	0.374	0.308	−17.722	0.381	0.345	−9.221
E5	0.419	0.347	−17.181	0.415	0.364	−12.284
E6	0.427	0.364	−14.573	0.421	0.382	−9.062
E7	0.435	0.389	−10.519	0.426	0.410	−3.828
E8	0.440	0.411	−6.595	0.430	0.431	0.173
E9	0.342	0.447	30.739	0.353	0.727	106.064
E10	0.337	0.224	−33.485	0.348	0.323	−7.377
E11	0.328	0.091	−72.330	0.341	0.108	−68.222
E12	0.321	0.071	−77.805	0.335	0.069	−79.506
E13	0.314	0.053	−83.121	0.330	0.041	−87.417
E14	0.307	0.026	−91.521	0.323	0.021	−93.362
E15	0.423	0.202	−52.179	0.420	0.296	−29.558
E16	0.419	0.119	−71.495	0.417	0.194	−53.365
E17	0.416	0.075	−81.883	0.416	0.087	−79.197
E18	0.413	0.039	−90.538	0.416	0.045	−89.144
E19	0.412	0.023	−94.418	0.415	0.028	−93.364

续表

| 特征点 | 大潮半潮流速平均值/（m/s） | | | | | |
| | $t=567\sim579$ 时期 | | | $t=579\sim591$ 时期 | | |
	围垦前	围垦后	变化率/%	围垦前	围垦后	变化率/%
E20	0.409	0.009	−97.734	0.414	0.015	−96.490
E21	0.044	0.023	−48.117	0.025	0.047	84.314
E22	0.052	0.034	−35.207	0.036	0.067	84.922
E23	0.067	0.047	−29.411	0.044	0.091	105.531
E24	0.075	0.045	−40.593	0.045	0.085	87.760
E25	0.099	0.044	−55.619	0.060	0.081	33.494
E26	0.139	0.067	−52.006	0.117	0.100	−14.757
E27	0.171	0.090	−47.306	0.162	0.119	−26.375
E28	0.198	0.113	−43.135	0.192	0.139	−27.862
E29	0.221	0.132	−40.270	0.218	0.157	−27.879
E30	0.243	0.152	−37.539	0.242	0.177	−26.678
E31	0.271	0.176	−35.154	0.267	0.201	−24.752
E32	0.296	0.198	−33.192	0.292	0.223	−23.758
E33	0.316	0.219	−30.856	0.315	0.242	−23.095
E34	0.334	0.238	−28.873	0.334	0.261	−21.911
E35	0.351	0.259	−26.328	0.352	0.284	−19.445
E36	0.369	0.280	−24.061	0.370	0.309	−16.620
E37	0.388	0.301	−22.319	0.388	0.330	−14.833
E38	0.406	0.320	−21.139	0.404	0.347	−14.082
E39	0.419	0.336	−19.748	0.414	0.359	−13.171
E40	0.429	0.354	−17.519	0.420	0.373	−11.061
E41	0.437	0.375	−14.141	0.425	0.394	−7.268
E42	0.442	0.398	−9.939	0.426	0.414	−2.833
E43	0.435	0.402	−7.490	0.414	0.410	−0.900
E44	0.419	0.384	−8.400	0.391	0.379	−2.944
E45	0.403	0.360	−10.651	0.369	0.345	−6.362
E46	0.391	0.337	−13.651	0.353	0.316	−10.486
E47	0.381	0.318	−16.523	0.342	0.292	−14.593
E48	0.373	0.315	−15.541	0.338	0.290	−14.179
E49	0.368	0.309	−16.158	0.336	0.284	−15.623
E50	0.367	0.284	−22.658	0.337	0.260	−22.761
E51	0.364	0.226	−37.976	0.335	0.201	−39.877
E52	0.364	0.164	−55.033	0.333	0.144	−56.704
E53	0.367	0.121	−67.089	0.336	0.110	−67.288
E54	0.376	0.091	−75.764	0.343	0.090	−73.890

表 8-10　围垦规划实施前后附近海域特征点小潮半潮平均流速变化

特征点	小潮半潮流速平均值/（m/s）					
	t=910～922 时期			t=922～934 时期		
	围垦前	围垦后	变化率/%	围垦前	围垦后	变化率/%
E1	0.221	0.172	−22.058	0.221	0.167	−24.133
E2	0.231	0.191	−17.035	0.230	0.182	−20.836
E3	0.240	0.227	−5.445	0.240	0.201	−16.233
E4	0.250	0.236	−5.457	0.249	0.212	−14.978
E5	0.272	0.245	−10.010	0.277	0.241	−12.776
E6	0.275	0.257	−6.480	0.281	0.254	−9.732
E7	0.278	0.277	−0.469	0.285	0.269	−5.706
E8	0.280	0.291	3.756	0.288	0.284	−1.391
E9	0.232	0.526	126.307	0.230	0.314	36.609
E10	0.230	0.218	−5.113	0.226	0.167	−26.339
E11	0.225	0.068	−69.882	0.222	0.070	−68.628
E12	0.222	0.041	−81.373	0.219	0.053	−75.856
E13	0.218	0.026	−88.174	0.215	0.034	−84.063
E14	0.213	0.015	−92.991	0.213	0.014	−93.177
E15	0.275	0.212	−22.949	0.281	0.158	−43.550
E16	0.273	0.130	−52.548	0.279	0.105	−62.289
E17	0.273	0.053	−80.697	0.278	0.065	−76.806
E18	0.273	0.030	−88.852	0.278	0.028	−89.808
E19	0.272	0.020	−92.655	0.279	0.015	−94.702
E20	0.272	0.011	−96.097	0.279	0.006	−97.717
E21	0.024	0.035	47.022	0.030	0.018	−39.710
E22	0.031	0.050	62.620	0.038	0.027	−28.013
E23	0.037	0.069	85.104	0.050	0.037	−25.909
E24	0.042	0.065	55.769	0.057	0.035	−39.364
E25	0.047	0.062	32.155	0.069	0.036	−47.592
E26	0.069	0.073	6.853	0.092	0.050	−45.377
E27	0.095	0.085	−10.807	0.114	0.065	−42.690
E28	0.116	0.096	−17.519	0.132	0.080	−39.571
E29	0.136	0.108	−20.663	0.148	0.093	−37.308
E30	0.154	0.121	−21.227	0.163	0.106	−34.872
E31	0.170	0.137	−19.574	0.180	0.123	−31.979
E32	0.186	0.151	−18.787	0.196	0.138	−29.390
E33	0.202	0.164	−19.045	0.209	0.152	−27.019
E34	0.216	0.176	−18.462	0.220	0.165	−24.970
E35	0.229	0.192	−16.199	0.232	0.180	−22.511
E36	0.241	0.209	−13.269	0.244	0.194	−20.399

续表

特征点	小潮半潮流速平均值/（m/s）					
	t=910~922 时期			t=922~934 时期		
	围垦前	围垦后	变化率/%	围垦前	围垦后	变化率/%
E37	0.253	0.223	−11.727	0.256	0.208	−18.651
E38	0.264	0.234	−11.314	0.268	0.222	−17.173
E39	0.270	0.241	−10.723	0.276	0.234	−15.266
E40	0.273	0.250	−8.709	0.281	0.246	−12.485
E41	0.276	0.263	−4.773	0.285	0.261	−8.306
E42	0.277	0.276	−0.100	0.287	0.278	−3.186
E43	0.267	0.272	2.056	0.280	0.280	0.007
E44	0.250	0.251	0.253	0.268	0.266	−0.535
E45	0.234	0.227	−2.874	0.254	0.247	−2.892
E46	0.222	0.207	−6.836	0.244	0.229	−6.303
E47	0.212	0.190	−10.727	0.236	0.213	−9.765
E48	0.211	0.189	−10.371	0.233	0.213	−8.776
E49	0.211	0.186	−11.860	0.233	0.210	−9.498
E50	0.211	0.170	−19.392	0.233	0.195	−16.538
E51	0.210	0.134	−36.520	0.234	0.158	−32.468
E52	0.210	0.098	−53.357	0.236	0.119	−49.449
E53	0.213	0.077	−63.935	0.241	0.091	−62.119
E54	0.219	0.060	−72.479	0.250	0.071	−71.650

海门围垦规划实施后对工程附近海域潮流存在一定程度的影响，大部分特征点表现出流速减小的趋势。大潮涨潮过程中，2 号港池、1 号港池口门外由西到东 E1~E4 特征点和 E5~E8 特征点的流速逐渐增大，流速降幅呈现逐渐减小的特征。由于 2 号港池口门宽100m，E9 特征点涨潮过程中流速大幅增大，与之相比，1 号港池口门较宽，为 220m，E15特征点流速有所减弱。1 号、2 号港池内各特征点 E10~E14、E16~E20 流速均有较大幅度减弱，降幅超过 70%。在围垦区的遮挡下，围垦区域外西侧的特征点 E21~E24 降幅超过 20%，围垦区域北侧 E25~E43 特征点流速均有降低，降幅由西向东逐渐减小。由于围垦区的掩蔽作用，围垦区域东北侧及东侧 E44~E54 特征点流速均减小，降幅由西向东、由北向南逐渐增大。大潮落潮过程的流速变化与大潮涨潮过程相似，区别在于 E8 特征点流速略有增加，E9 特征点流速增加超过一倍。位于围垦区域西侧的 E21~E25 特征点在落潮过程中流速均有大幅增加，这是由于涨落潮历时不等所致。小潮涨落潮过程中的流速变化与大潮涨落潮过程中的相似。应用海门市滨海新区实施前后的数值计算结果得到后评价指数分别为 0.76。

根据《海门市滨海新区区域建设用海总体规划海域使用论证报告书》（报批稿）中有关海门市滨海新区建设后对区域潮流的影响预测结论：规划实施后，引起流场变化的范围相对较小，仅在围堤前沿和东侧浅滩出现环流区，对小庙洪主槽包括蛎岈山前缘及两侧港汉内的流场形势基本没有影响，由此引起的泥沙回淤也主要集中在流速减小区。因此，论证的预测结果与数值计算结果的趋势较为一致。

7. 财务后评估

由于海门港新区围垦工程目前产业开发程度较低，缺乏整个填海区产业运行后的相关数据，因此，经济后评估选用海门港新区围垦工程中已经运行的燕达（海门）重型装备制造有限公司年产 80 套 25 万吨化工成套设备项目为实例。

燕达（海门）重型装备制造有限公司年产 80 套 25 万吨化工成套设备项目位于海门港新区围垦工程西区，不占用岸线，占用滩涂面积为 42.3hm²，用海期限 50 年，工程总投资 13.6 亿元（含流动资金 3.8 亿元，不含海域使用取得费），主要从事重型装备的制造。该工程（一期）已于 2011 年 12 月份投产。该工程财务评估的基准年为 2013 年，2013 年前为实际运行期（即 2012 年），之后为预测运行期。价格水平参考 2013 年，工程运行期按 48 年计算，建设期为两年。

该工程的财务内部效率为 20%，财务净现值为 81661 万元，财务投资回报期为 7.5 年（含建设期），说明燕达（海门）重型装备制造有限公司年产 80 套 25 万吨化工成套设备项目资金周转能力、回收能力强，盈利水平较高。

8. 国民经济后评估

计算国民经济评估时需消除各项内部转移支付，这些内部转移支付包括营业税及附加、所得税、补贴、利息支出（不含国外借贷利息）等。社会折现率采用中华人民共和国国家发展与改革委员会、中华人民共和国住房和城乡建设部 2006 年发布的《建设项目经济评价方法与参数（第三版）》中将社会折现率规定的 8%。

围垦工程原料、燃料和动力费用均由市场决定，影子价格采用财务实际支出计算。围垦工程劳动力的类型主要为技术劳动力，影子工资一般可以用财务实际支付工资计算。由此确定，该工程原料、燃料和动力费用以及工资、福利费等均计入经营成本，剔除营业税金及附加、所得税、补贴、利息支出等，按影子价格换算（影子价格换算系数取 1），2012 年费用为 59239 万元，2013 年费用为 96914 万元，2014 年全面达到生产能力后约为 146438 万元/年。

围垦工程通过填海形成土地，工程占用海域原有的生态系统服务功能受到损害。生态服务功能包括食品生产、科研文化、原料生产、潜在土地资源、基因资源、气体调节、气候调节等。根据"淤长型潮滩围填海的适宜规模研究与示范"的研究成果，该工程所在海域生态服务价值为 3.54 万元/hm²·a（除去潜在土地资源的价值），用海面积为 42.3hm²，生态服务价值为 149.7 万元/年。另因海门港新区填海工程建设初期为弥补对海洋生态造成的损失，采用生态补偿措施进行生态恢复，其中生态补偿费用为 701 万元，则该工程生态补偿费用为 0.4 万元/年，该部分费用已在工程投资中给予考虑，故该工程实际造成生态服务价值损失为 149.3 万元。该工程摊铺费用为 18 万元/年。

该工程直接效益为产品销售收入，2012 年总收益约 82000 万元，2013 年 143500 万元，2014 年约为 205000 万元。围垦工程间接效益为防洪效益，海门港新区围垦工程围堤按照 50 年一遇潮位设计，使围垦工程区内和腹地较少受风暴潮、台风和海浪等自然灾害造成的损失，防洪效益以每年 100 万元计算，该工程为 3 万元/年计。

经济内部收益率为 30%，经济净现值为 404921 万元，说明燕达（海门）重型装备制造有限公司年产 80 套 25 万吨化工成套设备项目从国民经济角度考虑是可以接受的，对国民经济贡献水平较高。

根据海门港滨海新区经济后评估标准化值、权重，采用多因素加权评估法，得出该工程经济后评估综合指数值为 0.3237。

经济后评估指数详见表 8-11。

表 8-11　研究区经济后评估综合指数

评估因子	评估值	评估结果
财务内部收益率 D_1	20%	0.0195
财务净现值 D_2	81661 万元	0.0074
投资回报期 D_3	7.5	0.0232
国民经济内部收益率 D_4	30%	0.1628
国民经济净现值 D_5	404921 万元	0.1108

9. 社会后评估

本专著研究选取海门港新区围垦工程为研究区，因海门港新区围垦工程现今产业开发程度较低，社会后评估只针对填海工程部分进行评估，不涉及填海形成陆域上的产业部分。

1）新增就业率

海门港新区围垦工程引进工作人员约 1000 人，主要为施工人员和后勤人员。工程所在海门市 2008 年新增就业人员约为 7800 人，新增就业率为 13%。

2）人均收入年均增加率

2007 年农村人均纯收入为 8050 元，城镇人均纯收入为 16060 元，平均值为 12055 元。2012 年，农村人均纯收入为 15162 元，城镇人均纯收入为 29631 元，平均值为 22397 元。人均收入年均增加率评估值为 11%。

3）渔民利益协调完成度

海门港新区围垦工程的实施占用了海门市主要的养殖区域，填海区从事养殖活动的主要是沿海的农业联合体、职工和养殖公司。农民有耕地，职工有工作，养殖公司是企业行为，如果养殖活动中止，不会影响他们的生存和生活问题，这些利益相关者已和该工程管理单位签订了合同，相关补偿工作已完成。工程实施后导致生存和生活问题的主要是从事养殖活动的专业渔民。通过调查可知，工程实施只对 1 个专业渔民有影响。目前，该渔民的工作已得到妥善解决。因此，该工程渔民利益协调完成度为 100%。

4）产业结构优化度

2007 年海门市第三产业比重为 32.7，2012 年第三产业比重为 36，平均每年增加 0.55，产业结构优化度评估值为 0.55。

5）产业契合度

该工程为围垦工程，根据围垦工程的特点，将 α、β、γ 分别赋值为 0.5、0.3、0.2。

资源利用率：围堤所需的砂石料从浙江、安徽等产地采购，回填所需土方全部就近取土。那么该工程的资源利用率为 1。

劳动力就业率：本围区新增就业人员约为 1000 人，主要是围区施工人员和后勤人员，基本上均是来自于海门市本市。因此，该工程的劳动力就业率为 1。

可持续发展性：海门港新区围垦工程由海门市人民政府主导实施，用于招商引资，促进海门市经济发展。环境和生态的治理成本上由政府承担。根据现场调查，海门港新区围垦工程出让土地纯收益约 150 万元/hm^2，海门港新区填海面积 1377.81hm^2，利润约 20.67 亿元。该工程海洋环境和生态治理费用考虑渔业资源损失费用和生态服务价值损失补偿费用两个方面，共计约 2.1 亿元。计算得出该工程海门港新区围垦工程可持续发展性为 0.125。

将上述参数带入产业契合度公式中得出该工程的产业契合度评估值为 0.825。

6）群众支持率

该工程群众支持率采用发放问卷调查的方式获取，通过统计调查问卷，工程实施后，周边群众对该工程的支持率为 100%。

根据海门港滨海新区社会后评估标准化值、权重，采用多因素加权评估法得出该工程社会后评估综合指数值为 0.1427。

参 考 文 献

陈萃岚, 肖俊英. 1994. 《铁路工程建设项目环境影响评价技术标准》简介. 铁道标准设计, 3: 48-49.

陈守煜, 李庆国. 2004. 多指标半结构性模糊评价法在水利工程后评价中的应用. 水利学报, 4: 27-31.

桂滨, 钟文香. 2005. 公路建设项目后评价反馈机制及形式. 中国公路, 5: 98-102.

郭乔羽, 杨志峰. 2005. 三门峡水利枢纽工程生态影响后评价. 环境科学学报, 05: 580-585.

海门市人民政府. 2008. 2008 年海门市政府工作报告.

海门市统计局. 2008. 2007 年海门市国民经济和社会发展的统计公报.

海门市统计局. 2009. 2008 年海门市统计年鉴.

海门市统计局. 2013. 2012 年海门市国民经济和社会发展的统计公报.

韩栋. 2006. AHP 的两种近似算法在水利项目后评价中的比较. 中国农村水利, 4: 88-89.

韩同银, 何孝贵, 田丽红. 1999. 铁路建设项目后评价指标体系与方法. 石家庄铁道学院学报, 3: 44-46.

何芳. 2003. 城市土地集约利用及其潜力评价. 上海: 同济大学出版社.

洪志国, 李焱. 2002. 层次分析法中高阶平均随机一致性指标（RI）的计算. 计算机工程与应用, 38 (12): 45-47.

胡修池. 2006. 水利建设项目后评价研究. 黄河水利职业技术学院学报, 8 (2): 12-13.

黄兰芳. 2011. 围海工程后评价与潮滩资源再生能力研究. 杭州: 浙江大学硕士学位论文.

黄琦, 庞昊勇. 1998. 火力发电厂建设项目后评价方法、指标体系及其内容构建的思考. 中国能源, 9: 15-19.

黄中杰. 2005. 土地利用总体规划实施评价研究——以成都市为例. 成都: 四川师范大学硕士学位论文.

江苏省农业资源开发局. 1999. 江苏沿海垦区. 北京: 海洋出版社.

姜华, 刘春红, 韩振宇. 2009. 建设项目环境影响后评价研究. 环境保护, 416 (3): 17-19.

李东印. 2012. 科学采矿评价指标体系与量化评价方法. 河南: 河南理工大学博士学位论文.

李洪山, 刘露, 王涛. 2009. 江苏盐城滩涂资源鲤鱼及其发展策略. 农业现代化研究, 30 (6): 724-726.

李洪山, 刘璐, 王涛, 等. 2009. 江苏盐城滩涂资源利用及其发展策略. 农业现代化研究, 30 (6): 724-726.

李美娟, 陈国宏, 陈衍泰. 2004. 综合评价中指标标准化方法研究. 中国管理科学, z1: 45-48.

连云港市统计局. 2014. 2013 年连云港市统计年鉴.

连云区统计局. 2007. 2006 年连云区国民经济和社会发展的统计公报.

连云区统计局. 2008. 2007 年连云区国民经济和社会发展的统计公报.

连云区统计局. 2013. 2012 年连云区国民经济和社会发展的统计公报.

刘剑峰. 2004. 公路建设项目社会经济环境影响评价的研究. 重庆交通学院学报, 02: 85-89, 97.

刘伊生. 2001. 建设项目后评估. 北京: 北方交通大学出版社.

陆萍. 2005. 在高校图书馆评估中运用层次分析法确定指标的权重. 现代情报, (5): 36-38.

欧阳华. 2008. 对地方 "根植" 产业与外部 "嵌入" 产业的契合问题研究. 广西财经学院学报, 21 (2): 13-16.

任淮秀, 汪昌云. 1992. 建设项目后评价理论与方法 (第一版). 北京: 中国人民大学出版社.

苏学灵, 纪昌明, 黄小锋. 2009. 基于投影寻踪的水利工程后评价模型. 水力发电, 03: 95-97.

王华, 苏春海. 2001. 市政建设项目社会效益和环境效益经济评价的实例研究. 南京航空航天大学学报, 3 (3): 28-32.

王静. 2009. 辐射沙脊近岸浅滩围填的环境影响及适宜规模研究. 南京: 南京师范大学博士学位论文.

王莲芳. 1996. 层次分析法引论. 北京: 中国人民大学出版社.

王萍. 2006. 浙江省水利项目后评价指标体系和方法研究. 杭州: 浙江大学硕士学位论文.

王晓惠, 徐从春. 2009. 海洋经济规划评估方法与实践. 北京: 海洋出版社.

王颖, 朱大奎. 1990. 中国的潮滩. 第四纪研究, (4): 291-300.

武博庆. 1996. 水利项目后评价指标的设置与计算. 河海水利, 5: 48-50.

徐向红, 陈刚. 2002. 论江苏沿海滩涂围垦与可持续发展. 河海大学学报, 4 (4): 62-68.

杨永东. 2003. 水电工程项目后评价方法研究. 北京: 华北电力大学 (北京) 硕士学位论文.

叶芳. 2008. 改进德尔菲 (Delphi) 法研究亚健康的描述性定义及评价标准. 北京: 中国协和医科大学博士学位论文.

叶文虎, 唐剑武. 1995. 可持续发展的衡量方法及衡量指标初探. 北京: 北京大学出版社.

张道军. 1998. 逻辑框架法在水利工程项目后评价中应用实例. 水利经济, 3: 53-58.

张楷颜. 2009. 灰色模糊综合评价法在港口建设项目后评价中的应用. 水运工程, 4: 69-72.

张三力. 2001. 项目后评估. 北京: 清华大学出版社.

张团结, 王志宏, 从少平. 2008. 基于产业契合度的资源型城市产业转型效果评价模型研究. 资源与产业, 10 (1): 1-3.

张新玉. 2002. 水利投资效益评价理论、方法与应用. 南京: 河海大学博士学位论文.

赵晖. 2002. 浅谈水利建设项目后评价. 水利经济, 1: 50-53.

郑燕, 王敬敏, 郑邵欣. 2004. 在项目后评价中运用层次分析法确定指标的权值. 华北电力大学学报, 31 (2): 60-63.

中华人民共和国国家发展和改革委员会, 中华人民共和国住房和城乡建设部. 2006. 建设项目经济评价方法与参数 (第三版). 北京: 中国计划出版社.

朱建军. 2005. 层次分析法的若干问题研究及应用. 沈阳: 东北大学博士学位论文.

左书华, 李九发. 2007. 上海潮滩滩涂资源的合理开发与利用及可持续发展. 海洋地质动态, 23 (1): 22-26.

Castelletti A, Sessa R. 2007. Topics on System Analysis and Intergrated Water Resources Management. Amsterdam: Elsevier.

Bakkes J A. 1994. An overview of environmental indicators: state of the art and perspectives. Nairobi: UNEP.

Bondar F, Spaan W, Hulshof J. 2007. Expost evaluation of erosion control measures in southern Mali. Soil and Tillage, 95 (12): 27-37.

Bos M G. 1997. Performance indicators for irrigation and drainage. Irrigation and Drainage Systems, 11 (2): 119-137.

Gonzalez F, Ahmed H. 2002. Holistic Benchmarking: A tool for improving Irrigation Performance//Paper presented at the Workshop on Holistic Benchmarking in the Irrigation and Drainge Sector-The Way Forward The World Bank, Washingtom D.C..

Hodoki Y, Murakami T. 2006. Effects of tidal flat reclamation on sediment quality and hypoxia in Isahaya Bay. Aquatic Conservation: Marine And Freshwater Ecosystems, 16: 555-567.

Mahdi I M, Alreshaid K. 2005. Decision support system for selecting the proper project delivery method using analytical hierarchy process (AHP). International Journal of Project Management, 23 (7): 564-572.

Meinzen D, Raju R, Gulati K. 2002. What affects organization and collective action for managing resources evidence from canal irrigation systems in India. World Development，30：649-666.

Oeolsson N，Krane H P. 2010. Influence of reference points in ex-post evaluations of rail infrastructure projects. Transport Policy，17（4）：251-258.

Nakayama M. 1998. Post-project review of environmental impact assessment for sagulin dam for involuntary resettlement. International Journal of Water Resources Development，14：217-229.

Rodriguez M M，Sáez Femández F J. 2000. Evalution of irrigation projects and water resource management：a methodolgical proposal. Sustainable development，10：90-102.

Samad M，Vermillion D L. 1999. Assessment of participatory management of irrigation Schemes in Sri Lanka：Partial reforms，partial benefits. Colombo：International Water Management Institute.